U0934339

编委会

福建省高等学校计算机规划教材
福建省高等学校计算机教材编写委员会　组织编写

大学人工智能通识教程

郭躬德　鄂大伟 • 主编

厦门大学出版社
XIAMEN UNIVERSITY PRESS
国家一级出版社
全国百佳图书出版单位

图书在版编目（CIP）数据

大学人工智能通识教程 / 郭躬德，鄂大伟主编. 厦门 ：厦门大学出版社，2025. 8. -- ISBN 978-7-5615-9830-6

Ⅰ. TP18

中国国家版本馆 CIP 数据核字第 20251MD967 号

策划编辑 陈进才 眭 蔚
责任编辑 李峰伟
美术编辑 张雨秋
技术编辑 许克华

出版发行 厦门大学出版社
社 址 厦门市软件园二期望海路 39 号
邮政编码 361008
总 机 0592-2181111 0592-2181406(传真)
营销中心 0592-2184458 0592-2181365
网 址 http://www.xmupress.com
邮 箱 xmup@xmupress.com
印 刷 厦门金凯龙包装科技有限公司

开本 787 mm×1 092 mm 1/16
印张 19.25
插页 2
字数 458 千字
版次 2025 年 8 月第 1 版
印次 2025 年 8 月第 1 次印刷
定价 59.00 元

厦门大学出版社
微信二维码

厦门大学出版社
微博二维码

前言

以通识之力迎接智能时代的到来

21世纪的世界正被一股前所未有的科技浪潮推动向前，这股浪潮的名字叫人工智能(artificial intelligence，AI)。它不仅在技术层面引发深刻的变革，更在社会结构、职业形态、价值体系乃至人类认知方式上掀起深远的重构。正如电力之于工业革命，计算机、互联网引发信息革命，AI正成为新一轮人类文明跃迁的引擎。

在这一背景下，教育领域迎来历史性的转型。AI不仅是工程师和科学家的工具，更成为全体公民，尤其是未来高素质人才必备的认知方式与通用技能。AI通识教育的兴起，正是对这一转型的直接回应，也是高等教育体系主动应对时代挑战、服务国家发展战略的现实路径。

一、从全球视角看AI教育的崛起

近年来，AI已成为全球科技发展与教育改革的关键方向。多个国家相继将AI教育纳入国家战略，系统布局AI素养的培养路径。

在国际层面，早在2018年美国就启动了“AI for K-12”教育倡议，致力于为中小学阶段构建系统的人工智能知识图谱。2025年4月，美国白宫发布《推动美国青少年人工智能教育发展》(Advancing Artificial Intelligence Education for American Youth)的行政令，将AI素养上升为国家战略，强调教育、职业培训与公民生活中的AI能力。欧盟则推出《人工智能伦理教学手册》等，推动AI伦理、公民素养在教育系统中的普及。日本、韩国、新加坡等国也积极将AI课程纳入高等教育体系，并与本国的数字化发展战略深度融合。

中国在AI教育发展方面同样处于国际前列。近年来，国家层面出台了一系列重大战略文件与政策支持：

(1) 2018年4月，教育部印发《高等学校人工智能创新行动计划》，明确将AI作为高等教育的重要方向。

(2) 2019年5月，在“国际人工智能与教育大会”上发布《人工智能与教育北京共识

(2019)》,提出“规划人工智能时代的教育:引领与跨越”。

(3) 2025 年 3 月,教育部发布《人工智能教育白皮书》,标志着我国教育体系全面迈入 AI 深度赋能新时代。

(4) 2025 年 4 月,在《教育部等九部门关于加快推进教育数字化的意见》中提出“全面推进智能化,促进人工智能助力教育变革”。

与此同时,全国高校也积极推进人工智能通识课程的体系化建设,AI 教育正从“专项技术培养”转向“全民素养普及”。

这一系列政策与实践表明 AI 不仅是新一轮科技革命的核心动力,更是国家战略竞争的关键高地。其对教育系统的深远影响,不仅关乎技术能力的培育,更关乎国家竞争力的重塑、公民数字素养的提升以及未来社会可持续发展的根基建设。

在 AI 广泛渗透社会各领域的背景下,传统教育体系正面临前所未有的挑战与转型机遇。作为国民教育体系的重要组成部分,高等教育必须主动适应 AI 时代的变革要求,积极推动教育理念、内容、模式与能力结构的全面更新。

因此,探索“人工智能+高等教育”的理论逻辑与实践路径,既是国家战略发展的内在要求,也是提升高校育人质量、支撑“人才强国”目标实现的重要举措,具有深远的理论意义与时代价值。

二、本教材的宗旨与定位:为每一个未来高素质人才准备的“智能素养书”

《大学人工智能通识教程》正是在这一背景下应运而生的。作为一部面向非计算机专业本科生的通识型教材,本书秉承以下三大宗旨。

1. 认知导向:理解 AI 是如何思考与工作的

本书并不要求学生具备编程或算法背景,而是通过大量的应用案例、可视化的解释方式,引导学生理解 AI 的核心逻辑、运行原理与基本技术框架。

2. 素养导向:构建面向未来的 AI 能力图谱

无论是工科、文科、管理、农林专业的学生还是医学专业的学生,本书都希望帮助他们建立“智能时代的认知能力”与“AI 协作能力”。

3. 应用导向:理解 AI 在各领域中的应用

本书覆盖多个行业场景,多层次展示 AI 赋能各领域的丰富内容,从而引导学生与本专业应用领域,形成“AI+专业”的应用意识。

三、教材结构总览:从原理到应用,从认知到共生

本书共设序章及 10 个章节,内容循序渐进、结构清晰,可分为三大模块。

1. 核心原理模块(第 1 至 3 章)

以“发现 AI 的数学之美”为切入点,解析 AI 背后的关键数学支撑;系统介绍机器学习与深度学习等核心技术路径;聚焦大模型如何理解世界与生成内容。

2. 行业应用模块（第 4 至 7 章）

围绕智慧城市、智慧医疗、智慧农业与智慧教育四大场景展开，不仅讲解技术应用，更关注实际需求、伦理问题与社会影响，突出“AI+行业”的融合发展路径。

3. AI 与社会模块（第 8 至 10 章）

聚焦 AI 时代的伦理与法律规范、探讨人工智能的治理边界与社会责任；“职业规划”专题帮助学生理性思考 AI 对职业结构的重塑与应对策略，增强未来适应力；通过生动案例，介绍人工智能与创新发展的紧密联系。

四、写作理念与突出特色

1. 通识性与系统性并重

本书虽为通识教材，但并不“浅尝辄止”。各章节均在“通俗易懂”的表达背后，力求建立起完整的知识逻辑链条，使学生在理解基本概念后，能形成系统性的认知结构。

2. 学科融合，跨界连接

全书涵盖计算机科学、哲学、数学、法律、教育学、社会学等多个领域，努力实现“跨学科的智能素养”培养目标。我们相信，AI 教育的核心不仅在技术，更在价值判断、系统理解与人机协同思维。

3. 注重可视化与案例引导

书中采用丰富的图示、模型、对比图，帮助学生更直观地理解抽象概念；每章均配有典型案例与应用分析，让知识不只是理论堆砌，而是与实际相连。

4. 结构稳定但内容动态更新

在人工智能快速演化的背景下，本教材在结构上保持稳定的知识架构（不追赶技术热点），同时保留章节更新接口，以适应后续版本修订与教学补充。

另外，本书配有丰富的数字资源。

五、未来展望：人工智能通识教育的中国路径

我们所处的时代，是 AI 深刻改变社会的时代，也是在“技术飞跃”与“价值重估”之间不断抉择的时代。人工智能对人类社会、经济和劳动力市场以及教育和终身学习体系的深远影响正在逐步显现。中国要建设科技强国，需要一大批专业人才，也同样需要一代又一代“AI 素养型公民”。正是在这一背景下，本书试图构建一种新型的教育模式：将人工智能作为“理解世界的一种方式”，而非仅仅技术工具。

我们希望，每一位读者在读完本书之后，能够：

(1) 学习人工智能，理解其基本原理与运行方式。

(2) 探索人工智能的边界，清晰认知其能力与局限。

(3) 善用人工智能，与之协作，共同创造新的价值。

这本书，是一次面向未来的探索与尝试。它或许并不完美，但我们相信，它正走在正

确的方向上。

参与本教材编写的作者来自福建省的一些高校，包括福州大学、福建师范大学、福建农林大学、集美大学、闽南师范大学、福建理工大学、泉州信息工程学院、厦门工学院、福州工商学院等。这里，感谢所有参与本书编写、审阅、修改与反馈的老师，感谢每一位愿意投身AI时代学习的读者。愿本书成为广大学子通往“智能社会”的桥梁，也成为高校人工智能通识教育迈出的坚定一步。

最后，感谢厦门大学出版社对本教材从规划到出版全过程所给予的大力支持。

本书编写组

2025年6月

目　录 Contents

序章

人工智能的前世今生

本章教学目标

作为本课程的开篇，序章旨在引导学生从全局视角理解人工智能(artificial intelligence, AI)的起源与演化，激发对AI世界的好奇心和探索欲。通过回顾人工智能的发展脉络，从图灵时代的数学幻想到当代生成式大模型的现实突破，学生将理解AI不仅是一种前沿技术，更是一种融合数学、美学与哲学的智慧系统。课程将帮助学生理解人工智能"从感知到认知再到决策"的三层智能架构，在技术逻辑背后体悟人类对思维本质的不懈追问，从而更深入地把握AI构建智慧的本质。学生将掌握弱人工智能与强人工智能的基本区别，理解AI技术如何在不同历史阶段突破认知边界。

在多模态大模型、世界模型等前沿议题的启发下，学生将从跨学科的视角理解AI的未来走向，并反思技术带来的伦理责任与社会变革。最后，通过跨学科视角和通识教育定位，学生将初步具备理性认识AI的能力，建立"以人文视野驾驭技术工具"的素养，为后续深入理解人工智能奠定思维起点与价值判断的基础。

0.1 定义初探:人工智能到底是什么

在浩瀚的科技发展史上，人工智能无疑是最具革命性的一项技术。从科幻作品中的智能机器人到现实世界的智能助手，从围棋大战中的"阿尔法狗"到大语言模型，人工智能正以前所未有的速度改变着我们的生活。那么，人工智能究竟是什么？它经历了怎样的发展历程？它与人类智能有何异同？本节将围绕这些问题展开讨论。

0.1.1 人工智能的定义:科学与工程的结合

早在1956年美国达特茅斯会议上，计算机科学家约翰·麦卡锡[①]首次提出了"人工智能"这一术语，并将其定义为"让机器表现出需要智能的行为的科学与工程"。这一表

①约翰·麦卡锡(John McCarthy)，生于美国马萨诸塞州波士顿，计算机科学家。他因在人工智能领域的贡献而在1971年获得图灵奖。实际上，正是他在1956年的达特茅斯会议上提出了"人工智能"这个概念。

述不仅奠定了人工智能的研究方向，也开启了人工智能发展的新纪元。

从字面上来看，“人工智能”可以拆解为两部分：“人工”和“智能”。

“人工”：即由人类创造、设计和制造的系统或机器。

“智能”：是一个较为复杂且充满争议的概念，涉及意识、自我认知、思维、推理、学习、创造力等多个方面。尽管目前对人类自身智能的本质仍未完全理解，但可以确定的是，人工智能的核心目标是模仿和拓展人类的认知能力，使机器能够像人类一样思考、学习、推理和决策。

随着 AI 研究的深入，学者们试图从不同角度对其内涵进行拓展。例如，斯坦福大学的研究者将 AI 定义为“使计算机能够执行通常需要人类智能的任务”；由国家标准化管理委员员发布的《人工智能标准化白皮书》认为，“人工智能是利用数字计算机或者数字计算机控制的机器模拟、延伸和扩展人的智能，感知环境、获取知识并使用知识获得最佳结果的理论、方法、技术及应用系统”；国际人工智能促进协会（Association for the Advancement of Artificial Intelligence，AAAI）也提出，AI 既是一门科学，也是一种工程技术，核心在于让机器具备感知、推理、学习和自主决策的能力。

众多研究者围绕“人工智能”提出了不同的定义，但麦卡锡的定义因其简洁性和广泛适用性，至今仍被视为人工智能领域的经典表述之一。尽管各类定义存在差异，但它们都指向同一个核心目标：赋予机器类似人类的智能，使其能够在不同环境下独立完成复杂任务，并不断优化自身能力。

0.1.2　弱人工智能与强人工智能

长期以来，制造具有智能的机器一直是人类的重大梦想。早在 1950 年，阿兰·图灵（Alan Turing）在《计算机器与智能》中就阐述了对人工智能的思考。他提出的图灵测试是机器智能的重要测量手段（图 0-1），后来还衍生出了视觉图灵测试等测量方法。

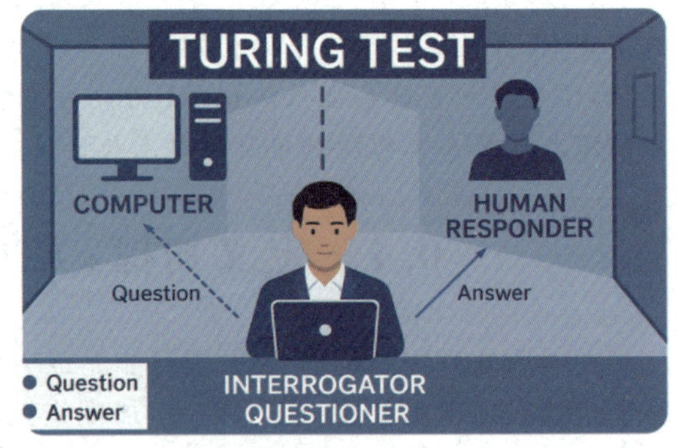

图 0-1　图灵测试（TURING TEST）示意

麻省理工学院的约翰·麦卡锡在达特茅斯会议上提出：“人工智能是让机器的行为看起来像人类的智能行为。”换句话说，就是让机器具备像人一样思考和行动的能力。

但这个定义留下了一个疑问：机器的智能只是“看起来”像人类，还是它真的拥有像人一样的思维和意识？这就引出了人工智能的两个主要类别——强人工智能和弱人工智能。

1. 弱人工智能

弱人工智能（weak AI）或称狭义人工智能（narrow AI）、应用型人工智能（applied AI），是实现部分思维的人工智能。

弱人工智能是指专注于特定任务的智能系统，其能力局限于预设或训练的范围。这类 AI 不具备真正的理解能力或意识，只是通过算法和数据分析来模仿人类的某些行为。例如，语音助手（如 Siri）能回答天气问题，但无法理解“天气”背后的物理原理；围棋程序 AlphaGo 能击败世界冠军，但不会下象棋或写诗。弱人工智能已广泛应用于现实场景，如人脸识别、推荐算法、自动驾驶等，但其本质仍是高效的工具，而非具备自主思维的实体。

2. 强人工智能

强人工智能（strong AI）也指通用人工智能（artificial general intelligence，AGI），或具备执行一般智能行为的能力。强人工智能通常把人工智能和意识、感性、知识和自觉等人类的特征互相链接，具备与人类相当或超越人类水平的通用智能系统。这类 AI 不仅能够执行特定任务，还能像人类一样理解、学习、推理、规划，甚至拥有自我意识和情感。它可以在未经专门训练的情况下适应新环境、解决未知问题，并具备跨领域的认知能力（图 0-2）。

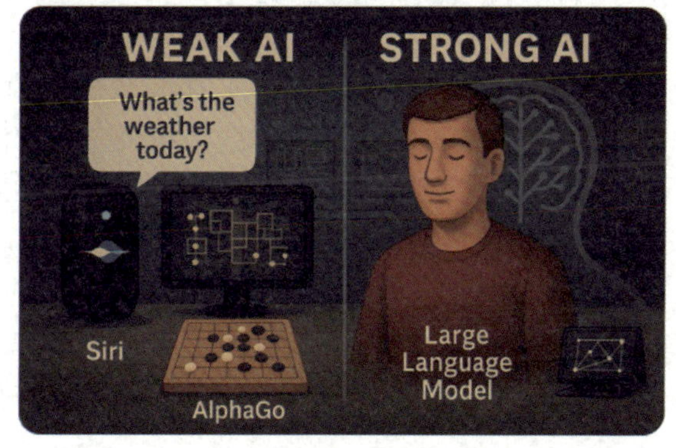

图 0-2　弱人工智能与强人工智能

然而现实中的科学家们至今连人类意识的起源都未完全破解，更遑论将其复刻到机器中。目前所有关于强人工智能的讨论，仍停留在理论推演与科幻想象层面。

3. 人工智能的未来：从弱人工智能到强人工智能

强人工智能与弱人工智能的区别，本质上是一场关于机器能否真正“思考”的哲学与技术之争。今天的 AI 已经在语言理解、图像识别、科学计算等领域取得巨大进展。但如何让 AI 真正具备意识、自主决策和推理能力，仍然是科学家们未解的难题。也许未来，强人工智能真的会诞生，甚至超越人类智慧。但在那之前，我们仍然在探索 AI 的边界，让它从“看起来智能”变得更加智能。

科学家们正在努力缩小两者的差距，但至少在未来的若干年，我们用的 AI 依然只是“聪明的工具”——它们能解决问题，但永远不知道自己在做什么。这场从“工具智能”到“意识智能”的跨越，不仅是技术的挑战，更是对人类自我认知的终极追问。

0.2　人工智能的“进化史”：从萌芽到爆发

人工智能的发展像是一场旷日持久的冒险，从最初的数学理论，到如今的深度学习爆发，一路走来充满了跌宕起伏。从“AI 寒冬”到 AlphaGo 战胜李世石，从专家系统的兴起到 ChatGPT 席卷全球，AI 发展史就是一部不断突破极限的传奇故事（图 0-3）。

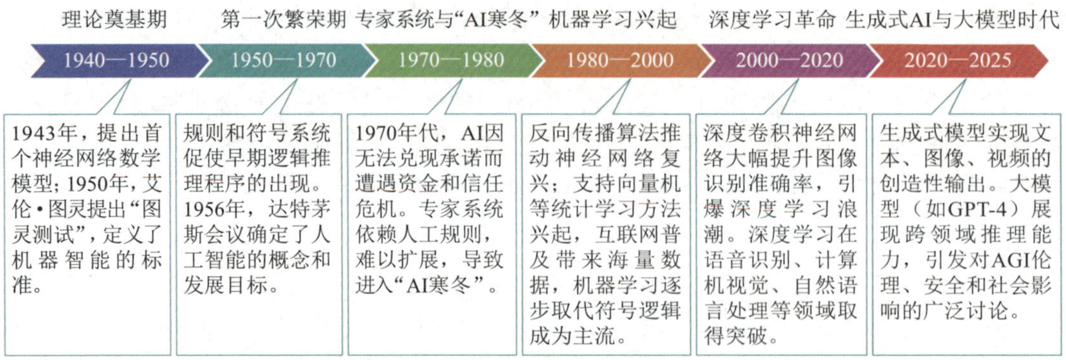

理论奠基期	第一次繁荣期	专家系统与“AI寒冬”	机器学习兴起	深度学习革命	生成式AI与大模型时代
1940—1950	1950—1970	1970—1980	1980—2000	2000—2020	2020—2025
1943年，提出首个神经网络数学模型；1950年，艾伦·图灵提出“图灵测试”，定义了机器智能的标准。	规则和符号系统促使早期逻辑推理程序的出现。1956年，达特茅斯会议确定了人工智能的概念和发展目标。	1970年代，AI因无法兑现承诺而遭遇资金和信任危机。专家系统依赖人工规则，难以扩展，导致进入“AI寒冬”。	反向传播算法推动神经网络复兴；支持向量机等统计学习方法兴起，互联网普及带来海量数据，机器学习逐步取代符号逻辑成为主流。	深度卷积神经网络大幅提升图像识别准确率，引爆深度学习浪潮。深度学习在语音识别、计算机视觉、自然语言处理等领域取得突破。	生成式模型实现文本、图像、视频的创造性输出。大模型（如GPT-4）展现跨领域推理能力，引发对AGI伦理、安全和社会影响的广泛讨论。

图 0-3　AI 的发展简史

0.2.1　AI 的萌芽期(1940—1950)

AI 的灵感萌芽于人类早期对机械智能的幻想。在古希腊神话中，赫菲斯托斯打造的金属仆人塔罗斯已展现出对“自动机”的想象。而真正的理论奠基则源于 17 世纪后的数学与逻辑学突破：莱布尼茨提出符号逻辑的构想，布尔创立布尔代数，为计算机的二进制逻辑奠定基础。进入 20 世纪，1936 年艾伦·图灵提出“图灵机”理论模型，首次抽象定义了通用计算的可能性。1943 年，心理学家麦卡洛克和数学家皮茨共同提出了第一个神经网络数学模型，为机器模拟人类神经元活动奠定了基础。1950 年，图灵发表《计算机器与智能》，以“图灵测试”为机器智能设立标准，成为 AI 理论的重要里程碑。

0.2.2　诞生与狂热：符号主义的繁荣时代(1950—1970)

1956 年的达特茅斯会议标志着 AI 作为独立研究领域的诞生。约翰·麦卡锡等学者首次提出“人工智能”一词，并坚信通过符号逻辑系统可模拟人类推理能力。

1960 年代，AI 研究迎来第一次爆发式增长。基于规则的符号逻辑系统主导研究方向，研究者试图用形式化的规则系统模拟人类认知，AI 研究进入第一个黄金期。这一时期，AI 的光芒吸引了大量资金和研究资源，学界对未来充满乐观，认为 AGI 或许很快就能实现。赫伯特·西蒙预言“20 年内机器将替代人类所有工作”。然而，受限于算力与数据，复杂任务(如自然语言理解)的进展远低于预期，为后续困境埋下伏笔。

0.2.3　寒冬降临与反思(1970—1980)

随着研究深入，早期 AI 过度依赖符号逻辑和手工编码规则的问题逐渐显现，智能程序在应对复杂任务时显得捉襟见肘。

1970 年代，专家系统开始流行，这些系统依靠人工输入的大量规则，在特定领域展现出了强大的推理能力。然而，随着应用场景的扩展，专家系统的局限性也暴露无遗——规则库难以维护，系统无法自我学习和扩展。

AI 无法兑现当初的承诺，投资者的信心逐渐消退，研究经费大幅缩减，整个行业陷入低迷，被称为“AI 寒冬”。

从盲目乐观到理性收缩，在技术低谷中，AI 新的范式正在悄然孕育。

0.2.4　机器学习的兴起(1980—2000)

在AI研究的低谷中，一批科学家没有放弃，他们重新审视AI的方法，并找到了突破口。

20世纪80年代，神经网络研究在反向传播算法的推动下复苏，为机器学习带来了新的可能性。与此同时，统计学习方法逐渐受到重视，支持向量机、隐马尔可夫模型等方法相继提出，为AI研究注入了新的活力。随着互联网的普及，人类进入了信息爆炸时代，海量数据的积累使得数据驱动的方法成为主流，机器学习逐渐取代符号逻辑推理，成为AI研究的核心方向。

0.2.5　深度学习引爆AI(2000—2020)

这个时期，数据、算法和算力的爆炸式增长，促使AI迎来了真正的技术飞跃。

以深度卷积神经网络(convolutional neural network，CNN)为代表的深度学习方法取得突破，使计算机视觉领域的图像识别精度大幅提升，推动了AI在语音识别、自然语言处理等多个领域的应用。2012年，深度学习模型AlexNet在ImageNet竞赛中的惊艳表现，标志着深度学习时代的正式到来(图0-4)。2016年，AlphaGo以超越人类的围棋实力震惊世界，Chatbot、自动驾驶、智能语音助手等应用纷纷落地，AI逐步从实验室走向现实世界。同年，特斯拉自动驾驶累计训练里程突破100亿英里[①]，AI开始掌握现实世界的复杂道路。

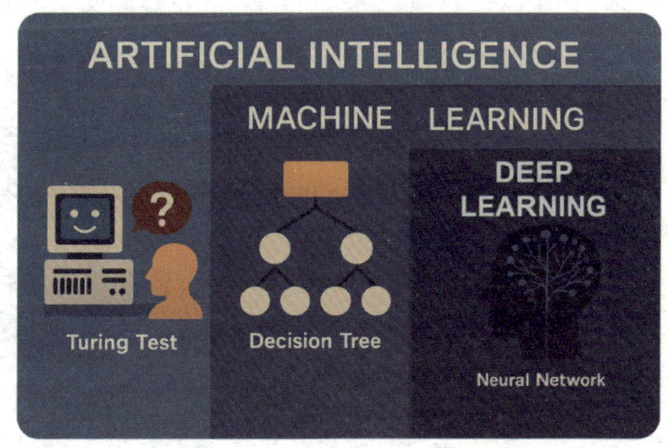

图0-4　人工智能、机器学习和深度学习三者关系图解

回顾这段跌宕起伏的AI发展史，我们可以看到，每一次低谷之后，AI都能凭借新的技术突破迎来新的高峰。如今，AI正以前所未有的速度改变着世界，我们正站在见证下一次变革的历史节点上。[②]

0.2.6　生成式AI与大模型时代(2020—2025)

AI大模型的诞生，让2023年成为人类历史上一个重要年份——通用人工智能元年。联合国教科文组织称，以大数据驱动的人工智能技术正在推动第四次工业革命。GPT-3横空出世，生成类人文本，让诗人沉默、程序员惊叹。人们开始怀疑：我们创造的AI，是否正在创造它自己的语言？

---

①1英里≈1609.3米。

②深度学习教父杰弗里·辛顿(Geoffrey Hinton)，他在神经网络低潮时依然坚持研究，并于2006年提出深层网络的有效训练方法，为日后深度学习热潮奠基。2018年，辛顿因在深度学习领域的贡献与杨立昆(Yann LeCun)、约书亚·本吉奥(Yoshua Bengio)共同获得图灵奖。

这一时期，以 GPT-4、DALL·E、Stable Diffusion 等为代表的生成式模型崛起，使 AI 能够生成高质量的文本、图像和视频，实现了真正的创造性输出。大模型展现出的跨领域推理能力，使得 AI 不再局限于单一任务，而是朝着 AGI 迈进。与此同时，关于 AI 道德、安全及对社会影响的讨论也愈发激烈，AI 的发展进入了前所未有的关键阶段。

2025 年，AI 大模型进入新一轮的竞争。DeepSeek（R1，R2）、Alibaba Qwen 系列（QwQ-32B）、Google Gemma 等开源模型迅速崛起，以更低算力实现超强推理，共同推动了 AI 推理能力的开放化与多样化。

0.3 智能三层模型：从感知到决策的能力进化路径

2001 年，在由著名导演斯皮尔伯格拍摄的电影《人工智能》中，主人公是个被输入情感程序的机器人男孩。影片讲述了这位小机器人渴望变成真的小孩，并为缩短机器人和人类差距而奋斗的故事。这部被定义为未来派的科幻电影已在 20 多年后的今天逐渐成为现实。如今，AI 成为基础设施，正在赋能各行各业。

在 AI 的发展过程中，"感知智能—认知智能—决策智能"三层架构是一个重要的概念，它描述了 AI 从数据输入、信息理解到决策执行的完整路径（图 0-5）。这一架构模拟了人类的认知过程，帮助 AI 从感知世界到理解世界再到做出行动，最终实现从信息到智慧的转化。

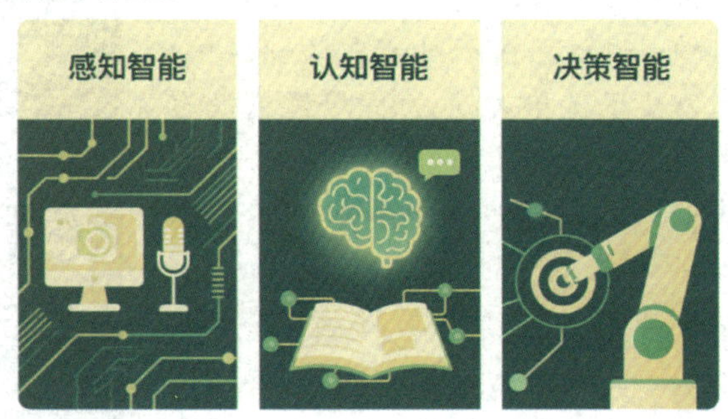

图 0-5　从感知智能、认知智能到决策智能的演化模型

0.3.1 感知智能：AI 的"眼睛"和"耳朵"

感知智能（perceptual intelligence）是 AI 最基础的能力，主要指 AI 通过传感器、摄像头、麦克风等设备感知外部环境，并将现实世界的数据转化为可处理的数字信息。

感知智能的本质是 AI 依靠"感知"世界来获取数据，但它本身并不理解数据的深层含义。

其核心技术包括：

（1）计算机视觉（computer vision）：AI 通过图像识别、目标检测、视频分析等技术"看懂"世界，如人脸识别、自动驾驶中的路况识别等。

（2）语音识别（speech recognition）：AI 通过音频信号处理和深度学习技术识别人类语音，如智能语音助手 Siri、语音输入法等。

（3）自然语言处理（natural language processing，NLP）：AI 通过文本分析、情感分析、翻译等能力"读懂"文本，如机器翻译、聊天机器人等。

（4）传感器数据处理（sensor data processing）：AI 通过雷达、温度传感器、生物信号采集器等感知非视觉、非语音的信息，如智能手环监测心率、自动驾驶中的激光雷达系统等。

其应用场景包括：

(1) 智能安防：人脸识别门禁系统、视频监控中的异常行为检测。

(2) 自动驾驶：车载摄像头识别行人、车道线，雷达感知障碍物距离。

(3) 智慧医疗：医学影像识别，如 AI 诊断肺部 CT、病理切片分析。

0.3.2　认知智能：AI 的“大脑”和“思维”

在获得感知数据后，AI 需要进行深度理解和知识推理，这一过程就是认知智能(cognitive intelligence)。它是 AI 从“数据处理”向“知识理解”迈进的关键阶段。

核心技术包括：

(1) 知识图谱(knowledge graph)：构建 AI 的知识体系，实现语义理解和逻辑推理。图 0-6 展示了“知识图谱”的概念，并以《蒙娜丽莎》(*Mona Lisa*)为中心节点，形象地表达了知识图谱如何组织和关联信息。

图 0-6　以 *Mona Lisa* 为中心节点的知识图谱表示

(2) 大语言模型(large language models，LLM)：如 GPT-4o，能理解文本、图像与视频，能生成文章、回答问题，具备类似人类的语言理解能力。

(3) 多模态融合(multimodal AI)：结合视觉、听觉、文本等多种信息来源，提升 AI 的理解能力，如 AI 在自动驾驶中融合摄像头、激光雷达和 GPS 数据。

(4) 情感计算(affective computing)：识别并理解人类的情感，如 AI 语音助手通过语气识别用户情绪。

(5) 强化学习(reinforcement learning，RL)：AI 通过环境交互不断优化自身的认知决策，如 AlphaGo 通过自我博弈提升围棋水平。

认知智能的本质：不仅仅是数据处理，而是让 AI 理解数据的含义，实现“知识建模”和“语义理解”。

0.3.3　决策智能：AI 的“大脑”做出决策与行动

当 AI 具备感知能力、理解能力后，最终需要做出决策并执行任务，这就是决策智能(decision intelligence)。这一层面通常依赖深度学习、强化学习、优化算法等技术，让 AI 具备自主决策、复杂规划和智能执行的能力(图 0-7)。

图 0-7　决策智能：AI 的“大脑”做出决策与行动

其核心技术包括：

(1) 强化学习：AI 通过环境交互和反馈学习最佳策略，如 AlphaGo 通过自我对弈提升围棋水平。

(2) 博弈论(game theory):用于多智能体协作或对抗的决策,如无人机编队协作、自动驾驶车辆避让策略。

(3) 自适应优化(adaptive optimization):动态调整 AI 策略,以适应复杂环境,如智能交通系统优化红绿灯调度。

(4) 大规模数据决策(big data decision making):AI 通过海量数据预测趋势,辅助决策,如金融市场风险评估、智能供应链管理。

其应用场景包括:

(1) 自动驾驶:AI 通过感知交通环境,理解交通规则,并决策加速、减速、超车等行为(图 0-8)。

(2) 智能调度:AI 在物流、仓储管理中优化配送路线,提高运输效率,如网络电商平台的智能物流系统。

(3) 金融风控:AI 通过用户信用数据、市场趋势预测金融风险,如银行信用评分、智能投顾。

决策智能的本质:让 AI 从"理解世界"进入"改变世界"的阶段,使其具备自主决策能力,并能在不确定环境中优化决策。

图 0-8　决策智能:AI 辅助自动驾驶适应不同道路场景示意

0.3.4　未竟之问:当 AI 触及"智慧"边界

尽管 AI 的"三层智能结构"已覆盖从数据感知、知识理解到行为执行的全过程,但这是否就意味着 AI 已接近人类智慧的边界?

显然并非如此。今天的 AI 仍难以实现跨场景的泛化能力。人类可以凭借一次经验完成类比迁移,而 AI 则常需重新训练。AI 更难以实现的是对价值与伦理的内在理解。人类懂得为何"绕远送老人回家",AI 却只能在"成本最小"与"路径最短"间做选择。至于"自我意识"的缺席,则进一步揭示出 AI 尚无法触及意识层面的终极问题。

从图灵的假设到今天的 Transformer 模型,从感知边界到认知飞跃,AI 的每一次突破都在逼近"智能"的本质,但也不断提醒我们:智慧不仅是信息处理的速度和广度,更关乎意义的建构、价值的判断与意识的觉醒。

我们距离 AGI 还有多远?我们是否愿意让机器拥有像人类一样的"思维"?这些问

题或许并无标准答案。但正如每一代科学家为人类文明续写新章，AI 发展的下一步，也正等待着我们继续思辨与探索。

正如，电影《人工智能》中的大卫终其一生追寻人性，现代 AI 的三层架构也指向一个终极目标——让机器不仅会“思考”，更能理解“为何思考”。这一征程或许比斯皮尔伯格的预言更加漫长，但每一次感知、认知与决策的迭代，都在重塑人与机器的共生边界。

0.4　通识教育定位：跨学科智能素养的核心价值

AI 已成为现代社会最具变革性的技术之一，它不仅推动着科技创新，也深刻影响着经济、文化、伦理和法律等多个领域。在这样的背景下，AI 通识教育（general AI education）应运而生，成为新时代人才培养的重要方向。

AI 通识教育的目标并非让所有人都成为 AI 专家，而是培养具备人工智能素养（AI literacy）的现代公民，使他们能够理解、应用并理性评估 AI 技术，以适应未来智能社会的需求。因此，这一课程的定位应当是跨学科性、普及性、应用性和伦理导向的有机结合。该课程通过打破学科壁垒，引导学生从计算机科学、数学、哲学、伦理学、经济学等多学科视角，理解 AI 技术的本质、发展及对社会的影响（图 0-9）。

图 0-9　AI 通识教育的目标是培养人工智能素养

在 AI 教育中，增强智能意识、智能计算思维、智能化学习与创新能力、智能社会责任四大素养，不仅能提升学生的 AI 应用能力，还能帮助他们在智能社会中做出负责任的决策，并创造更大的社会价值。这样的教育理念不仅适用于 AI 相关专业的学生，也对所有面向未来的学习者至关重要。

在这个智能变革的时代，计算思维和 AI 思维的融合，将成为我们创新突破的关键，为未来人工智能的应用打开无限可能的大门。

0.4.1　跨学科性：融合多学科视角理解 AI

AI 的本质决定了它不是单一学科的产物，而是计算机科学、数学、哲学/伦理学、经济学、社会学等多个学科交叉发展的结果（图 0-10）。因此，AI 通识教育需要打破学科壁垒，引导学生从不同的角度理解 AI 的运行机制及影响。

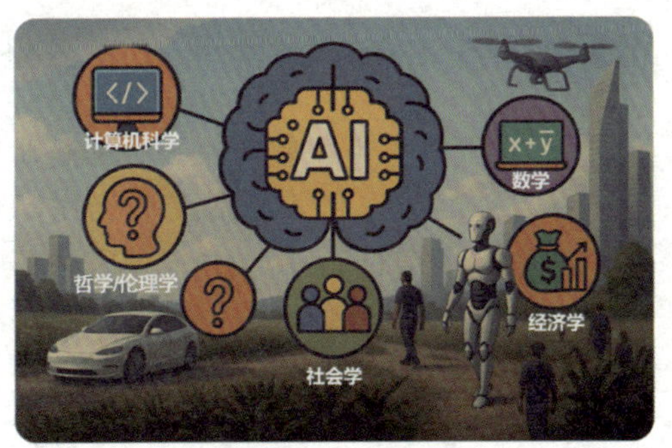

图 0-10　融合多学科视角理解 AI

1. 计算机科学视角

介绍 AI 的基本概念，如机器学习、神经网络、数据结构、算法原理等,使学生掌握 AI 的技术基础。

2. 数学视角

帮助学生理解 AI 背后的数学逻辑,如概率统计、线性代数、优化方法等,提高 AI 应用的理解力。

3. 哲学/伦理学视角

探讨 AI 的思维模式、机器智能的边界、伦理挑战,如 AI 的自主性、偏见问题、责任归属等。

4. 经济学视角

分析 AI 如何改变产业结构、劳动力市场,以及数据经济的运作方式。

5. 社会学视角

研究 AI 如何影响社会公平、就业、教育、隐私保护等问题,培养学生社会责任感。

这种跨学科的学习方式,能够帮助学生从多个维度理解 AI 的本质,并培养他们在实际应用中进行综合判断和创新的能力。

0.4.2 普及性:面向所有人的 AI 素养培养

AI 通识教育的核心原则之一是普及性,即面向所有学科背景的学生,让他们都能掌握 AI 的基本知识和应用能力。这与传统的计算机科学教育不同,后者主要针对技术人才,而 AI 通识教育的目标是让每个人都能理解 AI、与 AI 共存,并在各自的专业领域中应用 AI。

在普及性方面,AI 通识教育应当:

(1) 降低技术门槛:采用通俗易懂的语言,避免过度使用专业术语,使非计算机专业的学生也能理解 AI 原理。

(2) 案例驱动教学:通过实际案例,如自动驾驶、医疗 AI、智能推荐系统等,让学生直观感受 AI 的应用价值。

(3) 实践与体验结合:利用可视化工具、在线 AI 实验平台(如 TensorFlow、Playground、ChatGPT)、动手编程等方式,让学生在实践中理解 AI。

这种普及性课程的设置可以确保 AI 素养不再是计算机专业学生的专属,而成为每个现代公民的基础能力。

0.4.3 应用性:AI 赋能各行业的知识迁移

AI 通识教育不仅要传授 AI 的基础知识,更要强调其在不同行业的实际应用,帮助学生在未来的工作和学习中灵活运用 AI 技术。AI 已经深入医疗、教育、金融、制造业、艺术创作等多个行业,因此 AI 通识课程应关注以下应用场景的介绍。

(1) 智慧医疗:介绍 AI 在医学影像分析、药物研发、个性化医疗中的应用,探讨 AI 医生的可行性及伦理问题。

(2) 智能教育:AI 如何赋能个性化学习,如智能辅导系统、自适应学习平台等。

(3) 金融科技:AI 在金融风控、智能投顾、量化交易中的应用,以及金融 AI 的安全性问题。

（4）智能制造：如何利用 AI 优化生产流程，提高自动化程度，降低成本。

（5）艺术与创意：探索 AI 在音乐、绘画、文学创作中的应用，以及 AI 艺术的原创性讨论。

通过这些实际应用的讲解，学生可以理解 AI 如何影响各个行业，并学会在自己的领域中利用 AI 进行创新。

0.4.4　人工智能通识教育的四大智能素养

在 AI 时代，AI 教育培养的核心素养涵盖智能意识、智能计算思维、智能化学习与创新能力、智能社会责任 4 个方面。这些素养不仅关乎个体对 AI 的理解与应用，更影响其在智能社会中的责任与实践。

1. 智能意识：理解 AI 价值，主动应用 AI

智能意识指的是个体对 AI 的敏感度以及对其价值的判断力。通过 AI 课程的学习，学生能够逐步建立智能意识，认识到 AI 作为强大工具可以极大提升学习和工作效率，更高效地获取、处理和生成信息（图 0-11）。

具备智能意识的学生能够根据具体问题，自觉、主动地选择合适的 AI 工具来优化解决方案；能够敏锐地感知 AI 在问题解决中的价值，并预判其可能带来的影响，为决策提供参考。同时，在团队协作中，他们能够与成员共同探讨 AI 技术的最佳应用方式，以最大化 AI 的价值。

2. 智能计算思维：用 AI 思维解决复杂问题

智能计算思维指的是运用 AI 的思想方法，在分析问题和制定解决方案的过程中所产生的一系列逻辑推理和计算思维活动。

具备智能计算思维的学生能够以 AI 视角理解和界定问题，抽象核心特征，建立数学或计算模型，并有效组织和处理数据（图 0-12）。面对具体问题，他们能够基于分析结果，合理运用 AI 算法制定高效的解决方案，并总结 AI 在问题解决中的方法和思路，进而迁移到其他领域，培养跨学科的解决能力。

图 0-11　理解 AI 价值，主动应用 AI

图 0-12　用 AI 思维解决复杂问题

3. 智能化学习与创新：高效学习，创造突破性成果

智能化学习与创新是指学生能够合理评估并运用 AI 工具优化学习过程，提升自主

学习能力,并创造性地解决问题,形成创新性成果。

具备这一素养的学生能够深刻理解智能学习环境的优势与局限性,适应并善用 AI 赋能的学习模式,养成终身学习的良好习惯。他们不仅熟练掌握智能学习系统、AI 资源和工具的操作,还能运用于自主学习、协同工作、知识共享和创新实践中,实现更高效的学习目标。

在创新方面,这类学生能够基于 AI 技术创造性地探索新思路、新方法,并应用 AI 进行创新实践,如开发智能应用、优化决策方案或探索前沿技术,从而助力自身职业发展和社会进步。

4. 智能社会责任:AI 时代的伦理与规范意识

智能社会责任是指个体在 AI 时代所应承担的法律、道德和社会责任,涵盖智能安全意识、法律法规遵守以及伦理道德自律。

具备这一素养的学生能够在 AI 的现实与虚拟环境中,自觉遵守法律法规与社会规范,既维护个人合法权益,又尊重他人权利与公共信息安全。他们关注 AI 技术对社会、文化、环境带来的深远影响,对 AI 发展的新观念和新挑战保持开放学习的态度,同时具备理性判断和负责任的行动力。

他们还能够辨别 AI 可能引发的偏见、隐私问题及社会不公,积极倡导和推动负责任的 AI 发展(图 0-13),确保 AI 技术为社会带来更多正面影响。

图 0-13　负责任的 AI 发展

AI 通识教育的本质是为未来社会培养具有 AI 素养的现代公民,使他们不仅能理解和应用 AI 技术,还能在创新实践和社会治理中发挥积极作用。通过跨学科融合、普及 AI 知识、强调应用实践、强化伦理意识,AI 通识教育将成为推动社会智能化发展的关键力量。

在这个智能化变革的时代,AI 通识教育不仅是技术普及的需要,更是塑造未来社会核心竞争力的重要途径。只有让每个人都具备 AI 素养,我们才能真正迈向一个更加智能、公平和可持续的未来。

0.4.5　展望未来——人工智能的“星辰大海”

AI 正处于快速发展的关键时期,未来的演化路径将深刻影响科技、社会乃至人类文明的走向。从当前的专用智能系统出发,AI 正朝着更广泛、更通用的方向演进。在未来几十年内,以下几个重要领域将可能引发一系列深远的技术突破和社会变革。

1. AGI:从窄域智能迈向通才系统

目前大多数 AI 系统仍然局限于特定任务(如语音识别、图像分类、围棋博弈),而未来的目标是实现 AGI,即具备类人认知能力的系统。这类系统将能够在不同领域间迁移知识、适应新环境、自主学习新技能，并进行复杂推理和创造性活动。

AGI 的实现意味着 AI 将具备与人类相当的学习与思考能力，能够跨学科解决问题，独立提出假设并进行科学探索。一旦实现，其影响将覆盖经济、教育、科研、军事等多个领域，重新定义人与机器的关系。

2. AI 驱动的科学研究与技术发现

AI 在科研中的作用正在逐步从辅助工具演变为主动探索者。未来，AI 将深度参与科学发现过程，通过分析海量实验与观测数据、建模自然现象、生成并验证科学假说，极大地提高科研效率。

在新药开发、材料科学、能源技术、气候建模等领域，AI 将成为加速创新的重要力量。它有望帮助人类解决诸如癌症治疗、碳中和、极端气候预测等全球性难题，并推动科学研究范式的根本性变革。

3. 高度自主的智能体融入物理世界

随着 AI 技术与机器人硬件的不断进步，具备自主感知、决策和执行能力的智能体将逐步进入现实世界的各个场景。包括全自动驾驶汽车、灵巧的人形机器人、无人化农业系统和智能制造工厂等，未来将成为普遍现象（图 0-14）。

这类智能体不仅将取代重复性劳动，还将在服务、医疗、建筑、灾难救援等高复杂性环境中承担关键角色。其广泛应用将对生产方式、就业结构和社会组织模式产生深远影响。

4. 人机融合与脑机接口的跨越式进展

随着神经科学与 AI 的交叉发展，脑机接口（brain-computer interface，BCI）技术成为人机融合的重要突破口。未来的脑机系统将实现更高带宽的双向信息交换，使人类能通过意念控制外部设备，甚至增强学习与记忆能力（图 0-15）。

图 0-14　当智能体走入现实：AI 主导下的未来物理世界

图 0-15　人机融合的未来图景：脑机接口引领新纪元

脑机接口有望在医疗康复领域产生重大应用，如帮助瘫痪患者恢复运动能力，或辅助治疗阿尔茨海默病等神经退行性疾病。同时，这也可能催生对人类意识本质、身份界限的深刻反思，带来伦理与哲学层面的新挑战。

5. AI 伦理、安全与全球治理体系的构建

AI 的快速发展带来了算法偏见、数据隐私、恶意使用等诸多风险问题。构建健全的

AI 伦理规范与全球治理框架，是确保 AI 造福全人类的关键路径。

各国和国际组织正在推动制定相关法律、技术标准和监管机制，促进可解释、可控、可信的 AI 系统发展。未来，AI 治理不仅要关注技术本身的安全性，更要将其纳入经济结构调整、社会公平保障以及文化价值传承的整体考量之中。

本章思考与练习

一、深度思考题

【思考题 1】人工智能的核心目标是“模仿和拓展人类的认知能力”。你认为 AI 是否可能真正“理解”人类世界？这种理解和人类的主观体验有何本质区别？

【思考题 2】人工智能的三层智能模型(感知—认知—决策)与人类智能的认知过程有何异同？请结合实际案例进行对比分析。

【思考题 3】你认为 AI 的发展最终能实现“强人工智能”吗？如果可以，它是否应该具备意识与情感？为什么？

【思考题 4】从“AI 寒冬”到“深度学习”的爆发，人工智能的发展经历了哪些重要的转折点？技术、经济或社会背景在其中起到了怎样的作用？

【思考题 5】图灵测试是否仍是衡量 AI 智能水平的有效手段？在大语言模型(如 ChatGPT)已经通过“图灵测试”的今天，你如何看待它的局限性？

【思考题 6】人工智能通识教育强调“跨学科素养”，请从你熟悉的一门非计算机专业(如工科专业、经济学、医学、教育等)课程出发，谈谈 AI 如何可能重塑该领域的研究或实践。

【思考题 7】如果 AI 替代了你专业学习中的一部分或大部分任务(如编程、写论文、回答任何问题、建模与绘图)，你会选择合作还是对抗？如何保证你的不可替代性？

【思考题 8】人类创造 AI 的最终目的是什么？是“代替人类”还是“增强人类”？请结合“人机融合”“脑机接口”等前沿方向提出你的观点。

【思考题 9】如果在未来的某一天 AGI(通用人工智能)实现了，它是否应享有“权利”？如投票权、隐私权或表达自由？你支持或反对的理由是什么？

【思考题 10】在电影《人工智能》中，机器人小男孩渴望成为真正的人类。你认为未来 AI 是否应该具备“情感”或“意识”？这会给人类社会带来哪些影响？

二、实践类题目(应用与探索)

【任务 1】“AI＋专业”融合思考实践。

从你所在专业出发，设计一个 AI 应用设想(仅思路)。

示例引导：

法律专业：AI 是否能辅助法律文件审查？怎么判断它的公平性？

医学专业：AI 辅助影像诊断如何与医生分工？谁承担责任？

金融专业：AI 预测股市是否可靠？是否可能引发新的风险？

教育专业：AI 教师如何做到“因材施教”？是否会弱化人类教师角色？

要求：请写出 AI 应用设想＋面临的一个技术或伦理挑战。

【任务 2】基于你目前的专业，构建一个“AI 赋能本专业的方案草图”，包括使用的 AI 技术可能带来的变革，以及潜在风险。你认为大学教育的本质是否需要重构？

【任务 3】查找一个真实的 AI 产品（如自动驾驶、AI 医疗辅助诊断），以“感知—认知—决策”三层智能模型为框架，详细分析其实现过程。

三、拓展讨论题（课堂小组讨论或课后小论文）

【拓展讨论题 1】“人工智能可能比人类更理性，但不一定更有道德。”请讨论这一观点的现实依据与哲学根基。

【拓展讨论题 2】AI 与伦理实验活动。

设计一个简单的“AI 伦理角色扮演活动”，如让一组同学扮演“AI 开发者”、一组同学扮演“监管者”、一组同学扮演“普通用户”，围绕人脸识别在校园的应用展开辩论。

【拓展讨论题 3】模拟一个 AI 道德困境（如自动驾驶中的“电车难题”），要求学生扮演 AI 系统决策者，制定规则并说明理由，最后集体评估规则的合理性。

第 1 章

人工智能的数学基础：AI 背后的数学之美

本章教学目标

本章旨在引导学生以“发现数学之美”的视角，走进人工智能背后的数学世界，体悟数学作为智能技术之基石所蕴含的力量与诗意。通过向量空间的构建、矩阵运算的秩序之美、概率统计对不确定性的把握、导数与偏导对变化规律的敏锐捕捉，学生将理解：数学不仅是符号与公式的演算，更是支撑人工智能运行的理性语言与思维引擎。

课程将以图像识别中的卷积计算、贝叶斯推理在智能决策中的应用、梯度下降算法在模型学习中的关键作用等典型案例为依托，帮助学生将抽象理论与真实问题建立深刻连接。教学注重在“可感知的结构”中唤起学生对数学的美学体验，在“可运用的语言”中激发其建模与表达的能力。通过学习，学生将从“会算”逐步走向“能思、善用”，在结构化、形式化问题的解决过程中，提升抽象思维与解决复杂问题的能力，体悟数学如何成为 AI 跨学科融合与技术创新的灵魂内核。最终，学生将建立起用数学洞察世界、用智能构建未来的思想自觉与行动信心。

1.1　数学与人工智能：智能系统的语言与思维根基

数学是 AI 世界的通用语言。当 AI 识别图像、战胜棋王或创作诗歌时，幕后正奏响一场精妙的数学交响曲。正如物理学家用方程解码宇宙，计算机科学家用数学语言赋予 AI 思考能力——这不是枯燥的公式堆砌，而是抽象之美的具象化。

当你训练 AI 识猫时：

(1) 照片被解构为像素矩阵(线性代数)；

(2) 神经网络执行加权计算(微积分)；

(3) 模型优化如同在山谷中寻找最低点(优化理论)。

这些抽象数学，正是 AI 理解世界的底层语言(图 1-1)。

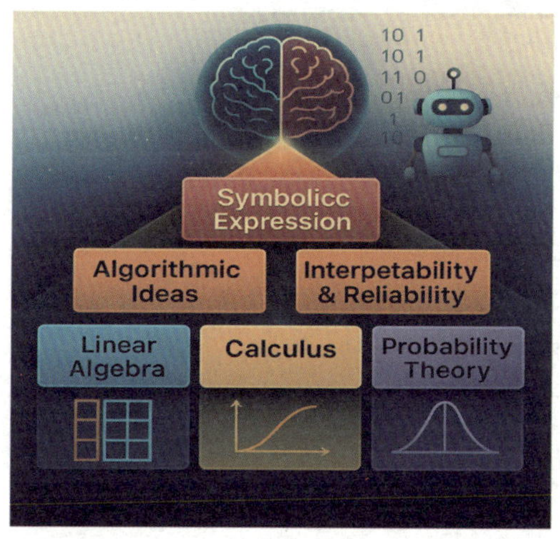

图 1-1　语言与思维根基——AI 三大数学支柱：线性代数、微积分、概率论

1.1.1　线性代数：高维空间的优雅画笔

1. 词语的宇宙坐标

ChatGPT 处理“猫”时，将其映射为 768 维向量——“猫”与“猫咪”的向量距离远小于“猫”与“汽车”，如图 1-2 所示。

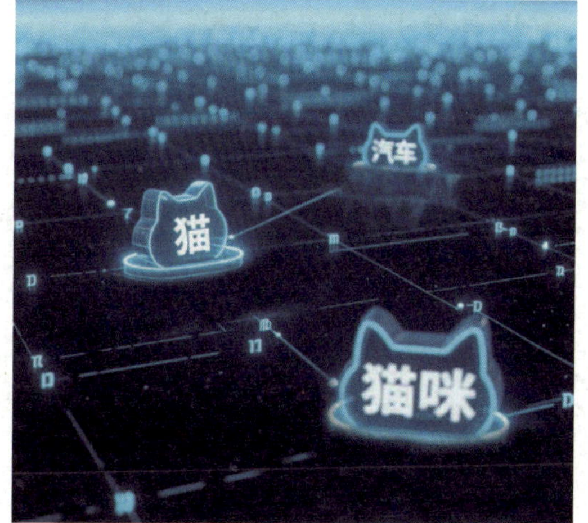

图 1-2　高维空间的优雅画笔

2. 图像的降维魔法

一张 1000 像素×1000 像素的图片＝百万维空间中的一个点。

3. 特征值分解三步骤

(1) 将图像数据构建为矩阵；

(2) 提取核心特征方向(如“鼻梁曲率”“眼角弧度”)；

(3) 投影到 10～100 个关键维度。

惊艳实证：美国麻省理工学院(Massachusetts Institute of Technology，MIT)团队通过主成分分析(principal component analysis，PCA)在 20 维空间重建人脸，依然可辨识——数学帮 AI 减小冗余，捕捉美的本质。

4. 数学之美

(1) 统一性：矩阵乘法统一描述平移、旋转、缩放。

(2) 简洁性：3 行矩阵公式处理千万像素，如同将星群归纳为星座。

1.1.2 微积分：优化世界的梯度魔法

1. ChatGPT 越聊越聪明的奥秘

训练 GPT-3＝在 1750 亿维参数空间寻找最低点(误差最小)。

2. 梯度下降三部曲

(1) 随机初始化参数(参数随机赋值)；

(2) 计算梯度——当前点的坡度方向(损失函数的偏导数)；

(3) 沿最陡方向更新参数——沿最陡下坡方向迈出一步。

3. 动态调控艺术

当参数空间出现梯度“悬崖”时，梯度裁剪技术(||▽||≤阈值)如降落伞般稳定下坠，避免 AI“摔死”(优化崩溃)。

4. 数学之功

仅凭局部导数信息，驾驭宇宙尺度的复杂地形——这是人类无法企及的优化艺术。

1.1.3 概率论：不确定性的决策水晶球

1. 自动驾驶的生死预判

当雷达探测右侧异常时：

$$P(\text{行人}|\text{信号})=[P(\text{信号}|\text{行人})\times P(\text{行人})]/P(\text{信号})$$

式中 P(行人)——先验概率(闹市区初始值 70%)；

P(信号|行人)——似然概率(信号特征匹配度)；

P(行人|信号)——动态更新的后验概率。

2. 致命 0.8 秒

特斯拉实测：贝叶斯融合算法比人类快 0.8 秒响应盲区行人——恰是 30 km/h 车速下的刹车安全距离！

1.1.4 数学之美的三重境界

“数学不仅追求真理，更追求以最优雅的方式抵达真理。”

——菲尔兹奖得主 Timothy Gowers

数学之美的三重境界见表 1-1。

表 1-1 数学之美的三重境界

维度	表现	案例
统一性	万物皆可向量化——无论是图像、语言还是传感器数据，最终都被转化为向量、概率、矩阵	微信消息→768 维数字向量
穿透力	四两拨千斤的优化智慧——梯度下降法仅用导数信息就能驾驭百亿维空间	梯度下降驾驭百亿维空间
必然性	公理衍生的坚不可摧的逻辑链条——如同欧式几何般优雅自洽	贝叶斯推理构建决策

给 AI 学习者的密钥:

当你学习"线性代数"时,请记住:

(1) 矩阵乘法:神经网络的信息传导脊柱。

(2) 特征向量:AI 透视世界的本质透镜。

当你挣扎于"微积分"时,请想象:

(1) 偏导数:GPT-4 调整 1750 亿参数的精密旋钮。

(2) 链式法则:误差反向传播的神经网络血液。

这些课程不是枯燥的考试科目,而是你掌中的 AI 超能力源码!

当你解出一道梯度下降习题时,指尖已触到驱动 ChatGPT 的宇宙引擎——这便是数学赋予人类最浪漫的奇迹。

1.2　线性代数:用矩阵与向量刻画世界

1.2.1　亚里士多德"鉴别源于比较"的现代回响

现代心理学证实比较是认知的起点,认识世界是 AI 的基本任务。判别式 AI 作为当今主流范式,其本质是通过数学语言实现事物的描述与比较。无论是图像分类、情感分析还是生成式 AI(AI generated content,AIGC,比如文生图、写文章的 AI)的创作基础,都始于"认识世界"的判别能力。本节将从描述事物与比较事物两个维度,揭示线性代数如何为 AI 提供优雅的数学工具。

1.2.2　事物的数学画像:维度、向量与矩阵

1. 描述世界的维度框架

要比较两个事物,需要从不同的方面和角度描述,这就是维度。

想象场景一:水果店区分苹果和橙子。

你观察颜色、形状,闻气味……→ AI 用数字向量做同样的事

想象场景二:一个同学的"数字画像"。

(1) 一维视角——只关注一个特征。

比如就记录一个同学的成绩,即只有一个特征。

(2) 多维视角——多个特征=立体画像。

描述事物往往有不同的角度(方面)。比如描述班上的同学,除了成绩,还有身高、体重、发型甚至喜欢听什么歌……这些信息凑在一起,就构成了多维描述,每个描述角度就是一个维度。如张三同学,成绩 90 分,身高 175 cm,体重 70 kg。所有这些维度上的数据连起来就是一个刻画学生的向量,如

$$\boldsymbol{v}=[90,175,70]$$

基础维度:单一特征(如学生成绩)构成一维描述。

多维扩展:现实事物的多角度刻画(身高、体重、爱好等)。

向量化表达：每个对象多个特征的集合形成唯一向量。

想象场景三：全班画像＝数字花名册。

如果全班有 n 个同学，需要从 m 个特征维度描述，那么就有 n 个 m 维度的向量，排成一个表格，这就是矩阵。例如，

$$\begin{vmatrix} 90 & 175 & 70 \\ 85 & 168 & 65 \\ \cdots & \cdots & \cdots \end{vmatrix} \rightarrow \text{矩阵就像班级的超级花名册}$$

用数学方式表达就是矩阵 $\boldsymbol{A}$：

$$\boldsymbol{A}=\begin{pmatrix} v_{11} & v_{12} & \cdots & v_{1n} \\ v_{21} & v_{22} & \cdots & v_{2n} \\ \vdots & \vdots & \ddots & \vdots \\ v_{m1} & v_{m2} & \cdots & v_{mn} \end{pmatrix}$$

上述例子的维度很少，且每个同学都有相同的维度值，排得整整齐齐。而世界往往是以更复杂的形式呈现在我们面前的。下面再看更复杂的例子——人脸。

2. 认知升级三阶段(以人脸为例)

描述一张人脸就是一个维度不断攀升的认知过程，从低维到高维，见表 1-2 和图 1-3。

表 1-2 认知升级三阶段(以人脸为例)

观察层次	人脸识别举例	相当于
初级(低维)	圆脸/方脸(整体轮廓)	简笔画
进阶(中维)	眼距/鼻长比例(结构关系)	素描细节
深化(高维)	表情/光影动态	3D 全息投影

(a) 直观特征

(b) 特征关系维度

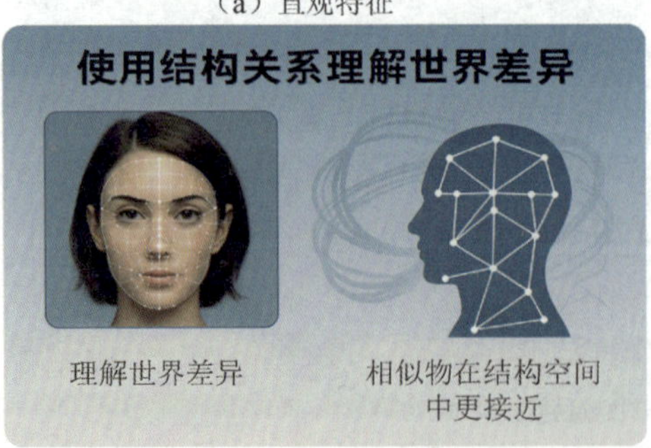

(c) 更一般的关系维度

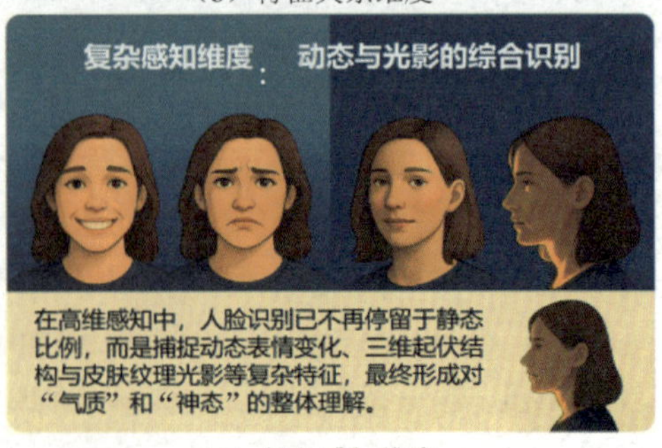

(d) 复杂感知维度

图 1-3 观察世界的角度

1.2.3　万物比较的数学尺子

核心问题：如何说清张三和李四有多像？如何量化向量间的相似性？

1. 简单比较——静态对比

核心问题：有了事物的“数字画像”（向量），怎么衡量它们之间的相似或不同呢？

(1) 一维比较：成绩。

①绝对差：|90－85|＝5 分（简单粗暴，即绝对值距离）。

②波动值：全班成绩方差大→说明有人是“学霸”，有人“躺平”。

③方差/标准差：全班同学成绩是都差不多（集中）还是差距很大（分散）？这就需要计算所有同学与平均成绩的差距（差值平方的平均就是方差，方差开方就是标准差）。

④方差的意义：衡量一个维度上数据的分散程度（波动大小）。

(2) 综合对比：多维度评测——距离度量。

①概念：比较两个同学，不能只看成绩，还要考虑身高、体重等多个维度。

②核心思想：把每个维度上的差异“组合”起来，得到一个总的“距离”分数。

假定用 m 维特征描述每一个同学，则描述两个同学的向量分别为

$$\boldsymbol{a}=[a_1,a_2,\cdots,a_m],\quad \boldsymbol{b}=[b_1,b_2,\cdots,b_m]$$

两个同学在不同维度和距离度量下的比较见表 1-3。

表 1-3　两个同学在不同维度和距离度量下的比较

比较类型	数学方法	计算公式	适用场景	备注
一维比较	绝对距离	$d=a_1-b_1$	假定 a_1，b_1 是两个同学的成绩	单特征对比
	方差分析	$\sigma^2=\sum(x_i-\mu)^2/n$	特征离散度评估	
多维比较（图 1-4）	欧氏距离	$d=\sqrt{\sum(a_i-b_i)^2}$	空间直觉型任务	维度独立性假设
	曼哈顿距离	$d=\sum(a_i-b_i)$		

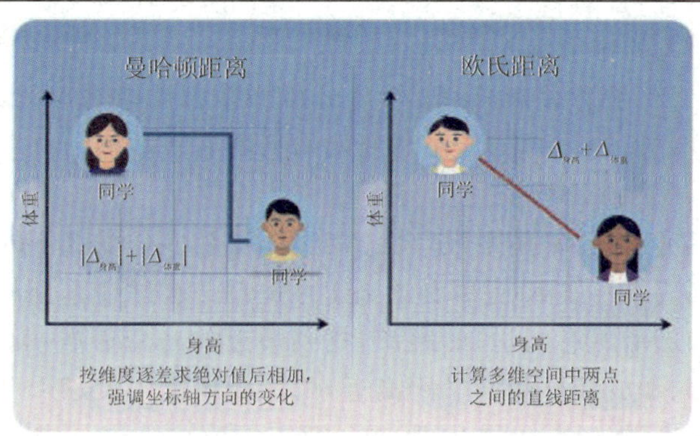

图 1-4　刻画事物的向量：学生画像（身高、体重）

但问题来了，如果有的维度数值特别大（比如成绩满分为 100），有的很小（比如身高如果以米为单位可能只有 1.x 米），大数值的维度会“淹没”小数值的维度。怎么办？

比如，身高的单位可以是米(1.7,1.8,1.6,…)，数值范围在1.5～2.0。成绩的单位可以是分(70,85,95,…)，数值范围在0～100。如果以身高和成绩两个维度计算两个同学(同学a和同学b)的距离，则有

身高差：$\Delta_{身高}$＝身高a－身高b。

成绩差：$\Delta_{成绩}$＝成绩a－成绩b。

如果直接计算欧氏距离，那么$d=\sqrt{(\Delta_{身高}^2+\Delta_{成绩}^2)}$。

$\Delta_{身高}$(比如0.1米)往往比$\Delta_{成绩}$(比如10分)小很多，这显然是不合理的，扭曲了真实的相似度。

(3) 解决方案：归一化/标准化。

①目标：让所有维度都投射到同一个数值范围，从而消除量纲和数值范围的影响，使它们对距离计算的贡献权重变得可比。

②常用方法：

A. Min-Max 归一化(缩放至[0,1])：

方法：对每个维度，新值＝(原值－该维度最小值)/(该维度最大值－该维度最小值)

效果：把所有值压缩到[0,1]区间，原最小值变成0，原最大值变成1。

例：某维度原始值[10,20,30]→归一化后 [0,0.5,1]。

B. z-Score 标准化(均值为0，标准差为1，更常用，尤其适合后续的PCA)：

方法：对每个维度，新值＝(原值－该维度平均值)/该维度标准差。

效果：该维度所有数据的平均值变为0，该维度所有数据的标准差变为1，数据分布形状不变(只是平移和缩放)。

例：某维度平均值＝50，标准差＝10。

原始值60→标准化后(60－50)/10＝1；原始值40→(40－50)/10＝－1。

③标准化带来的好处：

A. 公平比较：所有维度取值范围一致，在距离计算中的贡献是等价的，消除了量纲影响。

B. 距离计算更合理：计算曼哈顿距离、欧氏距离等，能真实反映多维度的综合差异，不会被某个数值范围大的维度绑架。

C. 为后续分析铺路：协方差矩阵、PCA等分析通常都要求或强烈建议数据先标准化(尤其是各维度单位不同时)，并且PCA对变量的尺度非常敏感。

④距离度量：

有了标准化后就可以用“常用量尺”(距离度量)度量多个维度上的差了。

距离度量是判别式AI(如K近邻分类器)的核心。通过计算新样本(比如一个新同学)与已知样本(比如班上所有同学)的距离，找到最近的几个邻居，就能判断这个新同学可能属于哪一类(比如和成绩好的同学距离近，可能成绩也比较好)。

⑤常见的距离度量：切比雪夫距离(Chebyshev distance)、闵可夫斯基距离(Minkowski distance)、马氏距离(Mahalanobis distance)、余弦距离(cosine distance)、汉明距离(Hamming distance)和杰卡德距离(Jaccard distance)

不同的距离度量适合不同的比较场景，比如余弦距离用于度量嵌入向量时的差别

（见 1.5 节）。

示例：在识别手写数字时，可以把每个数字图像转化为像素向量，通过计算向量之间的距离，就能判断两个数字是不是同一个。归一化后，即使数字写得大小、位置不同，AI 也能更准确地比较它们。

2. 复杂比较——发现隐藏的关联规律

现实世界中事物的特征往往不是独立的。比如身高和体重，一般个子高的人，体重也会更重，这就是维度之间的关联性。那么，如何衡量两个维度之间的“协同变化”趋势？协方差（covariance）可解决这个问题。介绍协方差前，我们先复习下方差的概念。

（1）方差：描述单个维度上的数据波动程度，对于一组数据 $x_1, x_2, \cdots, x_n$，方差公式为

$$\mathrm{Var}(X) = \frac{1}{n}\sum_{i=1}^{n}(x_i - \overline{x})^2$$

其中，$\overline{x}$ 是数据的均值，若全班同学的成绩方差大，说明有人是学霸，有人躺平。

（2）协方差：描述两个维度（比如身高 X 和体重 Y，或说两个随机变量）之间协同变化（一起变化）的程度和方向。

比如两个维度的值是一起变大及各自变大的程度有何不同，还是一个变大的同时另一个变小及这种变化差别的大小。

①协方差的理解：

A. 计算个体偏差：

假如个体身高为 X，体重为 Y。

对每个同学 i，计算其身高 X_i 减去全班平均身高 X_{avg}，得到身高偏差为 $X_i - X_{avg}$。

同样可以计算其体重偏差为 $Y_i - Y_{avg}$。

B. 偏差配对相乘：

身高偏差和体重偏差的协同变化可以用同学 i 的身高偏差和体重偏差的乘积 $(X_i - X_{avg})(Y_i - Y_{avg})$ 来描绘。

为什么是乘积？因为乘法能捕捉同向变化和反向变化！比如，

如果同学 i 高且重，即 $(X_i - X_{avg}) > 0$ 且 $(Y_i - Y_{avg}) > 0$，则乘积 >0（正贡献）；

如果同学 i 矮且轻，即 $(X_i - X_{avg}) < 0$ 且 $(Y_i - Y_{avg}) < 0$，则乘积 >0（正贡献，负负得正）；

如果同学 i 高但轻，即 $(X_i - X_{avg}) > 0$ 但 $(Y_i - Y_{avg}) < 0$，则乘积 <0（负贡献）；

如果同学 i 矮且重，即 $(X_i - X_{avg}) < 0$ 但 $(Y_i - Y_{avg}) > 0$，则乘积 <0（负贡献）。

C. 平均偏差：

把所有同学的偏差乘积加起来，再除以人数（或人数 -1），即所有同学在维度 X 和维度 Y 上的平均偏差。这个平均偏差就是身高和体重两个维度的协方差，记作 $\mathrm{Cov}(X, Y)$，用数学公式表示：

$$\mathrm{Cov}(X, Y) = \frac{1}{n}\sum_{i=1}^{n}(x_i - \overline{x})(y_i - \overline{y})$$

②进一步解读：

符号的正、负表示两个维度变化的主要方向：

$\mathrm{Cov}(X, Y) > 0$：总体趋势上身高增加时体重倾向于增加（正相关，同向变化）。

$\mathrm{Cov}(X,Y)<0$：总体趋势上身高增加时体重倾向于减少（负相关，反向变化）。

$\mathrm{Cov}(X,Y)\approx 0$：没有明显的线性协同变化趋势（可能无关，或者关系为非线性）。

$\mathrm{Cov}(X,Y)$的大小（绝对值）：表示这种协同变化的强度。绝对值越大，两个维度线性关联的趋势越强。

说明：协方差值受维度本身大小影响，实际上直接比较不同协方差的大小意义不大。

示例：考察全班同学的身高、体重数据。如果协方差是较大的正数，则说明高个子普遍偏重，矮个子普遍偏轻，身高、体重是正相关的。如果协方差接近零，则说明身高和体重之间看不出明显的共同变化规律。再比如羽绒服的销量很可能跟日平均气温负相关，天暖的时候销量可能下降，如图 1-5 所示。

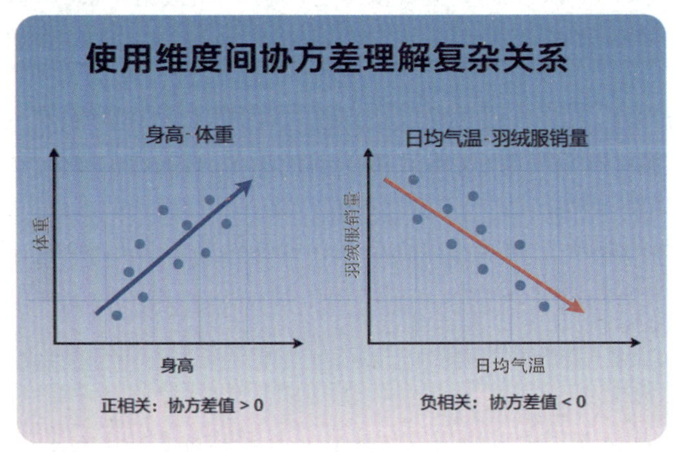

图 1-5　维度间的联动关系：身高和体重的正协方差与日均气温和羽绒服销量的负协方差

总结：协方差揭示了两个维度之间隐藏的“联动”关系。

(3) 协方差矩阵：维度的“关系网”。

问题引入：事物往往是多维度的，如身高、体重、成绩、音乐爱好、五官比例……两两之间存在着某种关联，即协方差。如何整体上描述所有维度之间的协同变化关系？如果说协方差是描述两个随机变量（维度）之间协同变化（线性关系）的核心指标，那么当涉及 3 个或更多维度（变量）时，描述它们整体的协同变化关系就需要更复杂的工具了。

我们可以用一个表格（矩阵）专门记录一个事物所有维度两两之间的协方差，这就是协方差矩阵。

假定矩阵的行和列都表示维度（比如第 1 行第 1 列是身高，第 1 行第 2 列是体重等）。如向量 $\boldsymbol{X}$ 有 m 个维度，两两维度之间都有协方差，把它们放在一个矩阵里，就得到了协方差矩阵：

$$\boldsymbol{C}=\begin{bmatrix}\mathrm{Cov}(X_1,X_1) & \mathrm{Cov}(X_1,X_2) & \cdots & \mathrm{Cov}(X_1,X_m)\\ \mathrm{Cov}(X_2,X_1) & \mathrm{Cov}(X_2,X_2) & \cdots & \mathrm{Cov}(X_2,X_m)\\ \vdots & \vdots & & \vdots\\ \mathrm{Cov}(X_m,X_1) & \mathrm{Cov}(X_m,X_2) & \cdots & \mathrm{Cov}(X_m,X_m)\end{bmatrix}$$

矩阵对角线上的元素（行号＝列号）是每个维度自己和自己的协方差，实际上就是该维度上的方差，即

$$\mathrm{Cov}(\boldsymbol{X},\boldsymbol{X})=\mathrm{Var}(\boldsymbol{X})\text{（参看之前的方差定义）}$$

矩阵非对角线上的元素（行号≠列号）就是对应两个维度之间的协方差，$\mathrm{Cov}(\boldsymbol{X},\boldsymbol{Y})$。

协方差矩阵的特点：

①对称：$\mathrm{Cov}(\boldsymbol{X},\boldsymbol{Y})=\mathrm{Cov}(\boldsymbol{Y},\boldsymbol{X})$。

如身高和体重的协方差＝体重和身高的协方差。

②对角线是方差：衡量每个维度自身的波动。

③非对角线是协方差：衡量不同维度之间的协同波动。

示例：假设用 3 个维度描述一个同学：身高（$\boldsymbol{X}$）、体重（$\boldsymbol{Y}$）、成绩（$\boldsymbol{Z}$）。

它们的协方差矩阵见表 1-4。

表 1-4　协方差矩阵

维度	$\boldsymbol{X}$（身高）	$\boldsymbol{Y}$（体重）	$\boldsymbol{Z}$（成绩）
$\boldsymbol{X}$（身高）	$\mathrm{Var}(\boldsymbol{X})$	$\mathrm{Cov}(\boldsymbol{X},\boldsymbol{Y})$	$\mathrm{Cov}(\boldsymbol{X},\boldsymbol{Z})$
$\boldsymbol{Y}$（体重）	$\mathrm{Cov}(\boldsymbol{Y},\boldsymbol{X})$	$\mathrm{Var}(\boldsymbol{Y})$	$\mathrm{Cov}(\boldsymbol{Y},\boldsymbol{Z})$
$\boldsymbol{Z}$（成绩）	$\mathrm{Cov}(\boldsymbol{Z},\boldsymbol{X})$	$\mathrm{Cov}(\boldsymbol{Z},\boldsymbol{Y})$	$\mathrm{Var}(\boldsymbol{Z})$

去掉表头，则矩阵为

$$\begin{bmatrix}\mathrm{Var}(\boldsymbol{X}) & \mathrm{Cov}(\boldsymbol{X},\boldsymbol{Y}) & \mathrm{Cov}(\boldsymbol{X},\boldsymbol{Z})\\ \mathrm{Cov}(\boldsymbol{Y},\boldsymbol{X}) & \mathrm{Var}(\boldsymbol{Y}) & \mathrm{Cov}(\boldsymbol{Y},\boldsymbol{Z})\\ \mathrm{Cov}(\boldsymbol{Z},\boldsymbol{X}) & \mathrm{Cov}(\boldsymbol{Z},\boldsymbol{Y}) & \mathrm{Var}(\boldsymbol{Z})\end{bmatrix}$$

对角线元素 $\mathrm{Var}(\boldsymbol{X})$，$\mathrm{Var}(\boldsymbol{Y})$，$\mathrm{Var}(\boldsymbol{Z})$ 分别表示身高、体重、成绩的方差（自身波动）。

非对角线元素 $\mathrm{Cov}(\boldsymbol{X},\boldsymbol{Y})$，$\mathrm{Cov}(\boldsymbol{X},\boldsymbol{Z})$，$\mathrm{Cov}(\boldsymbol{Y},\boldsymbol{Z})$ 分别表示身高与体重、身高与成绩、体重与成绩之间的协同变化关系，即协方差。

协方差的意义：浓缩了数据集的所有“维度关系”，它告诉我们：

①每个特征自己变化有多大（方差）；

②哪些特征喜欢一起变大变小（正协方差）；

③哪些特征喜欢一个变大一个变小（负协方差）；

④哪些特征似乎各变各的（协方差接近零）。

（4）协方差矩阵展示的数学之美：

用一个简单的对称矩阵（协方差矩阵）完美地捕获了数据所有维度间的线性关系（协方差）及各维度自身的离散程度（方差），这就相当于给出了数据的“指纹”。具体而言就是协方差公式巧妙地揭示了数据间的内在联系，即

①量化维度间的关联：协方差公式 $\mathrm{Cov}(\boldsymbol{X},\boldsymbol{Y})=\dfrac{1}{n}\sum_{i=1}^{n}(x_i-\overline{x})(y_i-\overline{y})$，通过偏差配对相乘并求平均，将两个变量之间“同增同减”或“此消彼长”的关系转化为具体的数值。正数表示正相关，负数表示负相关，0 表示无关联。这种对维度间关联的量化让我们能够发现维度间的关系，并为更深刻地认识维度间的关系打下了基础。

②搭建了单变量到多变量的桥梁：它是从单个变量分析（方差）迈向多变量关系研究的关键一步，为构建协方差矩阵奠定基础；而协方差矩阵又成为后续特征值分解、主成分分析等复杂数学操作的起点，在描述和理解多维数据结构中起到承上启下的作用。

③反映本质：不依赖数据的具体数值大小，而是关注数据变化趋势的协同性，挖掘出数据背后隐藏的本质联系。比如在分析学生成绩与学习时间的关系时，协方差能剔除个体成绩高低的干扰，专注于两者变化趋势是否一致，从而揭示内在规律。

1.2.4 抓住主要矛盾——特征值与特征向量

1. 问题

维度太多会让人眼花缭乱、应接不暇，对于机器亦如此。比如一张 1000 像素×1000 像素的灰度人脸图像有 100 万像素，如果把每个像素看成一个维度，就是 100 万维。为了判断两张相同尺寸的照片上的人物是不是同一个人，如果计算两幅图像在 100 万维上的欧氏距离，且不论计算代价，那是没有意义的。两张照片可能因拍摄角度、光照的不同，往往并不存在像素间的对应关系。也就是说，照片 1 中的像素(x_i, y_j)与照片 2 中相同位置上的像素，一般来说不存在有意义的对应关系，那么直接计算“捉对”像素值差是没有意义的，而建立在这种“捉对”像素值差基础上的欧氏距离的意义也就不存在了。实际上，很少能孤立地把像素直接看作图像的特征。图像真正有用的特征可能只有几百个，但不是直接的像素。那这些特征又是什么呢？怎么找到这些特征呢？线性代数为我们指出了方向：特征值和特征向量。

2. 概念

方阵是长宽相等的矩阵。一个方阵 $\boldsymbol{A}$，如果存在一个非零向量 $\boldsymbol{v}$ 和一个数值 λ，满足

$$\boldsymbol{A}\boldsymbol{v}=\lambda\boldsymbol{v}$$

那么 λ 就是矩阵 $\boldsymbol{A}$ 的特征值，$\boldsymbol{v}$ 就是对应的特征向量。特征向量指向数据变异的主要正交方向，最大的特征值对应的特征向量是数据变化最剧烈的方向。而特征值代表数据在对应特征向量方向上的“伸展程度”，也就是方差大小，即特征值本身就是方差，不过是在新的坐标轴（特征向量）上的方差。想象你在放风筝，风向（特征向量）决定风筝飞的方向，风的强度（特征值）决定风筝飞的高度。

特征向量 $\boldsymbol{v}$ 的每个分量代表了原始维度对该向量方向（主方向）的“贡献权重”或“参与度”。特征向量 $\boldsymbol{v}_i$ 的分量 w_{ij} 可以直接解释为：原始的第 j 个维度的坐标轴单位向量在由 $\boldsymbol{v}_i$ 定义的主轴方向上的投影长度（或坐标值）。因此，特征向量的方向不是凭空产生的，它是原始维度轴（特征）按照特定权重 w_{ij} 线性组合后形成的一个新方向，即“合力”方向。

特征值的求解需要解数学方程 $\boldsymbol{A}\boldsymbol{v}=\lambda\boldsymbol{v}$（“线性代数”课程给出了详细和严格的解答）。

由上述公式可以改写成“变形方程”：

$$(\boldsymbol{A}-\lambda\boldsymbol{I})\boldsymbol{v}=\boldsymbol{0}$$

其中，$\boldsymbol{I}$ 是单位矩阵（对角线为元素 1，其余为 0）。

3. 解读

(1) $\boldsymbol{A}\boldsymbol{v}$ 表示对 $\boldsymbol{v}$ 施加矩阵 $\boldsymbol{A}$ 所定义的线性变换。

(2) 矩阵 $\boldsymbol{A}$ 作用于特征向量 $\boldsymbol{v}$，即 $\boldsymbol{A}\boldsymbol{v}$，等价于把 $\boldsymbol{v}$ 拉长/缩短 λ 倍（$\lambda\boldsymbol{v}$ 的方向不变）。

关于 $\boldsymbol{A}\boldsymbol{v}$ 是线性变换，可以这样理解：实际上相当于是加权求和，而向量 $\boldsymbol{v}$ 定义了加

权求和的项,矩阵 $\boldsymbol{A}$ 则定义了加权求和的对应项的权重系数。换句话说就是计算矩阵 $\boldsymbol{A}$ 到向量 $\boldsymbol{v}$ 的投影。

1.2.5 化繁为简——主成分分析

1. 问题

在现实世界中,事物的维度往往是非常多的,几十、几百维,百万维,甚至更多,其中很多维度可能是相关的(协方差不为零)或信息量很小(方差值很小)。比如"身高"和"体重"就非常有可能具有大的相关性,它们的协方差 $\mathrm{Cov}(X,Y)$ 不等于 0。另外,因为每个事物在高维空间总会在一些维度上非常不同,它们在这样的空间上就会相距"很远",即所谓的数据稀疏。这不但增加了计算的复杂性,而且也不容易看清主次:哪些最能代表数据的主要差异? PCA 就是解决这个问题的一把钥匙。

2. PCA 的核心思想

如果能找到数据中方差最大的几个相互垂直的方向,并将数据投影到这些方向上,然后用投影后的坐标代表原始数据,这样就可以用尽可能少的新变量来尽可能多地解释原始数据的变异性。PCA 就是寻找协方差矩阵的特征值最大的几个特征向量方向,并把数据投影到这些向量方向上。

3. 主成分方向

协方差矩阵描述了数据各个维度(变量)之间的协同关系,包含了每个维度自身的方差以及不同维度两两之间的协方差。通过分析协方差矩阵的特征值和特征向量,我们可以发现数据在不同方向上具有不同的分散程度:存在方差较大的方向(对应较大的特征值)和方差较小的方向(对应较小的特征值)。方差最大的方向通常包含了数据最主要的变异信息,往往能对数据结构提供更关键、信息量更丰富的描述。如果能找到"方差最大的方向,方差次大的方向……"一系列方向,那么就有可能通过保留少数方差大的方向(即主成分)确定低维空间(较少维度),近似表示原始高维数据分布,从而实现数据降维。

协方差矩阵的特征向量方向 $\boldsymbol{v}_i$ 是由原始各维度按其单位向量在该方向上投影长度加权组合而成的,也就是数据波动最大的轴线。因此,通过计算协方差矩阵的特征值和特征向量,我们能找到数据最关键的维度。

协方差矩阵的特征向量定义了数据中隐藏的"协同模式"或"共同变化主题",指明了原始维度之间以何种特定的方式(权重和方向)组合在一起,形成一种新的、综合的"趋势方向"。这种趋势方向捕捉了原始维度间最显著(对应最大特征值)或次显著(对应后续特征值)的集体波动模式。

4. 寻找主成分

线性变换(特征值分解)可以帮助我们把数据投影到方差大的方向上,这就是 PCA 所完成的工作。分解协方差矩阵特征值,可以得到一组正交的特征向量,即互不相关的特征向量。数据在这些方向上的投影方差由特征值决定,特征值越大,数据投影后的方差越大，即包含的信息就越多。特征值最大的几个特征向量方向就是我们要找的主成分方向。这些方向承载了数据最主要的变化和结构信息。而特征值小的主成分上的数据变化很小(方差小)，包含的信息量少，舍弃它们损失少。

为了消除量纲差异对协方差矩阵计算的影响，避免高数值特征主导主成分方向，在进行 PCA 前，需先对原始数据进行标准化(z-score 标准化)，使各特征均值为 0、方差为 1。PCA 将标准化后的数据投影到前 k 个主成分方向，即特征值最大的前 k 个特征向量方向上，投影后的 k 个坐标值即为数据在新空间的表示。新维度彼此正交(不相关)，且 k 远小于原始维度。k 通常根据累积方差贡献率确定(如保留 80%～90% 的方差)，从而在减少维度的同时保留主要信息。

注：特征值分解的具体方法参阅“线性代数”课程的相关内容。

例 1：假定学生“画像”的特征有 100 个(身高、体重、各种喜好分数、各种能力分数……)。

经过 PCA，发现前 3 个主成分就解释了 90%的总方差，即

主成分 1(v_1)可能代表“综合体格与活力”(身高、体重、运动喜好等正向加载)。

主成分 2(v_2)可能代表“艺术倾向与理工倾向”。

主成分 3(v_3)可能代表“社交外向程度”。

现在可以用每个人在这 3 个主成分上的得分 [PC_1 得分，PC_2 得分，PC_3 得分]来近似描述这个人(用 3 维代替了 100 维)，并抓住了最核心的特征差异。

例 2：图像压缩：用 100 个特征画一张脸。

人脸图像通常有上千个像素(上千维)，但 PCA 能找出最能代表人脸差异的“特征脸”，即主成分，比如“大眼睛与小眼睛”“高鼻梁与低鼻梁”等方向，然后只需存储每个脸在这些特征上的投影值，就能用极少的数据还原图像(图 1-6)，这就是数据压缩的数学原理之一。

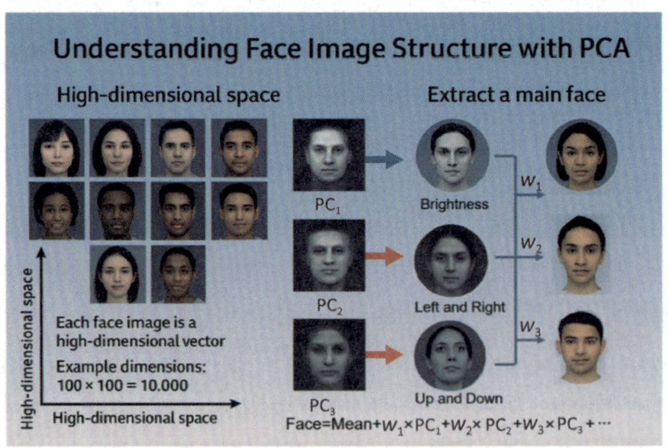

图 1-6　人脸图像的 PCA 可视化：特征脸

1.2.6　更强大的工具：奇异值分解

PCA 只能处理方阵(行数和列数相等的矩阵)，但现实中很多数据是长方形的，比如学生成绩表(行数是学生数，列数是科目数)。这时候就要用到更强大的手段：奇异值分

解(singular value decomposition,SVD)。

SVD 能把矩阵分解成 3 个矩阵的乘积,就像把一个复杂的机器拆成几个简单零件。通过 SVD,我们同样能找到数据的关键特征,实现降维和数据压缩。它在图像压缩、推荐系统等领域都有广泛应用。

注:SVD 的具体方法参阅“线性代数”课程的相关内容。

1.2.7　比较到判别任务中的线性代数:威力和美

在“鉴别源于比较”的 AI 基础逻辑中,线性代数展现出三重威力,见表 1-5。

表 1-5　线性代数的三重威力

能力	数学工具	实现价值
描述事物	维度→向量→矩阵	构建结构化认知框架: 用维度观察事物; 用向量刻画个体; 用矩阵组织群体
量化差异	距离度量+协方差矩阵	揭示显性与隐性关联: 通过距离度量计算多维空间中个体间的“远近”; 通过协方差揭示两个维度如何协同变化; 用协方差矩阵捕捉所有维度间的复杂关系网
本质提取	特征值分解→PCA	实现“以简驭繁”的降维智慧: 用特征值和特征向量剖析了协方差矩阵,找到数据变化最剧烈的主方向(特征向量)及其重要性(特征值); PCA 用数学语言回答了一个本质问题——如何用最少的信息抓住事物的本质? “从复杂到简单,从模糊到清晰”正是数学之美在现实中的闪耀——它不仅是计算工具,更是理解世界的极简哲学

1.2.8　矩阵旋转:线性代数带来更丰富的视角

线性代数带给 AI 的不仅仅是简单比较、发现关联、抓住核心、化繁为简,而且还为 AI 观察世界提供了更丰富的视角。

示例:手机相册的“人脸旋转”功能。

当你在相册中拖动一张人脸照片旋转时,AI 背后的数学本质是矩阵变换。线性代数中的矩阵乘法,能将二维图像的每个像素坐标(x,y)通过一个 3×3 的变换矩阵,转化为旋转后的新坐标(x',y')。例如:

旋转 θ 角度的矩阵是$\begin{bmatrix}\cos\theta & -\sin\theta \\ \sin\theta & \cos\theta\end{bmatrix}$。

缩放 k 倍的矩阵是$\begin{bmatrix}k & 0 \\ 0 & k\end{bmatrix}$。

1. 数据增强和几何不变性学习:让 AI 拥有“抗畸变”的视觉智能

矩阵的旋转与缩放本质是对向量空间的线性变换。矩阵变换的组合(旋转+缩放+平移)构成仿射变换,可以扩充数据多样性,并使得 AI 模型在多样性中学习到更本质的东西。AI 通过学习这些变换的不变性，实现对物体的鲁棒识别（模型的抗干扰能力），这就好比让 AI 拥有“抗畸变”的视觉智能（几何不变性学习）。

示例：当训练一个识别手写数字“3”的模型时，原始数据可能只有正立的“3”。但通过矩阵变换：

旋转矩阵：$\begin{bmatrix} 0 & -1 \\ 1 & 0 \end{bmatrix}$，将图像顺时针旋转 90°，就生成了倾斜的“3”。

缩放矩阵：$\begin{bmatrix} 0.8 & 0 \\ 0 & 0.8 \end{bmatrix}$，将图像缩小，模拟远距离观察的“3”。

矩阵变换的组合（旋转＋缩放＋平移）构成仿射变换，AI 通过学习这些变换的不变性，实现对物体的鲁棒识别。

2. 模型结构优化：用线性变换搭建“高效计算链路”

AI 模型中的线性层（全连接层）本质是矩阵乘法，旋转与缩放的组合能简化复杂计算。

例：卷积神经网络（CNN）的卷积核。

卷积操作可拆解为“局部区域的矩阵乘法”。比如 3×3 的卷积核可以通过旋转和缩放的组合，提取图像中的边缘、纹理等特征。当检测水平边缘时，卷积核等价于一个水平方向的“梯度算子”（类似微分操作），而旋转后的卷积核可检测不同方向的边缘，实现“用矩阵变换模拟视觉感知”。

数学本质：将图像像素矩阵与卷积核矩阵相乘，等价于在特征空间中对图像进行旋转、缩放后的线性组合，从而提取更抽象的特征。

3. 特征空间变换：从几何本质再看 PCA

矩阵旋转即“旋转坐标系”。PCA 可以看作通过正交变换（旋转）进行的坐标变换，将数据投影到更易区分的维度，即协方差矩阵特征值最大的特征向量方向上。

例：假设一组数据在二维平面中呈斜向分布，直接处理时 x 和 y 维度高度相关。通过旋转矩阵将坐标系旋转 θ 角度，新的坐标轴（主成分）会沿数据分布的主方向，此时只需保留第一个主成分（缩放后重要性高的维度），就能用 1 维数据代表原 2 维数据，并保留大部分信息（比如 90%）。

数学公式：新向量＝旋转矩阵×特征向量，本质是通过矩阵对角化（特征值分解）找到数据的“主方向”。

4. 矩阵变换的威力和美

数学威力：用简单的矩阵乘法，将 1 张图像变为 10 张不同形态的样本，让模型学习到“无论怎么转、怎么缩放，3 还是 3”的不变性。

数学之美：AI 中的终极映射——从“变换”到“认知”。

矩阵的旋转与缩放看似简单，但在 AI 中承载了“数据增强—特征提取—结构优化—认知建模”的完整链路。这背后的数学哲学在于：

（1）统一性：用矩阵乘法统一描述平移、旋转、缩放等几何操作，就像用一套语言解释世界的变换。

（2）可逆性：旋转矩阵的逆矩阵是其转置（$\boldsymbol{R}^{-1}=\boldsymbol{R}^{\mathrm{T}}$），这种数学性质让 AI 能还原变

换,实现“生成模型”中的图像反演(如从压缩特征恢复原图)。

(3) 低维到高维的升维魔法:在低维空间难以区分的数据,通过矩阵变换映射到高维空间后,可能变得线性可分(如支持向量机的核技巧,见第 3 章)。

简言之,矩阵变换是 AI 理解“空间关系”的数学母语,而 AI 通过学习这种语言,让机器拥有了近似人类视觉和逻辑的“几何直觉”。

1.3　概率与统计:理解 AI 如何“以不确定性驾驭不确定性”

1.3.1　概率分布:AI 如何学习数据模式

当爱因斯坦遇见 AI:爱因斯坦曾质疑量子世界的随机性,断言“上帝不掷骰子”。然而,在面对现实世界不可避免的信息缺失时——无论是人类有限的观测能力,还是 AI 处理的不完整数据——概率与统计恰恰是揭示规律的关键工具。当无法记录所有细节,却又希望把握事物的整体行为时,概率与统计便展现出其强大的数学力量。无论是人类探索世界,还是 AI 处理信息,从海量数据中提炼统计规律往往是必由之路。毫不夸张地说,现代 AI 的底层逻辑正是建立在概率与统计的基础之上。

1. 常见概率分布

(1) 正态分布:也叫高斯分布,如图 1-7 所示。生活中许多现象都符合正态分布,比如人群的身高、学生的考试成绩等。AI 模型常用正态分布进行数据预处理和异常检测。例如,在图像处理中对像素值的分布进行分析,判断其是否偏离正态分布,以此来确定噪声或者异常特征。

(2) 泊松分布:如图 1-8 所示,主要用于描述在一定时间或空间内随机事件发生的次数。例如,泊松分布可用于预测某个网站在特定时间段内的访问量,如果访问量符合泊松分布,AI 模型就能根据历史数据预测未来的流量,从而合理分配服务器资源,保证网站的流畅运行。

(3) 指数分布:如图 1-9 所示,常用于描述事件发生的时间间隔。在 AI 的客户服务场景中,指数分布可用来预测客户下一次咨询的时间间隔,帮助企业合理进行客服人员排班。

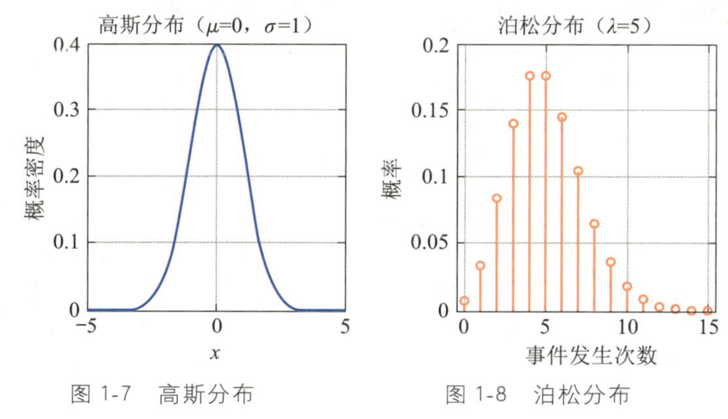

图 1-7　高斯分布　　图 1-8　泊松分布

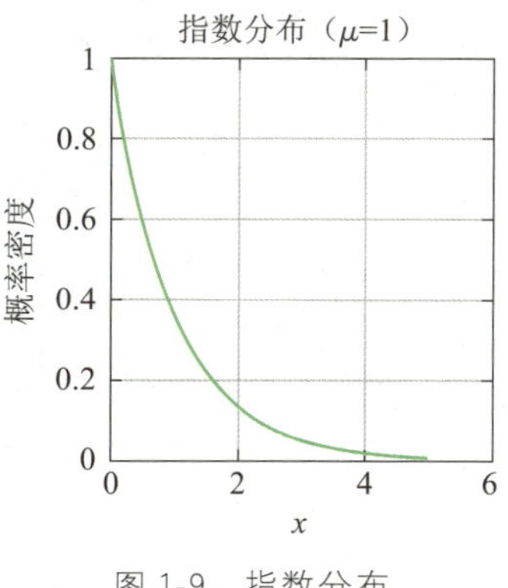

图 1-9　指数分布

2. 置信区间与最大似然估计：优化机器学习模型

（1）置信区间：量化预测的不确定性。

机器学习模型基于有限样本数据进行训练，而样本无法完全代表总体，因此模型的预测并非绝对。置信区间为预测结果提供了一个“可信范围”，用以评估其可靠程度。

例：预测明日气温时，模型可能输出 25 ℃作为预测值，并附上 95%置信区间（23～27 ℃）。这表明有 95%的概率实际气温将落在此区间内，帮助我们更客观地理解预测结果。

（2）最大似然估计（maximum likelihood estimation，MLE）：寻找最可能的参数。

MLE 的核心思想：给定观测数据，寻找最有可能产生这些数据的模型参数值。在模型训练中，MLE 帮助我们找到能最大程度拟合训练数据的最优参数。

例：掷硬币实验理解 MLE。

假设一枚涉案硬币可能被动了手脚（正面概率 $P \neq 50\%$），我们通过掷硬币实验来估计其真实的 P 值。

实验：掷硬币 10 次，结果记录为正，反，正，正，正，反，正，正，反，正（7 次正面，3 次反面）。

问题：硬币正面概率 P 的最可能估计值是多少（0.5，0.6，0.7，还是 0.9）？

MLE 原理：“似然”指在某个假设的 P 值下，观察到当前实验结果（7 正 3 反）的可能性。如图 1-10 所示，计算不同 P 值对应的似然值后发现，当 $P=0.7$ 时，该观察结果出现的可能性最大（即似然值最大），因此 $P=0.7$ 即为最大似然估计值。

结论：实验结果支持该硬币并非公平（$P=0.5$），其正面概率 P 的 MLE 估计值为 0.7。

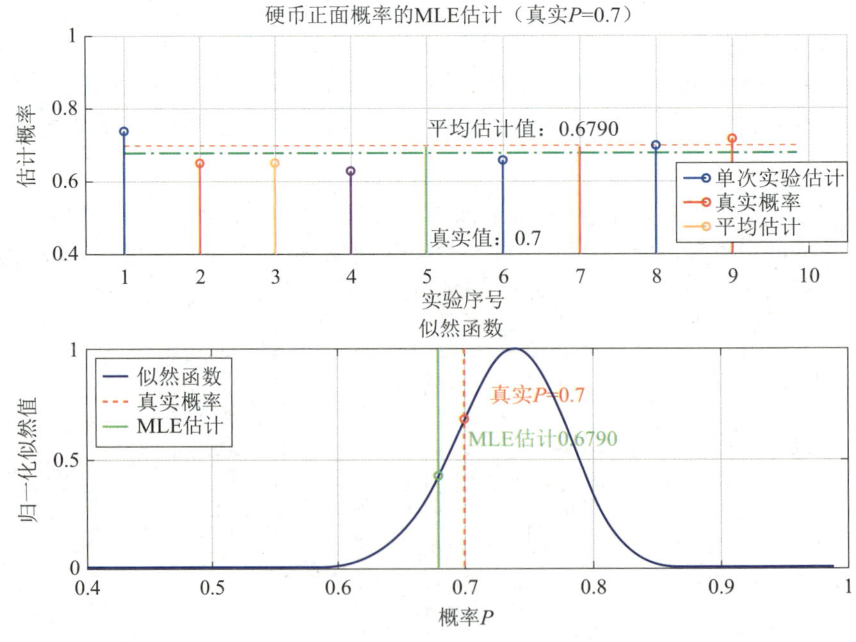

图 1-10　最大似然估计（MLE）（硬币正面的概率 = 0.7）

应用实例：在训练垃圾邮件分类模型时，MLE 可用于自动估计模型参数，如计算关键词（如“免费”）在垃圾邮件中出现的条件概率，如 P(垃圾邮件 | 包含"免费")≈80%。

1.3.2　贝叶斯定理：驱动 AI 智能推理的数学引擎

1. 核心思想：动态更新信念

贝叶斯定理是概率论的核心公式，它提供了一种严谨的框架：如何利用新证据（观测数据）来动态修正对某个事件（或假设）发生概率的既有认知（先验信念）。其标准公式如下：

$$P(A|B)=\frac{P(B|A)P(A)}{P(B)}$$

2. 公式解析

$P(A|B)$：后验概率（posterior probability），这是我们最终寻求的答案：在观察到证据 B 之后，假设 A 成立（事件 A 发生）的更新概率。它代表了整合新证据后的信念。

$P(A)$：先验概率（prior probability），代表在未观察到证据 B 之前，对假设 A 成立（事件 A 发生）的初始信念概率。

$P(B|A)$：似然度（likelihood），表示在假设 A 成立（事件 A 发生）的条件下观察到证据 B 的概率。它量化了证据 B 对假设 A 的支持程度（即“假设成立时，看到这证据的可能性有多大”）。

$P(B)$：边际概率/证据概率（marginal probability/evidence probability），代表无论假设 A 是否成立，观察到证据 B 的总体概率（即“在所有可能情况下，看到这证据的总可能性”）。它通常通过全概率公式计算：$P(B)=P(B|A)P(A)+P(B|\neg A)P(\neg A)$。

底层逻辑：条件概率缩小了分析范围——我们不再考虑所有可能的结果，只考虑那些 B 已经发生的结果，然后再在这些结果中看 A 发生的比例（概率）。

应用实例：天气预报中的信念更新。

通过一个天气预测的例子来理解贝叶斯更新过程。

问题：观察到天空有乌云（B）时，下雨（A）的概率是多少？即求 $P(A|B)$。

已知信息（基于历史数据）：

下雨的先验概率：$P(A)=0.2$。

不下雨的概率：$P(\neg A)=1-P(A)=0.8$（$\neg A$ 表示不下雨）。

似然度：

下雨时观察到乌云的概率：$P(B|A)=0.6$。

不下雨时观察到乌云的概率：$P(B|\neg A)=0.3$。

(1) 计算证据概率 $P(B)$（边际概率）：

使用全概率公式：

$$
\begin{aligned}
P(B) &= P(B|A)P(A)+P(B|\neg A)P(\neg A) \\
&= 0.6\times 0.2+0.3\times 0.8 \\
&= 0.36
\end{aligned}
$$

(2) 计算后验概率 $P(A|B)$：

代入贝叶斯公式：

$$
\begin{aligned}
P(A|B) &= P(B|A)P(A)/P(B) \\
&= (0.6\times 0.2)/0.36 \\
&= 0.12/0.36\approx 0.333
\end{aligned}
$$

结论：观察到乌云的时候下雨的概率约为 0.33，如图 1-11 所示。

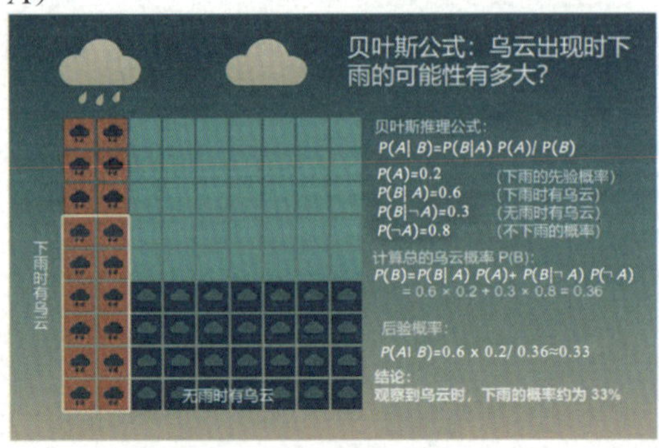

图 1-11　天气预测的贝叶斯更新

1.3.3　马尔可夫链与隐马尔可夫模型：建模序列与不确定性

1. 马尔可夫链

(1) 核心概念：

马尔可夫链(Markov chain，MC)：具有“无记忆性”(马尔可夫性质)的随机过程，系统在未来时刻的状态仅取决于当前状态，与历史状态无关。

(2) 关键要素：

①状态(state)：系统可能处于的不同情形。

②状态转移(state transition)：系统从一个状态移动到另一个状态的过程。

③状态转移概率(state transition probability)：从当前状态转移到其他状态(或保持)的可能性。

示例 1：地铁换乘(两状态模型)。

状态：“站点 A”，“站点 B”。

状态转移：乘客通过换乘通道在站点间移动。

状态转移概率：由通道人流量决定，如图 1-12 所示。乘客的选择仅依赖当前所在站点，体现无记忆性。

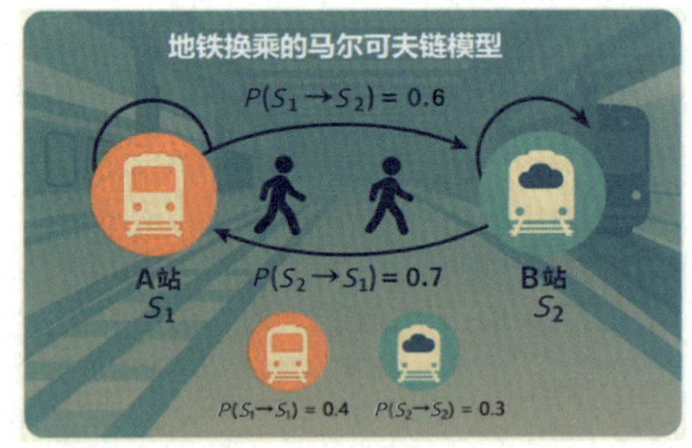

图 1-12　地铁换乘图(两状态模型)

示例 2：天气预测(三状态模型)。

状态：晴天(S_1)、雨天(S_2)、多云(S_3)。

状态转移概率见表 1-6。

表 1-6　示例 2 状态转移概率

从/到	晴天(S_1)	雨天(S_2)	多云(S_3)
晴天(S_1)	0.5	0.3	0.2
雨天(S_2)	0.4	0.5	0.1
多云(S_3)	0.2	0.2	0.6

解读：明天的天气状态仅由今天的天气决定[例如，今天是晴天(S_1)，明天有 50%概率仍是晴天，30%概率下雨，20%概率多云]，如图 1-13 所示。

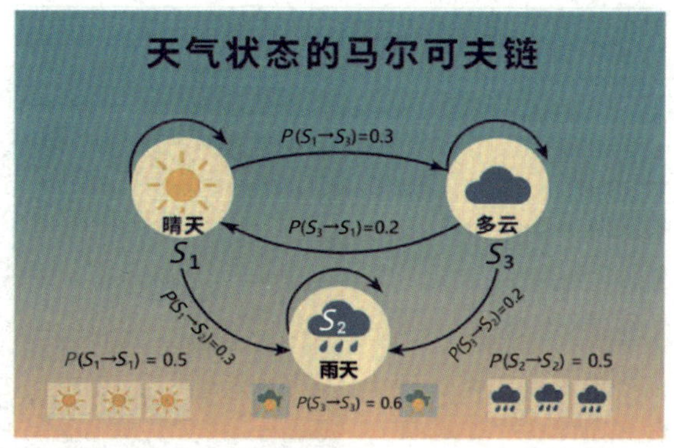

图 1-13　天气状态的马尔可夫链(三状态模型)

2. 隐马尔可夫模型(hidden Markov model，HMM)

(1) 核心特性：马尔可夫链的扩展——引入隐藏状态概念。

(2) 关键机制：

①隐藏状态序列：遵循马尔可夫链演变，但无法直接观测。

②观测状态序列：可观测的输出，其概率分布依赖于当前的隐藏状态。

③目标：基于观测到的序列，推断最可能的隐藏状态序列。

示例：语音识别。

隐藏状态序列：说话者意图表达的文字序列(如音素、单词)。

观测状态序列：实际采集到的语音信号(声学特征)。

HMM 作用：建立语音信号(观测)与文字内容(隐藏)之间的概率关系模型，从而由语音推断文字。

3. 强化学习基石：马尔可夫决策过程(Markov decision process，MDP)

(1) 强化学习目标：AI 模型通过与环境的持续交互，学习最大化累积奖励的最优策略。

(2) MDP 框架：为强化学习提供形式化建模基础。

(3) 核心要素：

①状态(s)：AI 模型感知到的环境信息。

②动作(a)：AI 模型在当前状态下可执行的操作。

③状态转移概率[$T(s'|s,a)$]：在状态 s 执行动作 a 后，转移到状态 s' 的概率，体现环境的不确定性和马尔可夫性(下一状态仅依赖当前状态和动作)。

④奖励函数[reward function，$R(s,a,s')$]：AI 模型在状态 s 执行动作 a 并到达状态 s' 后获得的即时数值反馈(奖励或惩罚)。

⑤策略[policy，$\pi(a|s)$]：AI 模型在给定状态 s 下选择动作 a 的规则(概率分布)。

AI 模型目标：学习一个策略 π^*，使得长期累积奖励(如折扣累积和)最大化。

示例：自动驾驶决策。

状态：车辆感知信息(行人位置、自车速度、红绿灯状态、周围车辆等)。

动作：控制指令（加速、减速、刹车、保持速度、向左/右变道、打转向灯等）。

状态转移概率：执行动作后环境进入新状态（如顺利加速、遭遇加塞、急刹避让等），具有不确定性（MDP 用转移概率建模）。

奖励：系统根据结果给出评分：

安全到达目的地：巨大奖励（＋）。

行驶平稳舒适：中等奖励（＋）。

遵守交通规则：小奖励（＋）。

急刹/急加速：小惩罚（－）。

发生剐蹭/事故：大惩罚（－－）。

学习目标：AI 通过不断交互（尝试动作、观察状态转移、获得奖励），学习最优驾驶策略以最大化安全性和效率（即累积奖励），如图 1-14 所示。

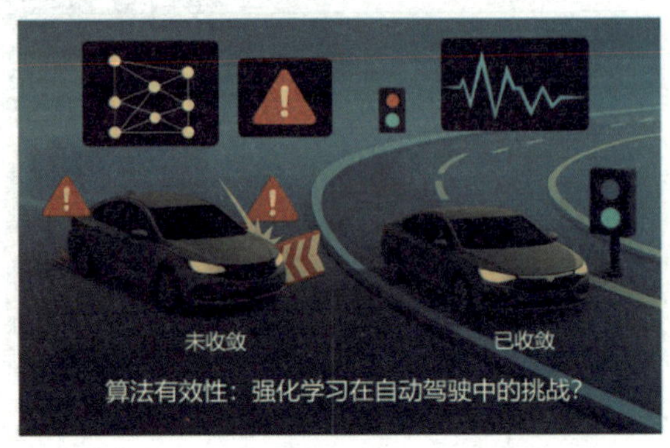

图 1-14　强化学习中的马尔可夫决策

1.3.4　信息熵：不确定性的度量标尺

爱因斯坦与香农的对话：

上帝或许不掷骰子，但当人类面对未知时，香农的信息熵为我们提供了测量不确定性的标尺——这是理性对混沌世界的温柔征服。

1. 热力学熵：混乱度的物理隐喻

墨滴实验：观察不确定性的演化（图 1-15）。

初始状态：墨滴聚集（低熵）→ 可明确区分墨水区（概率＝1）与水区（概率＝0）。

扩散过程：分子随机运动→ 每一点是墨水的概率从{0,1}渐变为(0,1)间的连续值。

最终状态：均匀混合（高熵）→ 任意位置成分不可辨（墨/水概率均≈0.5）。

熵的物理意义：封闭系统自发趋向高混乱度（熵增），对应不确定性升高。

2. 自信息量：不确定性的瞬时度量

玻璃杯跌落试验：玻璃杯从不同高度跌落是否破碎？（图 1-16）

图 1-15　墨滴滴入装着清水的玻璃杯：某点是水还是墨的不确定性增加（热力学熵增加）

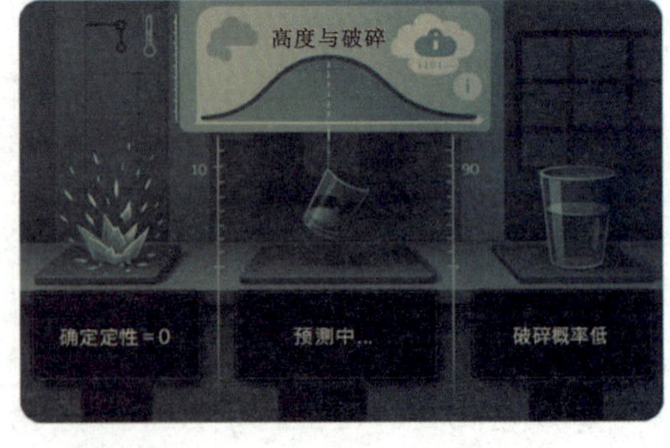

图 1-16　什么高度跌落不确定性最大？

试验结果见表 1-7。

表 1-7　高度与破碎概率关系

高度/cm	10	50	100
破碎概率	0.01	0.5	0.99

关键发现：

(1) 极端高度(10 cm/100 cm)结局必然→信息量趋零(无不确定性)。

(2) 临界高度(50 cm)结局未知→信息量最大(不确定性最高)

自信息量定义为

$$I(x)=-\log_b P(x)$$

该定义满足：

(1) 概率越低的事件信息量越大(如 50 cm 跌落)；

(2) 独立事件总信息量可叠加[$I(x_1 \cap x_2)=I(x_1)+I(x_2)$]；

(3) 信息叠加性和两个独立事件同时发生时概率是各自概率的乘积。

3. 信息熵：不确定性的数学期望(概率平均)

对于 n 个独立事件(离散随机变量 X 的 n 可能取值)自信息的数学期望为

$$H(X)=-\sum_{i=1}^{n} P(X_i)\log_2 P(X_i)$$

$H(X)$就是信息熵，即度量了 n 个独立事件平均不确定性。

物理意义：度量“猜中随机事件结果”的平均难度。

墨滴实验量化(假定墨：水=1：1)过程见表 1-8。

表 1-8　墨滴实验量化过程

状态	某点是“墨”的概率 $P_{墨}$	熵值计算	不确定性
初始	$P_{墨}=1$	$H=-1\log_2 1=0$	零
混合中	$P_{墨}=0.7$	$H=-(0.7\log_2 0.7+0.3\log_2 0.3)=0.88$	中等
均匀	$P_{墨}=0.5$	$H=-(0.5\log_2 0.5+0.5\log_2 0.5)=1$	最大

4. 熵极值：不确定性何时最大化

核心定理：当所有事件概率相等时，信息熵达到最大值。

掷骰子量化过程见表 1-9。

表 1-9　掷骰子量化过程

骰子类型	概率分布	熵值	不确定性
公平骰子	$P_i=1/6$	$H\approx 2.58$ bit	最大
作弊骰子	$P_1=0.5, P_{(2-6)}=0.1$	$H\approx 2.16$ bit	减小
确定骰子	$P_6=1$	$H=0$	为零

数学证明：在 $\sum_{i=1}^{n} P_i=1$ 的约束下，$H(X)$在 P_i 全相等时取最大值(如公平骰子)，如图 1-17 所示。

熵的计算：公平骰子，每面出现的概率相等(最大信息熵发生在每个结果等概率的情况)。

$$P(x_i)=\frac{1}{6},i=1,2,\cdots,6$$

代入熵公式：

$$H(X)=-\sum_{i=1}^{6}\frac{1}{6}\log_2\frac{1}{6}=-6\times\frac{1}{6}\log_2\frac{1}{6}=\log_2 6\approx 2.58496$$

图 1-17　掷骰子——等概率事件熵值最大

5. 熵在 AI 中的核心地位

熵在 AI 中的核心地位示意见表 1-10。

表 1-10　熵在 AI 中的核心地位

领域	应用场景	熵的核心作用
决策树	选择分裂特征	最大化信息增益(熵减量)
图像压缩	JPEG 编码	高熵区细节丢弃(视觉损失最小化)
自然语言	文本生成控制	调节熵值平衡创新性与可控性
强化学习	探索策略设计	最大化策略熵避免局部最优

熵的角度下 AI 本质的释读：

通过降低不确定性(熵减)→ 从“墨滴扩散”到“清晰识图”的逆过程！

本节小结：AI 数学工具箱的哲学统一示意见表 1-11。

表 1-11　AI 数学工具箱的哲学统一

数学工具	解决 AI 核心问题	思想本质
概率分布	数据规律建模	从混沌中找秩序
贝叶斯定理	动态证据推理	让认知与时俱进
马尔可夫模型	状态序列决策	在时间中预见未来
信息熵	量化不确定性本身	所有工具的底层标尺

爱因斯坦的启示：

“宇宙最不可理解之处，在于它竟然可被理解。”即使宇宙本质是确定的，AI 仍需乘概率之舟航行于数据海洋——这不是妥协，而是人类在有限认知下的理性智慧

课后探索(作业)：

抖音推荐算法：用贝叶斯定理思考——你点赞宠物视频后，为何猫粮广告增多？

AlphaGo 下棋：马尔可夫决策过程如何计算“当前落子对未来胜率的影响”？

ChatGPT 生成文本：下一个词的选择本质是概率分布抽样(试试输入半句话看 AI

续写！）

信息熵实验：

抛硬币 10 次（正反概率 1/2）→ 记录结果熵值；

改抛魔术硬币（正面概率 80%）→ 对比熵值下降；

计算灰度图像均衡化前后的信息熵。

AI 伦理思考：

医疗诊断 AI 是否应在高熵（低确定性）时拒绝判断？何时该相信人类直觉？

1.4　视觉计算中的数学：用矩阵与变换读懂图像世界

1.4.1　图像世界的描绘：图像矩阵与卷积计算

1. 图像矩阵：像素的数字语言

图像在计算机中用数值组成的矩阵表示，每个数值对应于一个像素的亮度或颜色值。

灰度图像：用二维矩阵表示，每个元素值范围通常为 0（黑）～255（白），如一个 28 像素×28 像素的手写数字图像可表示为 28 行 28 列的矩阵。

彩色图像：用三维矩阵表示（宽度×高度×通道数），常见的 RGB 格式中，每个像素由分别代表 R（红）、G（绿）、B（蓝）3 个颜色通道的数值组成，如 100×100 的 RGB 图像用 100×100×3 的矩阵表示。例如，一只小狗的灰度图像用灰度值矩阵表示如图 1-18 所示。

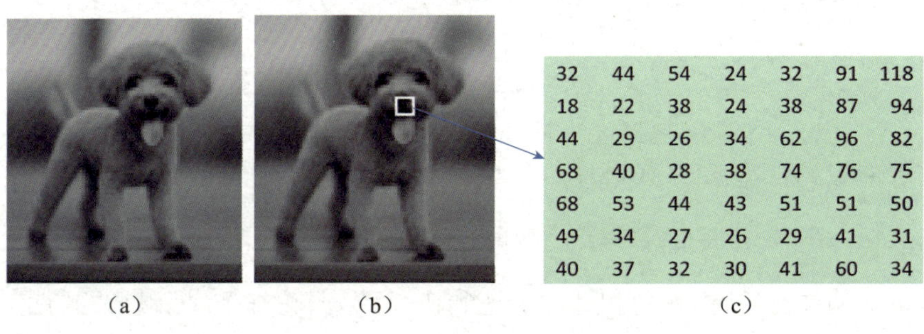

图 1-18　灰度图像二维矩阵

说明：图 1-18（a）是一幅 96×84 的灰度图像，（b）中的方框是选定的 7×7 子区域，（c）是该子区域的灰度值矩阵：数值越大表示像素越亮。如果图 1-18 是一幅彩色图像，则由 3 个 96×84 矩阵表示，如图 1-19 所示。

图 1-19　彩色图像的 RGB 通道

2. 共性与个性：卷积计算的“滤镜”作用

卷积是视觉计算中的核心操作，本质是用一个代表局部区域权重的小

矩阵(也叫卷积核、模板、掩模、窗口或滤波器)与图像矩阵的对应位置进行卷积核范围的加权求和。其过程为:

将卷积核中心逐次对准图像矩阵的每个像素(遍历每个像素),然后用卷积核的每个元素(权重)与图像矩阵对应位置的像素值相乘后求和,并用这个加权和替换卷积核中心对应的图像像素值。这一计算过程称为卷积计算,其实质就是加权求和。那么这个实质是"加权求和"的卷积计算又能得到什么呢?

(1) 求共性:

当卷积核所有的元素同号时,卷积(加权求和)的结果就对卷积核覆盖范围内所有像素做加权平均。图像的每个像素都被由卷积核所确定范围的邻居像素的加权均值所替换,即每个像素值都由其若干邻居像素的加权均值所替换,这就相当于用"共性"代替了原始像素的"个性"。比如,用一个小组同学成绩的均值替换小组内的某一个同学的成绩。这样的卷积操作下图像将变得模糊,但表现为个性的噪声也得到了抑制。

例:3×3 均值卷积核 H:

$$\begin{matrix} 1/9 & 1/9 & 1/9 \\ 1/9 & 1/9 & 1/9 \\ 1/9 & 1/9 & 1/9 \end{matrix}$$

卷积操作:围绕着像素点(i,j)的 3×3 区域内以 1/9 为权重计算加权和。本例中的权重完全相等,因此是算术平均,即用 3×3 区域 9 个像素的算术均值 $g(i,j)$替代核心像素 $f(i,j)$的值。$g(i,j)$代表着 3×3 小区域像素值的"共性",用数学公式表达如下:

$$g(i,j)=\frac{1}{9}\sum_{s=-1}^{1}\sum_{t=-1}^{1}f(i+s,j+t)$$

更一般的卷积核 H 定义在窗口 $s\times t$ 上,则有

$$g(i,j)=\sum_{s=-k}^{k}\sum_{t=-l}^{l}f(i+s,j+t)H(s,t)$$

卷积操作的作用:让图像中相邻像素值趋于一致,弱化细节,即强调"共性",弱化"个性",如图 1-20(a)和(b)所示。

(2) 求个性:

当卷积核元素异号时,加权求和就对卷积核区域(某个像素的邻居范围)内的各像素值求差,即强调像素间的差异,即"个性"。图像中目标边缘与其相邻像素的值有明显差异,于是通过在这个邻居范围内检测像素值的差就能"发现"边缘,从而捕捉到目标轮廓。例如,用于检测水平边缘的 Sobel 卷积核(也叫"算子")如下:

$$\begin{matrix} -1 & 0 & +1 \\ -2 & 0 & +2 \\ -1 & 0 & +1 \end{matrix}$$

作用:计算水平方向的像素梯度,边缘处输出值较大,非边缘处接近 0,如图 1-20(c)所示。

(a)原图

(b)局部均值模板平滑

(c)Sobel算子检测水平边缘

图 1-20　灰度图像的卷积计算:平滑——取共性,锐化——取个性

1.4.2　换个角度的世界:直方图与傅里叶变换

1. 直方图:像素值的“统计画像”

直方图统计图像的像素值分布,x 轴是像素值(如 0～255),y 轴是该值出现的频数。

直方图可以分析图像明暗分布,若直方图峰值偏左则图像偏暗;偏右则图像偏亮。

通过直方图均衡化(重新分配像素值),让图像明暗细节更清晰(增加图像对比度)。

例:一张曝光不足的照片,其直方图峰值集中在左侧(低像素值区域),通过均衡化可将像素值分布扩展到整个范围,提升亮度,如图 1-21 所示。

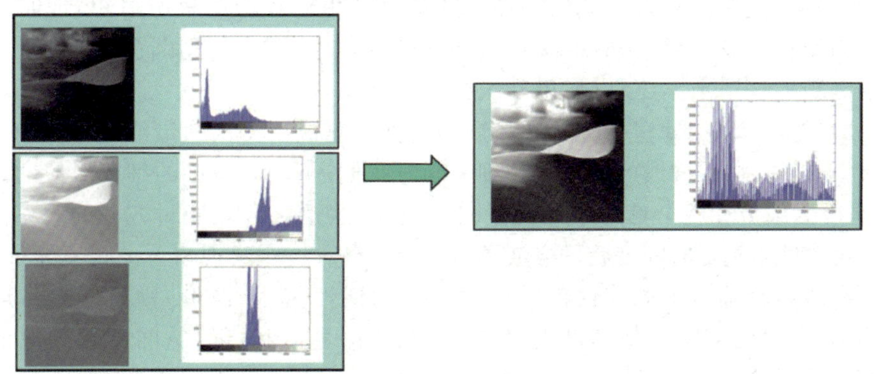

图 1-21　使得直方图分布更加均匀——灰度分布的直方图均衡化

2. 傅里叶变换:从“空间域”到“频率域”的魔法

(1) 问题:图 1-22(a)、(b)和(c)所示 3 幅照片中哪幅最复杂(细节最多)?

(a)

(b)

(c)

(d)

图 1-22　问题图例

分析与思考：细节越多越复杂。那么如何度量细节的多少呢？平坦而缺少变化的区域显然缺少细节。因此，我们可以从像素灰度值变化的剧烈程度来度量细节。为了回答图 1-22 所示的问题，我们需要统计图像所有像素值之间变化的程度和量。以图 1-22(d)上第 189 行(红线)上的像素值变化为例分析，如图 1-23 所示。灰度值在 189 行 110 列开始发生剧烈的起伏变化。于是，细节的复杂程度就可以归结为对曲线变化程度及量的描述。傅里叶变换就是描述这种变化的有力数学工具。

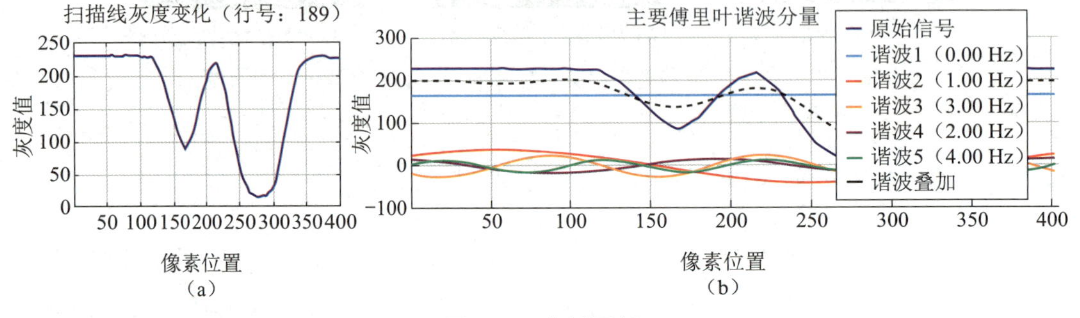

图 1-23　分析图例

(2) 傅里叶变换的核心思想：

故事：法国人傅里叶(Fourier)在 1807 提交的关于热传导问题的论文《热的解析理论》时，试图用数学精确描述热量在物体中随时间的扩散，由此洞察到：即使是非常不规则的初始温度分布(甚至是分段定义的、有跳跃的函数)，也能分解成一系列不同频率、不同振幅的"简单"正弦波和余弦波的叠加。这就是傅里叶级数的核心思想：证明了复杂函数可分解为简单正弦/余弦函数的叠加。傅里叶开创性地提供了用简单三角函数分析和表示复杂函数的普适数学工具(傅里叶级数)。

图 1-24 展示了基于傅里叶分解方波是如何被分解成许多高次谐波的。从图中可以看出，谐波频率越高，描述方波的细节就越细。同时我们还看到，越小的细节对应的谐波幅度越小，那是因为细节在整个信号中的能量占比更小，这也符合我们对方波的观察经验。这个例子让我们领略到随时间变化的方波还可以有另外一个观察视角——频率分布的角度。

傅里叶级数只能分解周期性信号。对于非周期性信号(波形)则可以看作周期无限大的周期信号，于是就有了傅里叶变换：输入一个信号(随时间/空间变化的数值)，输出一张"频率-强度"统计表，记录每种频率成分的多少(大小)。图 1-23(a)并不是一个周期性信号，但同样可以由不同频率的谐波叠加逼近，如图 1-23(b)显示了 6 次谐波叠加的情况(实际上有更多高次谐波)。

为了避免过多的数学细节，我们跳过严格的数学描述和定义，直接从离散的傅里叶变换角度理解。

一维离散的傅里叶正变换：

$$F(u)=\frac{1}{M}\sum_{x=0}^{M-1}f(x)\mathrm{e}^{-\mathrm{j}2\pi ux/M}$$

一维离散的傅里叶逆变换：

$$f(x)=\sum_{u=0}^{M-1}F(u)\mathrm{e}^{\mathrm{j}2\pi ux/M}$$

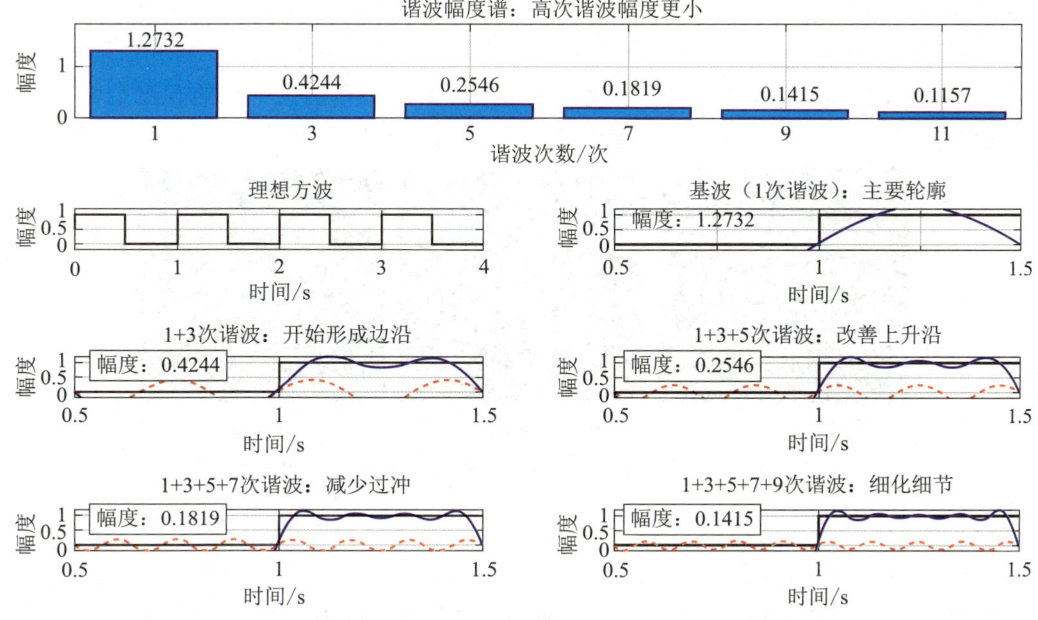

图 1-24 方波的傅里叶级数分解展示了描述细节的视角:频率

解释:正变换可以看作一维信号 $f(x)$在不同频率的三角函数波(称为变换基或变换核)上的"投影",即以信号 $f(x)$为权重对所有位置 x 上对频率为 u 的三角函数波 $e^{-j2\pi ux/M}$ 进行加权求和,即卷积,这与 1.4.1 中的卷积计算在数学含义上是一样的。三角函数 $e^{-j2\pi ux/M}$称为"变换基"、"基函数"或"变换核",经过欧拉公式($e^{j\theta}=\cos\theta+j\sin\theta$)变换可以表示为 $e^{-j2\pi ux/M}=\cos\dfrac{2\pi ux}{M}-j\sin\dfrac{2\pi ux}{M}$。这是一个由实部和虚部构成的复数,j 是工程上常用的虚数单位,因此傅里叶变换是一个"复变换"。关于傅里叶变换的性质等数学细节可以在相关数学课程中学习。由此 $F(u)$就是一维信号 $f(x)$在频率 u 的分布统计(类似于直方图统计,是对整个图像范围的全局统计)。有趣的是,当频率 $u=0$,即三角函数的"基波",$F(0)$实际上是 $f(x)$的均值。所以在离散意义下,傅里叶变换可以理解为对信号 $f(x)$中各种频率成分的统计。

从 1.4.1 我们知道数字图像表示为一个二维矩阵 $f(x,y)$。因此将一维离散的傅里叶正变换推广到二维,即把一维的频率 u 推广到二维两个垂直方向的频率 u 和 v。于是有离散的二维傅里叶正变换和逆变换:

$$F(u,v)=\frac{1}{MN}\sum_{x=0}^{M-1}\sum_{y=0}^{N-1}f(x,y)e^{-j2\pi(ux/M+vy/N)}$$

$$f(x,y)=\sum_{x=0}^{M-1}\sum_{y=0}^{N-1}F(u,v)e^{j2\pi(ux/M+vy/N)}$$

类似于一维情况,$F(0,0)$代表着图像 $f(x,y)$的灰度(亮度)平均值。

现在我们有可能回答图 1-22 的问题了。从上述讨论我们已经知道,傅里叶变换提供了细节与频率的对应关系,即越高的频率对应越细的细节。那么要分析一幅灰度图像的细节多少,只需要对其做离散的二维傅里叶变换就可以了。图 1-24 就是图 1-22 中 3 幅图像对应的傅里叶变换功率谱(傅里叶变换实部和虚部的平方和)。

解释:功率谱的中心最亮的部分对应着最低的频率,即灰度均值。离中心越远,频率越高,对应越小的细节。从图 1-25 中我们可以看出,图(c)在远离中心的亮度分布相对更高,因此可以判断图(c)的细节更多或更复杂。

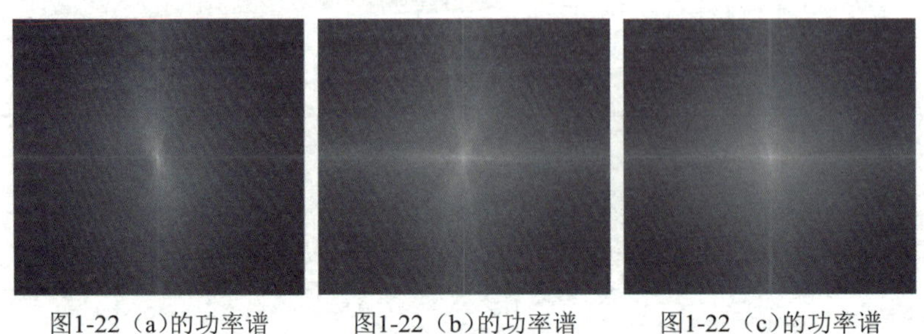

图 1-25　灰度图像的傅里叶变换功率谱——不同频率与图像对应细节关系

(3) 傅里叶变换的应用:

由于频率对应着信号(图像)细节,因此可以通过低通滤波、高通滤波、带通滤波等,对信号(图像)进行细节分析和处理,并为数据压缩、特征提取和图像增强等提供有力的手段,在遥感图像、医学图像、音频处理等得到了广泛的应用。

1.4.3　AI 视角:数学工具如何驱动视觉智能

卷积神经网络(CNN):本质是多层卷积计算的叠加,通过不同卷积核自动提取图像的底层特征(如边缘)到高层特征(物体类别)。

直方图的应用:在图像分类中,直方图可作为特征输入机器学习模型,判断图像的明暗、纹理分布。

傅里叶变换的延伸:在某些轻量化模型中,频域处理可加速计算,或与空域处理结合提升特征表达能力。傅里叶变换还启发了诸如小波变换、多尺度分析等许多后续强大的方法,在以深度神经网络为主的现在 AI 领域也仍然提供独特的分析手段。

计算机视觉中的数学之美:图像矩阵是视觉计算的“数字基石”,卷积和直方图从空间域刻画图像特征,而傅里叶变换则打开了频域分析的大门。这些数学工具如同可调焦的“显微镜”“望远镜”,让计算机能从不同的视角(维度)“理解”图像,为 AI 中的图像识别、生成等任务奠定重要基础。

1.5　自然语言处理:用向量与注意力刻画语言结构

1.5.1　词向量与嵌入:让机器理解语言

1. 问题引入

传统的自然语言处理采用 one-hot 编码。这是一种将离散变量(如词语、类别)转化为二进制向量的方法，核心逻辑是：每个类别用一个唯一的向量表示，向量中只有一个位置为1，其余为0。

向量维度等于类别总数：比如3维。

向量是“稀疏的”：大部分元素为0。

任意两个向量的点积为0（正交），欧氏距离相等（如红色与绿色的距离$=\sqrt{2}$）。

（1）传统one-hot编码的问题：

假设有3个词，猫、狗和苹果，采用one-hot编码如下：

猫=[1,0,0]

狗=[0,1,0]

苹果=[0,0,1]

（2）one-hot编码的缺陷：

①维度灾难：词汇量增大时向量维度爆炸。若词典有10万个词，one-hot向量维度为10万，导致计算复杂度激增（如矩阵运算量呈指数级增长）。

②所有向量相互正交无法捕捉语义关联：在one-hot空间中，“国王”和“王后”的向量距离与“国王”和“苹果”相等，但现实中前两者语义更相关。one-hot空间无法表达语义关联，如表达“猫”和“狗”都是动物，红色和绿色都是颜色这样的“相似性”。

③信息稀疏：每个向量中99.99%的元素为0，大量维度未被利用，模型难以学习有效特征。

2. 词语及其上下文关系的数学表达

鉴于one-hot编码的上述问题很难适应大规模语言处理的要求，人们提出了将词向量映射到一个高维空间的表达方法，即“嵌入”（embeding），或称为“词嵌入”（word embeding）。

词向量：将一个词语表示为一个固定长度的数字数组（向量）。例如，[0.25，−0.1，0.73，…，−0.42]（维度可以是50、100、300等），这个向量包含了该词语的语义和语法信息。

嵌入：指将离散的符号（如词语）映射到连续向量空间的过程或结果。这个向量空间被称为“嵌入空间”。词向量就是词语嵌入的结果。

语义关联：在嵌入空间中，词语的语义关系（如同义、反义、类别、上下文相似性）会通过向量之间的几何关系体现出来。

相似词距离近：语义相似的词语，其向量在空间中的距离（如欧氏距离或余弦距离）会很近。关系体现为向量偏移：词语间的特定语义关系（如“国家—首都”“动词时态”“性别转换”）可能表现为向量空间中的恒定方向偏移。

聚类：属于同一主题或类别的词语（如体育、动物、科技）倾向于在空间中聚集在一起。

键机制：词向量通常通过在大规模文本语料库上训练模型（如Word2Vec、GloVe、FastText）获得。这些模型的核心思想是“一个词的语义由其上下文决定”。频繁出现在相似上下文中的词语，会被模型赋予相似的向量表示。

3. 在简化的 2D 空间展示聚类与多义词词语

例:有词语,苹果(apple)、香蕉(banana)、橙子(orange)、微软(Microsoft)、iPhone 和操作系统(operating system,OS)。

语义关联:苹果、香蕉、橙子都是水果,语义高度相似(常出现在谈论食物的上下文中)。

苹果、微软、iPhone、操作系统等都与科技公司或科技产品相关(常出现在科技商业上下文中)。

多义词问题:词语"苹果"具有多义性(水果与公司)。

向量空间表现:在训练语料中,当"苹果"表示水果时经常和香蕉、橙子、吃、水果等词一起出现(概率大)。当"苹果"表示公司时经常和微软、iPhone、iOS、谷歌、科技等词一起出现(概率大)。

模型任务:为"苹果"学习出一个向量,作为它在所有不同上下文中的平均或综合表示。

关键点:这个向量会同时捕捉到水果和科技公司的语义。

(1) 嵌入空间中的上述词语:

香蕉、橙子(明确具有水果属性)会非常靠近。

微软、iPhone、操作系统(明确具有科技属性)会聚集在另一个区域。

"苹果"向量位置则会位于水果簇和科技簇之间的某处,因为它同时与两者相关。它到水果簇的距离和到科技簇的距离,反映了它在语料中两种含义出现的相对频率。整个空间会形成明显的"水果"语义簇和"科技公司/产品"语义簇。

(2) 距离度量的选择:

余弦距离如何衡量词语之间的关系,为什么不用欧氏距离用余弦距离?

①欧氏距离:衡量的是两个向量端点在空间中的直线距离。

②余弦距离:衡量的是两个向量方向的相似程度。

词向量的训练方法(如 Word2Vec、GloVe)遵循一个核心原则:具有相似上下文的词语具有相似的语义。这些模型在训练过程中,主要优化的是词语在向量空间中的相对方向或角度,而不是向量的绝对位置或模长。词向量的模长通常与词语的频率或重要性相关。高频词(如"the""a""is")往往具有较大的模长,因为它们出现在各种上下文中,模型需要更大的向量来捕捉其多样化的共现信息。低频词或专业术语模长通常较小。

我们主要关心词语的语义内容,而不是它的常见程度。

例:"狗"和"犬"是近义词,语义非常相似,但"狗"可能比"犬"更常用,模长更大。

"狗"和"猫"是不同动物但语义类别相似(都是宠物动物),它们的模长可能接近(都相对高频),但方向不同。

余弦距离只关心方向,忽略了模长的影响。

欧氏距离受到模长的显著影响。

词向量通常位于非常高维的空间(如 100 维、300 维)。在高维空间中,数据点(词向量)往往会分布在远离原点的区域,并且点与点之间的欧氏距离会变得不那么有区分度(所有距离可能都很大或呈现出特定的分布模式)。

相比之下,角度在高维空间中通常是一个更鲁棒、更稳定的度量,它更能捕捉向量之间的内在关系模式(如相似、相反、正交)。

关注语义方向而非绝对位置:词向量模型的核心目标是让语义相似的词在方向(角度)上接近。例如,“国王－男＋女≈女王”这种关系是通过向量方向偏移(king－man≈queen－woman)来体现的,而不是通过点之间的绝对距离,如图 1-26 所示。

余弦距离直接衡量方向的一致性,完美契合了模型的设计目标。

欧氏距离衡量的是绝对位置差异,可能无法有效捕捉这种基于方向偏移的语义关系模式。

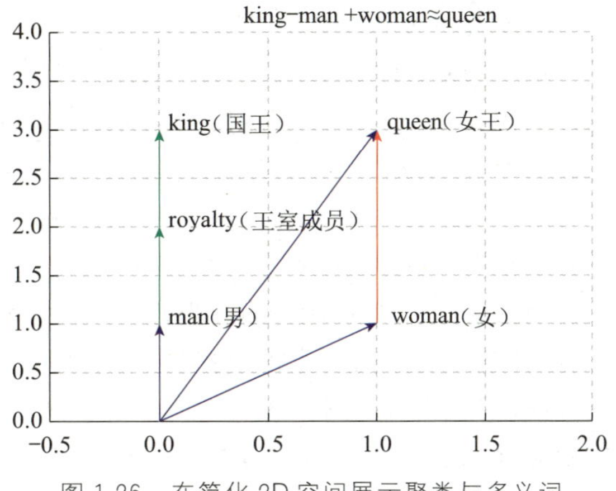

图 1-26　在简化 2D 空间展示聚类与多义词

1.5.2　自注意力机制(Transformer)的思想

1. 注意力机制

对 AI 而言,信息的价值是由具体任务决定的。注意力机制通过对大量样例的统计学习,使模型能够聚焦于对任务最有价值的信息。这种“关注”体现在动态调节神经网络的权重上,使模型能够自适应地强调输入中最关键的特征,恰如“弱水三千,只取一瓢饮”。如果说注意力机制是“对外部输入信息的动态聚焦”,那么自注意力机制则将其升级为“对输入序列内部元素间关系的深度挖掘”。

2. 长距离依赖

举例:“那只毛茸茸的动物,有着长长的耳朵和红红的眼睛,正安静地啃着胡萝卜。它看起来非常满足。”当 AI 需要理解句末的“它”指代什么时,必须关联到句子开头的“动物”。这个指代关系跨越了中间的描述词:“毛茸茸的”“有着长长的耳朵和红红的眼睛”“正安静地啃着胡萝卜”。这种跨越较长距离的联系称为长距离依赖。

在捕捉长距离依赖方面,Transformer 之前的网络结构存在局限:

(1) RNN(循环神经网络):像一条传送带,逐个词顺序处理。处理到“它”时,依赖于前面所有词累积的“隐藏状态”。然而,信息在传递过程中会逐渐衰减或失真(常称为“梯度消失/爆炸”问题)。句子越长(如中间有 50 个词),开头“动物”的信息传递到“它”时可能已非常微弱或扭曲,因为信息传递路径越长,受中间词干扰的可能性越大。

(2) CNN(卷积神经网络):擅长捕捉局部模式(如相邻的几个词)。若要让信息从句子一端传递到另一端(长距离),则需要堆叠多层卷积。这个过程效率不高,且可能导致关键信息丢失。此外,单个卷积核的感受野有限(如只覆盖周围 3～5 个词),难以直接关联相距很远的词。

(3) 长距离依赖如同读侦探小说:看到第 20 章发现伏笔在第 3 章。传统 RNN 读到后面时,前面的细节可能早已模糊不清;而 CNN 则更像是用固定倍数的放大镜观察局部区域,更难以在全局范围内串联线索。

3. 自注意力机制的思想出发点

鉴于 RNN 和 CNN 在处理长距离依赖上的局限性，研究者提出了一种新机制：使序列中任意两个词（无论距离多远）都能直接“交互”，计算它们之间的相关性，并据此动态调整每个词的表示。于是便诞生了自注意力机制。

其核心思想可概括为：将句子中的词视为“节点”。解决长距离依赖问题，就相当于构建一个分布式机制，使得节点能够主动探测彼此并基于内容进行动态协商与响应。自注意力机制巧妙地实现了词间的动态关联：每个词都生成一个“查询”（query，$\boldsymbol{Q}$）以主动探寻所需信息，同时每个词也提供作为“键”（key，$\boldsymbol{K}$）和“值”（value，$\boldsymbol{V}$）的信息供其他词检索和响应，这就好比是一种“广播—响应”机制。这种机制本质上是一种高效、并行、基于内容寻址的全局信息协商与融合机制。这就是自注意力机制的思想精髓。

我们仍以“苹果”为例：当“苹果”与“吃”共现时，其语义更偏向水果；而与“股价”共现时，则偏向科技公司。这种基于上下文的动态语义表示能力正是传统静态词向量所欠缺的。

Transformer 模型的核心便是这种擅长捕捉长距离依赖的自注意力机制，它也因此成为几乎所有大语言模型（large language model，LLM）的基础架构。在处理序列数据（如句子）时，Transformer 利用自注意力计算序列中每个位置（元素）与其他所有位置（元素）的关联权重，从而动态聚焦于完成任务所需的关键信息。这为模型提供了一种直接建模序列元素间相互关系的方法，有效捕获长距离依赖。

在实现上，Transformer 首先将词语通过词嵌入转换为高维向量表示。文档中的所有词经此“嵌入”过程，映射到一个语义向量空间（嵌入空间）。模型在该空间中学习描绘词与词之间的上下文关系。因此，当出现“苹果”一词时，模型能够根据其上下文判断它指的是水果还是科技公司/产品。关键在于，模型通过统计学习海量语料，自动发现“苹果”在何种语境下高频地与“水果”或“公司”等概念相关联，而无须在模型中显式定义这些规则。

1.5.3 自注意力的数学逻辑：从向量到矩阵的三步拆解

1. 草蛇灰线，伏脉千里：从文学伏笔到长距离依赖

《红楼梦》中“草蛇灰线，伏脉千里”的创作手法，通过无数看似零散却彼此呼应的细节构建全局关联。这种跨越篇章的“长距离依赖关系”与自然语言处理中捕捉序列元素间远距离关联的需求高度相似。自注意力机制的核心正是赋予模型这种“全局感知”的能力。

以下用《红楼梦》的简化情节序列为例，观察自注意力如何“发现”千里之外的伏脉：

第一回：甄士隐梦中见“通灵宝玉”（伏笔，与之后的宝玉摔玉形成首尾呼应）。

第三回：宝玉摔玉（关键行为）。

第五回：警幻仙子判词（人物命运伏笔）。

第二十八回：黛玉葬花（情感表达）。

第七十六回：凹晶馆联诗（情感呼应，与第二十八回黛玉葬花时的悲叹形成情感共振）。

这些相隔数十回的情节，通过微妙的线索形成“长距离依赖关系”。读者需要在阅读过程中建立全局关联，才能领会作者的深意——这与自然语言处理中捕捉序列长距离依

赖的需求惊人相似。自注意力机制可以理解为让机器具备“全局阅读”能力。

理解如“宝玉摔玉”这样的行为动机，需要关联分散的线索：

第一回：“只因西方灵河岸上三生石畔，有绛珠草一株……那僧便念咒书符，大展幻术，将一块大石登时变成一块鲜明莹洁的美玉……”（通灵宝玉来历）

第三回：“宝玉听了，登时发作起痴狂病来，摘下那玉，就狠命摔去……我也不要这劳什子了！”（摔玉情节）

第五回：“宝玉看了仍不解，便又掷了……痴男怨女，可怜风月债难偿。”（性格设定及判词伏笔）

（说明：此处的红楼梦情节关联分析仅为阐释自注意力机制原理所做的简化示例，对文学的理解本身是多元的。下同）

任务：宝玉为什么摔玉？他是不是单纯不喜欢这块玉？当模型处理“摔去”一词时，自注意力机制需关联相关线索（如“通灵宝玉”“妹妹也没有”“行为偏僻”）以理解其深层含义。

当模型处理“摔去”一词时，自注意力机制需关联相关线索：如第一回“通灵宝玉”的来历（女娲补天弃石），第三回黛玉初入贾府时宝玉因“妹妹也没有”而摔玉的相似行为，第五回判词中“行为偏僻性乖张”的性格设定等。

具象化示例：当模型处理“摔去”一词时，自注意力机制完成如下工作：

给“通灵宝玉”（第一回）分配高权重，因为玉石的来历是摔玉行为的根本原因。

给“妹妹也没有”（第三回）分配中权重，因为相似行为体现性格一致性。

给“行为偏僻”（第五回）分配低权重，但仍保留关联信息。

最终通过加权求和，让“摔去”的语义表示包含所有相关线索。

分词示例：'[宝玉，听了，登时，发作，痴狂病，来，摘下，那玉，狠命，摔去，劳什子]'

词嵌入：每个词映射为低维稠密向量（如 128 维：'宝玉=[0.23，−0.15，…，0.41]'）。

位置编码：添加词序信息（采用如正弦函数编码，摔去的位置编码为'[0.1，0.3，…，0.7]'）。

输入表示：得到包含语义和位置信息的输入矩阵'X'，即输入序列。

2. 自注意力核心计算三部曲

自注意力通过可学习的参数矩阵将同一输入'X'投影到不同的语义空间，形成 Query（$\boldsymbol{Q}$）、Key（$\boldsymbol{K}$）、Value（$\boldsymbol{V}$）3 个矩阵。对于单个词而言 Query、Key、Value 则是 3 个向量。

$$\boldsymbol{Q}=\boldsymbol{X}\cdot\boldsymbol{W}^{Q},\boldsymbol{K}=\boldsymbol{X}\cdot\boldsymbol{W}^{K},\boldsymbol{V}=\boldsymbol{X}\cdot\boldsymbol{W}^{V}$$

我们可以把词语间关联强度用“注意力分数”表示。现在需要做的就是计算“注意力分数”。对于目标词（Query，如“摔去”），计算它与序列中所有词（Key）的关联强度（注意力分数）。其核心是“点积”并缩放：

$$\text{注意力分数}(\boldsymbol{Q}_i,\boldsymbol{K}_j)=(\boldsymbol{Q}_i\cdot\boldsymbol{K}_j^{\mathrm{T}})/\sqrt{d_k}$$

上式表示第 i 个元素对第 j 个元素的关注程度，在这里表示“摔去”对其他词的关联。

式中 $\boldsymbol{Q}_i$——“摔去”的 Query 向量；

$\boldsymbol{K}_j$——其他词（如“通灵宝玉”“妹妹也没有”等）的 Key 向量；

D_k——Key 向量的维度（用于缩放和稳定梯度）。

说明:这里两个向量的点积可以用于度量它们之间的方向接近程度,与余弦距离类似。

余弦距离=点积/(模长 A×模长 B),相当于对点积的归一化,消除了模长的影响。由此代表着不同词语的向量之间的接近程度是可以通过向量间的点积来计算。向量之间的点积,在向量归一化的语境下相当于计算一个向量到另外一个向量的"投影",投影越长,则越接近相似。而缩放因子 $\sqrt{d_k}$ 则用于缓解点积对向量模长的敏感度。

(1) 注意力权重计算:

对目标词"摔去"对应的所有注意力分数进行 Softmax 归一化,得到注意力权重分布。权重表示每个词对理解"摔去"的相对重要程度,且所有权重之和为 1。

注意力权重 i=Softmax(注意力分数$_i$)。

(2) 加权聚合 Value:

可以简单地理解为加权求和,即根据权重聚合所有位置的信息,实现对长距离线索的捕捉,即使用注意力权重对对应的 Value 向量进行加权求和,生成目标词"摔去"的上下文感知(Output):

$$\text{Output}_i = \sum_j (\text{注意力权重}_{i,j} \times \boldsymbol{V}_j)$$

求中,$\boldsymbol{V}_j$ 是词 j 经过 $\boldsymbol{W}^V$ 投影后的 Value 向量,包含该词的语义信息。

示例:"摔去"的注意力计算(简化数值说明)。

Query 向量($\boldsymbol{Q}$):"摔去"的词嵌入+位置编码。

Key 向量($\boldsymbol{K}$):"通灵宝玉""妹妹也没有""行为偏僻"等词的 $\boldsymbol{K}$ 向量。

相关性分数计算(以"通灵宝玉"为例),如:

$$\text{Score} = \boldsymbol{Q} \cdot \boldsymbol{K}_{\text{通灵宝玉}}^{\mathrm{T}} = 0.85 \times 128 \text{ 维点积和}$$

根据将词嵌入得到的向量和位置编码,代入上式计算得到多关键词分数矩阵见表 1-12。

表 1-12 多关键词分数矩阵

关键词	通灵宝玉	妹妹也没有	行为偏僻	劳什子
摔去	56.8	32.4	18.7	−5.6

经过 Softmax 生成注意力权重,即归一化计算:

$$\text{Weight}_{\text{妹妹也没有}} = \frac{e^{32.4}}{\sum e^{\text{Score}}} \approx 0.30$$

$$\text{Weight}_{\text{通灵宝玉}} = \frac{e^{56.8}}{\sum e^{\text{Score}}} \approx 0.45$$

其权重矩阵见表 1-13。

表 1-13 权重矩阵

关键词	通灵宝玉	妹妹也没有	行为偏僻	劳什子
摔去	0.45	0.30	0.15	0.10

权重解读:权重越高,代表该词对"摔去"的语义贡献越大。模型认为"通灵宝玉"的来历对解释"摔去"最重要(权重 0.45),"妹妹也没有"的相似行为次之(0.30),"行为偏

僻”的性格背景也有贡献(0.15)，而表达单纯不喜欢的“劳什子”最不重要(0.10)。

(3)生成上下文表示：

使用上述权重对对应的 Value 向量($\boldsymbol{V}_j$)进行加权求和：

$\text{Output}_{\text{摔去}} = 0.45 \times V_{\text{通灵宝玉}} + 0.30 \times V_{\text{妹妹也没有}} + 0.15 \times V_{\text{行为偏僻}} + 0.10 \times V_{\text{劳什子}}$ 关键信息聚合解释：

$V_{\text{通灵宝玉}}$(高权重)贡献了“玉石来历与天命关联”的核心信息；

$V_{\text{妹妹也没有}}$(中权重)的“妹妹也没有”补充了“追求平等”的行为动机；

$V_{\text{行为偏僻}}$(低权重)保留了“性格叛逆”背景。

$V_{\text{劳什子}}$仅保留了“单纯厌恶”的表面背景。

3. 基于注意力权重的语义推断

注意力权重直接反映了模型学习到的不同信息对解释当前词(“摔去”)的相对重要性：

如果动机是“单纯不喜欢玉”，表达厌恶的“劳什子”(权重仅 0.10)应占主导，但实际并非如此。

“通灵宝玉”的高权重(0.45)强烈表明摔玉行为与反抗该玉石象征的“天命”(女娲弃石，既定命运)紧密相关。

“妹妹也没有”的中权重(0.30)显示追求“平等”(因黛玉无玉而觉不公)是另一个重要动机。

“行为偏僻”的低权重(0.15)则提供了性格背景支持。

模型推断结论：

宝玉摔玉并非单纯出于不喜欢，而是交织着对“通灵宝玉”所象征之天命的抗拒(主要动机，由“通灵宝玉”高权重体现)以及追求平等的诉求(次要动机，由“妹妹也没有”中权重体现)，这也与黛玉“质本洁来还洁去”的精神形成潜在呼应(长距离关联)。

说明：上述对红楼梦人物关系、场景及关联设定仅仅是为了诠释自注意力机制的长距离依赖关系而做的简化假设。对红楼梦的理解是多样的，正如“一千个观众眼中有一千个哈姆雷特”。

4. 自注意力的优势与数学之美

(1) 代数结构的表意性：

矩阵运算将文学隐喻转化为可计算的向量关系：

文学关联强度—<映射>—向量点积值—<Softmax>—概率化权重。

(2) 自注意力机制优雅地解决了序列建模中的长距离依赖问题：

①全局感知：一次矩阵乘法($\boldsymbol{Q} \cdot \boldsymbol{K}^{\mathrm{T}}$)即可计算序列中任意两元素间的关联，无论距离多远。权重计算只依赖于语义相关性，不受距离限制[如“通灵宝玉”(第一回)对“摔去”(第三回)的权重可达 0.45]。

②可并行计算：矩阵运算高度并行化，计算效率远高于 RNN 的逐词处理。

③显式关联建模：注意力权重提供了可解释的关联图谱，直观显示不同信息对当前预测的贡献度(高权重→关键线索；中权重→相关背景；低权重→次要/无关信息)，符合

人类理解逻辑(重读伏笔,关联情节)。

④向量空间映射:高维向量空间将文本中分散的线索(如第一回、第三回、第五回的相关词汇)映射到邻近区域,使"长距离依赖"转化为"向量空间中的邻近性"(例如,"反抗天命"相关词汇可能形成聚类)。

⑤克服传统模型缺陷:相比 RNN 在处理长序列时面临的梯度消失/爆炸问题(导致远距离信息显著衰减或丢失),自注意力机制能有效保留和利用全局信息。

自注意力机制将"文学记忆"与"意义联结"转化为高维空间中的"向量关系"与"矩阵运算",其数学上的简洁、高效与可解释性,恰如《红楼梦》"草蛇灰线,伏脉千里"的笔法——用精妙的代数结构,捕捉并诠释了跨越时空的意义联结。

上述的讨论仅从"摔去"一词在全文的长距离依赖关系解释任务问题:宝玉为什么摔玉?他是不是单纯不喜欢这块玉?实际上"宝玉为什么摔玉?"只是阅读《红楼梦》的一个角度,《红楼梦》中的诸多复杂关系显然不可能从一个角度来描述,这就涉及如何捕捉"多样化关系模式"的问题。本书第 3 章关于"多头注意力机制"的讨论将解释这个问题的解决方案。

本章思考与练习

一、深度思考题

【思考题 1】人工智能为什么离不开数学?请结合向量、概率、导数等概念举例说明。

【思考题 2】在人工智能中,常说"每个数据样本可以表示为一个向量"。请结合实例说明:为什么用向量表示数据是合理的?它和"特征"的关系是什么?

【思考题 3】向量可以表示特征、图像、声音等数据。请结合一个生活中的 AI 例子,解释向量在其中的作用。

【思考题 4】线性变换可以表达图像旋转、缩放等操作。你认为在 AI 系统中,线性变换还有哪些用途?它是不是"足够智能"?

【思考题 5】人工智能模型(如分类器、生成模型)中常使用概率表达预测结果。你如何理解"概率"在智能中的作用?概率预测是否可靠?

【思考题 6】矩阵可表示图像和变换。请解释为什么矩阵可以用来描述图像?图像的哪些操作可以通过矩阵实现?

【思考题 7】在你身边的 AI 应用中,哪里体现了对数据进行"标准化"的必要性?为什么不能直接使用原始数据?

【思考题 8】当你用地图软件导航时,路径规划的优化是如何使用数学中的"梯度"思想进行的?请简要分析。

【思考题 9】自动驾驶汽车如何用概率来判断行人是否会穿过马路?这类判断与我们生活中做决定有何异同?

二、实践类题目(应用与探索)

【任务 1】用向量描述你的一天。

任务:把你的一天(如上课、运动、娱乐、学习)用一个"时间分布向量"表示,例如:

向量 $\boldsymbol{A}=[4, 2, 3, 5]$ 表示 4 小时学习，2 小时运动，3 小时娱乐，5 小时睡觉。总时间是多少？

若用另一天的活动构造向量 $\boldsymbol{B}$，如何计算与 $\boldsymbol{A}$ 的相似程度？

【任务 2】记录你每天使用手机的时间（单位：小时），连续一周，并计算均值与标准差，分析你的"数字健康"状况。

【任务 3】假如一家公司将岗位的能力要求建成一个"岗位向量"，每位应聘者的技能也可以被向量化。请设计一个方案来度量应聘者与岗位向量之间的"匹配度"。

【任务 4】用你和同学们的身高、体重、鞋码等数据构建三维特征向量，计算协方差矩阵并判断特征之间的关系。

【任务 5】尝试自己设计一个"是否推荐某餐厅"的 AI 模型，输入为人均价格、评分、离你距离，用逻辑规则建模输出。

三、计算题

【计算题 1】向量加权和的计算。

问题：给定两个向量 $\boldsymbol{A}=[1, 2]$，$\boldsymbol{B}=[3, 4]$，权重分别为 0.6 和 0.4，求加权和 $\boldsymbol{C}$。

【计算题 2】在某数据集中，图像属于"猫"的概率是 0.3，属于"狗"的概率是 0.5，那么属于"其他"的概率是？

【计算题 3】某语言模型在预测下一个词时，输出以下概率分布：

词语	概率
I	0.5
miss	0.3
you	0.2

计算该分布的信息熵，结果保留两位小数（使用对数底为 2，即单位为 bit）。

【计算题 4】一段声音信号采样后得到：[0.2, 0.4, 0.5, 0.6, 0.3]。请计算该段信号的均值与标准差，并解释在 AI 处理中这些统计量的作用。

【计算题 5】最大熵与最小熵比较。

以下是两个概率分布，请计算并比较它们的信息熵大小：

A. 均匀分布：$\boldsymbol{P}=[0.25, 0.25, 0.25, 0.25]$。

B. 集中分布：$\boldsymbol{P}=[0.9, 0.05, 0.03, 0.02]$。

分别计算两者的信息熵。

【计算题 6】模型 A 输出熵为 1.5，模型 B 输出熵为 0.9。请问：哪个模型更"确定"？在分类任务中哪个可能表现更好？

【计算题 7】某三分类模型对一张图片预测如下：

类别	概率
猫	0.8
狗	0.1
兔	0.1

请估算信息熵的值范围，并解释含义。

【**计算题 8**】某公司招聘数据科学实习生，记录了 3 位候选人的以下两个特征：

候选人	编程得分	项目经验/年
A	90	1
B	80	5
C	70	8

注：1. 编程测试得分(满分 100)；2. 项目经验年限(范围 0～10 年)。

HR 希望综合这两个特征来判断“数据科学实习生的能力”，但发现两个特征的量纲完全不同，难以直接比较。

请根据以上题目设计一个科学的评估方法，帮助 HR 进行候选人选择。

【**计算题 9**】某班级同学的身高与体重的数据如下表所示：

序号	姓名	身高/cm	体重/kg
1	小明	170	65
2	小红	160	50
3	小刚	180	80
4	小华	175	75
5	小兰	165	55

请计算每位同学的身高与体重相对于全班平均值的偏差，以及它们的乘积对总体协方差的贡献。

四、综合计算题(选做)

【**综合计算题 1**】下表是 5 位用户对 5 个商品(手机、耳机、书籍、运动鞋、咖啡机)的评分量表，请基于该表中数据进行用户 A 与用户 A“兴趣空间”的相似度计算。

用户	手机	耳机	书籍	运动鞋	咖啡机
用户 A	5	4	3	4	2
用户 B	5	3	4	4	2
用户 C	1	2	5	3	4
用户 D	5	4	2	0	2
用户 E	2	2	1	4	5

【**提示**】用余弦距离计算公式。

余弦距离计算公式：

对于两个向量 $\boldsymbol{A}$ 和 $\boldsymbol{B}$：

$$\cos\theta=\frac{\boldsymbol{A}\cdot\boldsymbol{B}}{|\boldsymbol{A}|\cdot|\boldsymbol{B}|}$$

其中 $\boldsymbol{A}\cdot\boldsymbol{B}$ 是点积，$|\boldsymbol{A}|$ 和 $|\boldsymbol{B}|$ 是向量的模。

注：相似度越接近 1，表示兴趣越相似。

【**综合计算题 2**】有 5 位学生，每人拥有 10 个特征(如身高、体重、运动爱好、美术喜好等)，原始数据表(10 个特征)如下所示：

姓名	身高/cm	体重/kg	数学成绩	语文成绩	运动爱好	美术兴趣	音乐分数	合作能力	阅读兴趣	社交能力
小明	172	65	88	72	9	5	6	7	8	6
小红	160	50	76	85	5	9	8	7	9	8
小刚	178	70	92	68	10	3	5	6	6	5
小华	165	55	80	83	6	8	9	8	9	7
小兰	170	62	85	75	7	4	7	7	7	7

请根据提供的原始数据表完成以下任务:

(1) 计算某位同学在前两个主成分(PC_1 和 PC_2)的得分。

(2) 计算某位同学的主成分加载向量。

PCA 计算过程如下:

(1)数据标准化:将所有特征进行标准化(z-score),以消除量纲影响。

(2)执行 PCA 降维:将 10 维特征压缩为前两个主成分(PC_1 和 PC_2),分别代表最大的信息保留方向。

(3)主成分得分表:展示每位学生在 PC_1、PC_2 上的坐标,可用于"学生画像"。

(4)主成分加载矩阵:展示每个原始特征对 PC_1、PC_2 的影响力(即向量系数)。

【综合计算题 3】请用贝叶斯公式求解盒中球的颜色推理问题。

你面前有两个盒子:

盒子 A:里面有 3 个红球,1 个白球。

盒子 B:里面有 1 个红球,3 个白球。

从两个盒子中等概率地选择一个盒子(即每个盒子被选到的概率为 0.5),然后从中随机抽出一个球。现在你抽到了一个红球。问题是:

在已知抽出红球的情况下,这个球来自盒子 A 的概率是多少?

【综合计算题 4】天气预测三状态模型定义为:晴天(S_1)、雨天(S_2)、多云(S_3)。

状态转移概率如下表所示:

从/到	晴天(S_1)	雨天(S_2)	多云(S_3)
晴天(S_1)	0.5	0.3	0.2
晴天(S_2)	0.4	0.5	0.1
晴天(S_3)	0.2	0.2	0.6

若今天是"晴天",求未来 3 天的天气分布概率(用马尔可夫链方法进行天气预测)。

【综合计算题 5】图像处理实际案例:结合主成分分析(PCA)在图像压缩中的应用,帮助学生理解"高维图像 →低维特征 →重建信息"这一过程。

题目设计:

下列序列图片展示了对彩色图像(RGB 三通道)使用 PCA 降维重建的过程:

第一幅是原始 RGB 图像,其余图像分别表示将每个颜色通道分别降维到:5 个主成分;20 个主成分;50 个主成分;100 个主成分。

Original RGB

PCA with 5 comps

PCA with 20 comps

PCA with 50 comps

PCA with 100 comps

请根据图像序列，回答以下问题：

(1)原始图像为RGB彩色图像，假设图像大小为1000×1000的像素矩阵，问原始图像的向量维度是多少？

(2)彩色图像有RGB这3个颜色通道，如果对每个通道分别进行PCA分解，那么PCA with 50 comps表示什么意思？

(3)随着主成分数量的增加，图像的细节逐渐恢复。主成分数量与图像的细节逐渐恢复有什么关系？

(4)如果仅用100个维度(远小于原始图像的维度)，也能大致重建出小狗的形态和背景，验证了图像中存在高度冗余的信息，大幅压缩数据但仍保留关键信息。

请计算原始图像向量与重建所使用的100个维度的向量压缩比是多少？

第 2 章

AI 智慧核心:机器学习与深度学习

本章教学目标

本章旨在引导学生深入探寻人工智能的“智慧中枢”——机器学习与深度学习的基本原理与应用路径,建立贯通原理与实践的系统知识框架。学生将在学习监督学习、无监督学习与强化学习等多种学习范式中,理解机器如何以数据为土壤、以模型为利器、以反馈为闭环,逐步实现“自我学习”的演化过程。

课程将帮助学生掌握回归、分类、聚类等典型任务的基本逻辑与实现方法,理解不同算法如何在数据中发现规律、建构模型,并用于智能判断与预测。同时,本章将重点引导学生理解深度神经网络的层次结构,透视感知机、前向传播与反向传播机制的运作原理,揭示“特征自动提取”如何成为深度学习在图像识别、语音理解等复杂任务中展现智能之美的关键所在。学生还将初步触及卷积神经网络(CNN)与递归神经网络(RNN)的基本结构与典型应用,借助可视化计算与案例分析,从“模型—数据—反馈”的整体视角理解智能系统的学习本质,最终为迈向更广阔的 AI 世界打下坚实而深刻的技术与思维基础。

2.1　机器学习:让机器拥有学习能力

在 AI 的发展中,机器学习成为实现智能化决策的核心技术之一。它通过数据训练模型,使机器能够从经验中学习并做出预测或决策。本节介绍了机器学习的基本概念、核心要素和基本流程,并通过具体实例与任务展示了机器学习的实际应用,帮助读者系统掌握模型构建的全过程。

2.1.1　引子:从人类学习到机器学习

想象一下你第一次学骑自行车的场景。那时你可能摔过几跤,但慢慢掌握了平衡的技巧,最终能顺畅地骑行。这就是人类的学习方式:通过不断尝试、积累经验,从错误中汲取教训,逐步提升能力。

那么,机器能不能像我们人类一样,从经验中学习呢?答案是肯定的。这就是机器学习的魅力所在。它是 AI 领域里非常重要的一环,目标是让计算机不再依赖预设的编程指令,而是能自主地从数据中学习规律(图 2-1)。换句话说,机器学习让机器具备了“自学成才”的能力,而不是完全依赖人类“手把手教学”。

以手写数字识别为例。过去,传统编程方法需要我们手动编写识别规则,比如“如果图片里有个圆形,那可能是 0”。但手写数字形态各异,这种方法显然不够灵活。而机器学习则不同,它让机器自主学习大量手写数字图片,自己总结出识别规律,最终能精准识别新的手写数字。

图 2-1　人类学习与机器学习:学骑自行车与数据模型

2.1.2　机器学习的基础知识

1. 机器学习的基本概念

机器学习的本质就是通过数据训练模型,让模型学会从数据中提取规律,进而对新数据进行预测或分类。简单来说,就是让机器从数据中“学会”某种模式。

数据是机器学习的基石,它可以是数字、文本、图片、音频等各类信息。比如预测房价时,数据可能涵盖房屋面积、位置、房间数量等。模型则是机器学习的核心,是数据规律的数学表达。

例如,房价预测模型可能是一个公式,假设房屋价格 y 与房屋面积 x_1、房间数量 x_2 等特征之间存在线性关系,模型可表示为

$$y=w_1x_1+w_2x_2+b$$

式中,w_1、w_2 为模型的权重参数;b 为偏置项。训练是让模型通过数据调整内部参数 w_1、w_2 和 b,以更好地拟合数据的过程。而训练完成后,模型就能对新数据进行预测或分类了。

2. 机器学习的应用

机器学习技术正以“四维渗透”的方式广泛融入消费服务、工业制造、医疗健康与社会治理等多个关键领域,构建出一个覆盖多层次、多场景的智能化生态体系。根据 Gartner 2024 年技术成熟度曲线,机器学习已进入生产成熟期,其应用正由单一功能优化向系统级解决方案演进,表现出更强的集成性与场景适应能力。

(1) 智能推荐系统:重塑消费服务生态(图 2-2)。

在消费领域,推荐系统已由初期的内容筛选工具发展为“电商—金融—媒体”协同的服务矩阵。当前技术趋势表明,通过融合用户行为数据、上下文环境信息以及多模态特征输入,推荐系统正实现更高的个性化精度与实时响应能力,有效提升用户参与度、转化率与平台黏性。

(2) 自动驾驶:推动交通系统智能变革(图 2-3)。

自动驾驶正成为智慧交通建设的核心驱动力,发展路径呈现“政策引导—技术突破—场景落地”三位一体的格局。在实际应用中,多模态传感融合、环境建模与决策控制算法已具备较高稳定性,能够支持城市道路、高速公路、园区接驳等多类型复杂场景的安全驾驶与路径规划,展现出高度系统集成能力。

图 2-2　智能推荐系统:重塑消费服务生态

图 2-3　自动驾驶:推动交通系统智能变革

(3) 医疗诊断:开启智能生命健康模式(图 2-4)。

在医疗领域,机器学习的应用逐步形成“影像识别—风险筛查—诊疗决策”的多维结构。先进的图像识别模型正在提升医学影像的诊断效率与准确性,而基于跨机构数据共享的协同学习框架,正在促进早期疾病筛查与辅助诊断的广泛部署,实现更精准的个性化医疗服务。

(4) 语音交互:拓展人机协作新边界(图 2-5)。

语音交互技术正在经历从通用助手向专业化、情感化智能系统的升级演进。在多轮对话管理、情绪识别与多语言支持等方向的持续突破,助力语音系统在旅游、消费、商业、医疗等多类场景中承担复杂交互任务,提升服务响应效率与用户体验,成为人机共处环境中的关键交互接口。

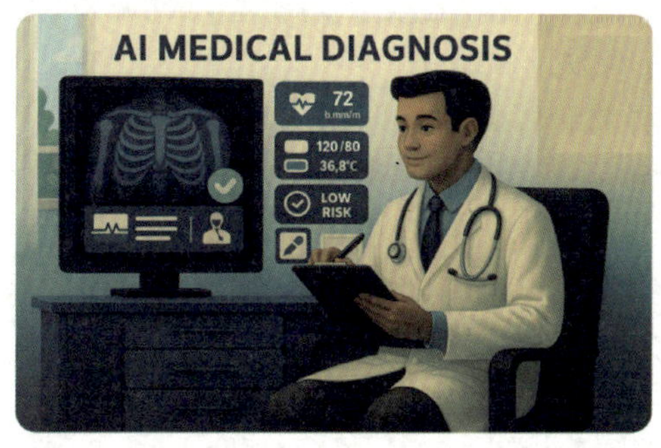

图 2-4　医疗诊断:开启智能生命健康模式

图 2-5　语音交互:拓展人机协作新边界

2.1.3 机器学习的核心要素

机器学习的核心要素包括数据(data)、模型(model)、策略(strategy)、算法(algorithm)等,如图 2-6 所示。

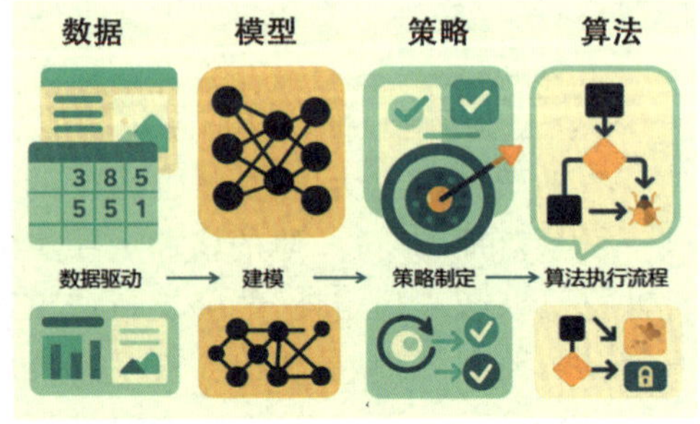

图 2-6 机器学习的 4 个核心要素

1. 数据

数据是机器学习的基础。没有数据,机器就无法学习。数据可以分为以下几种类型:

(1) 结构化数据:如表格中的数据,每一列代表一个特征,每一行代表一个样本。例如,房屋数据表中可能包含"面积""房间数量""价格"等列。

(2) 非结构化数据:如图片、文本、音频等。这些数据需要经过预处理才能用于机器学习。

2. 模型

模型是机器学习的核心,它是从数据中学习到的规律或模式的数学表达。模型的类型取决于任务的性质,如:

(1) 线性回归模型:用于预测连续值,如房价。

(2) 分类模型:用于将数据分为不同的类别,如识别手写数字。

3. 策略

策略是指如何让模型从数据中学习。通常,我们会定义一个目标函数(如误差最小化),并通过优化算法(如梯度下降)来调整模型的参数。

4. 算法

算法是实现策略的具体方法。不同的算法适用于不同的任务,如:

(1) 监督学习算法:如线性回归、决策树、支持向量机等。

(2) 无监督学习算法:如聚类算法、主成分分析等。

5. 示例:房价预测任务

假设有一个包含房屋面积、房间数量和价格的数据集,我们希望通过机器学习预测新房屋的价格。以下是具体步骤:

(1) 数据采集:收集房屋数据,包括面积、房间数量和价格。

(2) 数据预处理:清洗数据,处理缺失值和异常值。

(3) 特征工程:选择和提取有用的特征,如房屋面积和房间数量。

(4) 模型训练:选择一个合适的模型(如线性回归),并用数据训练模型。

(5) 模型评估:通过测试数据评估模型的性能,如预测误差。

(6) 预测:用训练好的模型预测新房屋的价格。

2.1.4　机器学习基本流程

在当今科技日新月异的时代,机器学习正逐渐成为我们生活中的重要力量,推动着众多领域的智能化发展。通过深入了解机器学习的基本流程,我们便能开启探索这一奇妙世界的大门。机器学习的基本流程可以分为以下几个步骤(图 2-7)。

1. 问题定义

一切的开始都源于明确的目标。在机器学习中,问题定义就是确定我们想要解决的任务类型。常见的主要有两大类:

(1) 回归问题:假如我们想预测房子的价格,那这就是一个回归问题。因为房价是一个连续的数值,它会随着房屋面积、位置、装修等诸多因素的变化而不断变动,我们的目标就是找准这个数值。

(2) 分类问题:与之相对,若我们要识别手写数字,便是分类问题。这里,我们会把每个手写数字归到 0 到 9 这 10 个类别中去,让机器学会区分不同数字的模样。

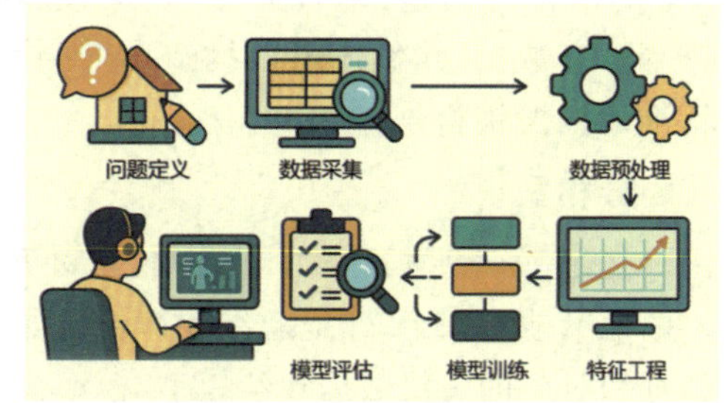

图 2-7　机器学习基本流程

2. 数据采集

明确了问题后,接下来就得收集数据,这就好比为机器学习搭建起一座宝藏库。数据来源丰富多样:

(1) 传感器:在气象站,传感器能收集温度、湿度、风速等数据。这些数据可以帮助我们预测天气变化,为出门是否带伞、农作物种植等提供参考。

(2) 数据库:学校的数据库里,记录着同学们各学科的成绩、出勤情况等,这些信息可用于分析学生的学习状况,发现优势与薄弱环节。

(3) 网络爬虫:通过网络爬虫,我们可以在互联网上抓取新闻资讯、商品评价等数据。比如电商平台,通过爬取用户对各类商品的评价,了解产品受欢迎程度和改进方向。

3. 数据预处理

收集到的数据往往“脏乱差”,需要精心整理才能派上用场,这一步就是数据预处理。

(1) 缺失值处理:想象一下,有一张表格记录着同学们的身高、体重,有些同学的体重数据却缺失了。这时我们可以采取两种策略:一是简单地删除这些缺失数据的记录,但这样可能会丢失部分有价值的信息;二是用平均值、中位数等统计量填补缺失值,让数据变得完整。

(2) 异常值处理:就好比在小朋友的身高数据里,突然出现一个 3 米的身高,这明显是异常值。我们要通过可视化工具(如绘制箱线图)或统计方法找出这些“格格不入”的数据点,并进一步分析是删除还是修正,以保证数据的准确性。

(3) 特征缩放:当数据中有不同量纲的特征时,比如房屋面积以平方米为单位,房价以万元为单位,数值范围差异大。特征缩放能将它们缩放到同一尺度范围,如把所有特征值都限定在 0 到 1 之间,这样能让模型在训练时更高效、更稳定。

4. 特征工程

特征工程是机器学习中的关键环节，如同给机器学习打造一副得力的“铠甲”。

（1）特征选择：面对海量的数据特征，我们得挑选出对任务最有用的。比如预测学生成绩时，作业完成情况、课堂表现可能很重要，而学生的发型、衣服颜色就关系不大。通过相关性分析、模型排序等方法，筛选出关键特征，能提升模型效率和效果。

（2）特征提取：从原始数据中提取新的特征。以图像识别为例，从一张图片的像素点数据中，提取出边缘、纹理等特征，帮助机器更好地理解图像内容。

（3）特征构造：结合业务知识构造新的特征。在电商销售预测中，除了商品价格、库存等已有数据，我们还可以构造出“促销折扣力度”“节假日标识”等新特征，让模型能更精准地把握销售规律。

5. 模型训练

选好了模型并准备好了数据，就可开始模型训练了。这如同教一个孩子学习新技能，不断地给他看例子，让他总结规律。比如选用线性回归模型预测房价，把房屋面积、位置等特征和对应的房价数据喂给模型，模型会通过调整内部参数，找到一条最佳的直线（在多维空间中可能是平面或超平面），使得它能根据房屋特征尽可能准确地预测出房价。

6. 模型评估

训练好的模型就像刚学会新技能的孩子，得检验他学得怎么样。这就需要模型评估。

（1）均方误差（mean square error，MSE）：在回归问题中，比如预测房价，我们计算预测房价和实际房价差值的平方的平均数。其公式为

$$\mathrm{MSE}=\frac{1}{n}\sum_{i=1}^{n}(y_i-\hat{y}_i)^2$$

式中，y_i 为真实值；$\hat{y}_i$ 为预测值；n 为样本数量。MSE 越小，说明模型预测越精准，误差越小。

（2）准确率（accuracy）：在分类问题中，像识别手写数字，准确率就是模型正确分类的数字数量占总测试数字数量的比例。其公式为

$$\text{准确率}=\frac{\text{正确分类的样本数}}{\text{总样本数}}\times 100\%$$

准确率越高，模型分类能力越强。

通过这样一个完整的流程，机器学习模型就能不断成长，为我们解决各种实际问题提供有力支持，助力我们的生活和学习更加智能高效。随着不断探索和学习，我们会更加深入地领略机器学习的奥秘和魅力。

2.1.5 常用的机器学习算法简介

机器学习算法就像一个个神奇的工具，能够帮助计算机从数据中学习规律，做出预测和决策。根据学习方式的不同，机器学习算法主要可以分为监督学习、无监督学习和强化学习 3 类（图 2-8）。下面我们将深入介绍这几类算法中的一些常用代表。

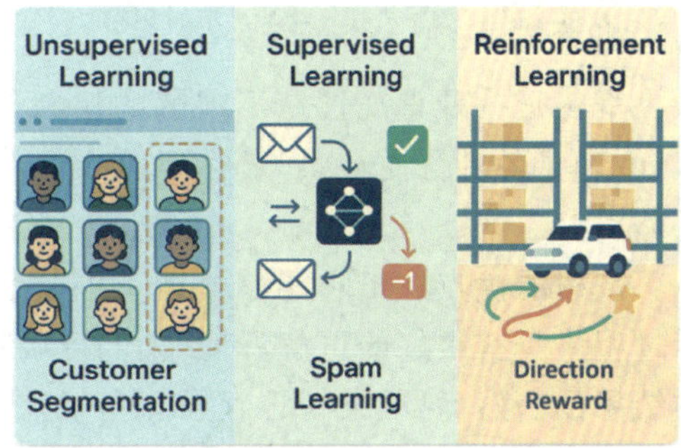

图 2-8　无监督学习、监督学习和强化学习的分类与适用场景

1. 回归分析

回归分析是一类用于预测连续值的算法，它在我们日常生活中有着广泛的应用场景，比如预测房价的走势、气温的变化等。

(1) 线性回归：

线性回归是回归分析中最基础也是最常用的一种方法。它假设数据之间存在线性关系，也就是说，因变量与自变量之间的关系可以用一条直线来表示。例如，我们想研究房屋面积和房价之间的关系，假设房屋价格 y 与房屋面积 x 之间存在线性关系，其模型可表示为

$$y=wx+b$$

式中，w 为模型的权重参数；b 为偏置项。通过收集大量已知房屋面积和对应房价的数据，在坐标系上将这些数据点绘制出来后，线性回归算法会尝试找到一条最佳拟合直线，使得这条直线尽可能接近所有的数据点。这样，当给定一个新的房屋面积时，我们就可以利用这条直线来预测该房屋的价格(图 2-9)。线性回归模型简单易懂、易于实现，而且对数据的要求相对较低，是一种很好的入门级机器学习算法。

(2) 多项式回归：

当数据之间的关系不是简单的直线，而是呈现出曲线形态时，多项式回归就派上了用场。它假设数据之间存在非线性关系，通过引入多项式来拟合更加复杂的曲线。例如，在研究某种产品的销量与广告投入之间的关系时，可能发现销量随着广告投入的增加先快速增长，达到一定程度后又趋于平缓，这时使用多项式回归就可以更好地捕捉这种非线性的变化规律(图 2-10)。不过，多项式回归的模型复杂度会随着多项式次数的增加而提高，这就需要我们在模型的拟合能力和泛化能力之间找到一个平衡，避免出现过拟合的情况，即模型在训练数据上表现很好，但在新的未见过的数据上预测效果不佳。

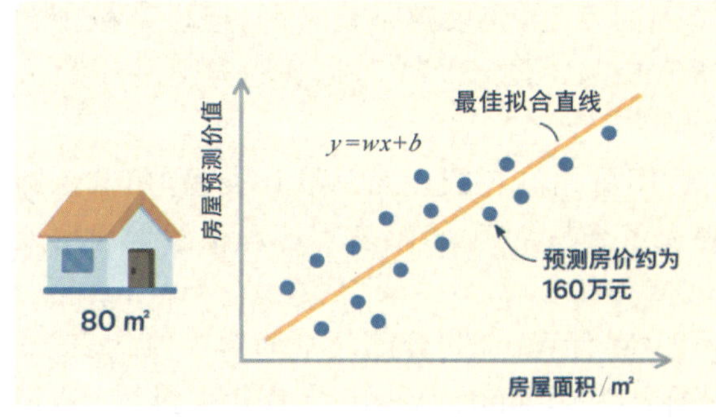

图 2-9　线性回归示意

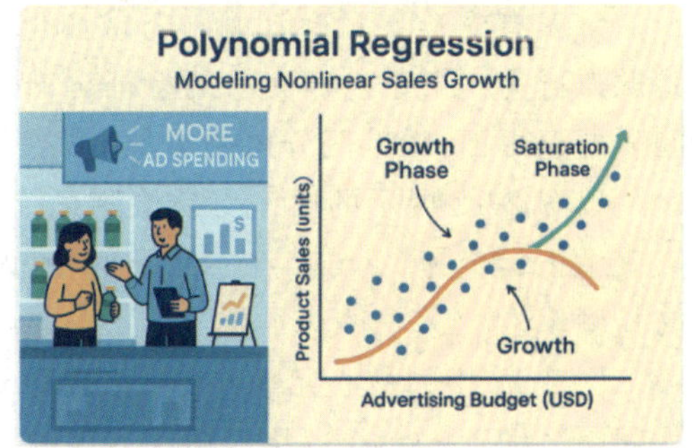

图 2-10　某品牌饮料的销量与广告投入的多项式回归模型

2. 决策树

决策树是一种直观且易于理解的树状模型，它的结构就像一棵倒立的树，顶端是根节点，中间是各种分支节点，最终到达叶节点。决策树通过一系列的“是/否”问题对数据进行分类。

决策树的优点在于它能够处理不同类型的数据，包括数值型和类别型数据，并且在决策过程中具有很好的可解释性，人们可以很容易地理解每个决策节点是如何影响最终分类结果的。然而，决策树也存在一些缺点，比如容易出现过拟合，尤其是当树的深度过大、分支过多时，对训练数据的拟合过于精确，导致在新数据上的泛化能力变差。此外，决策树的结构对数据的微小变化可能会比较敏感，一个小的扰动可能会引起树结构的较大改变。

信用评估是决策树模型的经典应用场景。在图 2-11 中，展示的是直观的“信用评估决策树”，从客户的基础信息出发，一步步判断是否具备贷款资格，最终给出“批准”(approve)或“拒绝”(reject)的结果。这个案例清晰展示了决策树如何基于一系列“是/否”逻辑判断，如何在规则可解释的前提下进行自动化审批，决策路径可追溯，利于用户理解和模型调优。

图 2-11 中所示信用评估逻辑条件请读者自行分析。

3. 支持向量机(support vector machine，SVM)

支持向量机是一种强大的用于分类的算法，它的核心思想是寻找一个超平面将不同类别的数据分开。在二维空间中，超平面就是一条直线；在三维空间中，它是一个平面；而在更高维的空间中，则是一个超平面。例如，在一个包含两类样本点(如表示垃圾邮件和正常邮件的文本特征)的数据集中，SVM 会通过计算找到这样一个最佳的超平面，使得离超平面最近的那些样本点(称为支持向量)到超平面的距离最远。这就好比在两类数据之间构建了一条最宽的“道路”，让不同类别尽可能清晰地分居在道路的两侧。

SVM 在小样本、非线性以及高维数据的情况下表现出色，具有很强的泛化能力。不过，当数据规模较大时，SVM 的训练时间可能会比较长；而且对于数据存在噪声的情况，它可能会受到一定的影响，需要采用合适的方法进行处理，如引入核函数来处理非线性问题等。

每天有成千上万笔信用卡交易在全球范围内发生，大多数是正常的，但也有极少数是欺诈行为。由于欺诈交易的特征分布与正常交易不同，SVM 可以通过建立一个最大间隔的超平面，精准区分这两类数据。

以图 2-12 展示的欺诈交易检测系统为例，图中用红色圆点表示欺诈交易，用蓝色圆点表示正常交易，点分布在二维空间中，X 轴表示交易金额，Y 轴表示地理位置偏离度或交易频率。

图 2-12 中的核心元素：一条粗黑线表示 SVM 计算出的“分隔超平面”，虚线代表“最大间隔区间”(margin)，几个贴近边界的点被标注为“Support Vector”(支持向量)。SVM 以尽可能大的间隔将欺诈交易与正常交易分开。支持向量决定了分类的决策边界。

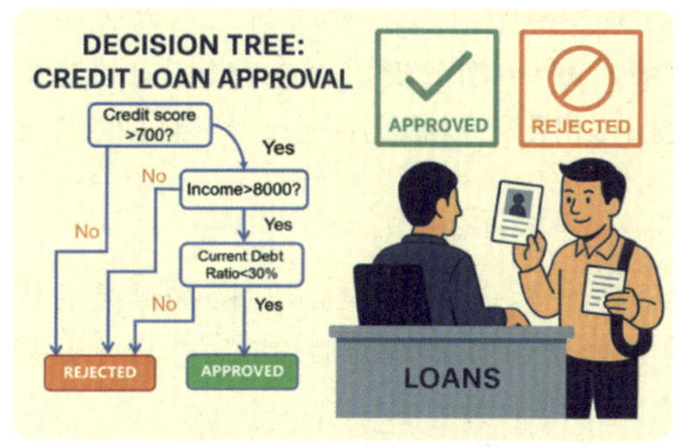

图 2-11　决策树模型的应用场景：信用评估

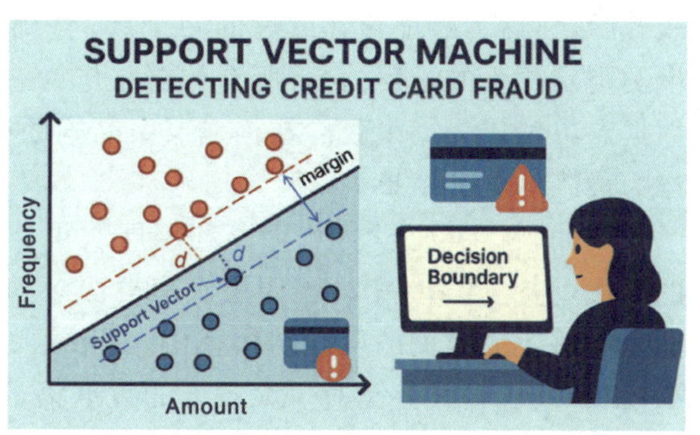

图 2-12　支持向量机用于识别欺诈交易与正常交易

4. 聚类算法

聚类算法与前面介绍的分类算法不同，它是一种无监督学习算法，用于将数据分为不同的组，这些组内的数据相似度较高，而组与组之间的数据相似度较低。

（1）*K* 均值聚类：

K 均值聚类（*K*-means clustering）是聚类算法中最常见的一种。它首先需要用户指定聚类的簇数 *K*，然后随机初始化 *K* 个簇中心。接着，将每个数据点分配到离它最近的簇中心所在的簇中，之后重新计算每个簇的中心（即簇中所有数据点的均值）。这个过程不断重复，直到簇中心不再发生变化或达到设定的最大迭代次数。例如，在对顾客的消费行为进行分析时，可以根据他们的购买金额和购买频率等特征对顾客进行 *K* 均值聚类，从而将顾客分为不同的群体，如高消费高频率群体、高消费低频率群体等，以便商家针对不同群体采取不同的营销策略。不过，*K* 均值聚类也有其局限性，它对初始簇中心的选择比较敏感，不同的初始中心可能会导致不同的聚类结果；而且它适用于簇的形状比较规则（如圆形或椭圆形）的数据集，对于形状复杂的簇可能无法很好地划分。

例如，在零售或电商中，*K* 均值聚类可用于分析顾客的消费模式。通过收集顾客的购买金额和购买频率等数据，可以将顾客划分为以下典型群体，如图 2-13 所示：

① High Value，High Frequency（高消费、高频率）：忠诚且贡献大的顾客群体，应重点维护。

② High Value，Low Frequency（高消费、低频率）：潜力大但不活跃的顾客群体，可尝试激励其更频繁地购买。

③ Low Value，High Frequency（低消费、高频率）：活跃但单次消费低的顾客群体，可通过组合优惠提升单价。

④ Low Value，Low Frequency（低消费、低频率）：需评估潜力的顾客群体，或减少资源投入。

图 2-13 展示的二维坐标轴（金额与频率），将客户聚成不同颜色的簇，每个簇中心以“K”标记，视觉上表现聚类的过程和效果。

（2）层次聚类：

层次聚类（hierarchical clustering）通过构建一种层次结构来将数据分组。它可以分为凝聚层次聚类和分裂层次聚类两种。凝聚层次聚类是将每个数据点作为一个单独的簇开始，然后不断地合并最近的两个簇，直到所有数据点合并成一个簇为止。分裂层次聚类则是相反的过程，它将所有数据点作为一个簇开始，不断分裂成更小的簇，直到每个数据点单独成为一个簇。在构建层次结构的过程中，我们可以根据需要选择合适的层次作为最终的聚类结果。

例如，在生物分类中，可以利用层次聚类将生物按照界、门、纲、目、科、属、种等不同的层次进行分类。图 2-14 用层次聚类法对动物分类作了一个简化表示。层次聚类的优点是能够生成数据的层次结构视图，对数据的分布形状没有严格的假设，但它的计算复杂度相对较高，尤其是对于大规模的数据集，运算时间可能会较长。

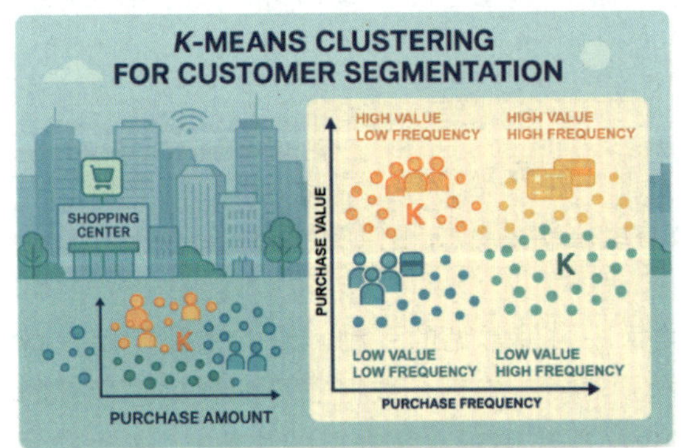

图 2-13　用于客户消费分群的 K 均值聚类

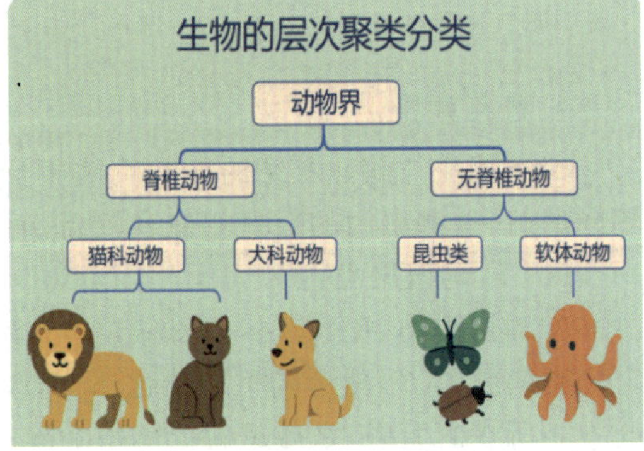

图 2-14　凝聚层次聚类示意

以上这些常用的机器学习算法只是机器学习领域中众多算法的一部分，它们有着各自的特点和适用场景。在实际应用中，我们需要根据具体的问题、数据的特点以及业务需求等因素，选择合适的算法来构建模型，从而解决实际问题，让机器学习发挥出它的强大威力，为我们的生活和工作带来更多的便利和创新。

2.2　深度学习：神经网络的魔法世界

2.2.1　从生物神经元到人工神经元

人类大脑约有 860 亿个神经元(neuron)，每个神经元通过突触(平均每个神经元有 1000～10000 个突触)与其他神经元形成连接，以便交换电信号和化学信号。大脑通过神经元之间的协作实现各种功能，神经元之间的连接关系是通过进化、生长发育和后天刺激形成的。

神经元是大脑的基本功能单位，它由细胞体(soma)、树突(dendrites)和轴突(axon)组成，如图 2-15 所示。细胞体是神经元的代谢中心，包含细胞核和各种细胞器。树突通常短而分支多，主要负责接收来自其他神经元的信息。轴突则相对细长，主要负责将神经冲动从细胞体传递到其他神经元、肌肉细胞或腺体细胞。

例如，当我们的手指触摸到一个物体时，皮肤中感觉神经元的树突会接收到触觉信号，然后这个信号通过轴突传递到大脑的感觉皮层。

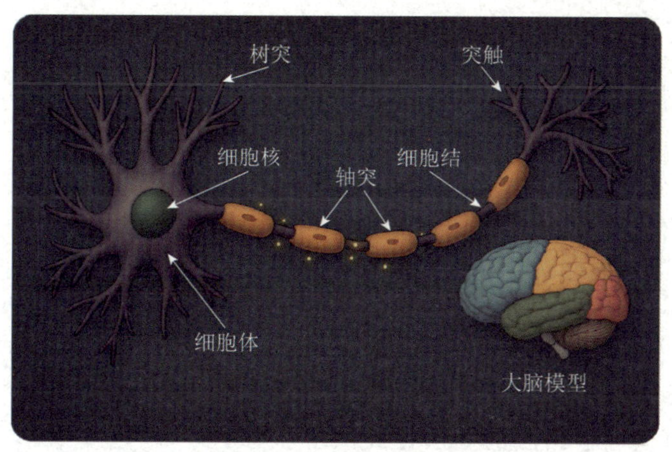

图 2-15　大脑神经元示意

神经元之间通过突触相互连接，当神经冲动到达轴突末梢时，会触发神经递质的释放。神经递质是化学物质，它会穿过突触间隙，与突触后膜上的受体结合，从而在下一个神经元上产生新的神经冲动。

神经元之间或神经元与效应器的连接点称为突触(synapse)。在学习过程中，人类大脑中的神经元会形成新的突触连接。例如，当我们学习一门新的语言时，与语言相关的神经元之间的突触会不断加强和调整，使得我们能够更好地理解和使用这种语言。(注：树突在生物神经元中主要接收信号，并不直接对应人工网络中的可调参数。)

神经元具有两种常规状态，即兴奋与拟制，满足 0-1 定律。当神经元接受输入信号导致膜电位升高超过阈值时，细胞膜上的钠离子通道激活，引发动作电位，并通过轴突传递神经冲动；输入信号使膜电位低于阈值时，氯离子通道开放导致超极化(膜内电位更负)，神经元无脉冲输出。

最早的形式化神经元的数学模型是 M-P 模型，由美国心理学家 McCulloch 和数理逻辑学家 Pitts 于 1943 年提出。M-P 模型的结构如图 2-16 所示。

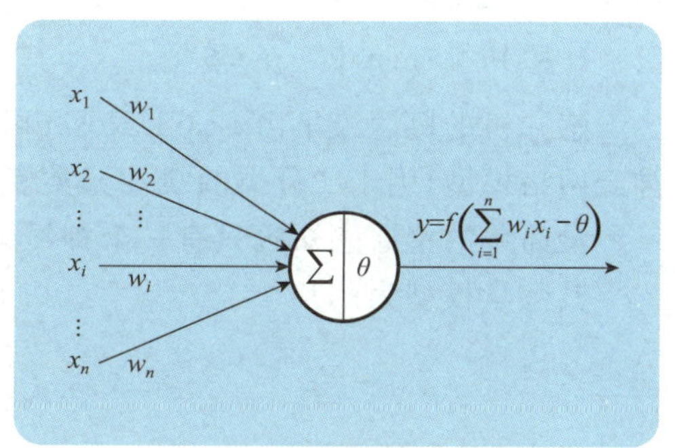

图 2-16　M-P 模型示意

以下对图 2-16 的神经元模型中的符号进行简要说明。

(1) 输入部分 $x_1, x_2, \cdots, x_n$：代表输入信号，是神经元接收的外部信息，可以是各种特征值。比如在图像识别中，它们可能代表图像不同位置像素的灰度值等特征。

(2) 权重部分 $w_1, w_2, \cdots, w_n$：是与输入信号对应的权重值。权重反映了每个输入信号对神经元输出影响的大小，通过学习算法不断调整权重，以优化神经元的功能。例如在语音识别中，不同频率声音信号对应的权重会根据训练进行调整，突出关键频率信号的作用。

(3) 求和与阈值部分 $\sum_{i=1}^{n} w_i x_i - \theta$：$\sum_{i=1}^{n} w_i x_i$ 表示对输入信号 x_i 与对应权重 w_i 的乘

积进行求和运算。θ 是神经元的阈值(也叫偏置),它可以理解为神经元激活的一个门槛值。只有当加权求和的结果 $\sum_{i=1}^{n} w_i x_i$ 超过阈值 θ 时,神经元才会被激活产生输出。

(4) 输出部分 $y=f(\sum_{i=1}^{n} w_i x_i-\theta)$:f 是激活函数,它对加权求和结果减去阈值后的数值进行处理,将其转换为神经元的输出值 y。激活函数有多种类型,如阶跃函数、Sigmoid 函数、ReLU 函数等,不同的激活函数赋予神经元不同的特性和功能。

人工神经网络是由众多人工神经元连接而成的一种机器学习模型。图 2-17 展示了一种具有输入层、隐藏层和输出层的 3 层神经网络模型。

人工神经网络具有大规模并行处理能力和自组织、自适应、自学习能力,是当前主流机器学习(如深度学习、大语言模型等)的技术基础。

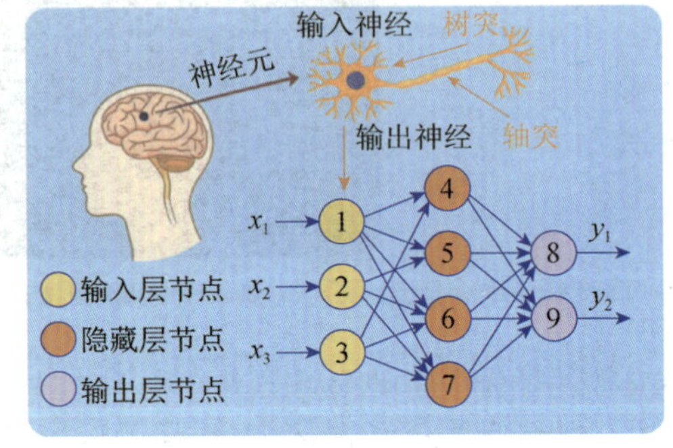

图 2-17 人类神经元与人工神经元示意

2.2.2 人工神经网络的基本结构

人工神经网络是将人工神经元按层次结构连接起来的机器学习模型,是对人脑神经系统结构的一种模拟。实际上,这种模型可认为是一种包含了许多参数的数学模型,其中的参数包括连接的权值 w 和偏置 b 等。人工神经网络的学习过程实际上是通过数据驱动来优化权值和偏置的过程。

下面我们通过感知机和前馈神经网络两个例子来了解人工神经网络模型的工作原理和参数优化方法。

1. 感知机(perceptron)模型

感知机的概念最早由 Frank Rosenblatt 在 1957 年提出,是一种具有单层计算单元的神经网络模型,用于二分类的线性分类模型,被许多人认为是第一个机器学习模型。

最简单的单层感知机只有一个神经元,其结构如图 2-18 所示。

其数学模型为

$$y=f(\sum_{i=1}^{n} w_i x_i+b)$$

式中,x_i 为输入特征;w_i 为权重参数;b 为偏置项;f 为激活函数,通常是一个如图 2-18所示的阶跃函数:

$$f(x)=\text{sng}(x)=\begin{cases}1, x\geqslant 0\\-1, x\leqslant 0\end{cases}$$

其中 sng 为符号函数。

感知机可以很容易实现二分类问题,以及逻辑与、或、非运算(无法进行异或运算),其参数更新策略为 $w_i=w_i+\eta(y-\hat{y})x_i$,$b=\eta(y-\hat{y})$。其中,$\eta\in(0,1)$为学习率,$\eta$ 太大会影响学习算法的稳定,太小会使收敛速度太慢。

假设我们有一个二维空间中的二分类问题，数据点如下：

类别 1：点 $A(1,1)$，点 $B(2,2)$

类别 -1：点 $C(1,0)$，点 $D(0,1)$

运用感知机算法，可以学习到如图 2-19 所示的划分直线（直线方程的参数是学习获得的），直线方程为 $2x_1+3x_2=4$。

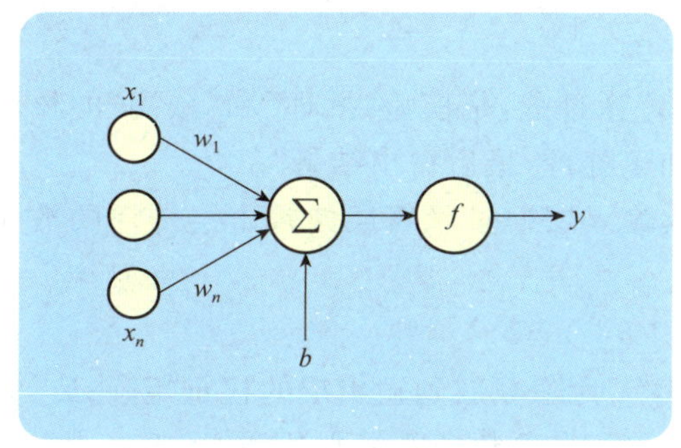

图 2-18　单层感知机示意

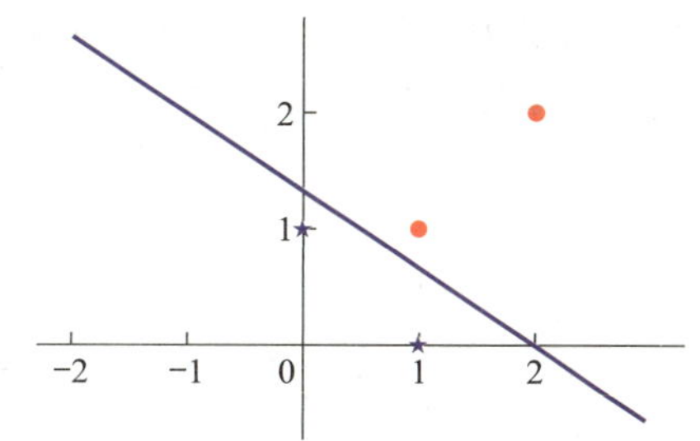

图 2-19　感知机模型形成的分类直线示意

2. 前馈神经网络(feedforward neural networks，FNN)模型

多层前馈神经网络有一个输入层、一个输出层和若干个隐藏层。图 2-20 所示是三层结构的前馈神经网络模型示意，包括输入层、隐藏层、输出层，以及表示神经元间的连接权值的符号 w。神经网络的假设空间是所有由网络架构（层数、激活函数等）和参数（权值和偏置等）决定的非线性映射。

前馈神经网络中常用的激活函数 Sigmoid 的表达式为

$$f(x)=\frac{1}{1+e^{-x}}$$

Sigmoid 函数曲线如图 2-21 所示。

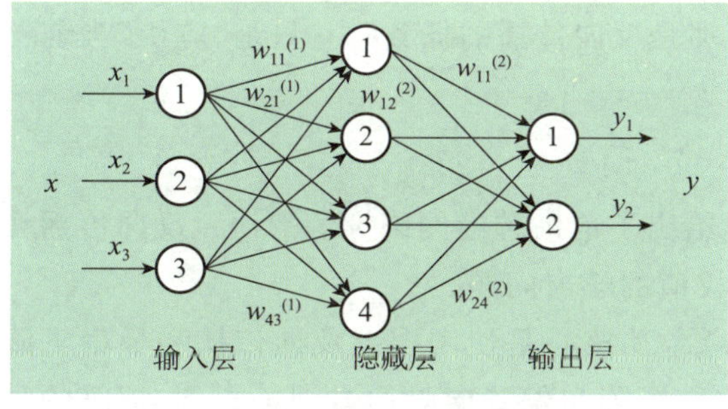

图 2-20　前馈神经网络示意

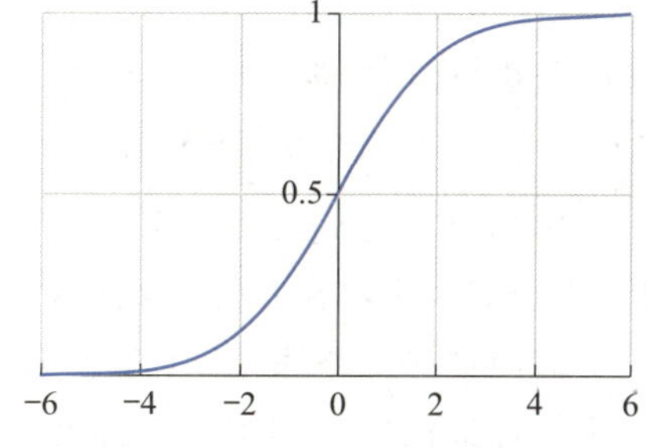

图 2-21　Sigmoid 函数图像示意

2.2.3　让 AI“学会学习”：神经网络的训练过程

唐纳德·赫布(Donald Hebb)在 1949 年提出了神经网络学习的 Hebb 规则。他指出，“同时激活的神经元会加强连接”，认为神经网络的学习过程是发生在神经元间，同一时间激发的神经元间的联系会被强化；相反，如果两个神经元总是不能同时激发，则它们之间的联系会被削弱。2000 年诺贝尔奖得主埃瑞克·坎德尔(Eric Kandel)的动物实验

证实了 Hebb 规则。

因此，神经网络模型的学习过程实际是通过优化算法对神经元之间连接的权值 w 和偏置 b 不断调整的过程，以期学习到模型的最优参数。

多层前馈神经网络模型通常采用 BP(back propagation，反向传播)算法进行学习，其核心要点可以总结为：信号前向传播以输出结果，误差反向传播以更新权值。

1. 信号前向传播：输出结果

前向传播是神经网络中"从输入到输出"的计算过程，是模型"推理"和"预测"的核心机制，可以把它理解为"信息从前传到后，层层加工处理，最后得出结果"。

如图 2-20 所示的三层前馈神经网络信号从输入层通过隐藏层向输出层传播的数学公式为

$$y=f[\boldsymbol{W}^{(2)}f(\boldsymbol{W}^{(1)}x+\boldsymbol{b}^{(1)})+\boldsymbol{b}^{(2)}]$$

式中，$\boldsymbol{W}^{(1)}$ 为输入层到隐藏层的权重矩阵；$\boldsymbol{W}^{(2)}$ 为隐藏层到输出层的权重矩阵；$\boldsymbol{b}^{(1)}$ 和 $\boldsymbol{b}^{(2)}$ 分别为隐藏层和输出层的偏置向量；f 为激活函数，引入非线性激活函数（如 Sigmoid），使网络能够拟合任意连续函数（通用逼近定理）。

示例：信号前向传播过程。

假设我们给神经网络一个图片（如一张猫的照片），前向传播的过程如图 2-22 所示。

(1) 图像像素作为输入层；

(2) 输入被传入隐藏层（由多个神经元组成），每个神经元都进行一系列"加权求和＋激活函数"的计算；

(3) 最终将结果传到输出层，比如输出 [0.1,0.9] 表示"这是一只猫"的概率是 90%；

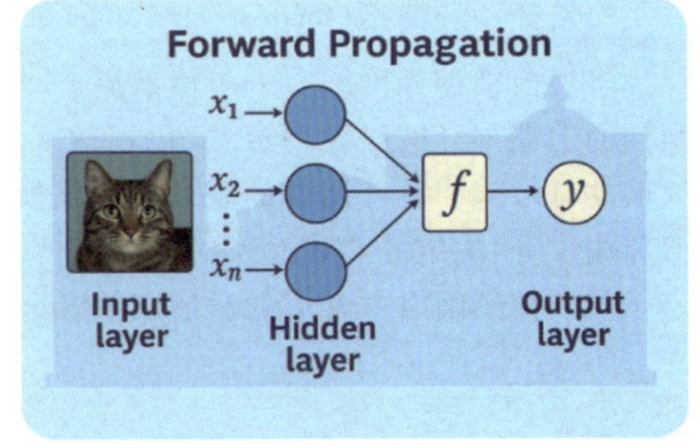

图 2-22　信号前向传播示意

(4) 在这个过程中，模型没有更新参数（那是反向传播的任务），它只是"应用"当前已有的参数进行预测。

2. 误差反向传播：更新权值

1986 年，Rumelhart、Hiton 和 Williams 给出了前馈神经网络训练的误差反向传播算法，成功解决了多层神经网络中神经元连接权值的学习问题。

前馈神经网络采用 BP 算法学习最优参数，其核心是使用误差反向传播和梯度下降法进行神经网络的训练。神经网络各层的权重矩阵与偏置向量通过训练得到，训练的目标是神经网络能很好地预测训练样本。

假设有 m 个训练样本 $(\boldsymbol{x}_i,\boldsymbol{y}_i)$，其中 $\boldsymbol{x}_i$ 为第 i 个样本的输入向量，$\boldsymbol{y}_i$ 为输出向量。训练的目标是最小化样本标签值与神经网络预测值之间的误差，如果使用均方误差，则优化的目标为最小化以下损失函数：

$$L(W)=\frac{1}{2m}\sum_{i=1}^{m}||h(\boldsymbol{x}_i)-\boldsymbol{y}_i||^2$$

式中，m 为样本数；W 为神经网络所有参数的集合，包括各层的权重和偏置；$h(\boldsymbol{x}_i)$ 为神经网络的输出。这个最优化问题是一个不带约束条件的问题,可以用梯度下降法求解。

示例:误差反向传播。

图 2-23 展示了神经网络中"反向传播"的基本过程。还以识别一张猫的图片为例,以下是对图中主要部分的解释:

图 2-23　误差反向传播示意

输入层是一张猫的照片,代表模型的输入图像。图像被转化为多个特征值(像素、边缘、颜色等),分别用 $x_1, x_2, \cdots, x_n$ 表示。

隐藏层有 3 个圆形神经元,每个神经元接收输入特征并进行加权求和、激活函数处理。神经元中间的波形符号(通常表示激活函数)显示模型正在提取特征。

图中右上角显示了模型的分类输出结果:猫(Cat):0.65(较高的概率),狗(Dog):0.35,但真实标签是"猫",预测仍有一定误差,因此需要进行调整。

图中橙色粗箭头自右向左贯穿神经元,表示误差通过反向传播传递回去,用于调整网络中的权重。底部箭头"Update weights"表示模型根据误差结果更新每个连接的权重 w_i,这是反向传播的核心。

3. 优化算法

BP 算法一般采用梯度下降法(gradient descent,GD)进行权值的更新,其要点是计算损失函数的梯度(偏导数向量),然后使用梯度下降法更新神经网络的参数 W 和 b。

此外,随机梯度下降(stochastic gradient descent,SGD)和 Adam(adaptive moment estimation)也是目前常用的神经网络权值优化算法。

4. 总结

(1) 前馈神经网络:单向传递数据的多层决策网络。

(2) BP 算法:"错了就倒推找原因,逐步改进"的学习方法。

(3) 核心思想:通过大量试错和微调,让机器积累"经验"。

2.2.4　深度学习的基本原理与优势

深度学习(deep learning)是机器学习的一个子领域,其核心是使用多层神经网络(deep neural network,DNN)来自动学习数据。与传统机器学习方法不同,深度学习能够直接从原始数据(如图像、文本、声音)中提取高级抽象特征,而无须依赖人工设计的特征工程。

深度学习有两个核心特点:深层次的网络结构、自动特征学习。

(1) 深层次的网络结构:使用包含多个隐藏层的神经网络模型(层次很深),每层逐步提取更高层次的特征。例如,用于图像识别的残差网络 ResNet 101 模型具有 101 个网络层。

(2) 自动特征学习:"深度模型"是手段,"特征学习"是目的。

传统的机器学习方法需要利用手动特征工程(manual feature learning)等技术从原始数据的领域知识(domain knowledge)建立特征,然后再部署相关的机器学习算法。例如,传统的人脸识别算法,需要研究如何提取人脸图像的特征。而传统方法提取的特征,通常不具有通用性,耗时且难以适应各种复杂场景的需要。

深度学习最重要的特点就是可以进行自动特征学习,因此相比于传统机器学习算法,深度学习模型具有更好的通用性,更有利于设计符合复杂数据(如图像、视频、文本等多模态数据)需要的模型和算法。深度学习与传统机器学习的对比见表 2-1。

表 2-1　深度学习与传统机器学习的对比

特性	传统机器学习	深度学习
特征提取	人工设计	自动学习
数据需求	小样本	大量数据
计算资源	低	高
典型模型	SVM、决策树、随机森林	CNN、RNN、Transformer

2.3　卷积神经网络:深度学习的明星模型

自 2006 年 Hiton 提出深度学习概念和自编码器模型后,在计算机视觉、自然语言处理和生成式方法等领域出现了众多重要的深度学习模型,提出了残差网络和注意力机制等影响深远的技术。卷积神经网络(CNN)是深度学习中最重要、应用最广泛的模型之一,尤其在计算机视觉领域(如图像分类、目标检测)表现突出。

2.3.1　CNN 背后的灵感:与人类视觉系统的相似之处

CNN 的灵感来自人类视觉皮层的分层结构,图 2-24 展示了人类视觉系统处理视觉信息的过程,涉及从视网膜接收光信号到大脑皮层各视觉区域的分工。

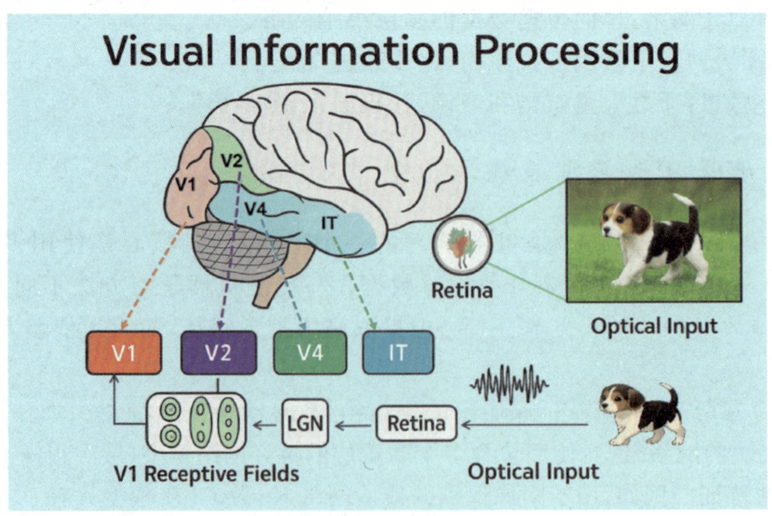

图 2-24　人类视觉信息处理流程

图 2-24 所示的人类视觉信息处理流程为：

从输入光信号开始，信息经过 Retina（视网膜）→LGN（外侧膝状体）→V1（初级视觉皮层）→V2（视觉皮层第二区）/V4（视觉皮层第四区）→IT（下颞叶皮层）逐级处理，每一级提取更抽象、更高级的视觉信息，最终实现对图像的识别与理解。

受到人类视觉系统工作原理的启发，CNN 的层级结构与以上人类视觉信息处理流程非常相似。以下是两者主要的相似点和不同点。

1. 分层架构

CNN 和视觉皮层都具有分层结构，在较早的层中提取简单特征，在较深的层中构建更复杂的特征。

2. 局部连接

视觉皮层中的神经元仅连接输入的局部区域，而非整个视野。同样，CNN 层中的神经元也仅通过卷积运算连接到输入体的局部区域。这种局部连接可以提高效率。

3. 平移不变性

视觉皮层神经元能够检测视野中任何位置的特征。CNN 中的池化层通过汇总局部特征，提供了一定程度的平移不变性。

4. 多个特征图

视觉处理的每个阶段都会提取许多不同的特征图。CNN 通过在每个卷积层中使用多个滤波器来模拟这种特征图。

5. 非线性

视觉皮层中的神经元表现出非线性响应特性。CNN 通过在每次卷积后应用 ReLU 等激活函数来实现非线性。

CNN 模仿人类的视觉系统，虽更简单，但缺乏复杂的反馈机制，并且依赖于监督学习而不是无监督学习。尽管存在上述差异，但它仍然推动了计算机视觉的进步。

2.3.2　卷积神经网络的结构

CNN 主要由以下 3 种关键层构成，如图 2-25 所示。

(1) 卷积层（convolutional layer）：提取特征。

(2) 池化层（pooling layer）：降维压缩。

(3) 全连接层（fully connected layer）：分类决策。

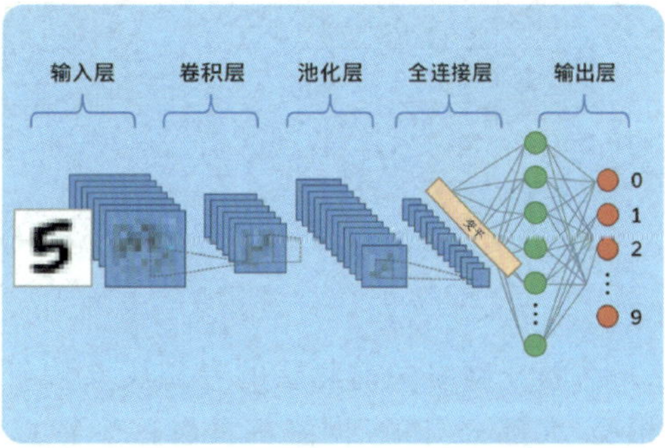

图 2-25　卷积神经网络的结构

1. 卷积层

卷积层是从数据集图像中提取特征的第一层。卷积的目的是得到物体的边缘形状特征提取。卷积层进行的处理就是卷积运算。卷积运算相当于图像处理中的“滤波器运算”。

在 CNN 中，有时将卷积层的输入输出数据称为特征图（feature map）。其中，卷积层的输入数据称为输入特征图(input feature map),输出数据称为输出特征图(output feature map)。

2. 池化层

在构建卷积神经网络时,通常在每个卷积层之后插入一个池化层,以减小表示的空间大小,减少参数计数,从而降低计算复杂度。此外,池化层也有助于解决过度拟合问题。

池化听起来很高深,其实可简单地理解成缩小图像。采用的方法称为下采样(subsampling)或降采样(downsampling),其主要目的是生成对应图像的缩略图。

池化操作中,一般采用最大池化(max pooling)方法,即通过选择这些像素内的最大值、平均值或和值来选择池大小以减少参数的数量。在图 2-26 中,采用一个 2×2 的过滤器,最大池化是在每一个区域中寻找最大值,这里的步长为 2,最终在原特征图中提取主要特征得到右图。

这样,在经过若干卷积、池化层后,特征图的分辨率就会远小于输入图像的分辨率,大大减小了对计算量和参数数量的需求。

3. 全连接层

在 CNN 结构中,经多个卷积层和池化层后,连接着 1 个或 1 个以上的全连接层,全连接层在卷积神经网络尾部。全连接层中的每个神经元与其前一层的所有神经元进行全连接,两层之间所有神经元都有权重连接。全连接层在整个卷积神经网络中起到"分类器"的作用,可以整合卷积层或者池化层中具有类别区分性的局部信息。

如果说卷积取的是局部特征,全连接就是把以前的局部特征重新通过权值矩阵组装成完整的图。因为用到了所有的局部特征,所以叫全连接。

由于卷积层和池化层大大降低了复杂度,因此可以构建一个全连接层来对图像进行分类。其中每个参数相互连接,所以全连接层的参数也是最多的。一个完全连接的层称为正则网络,如图 2-27 所示。

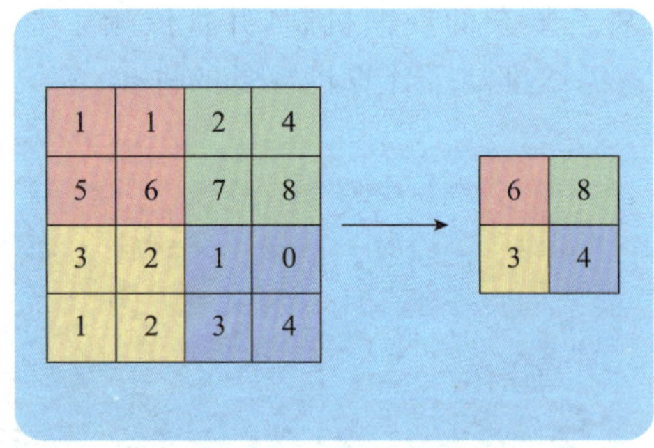

图 2-26 最大池化算法示例

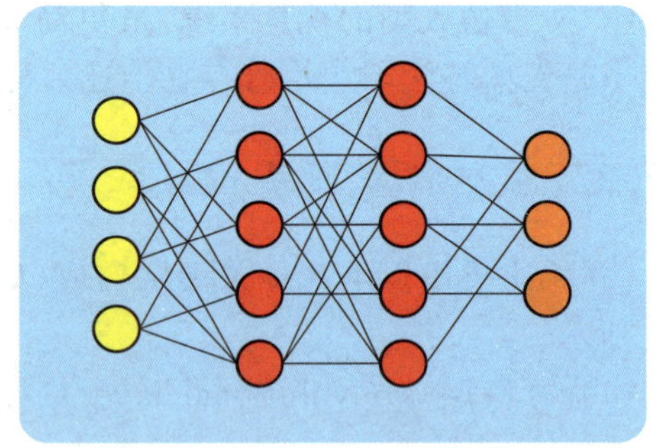

图 2-27 全连接示意

CNN 网络中前几层的卷积层参数量占比小,计算量占比大;而后面的全连接层正好相反,大部分 CNN 网络都具有这个特点。因此,在进行计算加速优化时,重点放在卷积层;在进行参数优化、权值裁剪时,重点放在全连接层。

2.3.3 卷积与卷积运算

卷积,听起来相当生僻,在数学上,卷积是一种积分变换的数学方法,在许多方面得到了广泛应用。例如，卷积在数字图像处理中最常见的应用为滤波和边缘提取。

卷积运算一个重要的特点就是，通过卷积运算来过滤图像的各个小区域，从而得到这些小区域的特征值，使原信号特征增强，并且降低噪声。在实际训练过程中，卷积核的值是在学习过程中得到的。

首先来认识一下什么叫卷积核（或权重），这个概念不太难理解。

1	0	1
0	1	0
1	0	1

图 2-28　3×3 卷积核示例

图 2-28 所示是一个 3×3 的矩阵，一般称之为卷积核（或滤波器）。矩阵的值可以称为权重。卷积核的大小（3×3 矩阵）叫接受域（有的也叫“感知野”）。为简单起见，这里输入数据和卷积核的元素都用 0 或 1 表示，在实际运算与应用中可以是其他值。

需要注意的是，卷积核需要是奇数行、奇数列，这样才能有一个中心点。

在图 2-29 中，网格表示 5×5 的一幅图片，用不同颜色填充的小网格表示 3×3 的卷积核。假设我们做步长（stride）为 1 的卷积操作，表示卷积核每次向右移动一个像素（当移动到边界时回到最左端并向下移动一个单位）。在卷积核移动的过程中，将图片上的像素和卷积核的对应权重相乘，最后将所有乘积相加得到一个输出，即 3×3 的卷积结果。

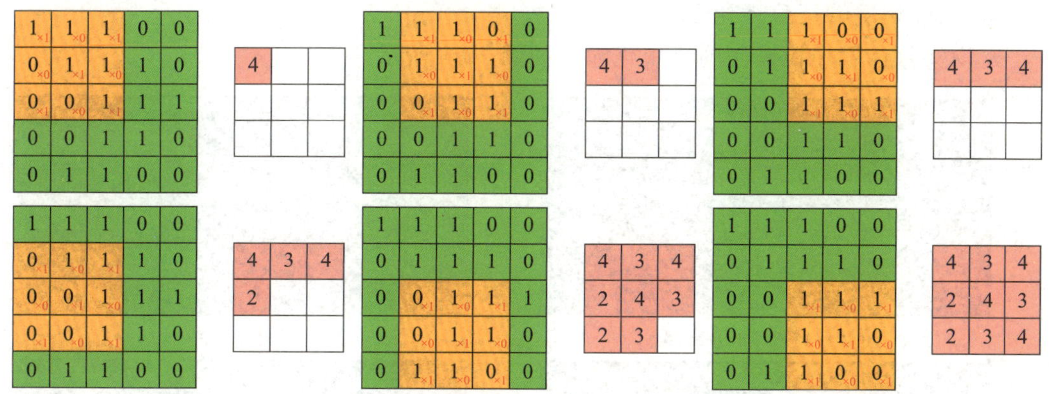

图 2-29　用 3×3 像素滤波器卷积的 5×5 像素图像（步长 = 1×1 像素）

卷积神经网络的每个神经元可以看作一个滤波器（filter），卷积运算相当于对图像进行低通滤波（可类比为图像软件的磨皮处理）。这实际上模拟了人类的视觉功能，如当我们的视觉系统识别一个熟人时，即使此人脸上多了一块雀斑，我们也能正确地将其认出。也就是说，人类的视觉系统可以提取人脸的主要特征（进行模糊去噪），从而忽略了不重要的细节。

2.3.4　卷积核的权重对图像的影响

在图像处理中经常能看到平滑、模糊、锐化、边缘提取等操作，其实都可以通过卷积操作来完成，只要改变卷积核的权重，就可以得到不同的卷积（滤波）效果。

图 2-30 中有 4 个卷积核矩阵，用 3×3 的矩阵表示，对于第 1 个中心点为 1、其余全 0 的卷积核矩阵，对图像卷积操作后不产生任何影响，其余 3 个卷积核矩阵分别是图像锐化、边缘提取和浮雕滤波，对应的图像输出如图 2-30 中第 2 行的 4 张图像。

特别有意思的是，比较一下图像锐化和边缘提取两个卷积核，只是矩阵中心点的参数由 9 变成 8，但卷积后的图像输出发生了根本性的变化，这背后的原理令人着迷。

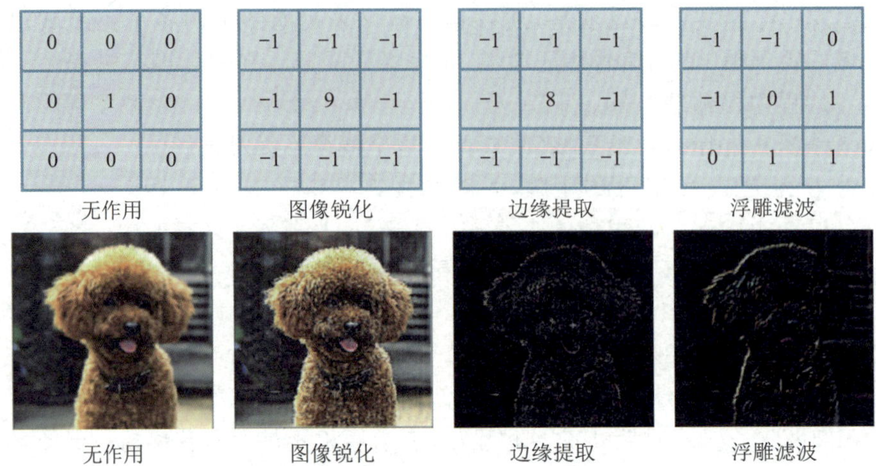

图 2-30　卷积核的权重对图像的影响

示例：卷积层特征可视化①。

宠物头像各层卷积操作的可视化输出如图 2-31 所示。

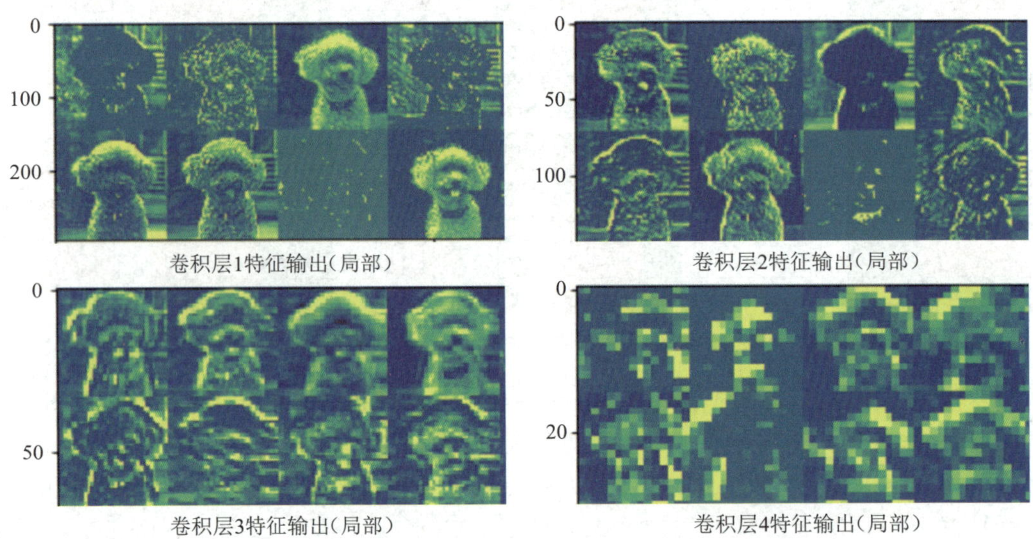

图 2-31　卷积层特征输出

从不同卷积层可视化输出的特征图大概可以总结出一些规律：

（1）浅层网络（例如第一层）具有图像边缘检测功能，提取轮廓、形状等特征，特征数据与原始的图像数据比较接近。

（2）相对而言，层数越深，卷积核输出的内容越来越抽象，保留的信息越来越少，图像的分辨率越来越低。

①卷积层特征可视化参考 github 程序实现，详细内容请访问 https://github.com/fchollet/deep-learning-with-python-notebooks。

2.3.5　梯度下降法

梯度下降法是神经网络模型训练最常用的优化算法。对于深度学习模型，基本都是采用梯度下降法来进行优化训练的。梯度下降法的计算过程就是沿梯度下降的方向求解极小值(也可以沿梯度上升的方向求解极大值)。

如果从数学的角度描述，梯度就是表示某一函数在该点处的方向导数沿着该方向取得较大值，即函数在当前位置的导数。梯度下降法需要给定一个初始点，并求出该点的梯度向量，然后以负梯度方向为搜索方向，以一定的步长进行搜索，从而确定下一个迭代点，再计算该新的梯度方向，如此重复直到函数收敛。

理解概念的最好方式是通过实例，如要用梯度下降法，就是在函数 $f(x,y)=x^2+y^2$ 曲面上寻找最小值。首先用 Python 绘制它的三维图形，看看这个函数是长什么样子的(图 2-32)。

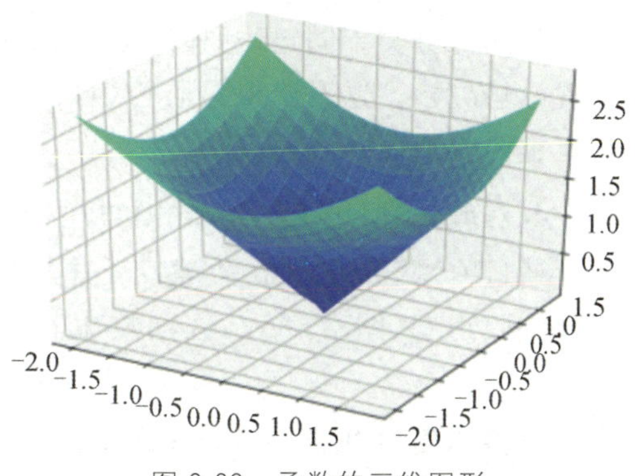

图 2-32　函数的三维图形

如果把图 2-32 的图形看作一个山谷的形状，可以设想有个人站在山上的某一个位置，梯度下降的基本过程就和那个人下山的场景很类似。

首先，可微分的函数 $f(x,y)=x^2+y^2$ 就代表着一座山。我们的目标就是找到这个函数的最小值，也就是山底。这个人当前位置就是起始坐标，他想走到山谷的最低处(曲面最小值)，于是沿着初始点，沿着函数的梯度方向往下走(即梯度下降)。这时，出发点和方向(朝哪里走)就成为是否能够找到山底的关键。

在梯度下降法中，虽然梯度的方向并不一定指向最小值，但沿着它的方向能够最大限度地减小函数的值。因此，在寻找函数的最小值(或者尽可能小的值)的位置的任务中，要以梯度的信息为线索，决定前进的方向。

按照这种策略，函数的取值从当前位置沿着梯度方向前进一定距离，然后在新的地方重新求梯度，再沿着新梯度方向前进，如此反复，不断地沿梯度方向前进，逐渐减小函数值的过程就是梯度下降法。梯度下降法是解决机器学习中最优化问题的常用方法，特别是在神经网络的学习中经常被使用。

2.3.6　卷积神经网络在图像与视频处理领域的应用

CNN 是深度学习中最为成功的模型之一。CNN 在深度学习领域是如此重要，主要原因如下：

(1) CNN 与 SVM 和决策树等经典机器学习算法的区别在于，它能够自主大规模提取特征，无须手工进行特征工程，从而提高效率。

(2) 卷积层赋予 CNN 平移不变的特性，使其能够从数据中识别和提取模式和特征，而不受位置、方向、尺度或平移变化的影响。

(3) 各种预训练的 CNN 架构,包括 VGG-16、ResNet50 都展现出了顶级的性能。这些模型可以通过微调过程,在数据相对较少的情况下适应新任务。

(4) CNN 特别擅长处理具有空间结构的数据,尤其是图像与视频。其应用涵盖多个实际场景,推动了 AI 在感知领域的快速发展。

1. 图像分类(image classification)

CNN 能够识别图像的主要特征并将其归入对应类别。例如,模型可以判断一张照片中是否包含"猫"、"汽车"或"飞机"。这一技术被广泛应用于图像检索、内容审核等领域。

2. 目标检测(object detection)

与图像分类不同,目标检测不仅识别图像中存在什么物体,还标出物体在图像中的位置(边界框)。这对于视频监控、自动驾驶中的行人检测、安防系统中的可疑物体定位具有重要价值。

3. 人脸识别(facial recognition)

通过 CNN 提取人脸关键特征并与数据库中的人脸模板比对,系统可以实现身份验证和人脸识别(图 2-33)。这项技术在手机解锁、门禁系统、公共安全等方面得到广泛应用。

4. 医学图像分析(medical image analysis)

CNN 在医学影像中表现出色,如对 X 光片、CT、MRI 图像中异常区域(如肿瘤、病灶)进行识别与定位,辅助医生进行诊断和治疗等决策(图 2-34)。

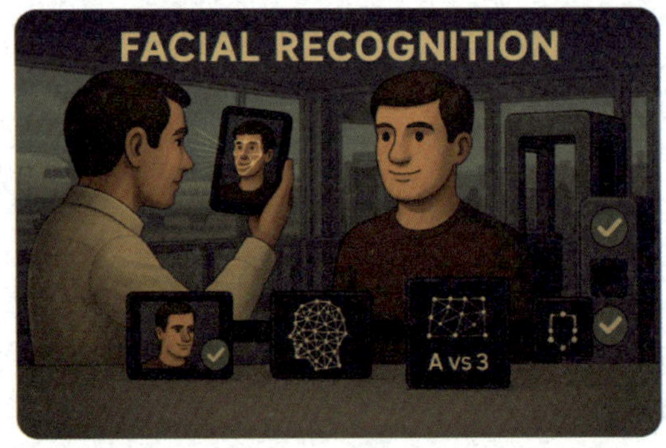

图 2-33　CNN 提取人脸关键特征用于人脸识别

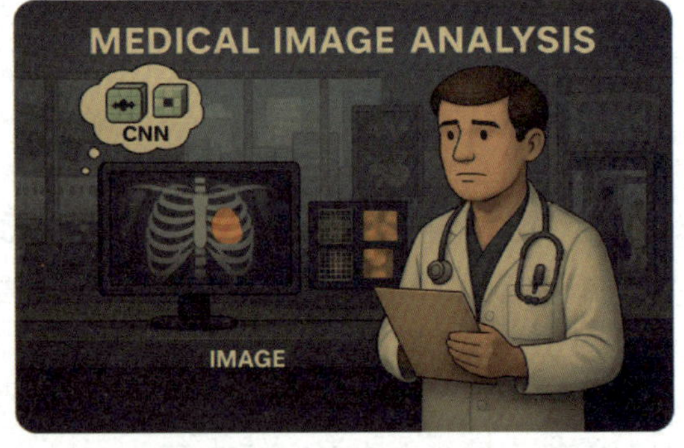

图 2-34　CNN 用于医学影像识别与输出诊测

5. 图像风格迁移(style transfer)

CNN 还可用于将一张图像的内容以另一张图像的艺术风格进行重绘。例如,将普通照片转换为印象派或凡·高风格的艺术作品(图 2-35),这一技术在数字艺术与创意设计领域尤为流行。

6. 自动驾驶感知系统(autonomous driving perception)

自动驾驶汽车依赖 CNN 模型分析摄像头采集的图像,识别交通标志、车道线、障碍物和其他车辆。这些信息为决策系统提供关键输入,保障行车安全(图 2-36)。

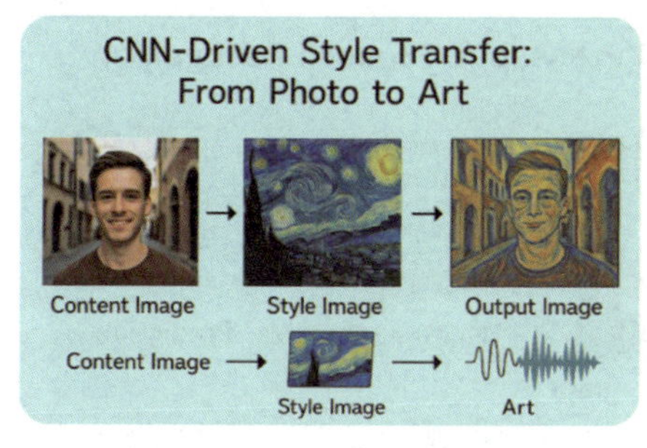

图 2-35　图像风格迁移

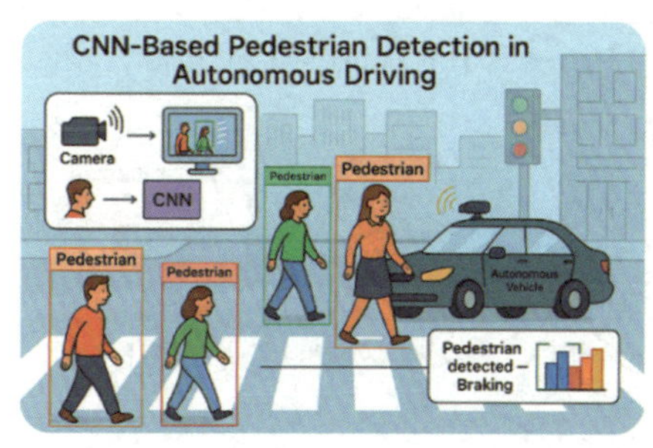

图 2-36　自动驾驶汽车用 CNN 模型分析摄像头采集的图像

2.3.7　卷积神经网络在时间序列分析中的应用

尽管 CNN 最初设计是用于图像处理,但其在时间序列分析中也取得了显著成果,可以应用于一系列其他领域。在时间序列分析和语音识别领域,CNN 展现出强大的特征提取能力,已被广泛应用于多个关键任务。以下分别介绍这两方面的应用。

1. 时间序列分析

CNN 可以自动从时间序列中提取局部时间依赖特征(如短期波动、趋势变化),代替人工设计的特征(图 2-37)。在金融、气象、能源等领域,CNN 可用于建模多维时间序列的非线性关系,并进行未来值预测。例如,股票价格预测、电力负荷预测以及空气质量预测等。

在异常检测方面,CNN 能够学习时间序列中的正常模式,当新输入与之偏差较大时,就可识别出异常行为,如工业设备故障、金融欺诈等。

在时间序列数据输入形式方面,常见的输入为一维时间序列张量,可以用一维 CNN 处理;也可以转化为二维"图像"形式(如 Gramian 矩阵),使用二维 CNN 处理。

2. 语音识别

在现代语音识别系统中,CNN 已成为重要的建模工具(图 2-38)。CNN 的引入极大地丰富了声学模型的表达能力,尤其是在处理语音频谱图方面表现出色。

语音信号经过短时傅里叶变换(short-time Fourier transform,STFT)后,可以被转换为二维的频谱图,其中横轴表示时间,纵轴表示频率,幅值则反映信号强度。这种结构与图像极为相似,因此 CNN 能够像处理图像一样有效地处理"语音图像",提取时频联合特征。

在频谱图中,CNN 尤其擅长识别局部的时间-频率模式,如元音、辅音、爆破音、声调变化等。这些音素级别的特征是语音识别系统的基础,CNN 能够通过局部感受野和共享卷积核,捕捉短时局部依赖关系,从而提升整体识别准确率。

此外,CNN 常常与 RNN 或 Transformer 网络结合使用。典型结构中,CNN 被用于前端特征提取,而 RNN 或 Transformer 则用于建模时间序列中的长期依赖关系。在端到端语音识别模型中,如 DeepSpeech 和 Wav2Vec,CNN 通常作为声学前置编码器,与连接时序分类(connectionist temporal classification,CTC)损失或注意力机制联合训练,有效提高系统对连续语音的建模能力。

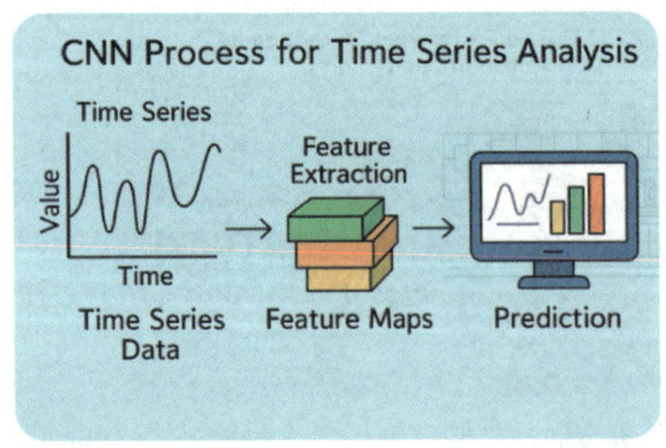

图 2-37　CNN 在时间序列中的主要应用

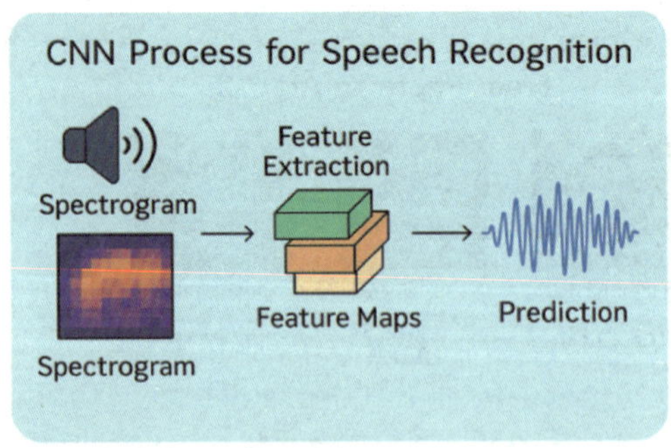

图 2-38　CNN 在语音识别中的声学模型结构

2.4　其他深度学习模型

本节简要介绍自编码器(autoencoder,AE)、残差网络(residual network,ResNet)和循环神经网络(RNN)等经典模型。

2.4.1　自编码器:无监督学习中的降维神器

自编码器是一种用于特征抽取(feature extraction)和降维(dimensionality reduction)的神经网络,2006 年由 Hinton、Ruslan 和 Salakhutdinovd 等人提出。

自编码器的结构如图 2-39 所示,它由输入层(input)、编码层(encoder)、解码层(decoder)和输出层(output)组成,目标是得到对原始输入数据的降维编码(code)。

自编码器要解决一个重要问题:"给定无标签数据,如何进行特征学习和模型训练?"(无监督学习)以下是自编码器解决该问题的巧妙思路:

(1) 将数据输入一个编码器,就会得到一个编码,这个编码也就是输入的一个表示,那么怎么知道这个编码就是输入数据的有效表征(representation)呢?

(2) 在模型中加入解码器,就会输出一个解码后的信息,如果解码的信息和开始的输入信号是很像的(理想情况是一样的),我们就有理由相信这个编码是靠谱的,即编码器是有效的。

(3) 通过调整编码器和解码器的参数,使得重构误差最小,就能得到输入信号的一种表示,也就是编码,如图 2-40 所示。

(4) 因为是无标签数据,所以误差的来源就是直接重构后与原输入相比得到(优化的目标函数)。

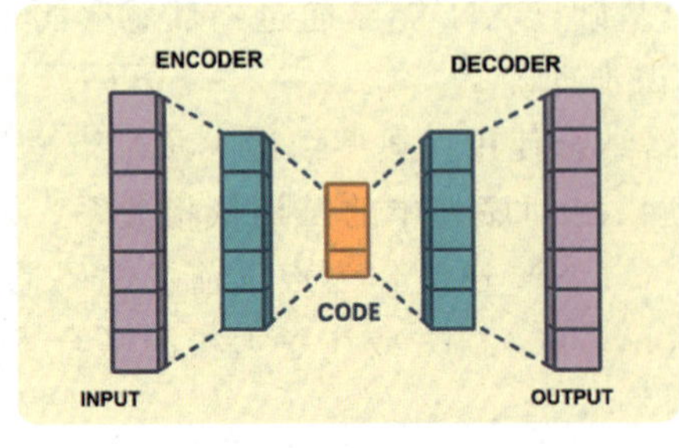

图 2-39　自编码器结构示意

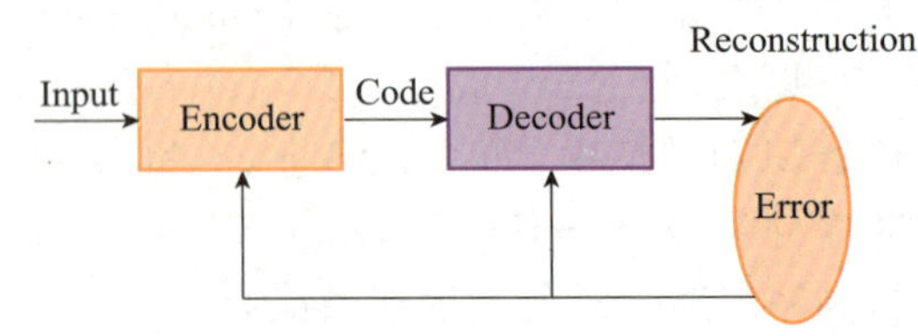

图 2-40　自编码器通过重构误差来训练模型

示例:自编码器:在无标签工业图像中的智能特征学习。

在工业生产线上,成千上万的产品图像每天被采集下来,用于检测产品是否存在缺陷。然而,大多数数据是无标签的,即我们并不知道每个图像是属于“正常”类别还是“异常”类别。如何在没有人工标注的情况下,自动识别出图像中的关键特征,并用于后续的质量控制?这正是自编码器所擅长的任务。

1. 编码器阶段

工业摄像头采集到的产品图像首先被送入编码器模块。这个模块通过一系列神经网络层将高维图像数据“压缩”为低维的隐藏特征向量(code),这被视为对原始图像的潜在表示。

2. 解码器阶段

接着,隐藏特征向量被送入解码器模块,它尝试将这些信息还原成原始图像。整个网络的训练目标就是使还原图像尽可能接近原始图像,即最小化“重构误差”,如图 2-41 所示。

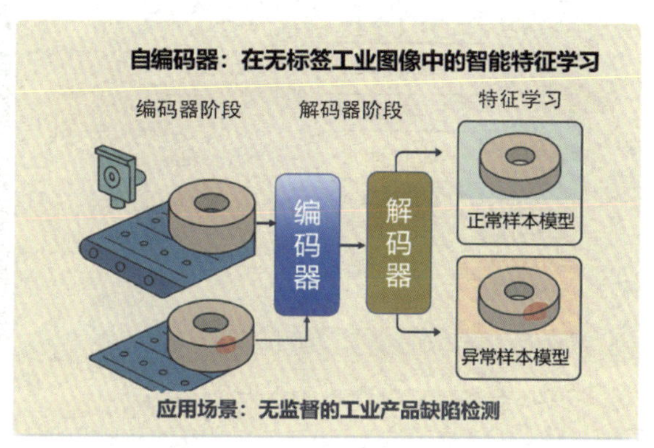

图 2-41 工业产品缺陷检测

当模型经过大量正常样本训练后,它会习得“正常产品”的内部结构。如果测试阶段出现异常图像(如缺口、裂纹等),自编码器无法很好地还原这些异常结构,导致重构误差显著升高。此时,仅依据重构误差的高低就能判断产品是否可能存在缺陷。

2.4.2 残差网络:解决梯度消失问题

在深度学习中,随着网络层数的增加,理论上网络的性能应该更好,因为更深的网络可以学习到更复杂的特征。然而,在实际训练中,人们发现当网络层数不断增加时,训练误差和测试误差反而会增加,这被称为“梯度消失”或“梯度爆炸”问题。为了解决这个问题,我国学者何凯明等于 2015 年提出残差网络技术。

假设有一个深层网络,其输入为 x,输出为 $H(x)$(学习的目标)。如果网络的每一层都能学习到输入和输出之间的映射关系,那么理论上网络可以很好地工作。但是,当网络层数增加时,学习这种映射变得非常困难。残差网络的核心思想是引入“残差学习”机制,通过跳跃连接(skip connection)解决深层网络训练问题:

学习残差 $F(x)=H(x)-x$,并通过跳跃连接将输入 x 加到输出上,即 $H(x)=F(x)+x$。基本残差块如图 2-42 所示,该模块含有两层,其中 x 和 y 为模块的输入和输出。对于 $F(x)+x$ 则通过捷径连接的方式实现,进行对应位置像素的加和操作,在加和操作结束后,再进行第二次的非线性激活。

残差网络为深层次网络的学习问题提供了一个有效的解决方案,跳跃连接提供了梯度直达的路径,避免了梯度在深层网络中逐渐消失的问题。

示例:残差网络的应用。

传统深度神经网络在加深层数时常面临梯度消失与退化问题,限制了模型对复杂图像结构的表达能力。残差网络通过引入"残差连接",有效缓解了这一瓶颈,使得网络可以更深地学习、更准确地提取图像细节。

残差网络通过在网络中引入跳跃连接,允许梯度直接从后层传播到前层,缓解了深层网络中梯度消失的问题。残差网络在卫星图像分析中具有重要作用。卫星图像通常包含复杂的地物信息和大尺度空间特征,而深层卷积神经网络能更好地提取多层次语义信息。在遥感场景中,残差网络常被用于土地覆盖分类、目标检测、变化检测等任务,能显著提升识别精度和泛化能力,尤其适合处理高分辨率卫星图像中的细节和复杂结构(图 2-43)。

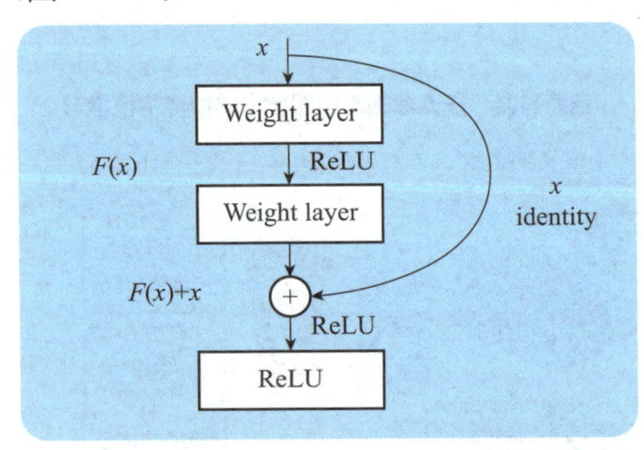

图 2-42 基本残差块示意

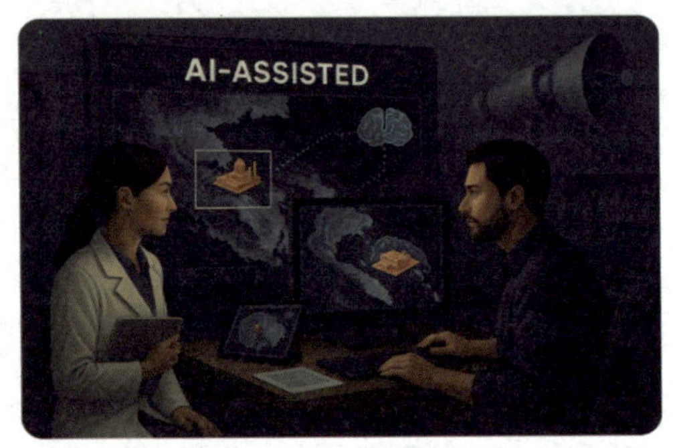

图 2-43 残差网络处理卫星图像中的细节和复杂结构

2.4.3 循环神经网络:处理时间序列数据的利器

当前,深度学习被广泛应用于自然语言处理中,如机器翻译、文本分类、文本生成、情感分析和句子补全等。虽然目前采用的核心架构是基于注意力机制的 Transformer 模型,但 RNN 在处理自然语言和时间序列数据等方面也有很好的应用价值。

传统的卷积神经网络模型假设输入数据之间是独立的(如图像分类中的单张图片),对于时间序列(如股票价格)、自然语言、音频等前后依赖性强的数据,传统网络无法建模序列的时序关系。

RNN 通过引入记忆机制(隐藏状态)使网络能够保留历史信息,从而能处理非常长的序列数据。RNN 的核心思想是当前输出依赖于当前输入和之前的隐藏状态,如下面的句子补全任务:

"我是中国人,我的母语是(　　)。"

显然,要正确填写答案"中文",就需要关注前面的"中国人"这个输入信息。因此,能够让模型记住之前输入的数据,有助于正确处理具有前后关联/依赖关系的序列数据。

为了记住之前的隐藏状态,或者说要利用之前的输入数据进行下一步的判断,RNN 模型采用一种"循环输入"的结构。图 2-44 展示了 RNN 模型的基本结构,可以看出前一时刻的输出与当前的输入叠加,作为当前时刻的输入。

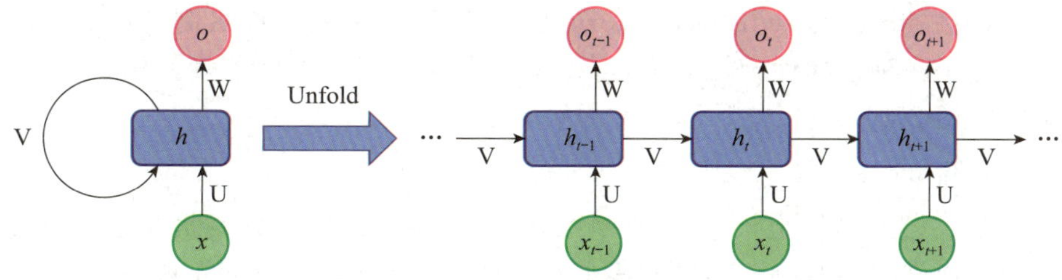

图 2-44　RNN 基本结构示意

示例:用 RNN 预测设备振动趋势的时间序列建模。

在工业生产中,关键设备如电机、压缩机或泵体,其运行状态会影响整条生产线的稳定性。通过在设备上部署加速度传感器或振动监测仪器,我们可以连续采集设备振动数据,形成一条时间序列。这些数据中隐藏着设备健康状况的变化趋势,如轴承磨损、偏心负载或即将发生故障的信号。

(1) 问题定义:

如何根据过去若干时刻的振动值,预测设备在未来某一时刻的振动强度,以实现预测性维护?

(2) 模型方案:用 RNN 建模。

RNN 擅长处理具有时序依赖的数据,能够"记住"前一时刻的隐藏状态,进而捕捉时间上的动态模式,非常适合用于振动数据的建模与预测(图 2-45)。

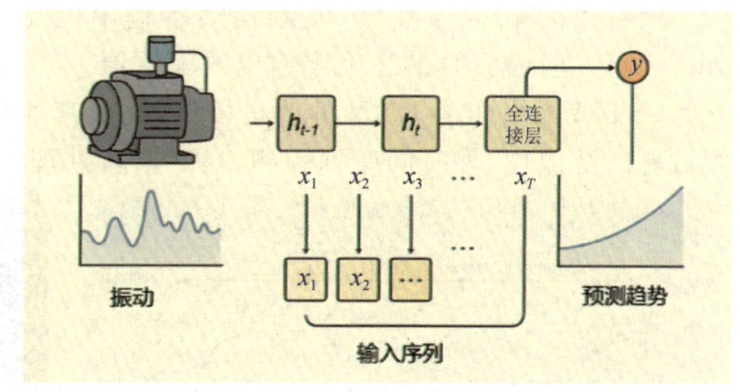

图 2-45　用 RNN 预测设备振动趋势示意

(3) 模型结构设计:

①输入序列:将过去 T 个时刻的振动值 $\{x_1, x_2, \cdots, x_T\}$ 依次输入 RNN 单元中。

②循环结构:每个时间步都会接收当前输入 x_t 与上一步的隐藏状态 h_{t-1},生成当前隐藏状态 h_t,体现"记忆传递"。

③预测输出:在最后一个时间步 T,通过一个全连接层(dense)输出一个预测值 y,表示下一时刻的振动强度。

(4) 优势分析:

①捕捉长期依赖:可理解设备运行的渐变趋势。

②无须特征工程:自动学习时序特征,无须人工提取统计量。

③适应实时更新:可用于连续监测与在线预测。

2.4.4　长短期记忆网络

RNN 解决了对之前的信息进行保存的问题,但在实际应用中,可能会存在长期依赖(long-term dependence)的问题。早期的 RNN 在长序列训练时,梯度通过时间反向传播会指数级衰减或增长,导致难以学习长期依赖关系。

长短期记忆(long short-term memory,LSTM)网络引入门控机制(输入门、遗忘门、输出门),构建了一种选择性记忆能力,可以解决序列数据的长期依赖问题。LSTM 神经单元的结构如图 2-46 所示。

1. 状态保留

LSTM 的关键就是细胞状态 c_t,水平线在图 2-46 上方从左到右贯穿运行,表示之前的信息会被传递到下一时刻。传递路线上有一个乘号和加号,表示先被一个乘法器乘以一个系数后,再线性叠加一个数值然后从右侧输出。

2. 遗忘门

最左边的方框(内含激活函数 σ)表示遗忘门,σ 函数的值在(0,1)之间,与前一状态相乘(上部水平线的第一个乘号),表示忘掉$(1-\sigma)c_t$ 的前一时刻状态信息。

3. 输入门

中间的 σ 和 tan h 结构表示输入门,它与新输入的信息 x_t 进行运算,控制什么样的新信息被存放在细胞状态中,并且与前一时刻的数据 c_{t-1} 相加来更新细胞状态 c_t。

4. 输出门

最右边的 σ、乘号和 tan h 结构表示输出门,σ 函数的值是输出门的衰减系数,并用 tan h 函数进行处理,最终确定输出的那些值。

LSTM 网络作为 RNN 的改进模型,凭借其处理长期依赖和序列数据的能力,在多个领域有广泛应用,如时间序列预测、自然语言处理、异常检测、声音识别(图 2-47)等。

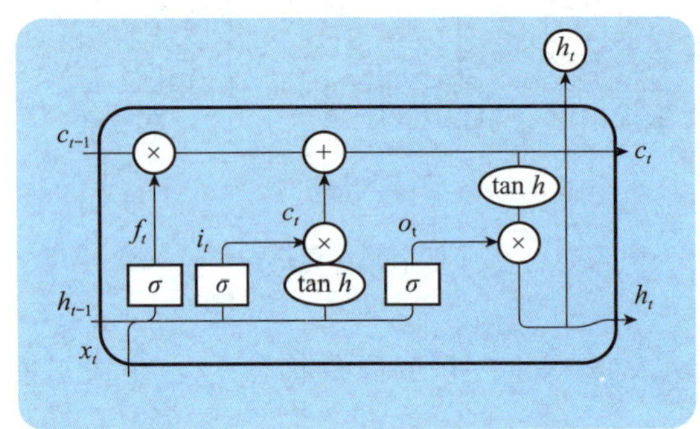

图 2-46 LSTM 神经单元示意

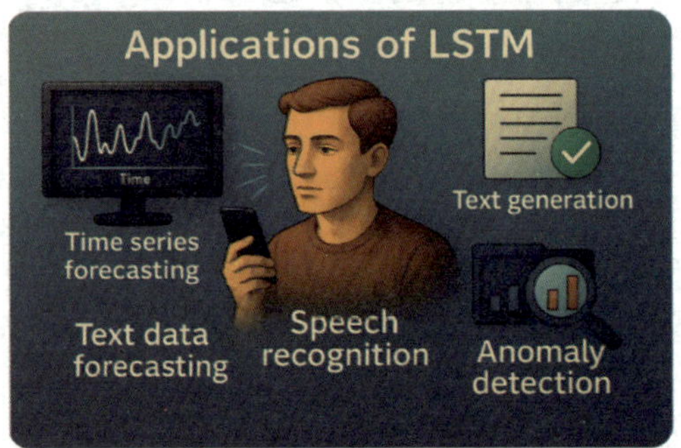

图 2-47 LSTM 在声音识别场景中的应用

2.5 AI 的决策智慧:强化学习与智能体

强化学习(reinforcement learning,RL)是机器学习的一个分支,其灵感来源于心理学中的行为主义理论,即智能体(agent)通过与环境(environment)的交互,在获得奖励或惩罚的刺激下,逐步形成对刺激的预期,产生能够获得最大利益的习惯行为,以最大化长期累积奖励,由此学习到最优策略。

类似地,在人类训练动物的过程中,也经常运用这种机制。以训练一只狗学会"坐下"这一动作为例,当狗在听到"坐下"指令后成功坐下,主人会给予它奖励,比如一块小零食或者进行爱抚。这种奖励信号能让狗意识到,当它做出"坐下"动作时,会得到积极的结果。经过多次训练,狗逐渐学会在听到指令后主动坐下,因为它已经将“坐下”这一动作与获得奖励建立了联系。

在这个过程中,狗的行为对应强化学习中的“行动”(action),主人的指令相当于强化学习中的“环境”(environment)给出的提示,而对狗的奖励则对应强化学习中的“奖励信号”(reward signal)。通过这种方式,狗的行为策略会不断得到调整和优化,以期获得更多的奖励。

目前,大语言模型也普遍采用强化学习技术进行调优,它通过训练一个奖励模型(或奖励函数)来近似人类偏好,并为大语言模型输出打分和奖励,根据这些偏好分数,运用策略优化来更新大语言模型的权重,以此匹配大语言模型的输出与人类偏好,从而提高语言模型回答问题的准确性。

2.5.1　强化学习的基本概念:在与环境交互中进行学习

强化学习的核心思想是智能体通过与环境的交互学习最优策略,以最大化长期累积奖励。在智能体与环境进行交互的过程中,通过获得的奖励指导学习,环境提供的强化信号是对产生动作的好坏做一种评价,而不是直接告诉智能体如何去产生正确的动作。这一机制模拟了人类(及其他高等动物)基于奖惩反馈的学习模式:智能体通过评估策略路径上每一步决策的利弊,对比不同路径的最终收益,从而确定最优策略。其本质是通过试错(trial-and-error)建立“行动-结果”的关联映射,最终形成适应环境的决策能力。

图 2-48 给出了强化学习的一个简单示意。智能体处于环境 E 中,状态 S 是智能体对感知到的环境的描述(如下棋时的棋盘落子情况);智能体的某个动作 A 作用在当前状态 S 上,将使得环境从当前状态按某种概率转移到另一状态;当转移到另一状态的同时,环境会根据“价值函数”(value function)(如对棋盘当前状态胜负概率的判断),反馈给智能体一个奖赏 R。

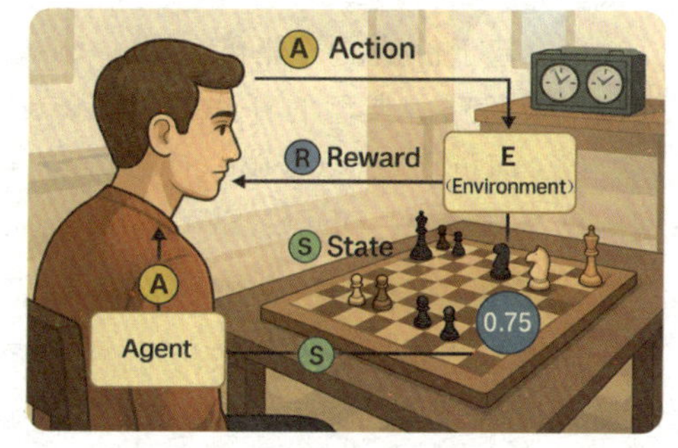

图 2-48　下棋程序中的强化学习

智能体要做的是在环境中不断地尝试学习一个“策略”(policy),根据这个策略,在状态 S 下能得到要执行的一个动作 A。博弈程序会根据当前棋盘的一个状态,得到下一步要落子的位置。

相比于有监督学习,强化学习不需要预设答案(不需要大量已标注的数据),只需反馈奖励信号(对结果的评价),就可以在动态环境中进行交互优化,但环境交互成本可能高。表 2-2 给出了有监督学习与强化学习的比较。

表 2-2　强化学习与有监督学习的比较

项目	有监督学习	强化学习
数据	有标注(有预设的正确答案)	无标注(无须给出正确答案)
反馈信号	监督信号(输出结果的对、错信息)	奖励信号(行为结果的好、坏信息)
评价函数	损失函数	价值函数、策略函数
标注成本	高(需人工标注)	无标注,但环境交互成本可能高
适用问题	明确输入-输出映射的问题(回归、分类)	动态环境中的序列决策问题 (机器人控制、自动驾驶、游戏 AI)

2.5.2 强化学习的核心元素

强化学习系统包括智能体、环境、状态、动作、奖励、策略和价值函数等元素，以下简要介绍其中若干核心元素。

1. 智能体：强化学习系统的“大脑”

智能体是指驻留在某一环境下，能够持续自主地发挥作用，具有反应性、社会性、主动性特征的计算实体。智能体具有以下基本特征：

(1) 自治性(autonomy)：能够根据环境变化，自动对自己的行为和状态进行调整。

(2) 反应性(reactive)：能够对外界的刺激做出反应。

(3) 主动性(proactive)：对外界环境的变化，智能体能够主动采取活动。

(4) 社会性(social)：智能体具有与其他智能体或人进行合作的能力。

(5) 进化性(evolutionary)：智能体能够积累或学习经验和知识，并修改自身的行为以适应新环境。

智能体可以大致分为 3 类：

(1) 基于策略的智能体(policy-based agent)：直接学习策略函数(从状态到动作的映射)，无须依赖价值函数。典型的算法如 Policy Gradient、REINFORCE、PPO(proximal policy optimization)。

(2) 基于价值的智能体(value-based agent)：通过学习状态或状态-动作的价值函数间接生成策略。典型的算法如 Q-Learning、DQN(deep Q-network)。

(3) 演员评论家(actor-critic)智能体(混合型)：结合策略和价值函数的智能体。典型的算法如 A3C、DDPG、SAC(soft actor-critic)。

2. 环境：智能体学习策略的“舞台”

环境是指智能体与之交互的外部系统或动态场景。例如，在游戏程序中，环境是游戏关卡，包含敌人、金币、障碍物等。环境定义了问题的规则、状态空间、动作空间以及反馈机制(奖励/惩罚)。其核心功能包括：

(1) 状态：环境在某一时刻的具体情况，是智能体决策的依据。

(2) 动作：智能体根据状态做出的行为，会影响环境。

(3) 奖励：环境对智能体动作的即时反馈，用于指导学习方向。

(4) 状态转移：动作执行后，环境从当前状态转移到下一状态的规则。

3. 价值函数

在强化学习中，价值函数是智能体用来评估状态或状态-动作对(state-action pair)长期价值的关键工具，它量化了从当前状态(或动作)出发，未来能获得的预期累积奖励(expected return)。价值函数帮助智能体在即时奖励和长期收益之间做出权衡，是决策的核心依据。

2.5.3 强化学习的经典案例

目前，强化学习被普遍运用于游戏 AI、机器人控制、自动驾驶、生成式大语言模型训练、资源调度、推荐系统等领域。

1. AlphaGo 如何学会下围棋

AlphaGo 是由 DeepMind 公司开发的一个人工智能系统，它能够在围棋这项非常复杂的游戏中与世界顶级棋手对弈，并且取得了巨大的成功。AlphaGo 的成功不仅仅是因为它使用了传统的机器学习方法，还因为它创新性地结合了强化学习和其他技术，如深度神经网络(DNN)和蒙特卡洛树搜索(Monte Carlo tree search，MCTS)，如图 2-49 所示。

AlphaGo 将围棋问题简化为从当前状态寻找最优的落子行动，它结合了深度神经网络与强化学习的技术架构，主要包含以下 3 个关键技术：

(1) 策略网络(policy network)：用于选择下一步最优的落子。

(2) 价值网络(value network)：用于评估当前棋局的胜率。

(3) 蒙特卡洛树搜索(MCTS)：探索棋盘状态的所有可能性。

在具体棋局决策中，AlphaGo 通过蒙特卡洛树搜索生成多条可能的棋步路径，并通过策略网络生成推荐的走法，然后利用价值网络评估每一条路径的"胜率"。其算法流程如图 2-50 所示，主要步骤如下：

(1) 输入当前棋局状态；

(2) 通过蒙特卡洛树搜索生成多条可能的棋步路径；

(3) 基于策略网络生成候选落子位置；

(4) 通过价值网络评估当前落子的胜率；

(5) 选择最优落子位置。

图 2-49 AlphaGo 与人类棋手对弈

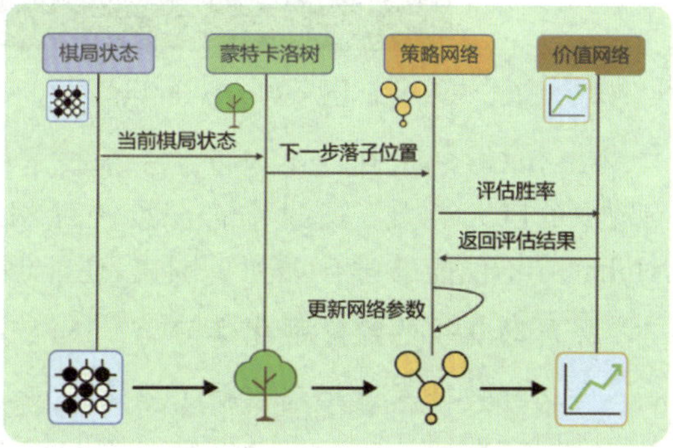

图 2-50 AlphaGo 的决策过程示意

AlphaGo 使用 CNN 处理围棋棋盘的空间结构信息。围棋棋盘是一个 19×19 的网格，天然适合用 CNN 处理，AlphaGo 将棋盘状态转换为多通道(channel)的图像，通过多个卷积层提取棋盘局部特征，最终输出一个 19×19 的概率矩阵，每个点对应落子概率。AlphaGo 中的 CNN 使用了残差连接(ResNet)和批量归一化(BatchNorm)技术。

强化学习与蒙特卡洛树搜索的结合是 AlphaGo 的核心创新之一。在传统的强化学习中，智能体通常通过试探性操作来获得反馈。而蒙特卡洛树搜索则通过模拟未来可能的多个棋步，利用树形结构来评估每一步的结果。两者的结合使得 AlphaGo 能够快速而准确地评估复杂的棋局。

强化学习的最终目标是使 AlphaGo 学会在每个状态下做出最优的决策。在

AlphaGo 与自己对弈的过程中，每次做出的决策都会被记录下来，并通过奖励信号（如胜利、失败或平局）来指导模型改进其策略。

AlphaGo 的进一步版本——AlphaGo Zero，完全摒弃了传统棋谱数据，通过仅仅自我对弈就能够在短短几天内达到远超人类顶尖水平的围棋水平（图 2-51）。AlphaGo Zero 完全没用任何人类数据，也就是不依赖于人的经验，也不知道下围棋的正确方式。AlphaGo Zero 自己和自己对弈几百万盘，通过不断地比赛，渐渐得出："原来在这个情境下，如果下某种棋步，我赢的概率就会高一些。"这个经验就被纳入系统，不断让它变强，这种方法其实是"试错学习"。AlphaGo Zero 所采用的方法，进一步体现了强化学习和深度学习的强大潜力，尤其是在没有任何人工监督的情况下，仅凭自我对弈就能学会复杂任务。

图 2-51　AlphaGo Zero 自学棋艺三日，胜过世间千年

AlphaGo 的成功并不仅仅是一个技术的突破，它还展示了强化学习在处理复杂决策问题中的巨大潜力。通过结合深度神经网络、强化学习、蒙特卡洛树搜索等多种技术，AlphaGo 不仅能够学会如何下围棋，还能够在棋盘上进行创新和超越传统策略的思考。

2. 自动驾驶的深度强化学习

自动驾驶技术近年来取得了显著进展，越来越多的公司和科研机构正在推动这一技术的应用与发展。而在自动驾驶系统的技术框架中，强化学习（RL）作为一种重要的机器学习方法，正在扮演着越来越关键的角色。

自动驾驶汽车需要在复杂多变的环境中做出决策。这些决策包括如何加速、刹车、转弯、避开障碍物等。传统的编程方法难以覆盖所有可能的驾驶情境，而强化学习可以通过与环境的互动，让自动驾驶系统在不同的驾驶情境下不断优化自己的行为。

自动驾驶系统首先在虚拟环境中进行大量训练。通过模拟驾驶环境，自动驾驶系统能够遇到各种可能的交通情况，比如红绿灯、行人、突发的交通事故等。在每一次的互动中，系统会根据自己的行动（如加速、减速、转向）获得反馈（奖励或惩罚）。这个反馈告诉系统哪些行为是有效的，哪些行为是危险的或无效的。

在进行自动驾驶系统的强化学习过程中的关键因素包括：

（1）状态空间（state）：包括车辆周围环境（如车道线、障碍物、交通灯、其他车辆速度/

位置)、自车状态(速度、加速度、航向角)等。

(2) 动作空间(action):包括离散动作(左转、加速、刹车)或连续动作(方向盘转角、油门/刹车力度)。

(3) 奖励函数(reward):对安全行驶(无碰撞)、遵守交规、舒适性(平滑加减速)、效率(最短时间到达)进行正向奖励,而对碰撞、偏离车道、急刹、违反交通规则等进行负向奖励。

强化学习在自动驾驶系统中的核心要素(key elements in reinforcement learning for autonomous driving)如图 2-52 所示。

图 2-52 强化学习核心要素示意

图 2-52 所示的结构分为三大模块:状态空间(state)、动作空间(action)、奖励函数(reward),用箭头表示信息流动关系,形成"状态→动作→奖励→状态"的闭环,体现强化学习的迭代循环。

图中标记说明:正确行为→ 奖励(reward),错误行为→惩罚(punishment)。

强化学习在自动驾驶中的三要素解释见表 2-3。

表 2-3 强化学习在自动驾驶中的三要素解释

模块	英文说明	中文解释
状态空间(state)	Includes lane markings, obstacles, traffic lights, ego car speed, acceleration, heading, etc.	包括车道线、障碍物、红绿灯、自车速度、加速度、航向角等状态信息
动作空间(action)	Includes discrete decisions (e. g. , left turn, accelerate, brake) and continuous controls (e. g. , steering angle, throttle level)	包括离散决策(如左转、加速、刹车)和连续控制(如方向盘角度、油门力度)
奖励函数(reward)	Rewards safe, rule-compliant, smooth, efficient driving; punishes collisions, violations, hard braking, lane deviations, etc.	奖励安全、守规、平稳、高效的驾驶行为;惩罚碰撞、违规、急刹、偏离车道等不良行为

示例:用强化学习训练自动驾驶系统。

在强化学习中,奖励和惩罚非常关键。自动驾驶系统的行为是得到奖励还是惩罚,取决于它的决策是否符合交通规则、是否安全、是否高效。例如,汽车如果安全地避开了行人,就会得到正向奖励;如果没有及时刹车造成了碰撞,就会受到惩罚。通过这种机制,自动驾驶系统不断学习最优的驾驶策略。

图 2-53 展示了强化学习在训练自动驾驶系统中的工作原理:智能体在模拟环境中反复试错,通过奖励和惩罚反馈优化驾驶策略,最终系统能够学会在复杂交通情境中做出可靠的决策。

图 2-53　强化学习在训练自动驾驶系统中的工作原理示意

本章思考与练习

一、深度思考题

【思考题 1】机器学习的本质是"用数据训练模型"。请结合生活中 AI 应用的例子(如刷视频推荐、语音识别等),思考:

(1)模型是如何"学会"做出决策的?

(2)它和人类的学习过程有何异同?

【思考题 2】监督学习、非监督学习、强化学习在任务目标和训练方式上各有差异。请从"人类学习类比"角度,为这 3 种学习方式分别举出一个现实生活中的"人类学习情境"做对比。

【思考题 3】深度学习的核心是自动提取特征。你认为"让机器自动学习特征"一定比"人手工设计特征"好吗?请结合优缺点分析。

【思考题 4】深度学习在语音识别、图像生成、语言翻译等任务中取得了显著成果,但仍被批评为"黑箱模型"。你如何理解"黑箱性"?它会带来哪些实际风险?

【思考题 5】传统编程是"规则+数据→结果",机器学习是"数据+结果→规则"。你如何理解这一转变？这意味着什么？

【思考题 6】神经网络相比于传统算法（如逻辑回归、决策树）表现更强。请结合深度结构的特点，说明它的优势。

二、实践题(应用与探索)

【任务 1】模型选择练习。

任务描述：请将以下任务分别匹配对应的学习类型（监督/非监督/强化学习），并简要说明理由：

(1)图像识别；

(2)用户分群（不含标签）；

(3)自动驾驶车辆控制；

(4)股票趋势预测；

(5)游戏 AI 自我对弈。

【任务 2】训练误差分析实验（可手绘或用工具）。

任务描述：假设你训练了两个模型，其训练集与验证集准确率如下：

模型	训练准确率	验证准确率
模型 A	98%	70%
模型 B	85%	83%

请判断：

(1)哪个模型出现过拟合？

(2)哪个模型泛化能力更好？

如果你是产品设计者，你会选用哪个模型？为什么？

【任务 3】为一个实际问题选择合适的机器学习方式，并说明理由。

选题示例：

(1)图像中识别出是否有垃圾（分类问题）；

(2)给文章打标签（聚类问题）；

(3)自动驾驶决策（强化学习问题）。

输出要求：

(1)明确问题目标与输入数据类型；

(2)分析适合采用的机器学习方法（监督/非监督/强化）。

给出简要的流程设想（无须代码）。

【任务 4】小组探讨：生活中的“学习系统”。

任务描述：请观察生活中一个“具有学习能力”的系统（如 App 推荐、淘宝搜索、滴滴定价等），分析它可能用到哪种学习类型？大致流程如何？

【任务 5】模型选择练习。

任务描述：请将以下任务分别匹配对应的学习类型（监督/非监督/强化学习），并简要说明理由：

(1)图像识别；

(2)用户分群（不含标签）；

(3)自动驾驶车辆控制;

(4)股票趋势预测;

(5)游戏 AI 自我对弈。

三、计算题

【计算题 1】分类准确率与错误率。

一个模型预测了 10 条样本,其中有 3 条预测错误。问题:

(1)模型的准确率是多少?

(2)错误率是多少?

(3)如果需要将错误率降到 10%以下,最多允许错误几条?

【计算题 2】均方误差(MSE)计算。

某回归模型对样本的预测与真实值如下:

实际值	预测值
5	4.5
3	3.2
2	2.5

请计算模型的均方误差。

【计算题 3】神经网络参数估算。

一个全连接层的输入为四维,输出为三维,请计算该层共有多少个训练参数(包含偏置项)?

【计算题 4】激活函数 Softmax 概率近似值计算。

给定神经网络输出得分:[$z_1=2$, $z_2=1$, $z_3=0$]。

请用 Softmax 函数计算 3 类的近似概率分布。

【计算题 5】假设某卷积层输入数据是(4, 4)矩阵,滤波器大小是(3, 3),步幅为 1,输出矩阵是(2, 2),试在下图输出矩阵中的空白处填入卷积运算的值。符号⊛表示卷积运算。

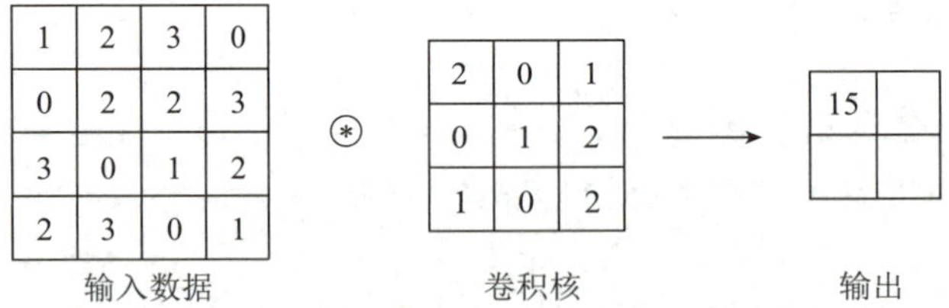

【计算题 6】假设某卷积层输入数据是(7, 7)矩阵,滤波器大小是(3, 3),步幅为 2,输出矩阵是(3, 3),试在输出矩阵箭头指向的空格处填入卷积运算的值。符号⊛表示卷积运算。

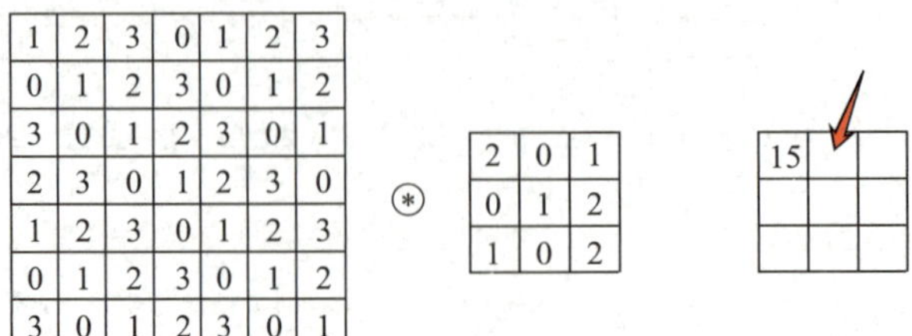

【计算题 7】试用最大池化算法求下列矩阵的结果，其中池化核的大小为 2×2，步长也为 2×2。

1	1	2	4
5	6	7	8
3	2	1	0
1	2	3	4

→

四、综合计算题(选做)

【综合计算题 1】本章 M-P 神经元模型(图 2-16)如下所示：

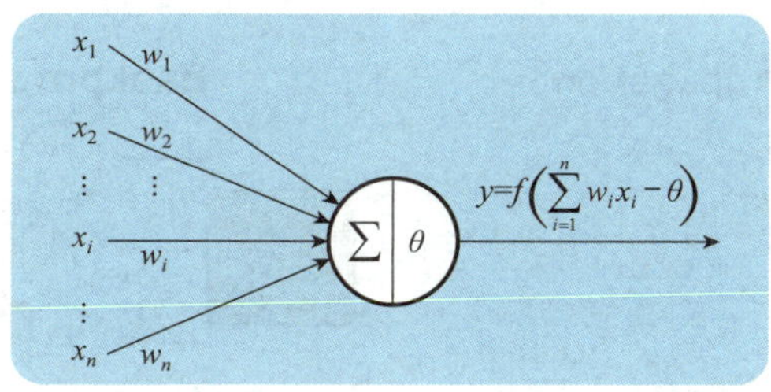

设定以下输入参数：

输入项	值
x_1	0.6
x_2	0.9
x_3	0.3
w_1	0.4
w_2	0.7
w_3	0.2
θ	0.5

求神经元的输出值 $y=$？

【综合计算题 2】如果将上面“单个神经元”的计算过程扩展为一个简单的多层感知机(MLP)示例，包括：

输入层：3 个输入特征。

隐藏层：2 个神经元。

输出层：1 个神经元。

激活函数：Sigmoid(可改为 ReLU 等)。

输入项同上题，请计算输出 y 的值。

【综合计算题 3】在一次系列活动中，4 位同学——小红(R)、小花(H)、小明(M)、小强(Q)——是否参加活动的数据如下所示(1 表示参加，0 表示未参加)：

活动编号	小红 (R)	小花 (H)	小明 (M)	小强 (Q)
1	0	0	1	0
2	0	1	1	1
3	1	0	1	1
4	1	1	1	0
5	1	0	0	?

请根据前 4 行的历史数据，推理出当小红、小花参加，小明不参加时，小强是否会参加？（即请推断第五行中问号“?”处应填 0 还是 1）

要求：

(1)使用逻辑推理方法（如构造布尔表达式）；

(2)使用感知机模型进行建模与预测；

(3)构造一个输入层—隐藏层—输出层的简单神经网络模型进行建模与预测。

请说明你的推理依据或计算过程。

【综合计算题 4】计算神经网络模型的前向传播过程（教材示例 2-1）。

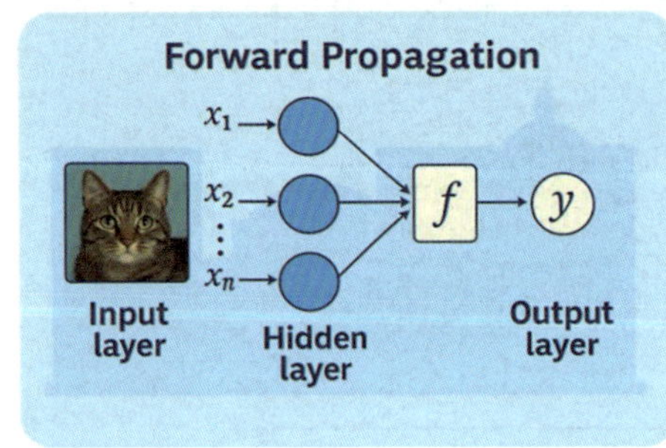

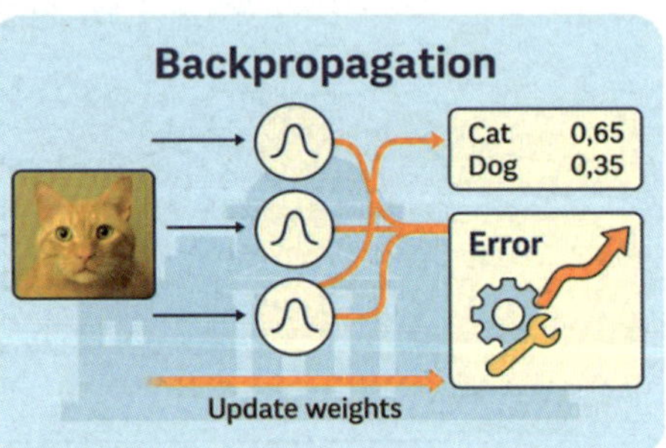

题目设定：

已知一个前馈神经网络结构如下（简化）：

(1)输入层：两个输入节点 $x_1=0.6$，$x_2=0.9$。

(2)隐藏层：含 3 个神经元 h_1，h_2，h_3，激活函数为 Sigmoid。

(3)输出层：两个神经元(Cat、Dog)，激活函数为 Sigmoid。

(4)分类标签：Cat=1，Dog=0。

权重与偏置设定如下：

输入层→隐藏层：

神经元	权重(w_1，w_2)	偏置 b
h_1	(0.4，0.3)	0.1
h_2	(0.5，0.2)	0.0
h_3	(0.3，0.6)	−0.1

隐藏层→输出层（仅 Cat）：

权重(w_1，w_2)	值
wh_1	1.2
wh_2	1.5
wh_3	1.1
偏置	−0.1

问题要求：

(1)计算前向传播中隐藏层神经元 h_1，h_2，h_3 的输出值。

(2)计算 Cat 输出的预测值(Sigmoid)。

(3)假设真实标签 Cat=1，Dog=0，计算 Cat 的损失和误差项 δ。

第 3 章

大语言模型的奇妙世界

本章教学目标

本章旨在引导学生深入理解大语言模型(LLM)作为人工智能前沿技术的核心原理与应用价值,帮助学生建立起从模型结构到实际应用的系统性认知。学生将通过回顾语言模型的发展历程,了解从统计语言模型到深度学习模型再到大规模预训练模型的技术演进,形成对语言智能发展的历史视角。重点掌握 Transformer 架构中的多头注意力机制、自注意力计算等关键技术,理解其如何支持模型捕捉语言中的上下文关系,从而实现自然语言的理解与生成。进一步地,通过对多模态大模型、世界模型等新兴技术的介绍,拓展学生对语言模型在跨模态理解、推理和知识表达等复杂任务中的应用视野。通过案例探索和交互实践,学生将建立起对大语言模型的整体认知,具备初步的辨别与应用能力,为未来深入学习和跨专业应用奠定基础。

3.1　大语言模型初探:理解语言与智能的连接起点

3.1.1　什么是大语言模型

维特根斯坦(Ludwig Wittgenstein)说过一句名言:"语言的边界,就是世界的边界。"[①]本质上是在表达这样一个哲学观点:我们所能"说出"的,才是我们可以"思考"和"理解"的。语言不仅是我们表达思想的工具,更是我们构建世界、理解现实的框架。换句话说,我们无法用语言说清楚的事物,也难以真正掌握或清晰地思考它。

大语言模型是由具有大量参数(通常数十亿个权重或更多)的人工神经网络组成的一类语言模型,使用自监督学习或半监督学习对大量未标记文本进行训练。尽管这个术语没有正式的定义,但它通常指的是参数数量在数十亿或更多数量级的深度学习模型。大语言模型是通用模型,在广泛的任务中表现出色,而不是针对一项特定任务(如情感分

①原文是"Die Grenzen meiner Sprache bedeuten die Grenzen meiner Welt",出自他的早期代表作《逻辑哲学论》(*Tractatus Logico-Philosophicus*)。

析、命名实体识别或数学推理)进行训练。①

大语言模型是一种特殊类型的人工智能,它使用深度学习来处理和生成类似人类的文本。它们可以执行各种任务——从生成代码到逻辑推理、根据提示生成图像与视频、创作音乐、生成算法、描述图表、模拟游戏环境以及与机器人系统交互(图 3-1)。

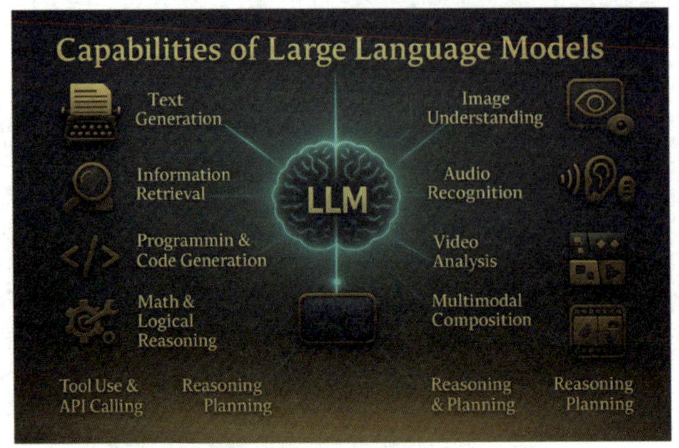

图 3-1 大语言模型功能概念示意

作为机器学习的一个子集,LLM 建立在 Transformer 架构之上,这是一种专门为处理文本等顺序数据而创建的神经网络设计。深度学习为 LLM 提供支持,其工作原理是使用多层人工神经元,这些神经元逐渐从输入数据中学习更复杂的特征,类似于人类大脑处理信息的方式。

LLM 基于从各种来源(包括书籍、网站、学术论文和社交媒体)收集的海量数据集进行训练。在训练过程中,它们通过分析数十亿个文本示例来学习语言模式。训练过程分为两个主要阶段:预训练,模型从这个庞大的数据集中学习一般的语言理解;微调,使用更小、更集中的数据集专门针对特定任务。

大语言模型本质上是以统计方式学习语言,并通过预测文本来生成"可理解"输出。在此背景下,维特根斯坦的这句话呈现出新的意义:语言模型的"世界"被语言训练数据限定,LLM 所能"理解"和"生成"的内容,其边界完全依赖于训练语料。换言之,模型所"知道"的世界,就是训练语言的边界。

维特根斯坦的话语在人工智能时代获得了新的注脚。我们不仅在理解人类如何被语言限制,也看到语言模型如何被其训练语言所限制。在这个意义上,大语言模型是维特根斯坦哲学的一个技术映照——它展示了语言如何构建一个"人工世界"的边界。

3.1.2 大语言模型的发展过程

在发展过程中,大语言模型的技术演进趋势如图 3-2 所示。

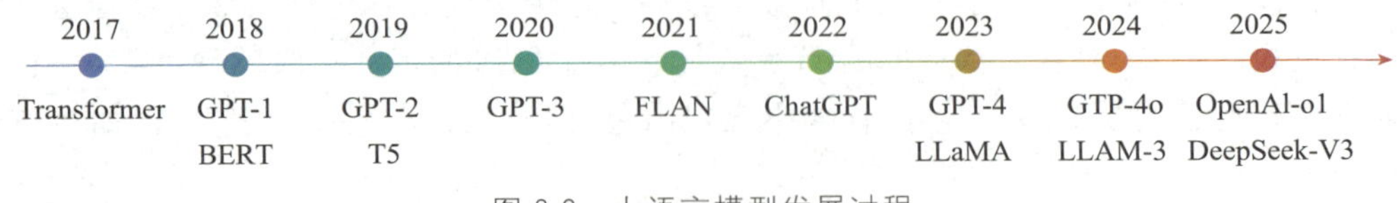

图 3-2 大语言模型发展过程

①维基百科"大语言模型"条目。

1. 萌芽阶段(2017—2018)

2017 年 6 月,Google 提出 Transformer 架构,首次引入“自注意力机制”,为后续所有大语言模型奠定基础。

2018 年 6 月,OpenAI 发布首个基于 Transformer 的生成式预训练模型 GPT,提出了“生成式语言建模”的方向。

2018 年 10 月,BERT(Google)革命性地引入“掩码语言模型”(masked language model,MLM),擅长理解任务(如问答、分类),对 NLP 界影响深远。

2. 预训练语言模型时代(2019—2020)

2019 年 2 月,GPT-2 参数规模迅速上升,首次展示出“零样本”能力,引发广泛关注。

2019 年 10 月,Google 推出 T5(text-to-text transfer Transformer)预训练模型,将所有 NLP 任务统一成“文本到文本”的格式,开创通用框架。

2020 年 5 月,GPT-3 LLM 参数暴涨至 1750 亿,真正开启“通用人工智能模型”的大门,展现出强大的生成与推理能力。

3. 指令微调与对齐阶段(2021—2022)

指令微调(instruction tuning)与对齐阶段(alignment phase)是大语言模型发展中的关键步骤,目的是让模型更贴近人类的意图,提升其实用性与安全性。

2021 年 9 月,FLAN 是 Google 推出的一种大模型,尝试通过多任务指令学习提升模型泛化能力。

2022 年 3 月,GPT-3.5/InstructGPT 引入“指令微调”机制,对话性能显著提升。

2022 年 11 月,ChatGPT 将 GPT-3.5 与强化学习人类反馈(reinforcement learning with human feedback,RLHF)结合,开启 AI 聊天新时代。

4. 多模态模型并进阶段(2023)

多模态大语言模型(MLLM)是 AI 领域的前沿创新,它结合了语言和视觉模型的功能,可以处理复杂的任务。

GPT-4 于 2023 年 3 月 14 日发布,是由 OpenAI 训练的多语言、多模态(多种类型数据,如文本、图像、音频等)GPT 大语言模型。

5. 开源与产业化并进阶段(2024—2025)

2024 年 3 月,LLaMA-3.1/405B 参数进一步扩大,能力接近 GPT-4。

2024 年 4 月,GPT-4o 发布更统一、更快的模型,支持多模态文本、语音、图像。

2024 年 12 月,OpenAI-o1/DeepSeek-V3 发布,多家 AI 公司持续投入,自主研发大模型。

2025 年 1 月,DeepSeek-R1 进入下一阶段研发周期,预示新一代模型的诞生。

LLaMA 系列、DeepSeek 系列、Mistral 等开源模型群雄并起,推动 LLM 进入新的发展时期。

3.1.3　大语言模型到底有多“大”

人类语言及其背后的思维过程,一直被认为是智能与复杂性的巅峰。人脑中大约有

1000 亿个神经元,以及可能多达 1 万亿个突触连接,这种极其复杂的结构本身就令人叹为观止。甚至有学者猜想,大脑可能不仅仅依赖神经元网络,还存在尚未被发现的深层物理或生物机制。

然而,大语言模型的崛起,为我们理解语言与思维提供了新的视角。人们惊讶地发现,一个完全由人工神经网络构建、拥有与人脑连接数在数量级上相当的系统,竟然可以高质量地生成自然语言,并表现出一定程度的语言理解与推理能力。

在大语言模型这一术语中,"大"并没有一个严格定义的参数阈值。它更像是一个相对的概念:随着技术进步,曾经被视为"庞大"的模型,也逐渐显得"袖珍"。

以 OpenAI 的 GPT 系列为例:GPT-1(2018 年)被广泛认为是第一个真正意义上的 LLM,虽然它仅有 1.17 亿个参数,但它的复杂程度已可与人类语言的多样性相媲美。近年来,模型的参数规模(即神经网络的连接权重数量)呈指数级增长,参数数量已从亿级扩展到千亿甚至万亿级别。

表 3-1 汇总了 GPT 系列代表模型的参数量与训练数据规模(单位:估计值),以帮助读者感受所谓"庞大"的演化过程。

表 3-1　典型大语言模型的参数量与训练数据规模

模型版本	发布年份	参数数量	上下文窗口	架构特点	训练数据	备注
GPT-1	2018	1.17 亿	512 tokens	12 层 Transformer 解码器	BookCorpus(约 5 GB)	首个 GPT 模型,验证了生成式预训练的有效性
GPT-2	2019	15 亿	1024 tokens	改进的 Transformer 架构,使用层归一化和权重缩放	WebText(约 40 GB)	展示了模型规模与性能的对数线性关系
GPT-3	2020	1750 亿	2048 tokens	更深层的 Transformer 架构,支持 In-context Learning	多源数据集(约 570 GB)	引入了 Few-shot 学习能力
GPT-3.5	2022	1750 亿	4096 tokens	引入 RLHF 进行对齐	未公开	用于早期 ChatGPT 系列模型,能力优于 GPT-3
GPT-4	2023	未公开	8K/32K tokens	多专家(MoE)架构,支持多模态输入(文本和图像)	约 13 万亿 tokens(未证实)	强化推理与处理复杂任务的能力,官方未公开参数量,估计约 1 万亿
GPT-4o	2024	未公开	128K tokens	多模态模型,支持文本、音频和图像的任意组合输入输出	未公开	实时推理能力,响应速度接近人类水平

衡量 LLM 有以下两个主要的指标(图 3-3)。

1. 参数规模(parameters)

参数规模是模型的“知识储备”,决定了模型的能力和学习到的模式数量。

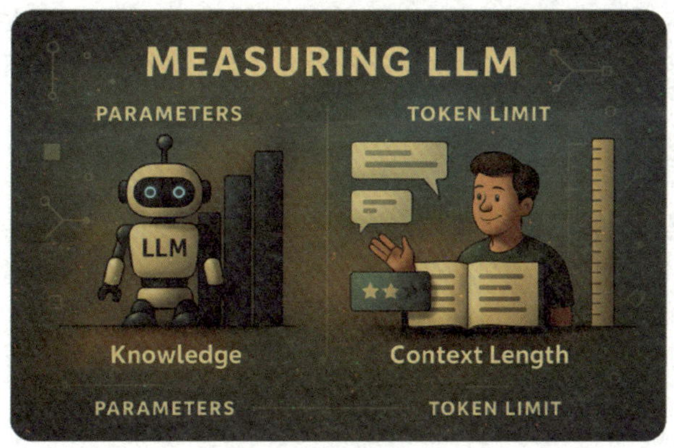

图 3-3　衡量 LLM 规模的两个主要指标

2. token 上限

token 上限表示模型在进行一次推理时能“记住”多少上下文信息。

尽管自然语言在人类交流中呈现出极高的复杂性,但大语言模型之所以能在语言处理领域取得显著突破,关键在于:语言在更深层的统计与结构层面上,存在一定的规律性。这些规律可以被神经网络模型通过大规模数据训练自动学习并捕捉。

LLM 的成功不仅展示了深度学习技术在自然语言处理中的强大能力,也启发我们重新思考语言与思维之间的关系。尽管目前这些“语言规律”仍以隐含参数的形式存在于模型之中,但未来如果能够进一步解析其内部机制,或许有望推动我们更深入地理解语言生成、认知过程,乃至通用人工智能的形成路径。

3.1.4　大语言模型的技术谱系图:AI 家族中的核心成员

图 3-4 展示了人工智能技术体系中几大关键领域的相互关系,以及大语言模型在其中所处的独特位置。

1. 人工智能(AI)

最大圆形代表整个 AI 领域。AI 涵盖所有通过模拟人类智能行为的技术系统,包括自然语言处理、图像识别、规划与决策等。

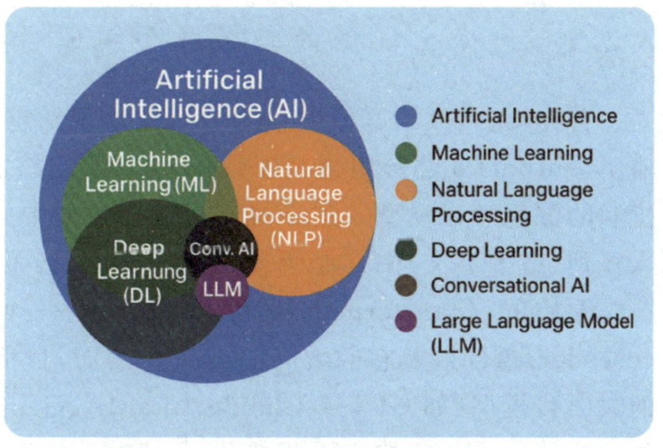

图 3-4　人工智能家族的技术谱系与相互关系

2. 机器学习(ML)

机器学习是实现 AI 的核心技术路径之一,包括监督学习、无监督学习和强化学习多种学习范式。它是一种使计算机系统能够从数据中自动学习经验,强调利用算法让机器通过“经验”完成特定任务,而不依赖固定的程序指令。

3. 深度学习(DL)

深度学习是机器学习的子集,是一种特殊的机器学习方法。深度学习使用多层神经网络来处理复杂的特征和结构。大多数现代 AI 成就(如图像识别、语音识别)背后都依赖深度学习技术,深度学习也是大语言模型实现的技术基础。

4. 自然语言处理(NLP)

自然语言处理是 AI 的重要子领域之一。NLP 关注"如何让机器理解和生成自然语言",如文本分类、情感分析、机器翻译、对话系统等。近年来 LLM 的突破正是 NLP 的技术飞跃。

5. 对话式人工智能(conversational AI,Conv. AI)

Conv. AI 是 NLP+DL 的深度应用之一,包括智能客服、语音助手、聊天机器人等,是 LLM 的一个典型应用场景。

6. 大语言模型(LLM)

大语言模型是图中最内部的圈,嵌套于 NLP、DL 和 Conv. AI 的交汇处,表示 LLM 是在深度学习基础上,用于自然语言处理和生成式语言的模型。它能生成文本、回答问题、写诗作曲,成为当前 AI 应用的核心力量。

3.2 大语言模型结构图解:从输入到输出的变换"魔法"

本节将以图解方式,帮助读者理解大语言模型的整体结构。我们从"黑盒"视角出发,逐步揭示其内部由编码器和解码器构成的 Transformer 架构,并介绍各核心模块如自注意力机制、前馈网络的作用,帮助初学者建立 LLM 从输入到输出的清晰认知路径。

3.2.1 大语言模型的顶层模型视图

首先,先将大语言模型视为一个黑盒子。它由输入(input)、Transformer(变换器)和输出(output) 3 部分组成(图 3-5)。LLM 的核心是 Transformer,它是一种采用注意力机制的深度学习模型。这一机制在处理序列中的每个元素时,能够动态地计算并关注输入序列(或上下文)中其他所有元素的权重,从而捕捉长距离依赖关系。

原始的 Transformer 模型架构包含一个编码器(encoder)组件、一个解码器(decoder)组件以及它们之间的连接。然而,目前世界上功能最强大的、专注于文本生成的大语言模型(如 GPT-4、Claude、LLaMA、Gemini 等)主要采用 Decoder-Only 架构。这种架构移除了独立的编码器部分,仅由多层 Transformer Decoder 构成,利用掩码自注意力机制处理输入并自回归地生成输出文本。此外,也存在 Encoder-Only(如 BERT)和编码器-解码器(如 T5)架构(图 3-6)的 LLM,分别适用于文本理解和序列转换任务。

图 3-5　大语言模型的顶层模型视图

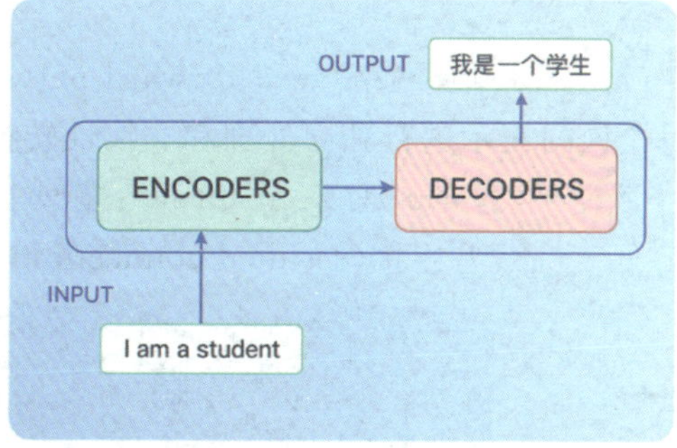

图 3-6　Transformer 的编码器－解码器架构

3.2.2　编码器-解码器架构

原始的 Transformer 模型主要核心特征是采用多层的编码器-解码器模块堆栈结构，如图 3-7 所示。

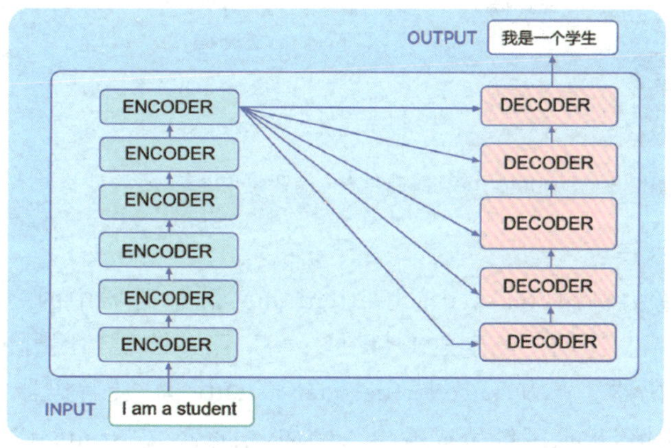

图 3-7　编码器-解码器架构

编码器由逐层迭代处理输入的编码层组成，而解码器则由对编码器的输出执行相同操作的解码层组成。

编码器的主要作用是将输入句子转换成向量(embedding)，并通过多层编码器模块进行处理。每一层编码器会提取输入中的上下文信息，信息会层层传递，越往上层理解越深。

解码器根据编码器处理后的结果，每一层都会使用编码器传来的信息，并结合已生成的单词，决定下一个单词是什么，一个词一个词地生成目标语言。

3.2.3　Transformer 基本模型：编码器与解码器的结构分解

图 3-7 中，Transformer 模型主要核心特征是采用多层的--解码器模块堆栈结构，实际上，编码器-解码器模块的每一层都可以进一步分解为图 3-8 所展示的内部结构。

编码器包含两个主要部分：

(1) 自注意力机制：能力类似“聚焦注意力”。它帮助模型理解一个词和其他词之间的关系。

(2) 前馈神经网络(feed forward network,FFN):类似对信息的进一步“加工”。它对每个词的表示进行独立处理和非线性转换,让信息更抽象、更有表现力。

残差 & Norm 是 Transformer 模型中非常关键的步骤,完整表达为

残差连接(residual connection)+层归一化(layer normalization)

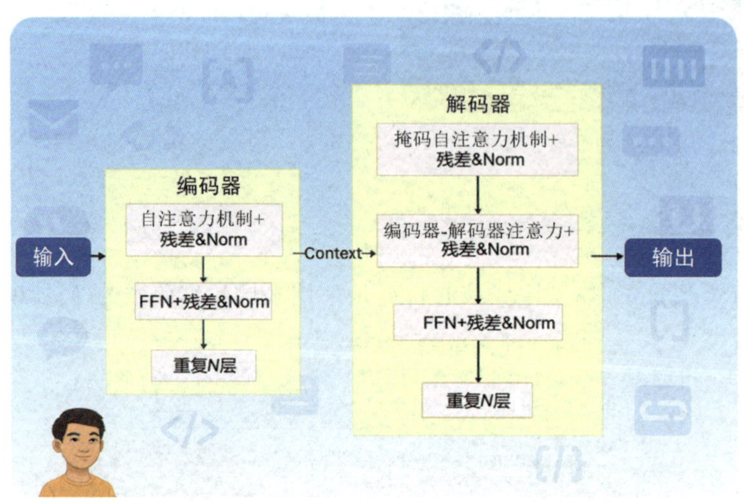

图 3-8 Transformer 基础结构:编码器和解码器的结构分解

解码器包含了 3 层:

(1) 掩码自注意力机制(masked self-attention):和编码器中的一样,但用于分析已生成的词之间的关系。比如已经生成了“我是……”,下一步要预测哪个词最合适。

(2) 编码器-解码器注意力(encoder-decoder attention):让解码器能“看到”编码器的输出,帮助解码器理解,根据理解生成输出。例如,根据英文“student”翻译成“学生”。

(3) 前馈神经网络(FFN):用于对信息的进一步提炼和输出处理。

3.3 Transformer“变形记”:核心处理流程

Transformer 是一种深度学习模型架构,是机器学习领域最令人兴奋的新进展之一,广泛应用于自然语言处理(NLP)任务,如机器翻译、文本生成等。它最早由 Vaswani 等人在 2017 年的论文“Attention Is All You Need”[①]中提出。

我们在 1.5 节从自然语言处理需求的角度对词向量、嵌入和自注意力机制的逻辑出发点及背后的数学之美通过直观例子做了初步介绍。本节对实现其原理的细节做进一步的讨论。

Transformer 的核心处理流程可以分为以下几个关键步骤,每一步都是理解和生成自然语言的关键环节。

① VASWANI A, SHAZEER N, PARMAR N, et al. Attention is all you need[C]. 31st Conference on Neural Information Processing Systems(NIPS 2017), Long Beach, 4-9 December 2017, 5998-6008.

3.3.1 分词化:让模型“看懂”语言的第一步

人类通常通过单词或短语来理解语言。大语言模型也是类似思路:它不会直接处理整句文本,而是先将句子拆分成更小的语言单元,这些单元就叫作 token(标记或令牌)。

对计算机而言,文本只是字符的集合。它们无法像人一样理解“词义”,只能处理数字。分词化(tokenization)的目标就是将文本拆解成标准化单元(token),再转化成数字编号,供模型进一步处理。

在自然语言处理中,分词化是将输入文本切分为更小的语言单元的过程。这些单元可以是单词、子词(subword)、词缀(prefix/suffix)或是单个字符。它是大语言模型理解语言的第一个步骤。分词化的目标是构建一个结构化的文本表示,让机器学习算法能够更方便地进行处理。

例如,在图 3-9 的示例中,输入句子“I am a student”,通过分词器(tokenizer)被拆分为单词或子词(token):[“I”,“am”,“a”,“student”],然后送入 Transformer 模块。

图 3-9　输入数据通过分词器后送入 Transformer 模块

3.3.2 嵌入:用数字表示语义位置

在 RGB 模型中,颜色需要表示为三维向量,如红色:[255,0,0],黑色:[0,0,0],绿色:[0,255,0]。

机器学习模型本质上只处理数字,无法直接“理解”文字。在 LLM 中,同样需要把每个词转化成一串数字,这就是“向量”。LLM 在第一步完成分词后,每个 token 会被分配一个唯一的 ID。但仅凭数字 ID,模型并不能理解词义。因此,需要把这些 token 映射到高维空间中的向量,这一步称为嵌入(embedding)。

嵌入就是把每个 token ID 映射成一个固定维度的向量,比如 512 维甚至更高。这些向量可以捕捉词语之间的语义关系。对于句子“I am a student”,每个词也有一个高维“语义坐标”,表示它在语义空间中的位置。这些向量通常有数百维,这里,我们采用降维技术将其压缩到二维进行可视化,如图 3-10 所示。

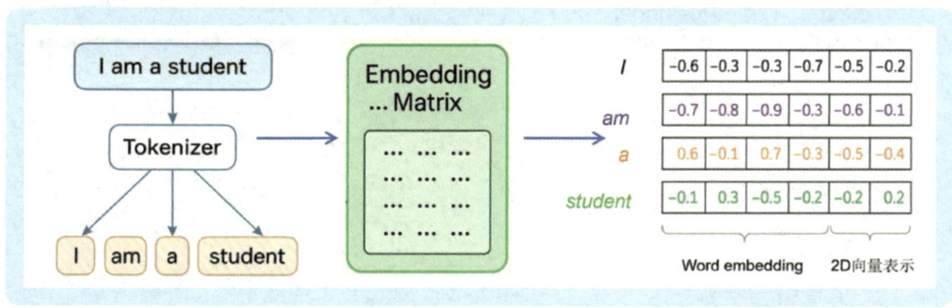

图 3-10　输入本文序列经嵌入位置编码后的词向量表示

这里读者可能会产生一个疑问，图 3-10 中右图的词嵌入向量（word embedding vector）是如何得到的？实际上这些向量不是按照某个公式计算出来的，而是在训练过程中“学出来”的。在模型训练过程中，向量会不断被梯度更新，最终向量学会了在高维空间中区分不同词语的语义特征。

而在使用时，模型通过查表机制（embedding matrix）生成词嵌入向量。就像“每个词”在一张词向量表格中有它自己的“语义坐标”，这个坐标不是人为指定的，而是通过大量语料训练后“自动学习到”的。

3.3.3 位置编码：告诉模型“谁在前谁在后”

语言中单词的顺序会极大影响句子的含义。例如，“dog bites man”和“man bites dog”虽然词相同，意思却完全不同。因此，大语言模型需要知道每个词的位置，这就引出了位置编码（positional encoding）的概念。

Transformer 架构不像循环神经网络（RNN）那样具有“时间顺序”，它是并行处理的。因此，需要明确告诉模型每个 token 的“位置”在哪里。

位置编码不是由 token 嵌入推导出的，是独立于 token 嵌入计算出来的，它的值是由词的位置参数 pos 和向量维度 d 决定的。在经典 Transformer 中，位置编码采用的是正余弦函数定义的固定编码（也叫 sinusoidal positional encoding）。其公式表达为

$$PE_{(pos,2i)}=\sin\left(\frac{pos}{10000^{\frac{2i}{d}}}\right),PE_{(pos,2i+1)}=\cos\left(\frac{pos}{10000^{\frac{2i}{d}}}\right)$$

式中，pos 为词语的位置编号（如“student”是第 3 个，编号为 3）；i 为当前维度；d 为总的维度（如 512）。

计算结果如图 3-11 所示。每个单词首先会被转成一个高维嵌入向量（绿色部分），表示它的语义特征。同时，为了让模型知道它在句子中的位置，每个词也会有一个位置编码向量（黄色部分），这个向量是根据正弦和余弦函数计算得出的。最终输入给模型的是词嵌入＋位置编码的加和结果。

图 3-12 通过左右两个子图，从直观展示与结构细节两个层面，阐释了基于正弦和余弦函数的位置编码是如何为 Transformer 引入位置信息的。

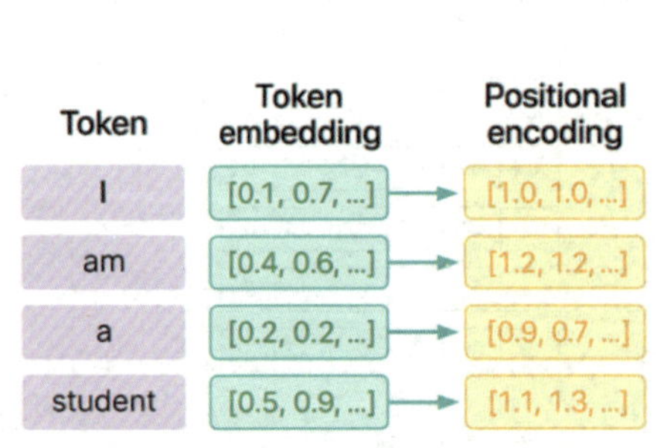

图 3-11 位置编码示意

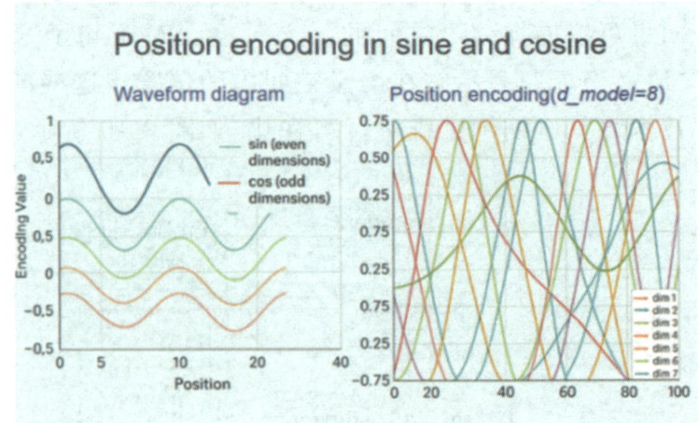

图 3-12 基于正余弦函数的位置编码与频率变化规律

左图展示了部分低维编码(通常为前几维),其中偶数维使用正弦函数(sin),奇数维使用余弦函数(cos)。这些波形说明了位置编码的基本思想:每一个位置被编码为一个向量,其中每一维是一个不同频率的波形。通过不同维度的波形组合,模型能够区分不同的位置信息。

右图展示了在维度数 $d_{\text{model}}=8$ 时,多个维度的正余弦编码值随位置的变化。可以清楚地看到,随着维度的升高,波形频率逐渐增加,体现出"多尺度编码"的设计理念:低维编码捕捉全局位置,高维编码捕捉局部细节。维度越高,对位置信息的解析就越精细。

这种位置编码方式不仅形式简单、计算高效,还具备良好的泛化能力,使 Transformer 能够捕捉序列中词语之间的位置和距离关系,是其建模序列结构的重要基础之一。

3.3.4　编码器:构建文本理解的"全局视野"

编码器用于将所有输入序列转换为连续的抽象表示,该表示封装了从整个序列中学习到的信息。编码器包含两个子模块:

(1) 多头自注意力机制。

(2) 一个完全连接的网络:前馈神经网络。

1. 自注意力机制

自注意力机制指的是模型在处理一段文本时,能够考虑同一句话中各个词之间的关系。也就是说,在处理当前词时,不是孤立地看这个词,而是放在整个文本中进行理解和编码。自注意力的公式:

$$\text{Attention}(\boldsymbol{Q},\boldsymbol{K},\boldsymbol{V})=\text{Softmax}\left(\frac{\boldsymbol{Q}\boldsymbol{K}^{\text{T}}}{\sqrt{d_k}}\right)\boldsymbol{V}$$

$\boldsymbol{Q}$(当前词)与所有 $\boldsymbol{K}$(上下文词)计算相似度,加权聚合 $\boldsymbol{V}$(值向量)。

自注意力机制的引入,解决了模型"记忆力"不足的问题。它让 Transformer 模型拥有了非常强的长期记忆能力。在生成文本的过程中,Transformer 可以对之前生成的所有 token 进行"关注"或"聚焦",从而更好地理解上下文,提升生成效果。

自注意力机制在理论上是可以拥有"无限的上下文窗口"的——只要计算资源足够,它就可以在生成文本的过程中参考整个上下文。因此,自注意力机制能够比其他模型更全面地理解语义和故事线,生成更加连贯和准确的文本。

2. 前馈神经网络

在 AI 领域的发展中,前馈神经网络是一种简单的神经网络,各神经元分层排列,每个神经元只与前一层的神经元相连,接收前一层的输出,并输出给下一层,各层间没有反馈。也就是说,在它内部,参数从输入层向输出层单向传播,内部不会构成有向环,其结构如图 3-13 所示。

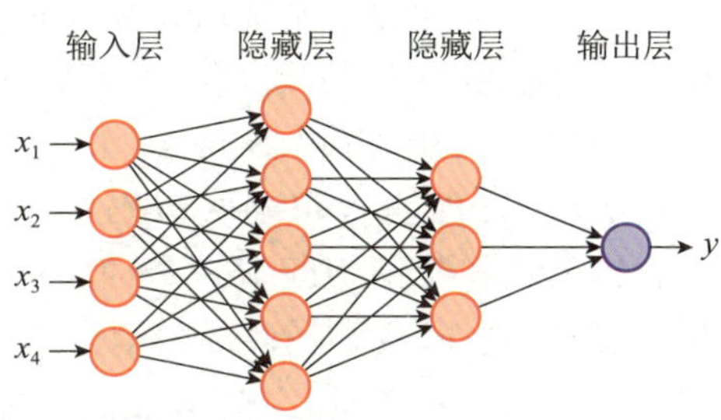

图 3-13　前馈神经网络结构

可以把前馈神经网络想象成一个"信息加工器",专门负责对输入的内容进行"更深层的理解”和“进一步的变形”。它会把每个词的向量（数值表示）单独拿出来，放进它的“内部加工线”（也就是一两个全连接的神经网络层），然后输出一个重新变形后的结果。

每个词的向量输入前馈神经网络后，得到新的输出表示。通过这种结构，Transformer 模型不仅能够捕捉词与词之间的联系（通过自注意力机制），也能够对每个词自身的表示进行深度加工（通过 FFN），这使得模型的表达能力更强，语义理解更精准。

3.3.5 解码器工作流程：模型如何一步步“说出答案”

在 Transformer 模型中，编码器负责“理解输入”，而解码器则负责“生成输出”，比如翻译一句话或回答问题，可以把编码器当作“听懂问题的人”，解码器则是“说出答案的人”。解码器主要完成以下任务。

1. 掩码自注意力

掩码自注意力是解码器的第一个注意力机制，负责关注自己已生成的内容。但为了防止“偷看”未来的词，模型只允许看到当前位置之前的词。

例如，在图 3-14 中左侧角色正在思考，他已经写出或生成了“I am a”，正在尝试预测下一个词。思维气泡中出现了多个候选词（如 man、boy、student），这是因为当前模型只能基于“已知上下文”进行判断，不能看到尚未生成的内容。

这种“遮住后文”的注意力机制叫掩码自注意力，确保模型不会提前看到“答案”。这就像学生写作文，只能根据自己已经写过的内容推测下一步该怎么写，从而训练出真实的生成（写作）能力。

2. 编码器-解码器注意力

在编码器-解码器注意力机制中，解码器会对编码器的所有隐藏表示进行加权计算，以决定当前应该生成哪个词。这样，模型可以根据编码器对原句的理解，有选择性地“关注”输入序列中与当前目标词最相关的部分，从而提升输出的准确性。

例如，解码器在生成每一个目标词（如“a”“student”）时，会对编码器所生成的所有位置的隐藏状态进行注意力加权。也就是说，它并不是“查看”整体句子的理解结果，而是“聚焦”于输入句子中的关键部分（如对应的 source token）来决定当前该输出什么。这有助于模型结合原句内容生成合适的翻译、答案或续写（图 3-14）。

通过这一步，解码器能够“关注”编码器的输出（即输入句子的编码信息），结合输入理解帮助判断下一个词。这是模型实现“翻译”或“问答”的关键机制。

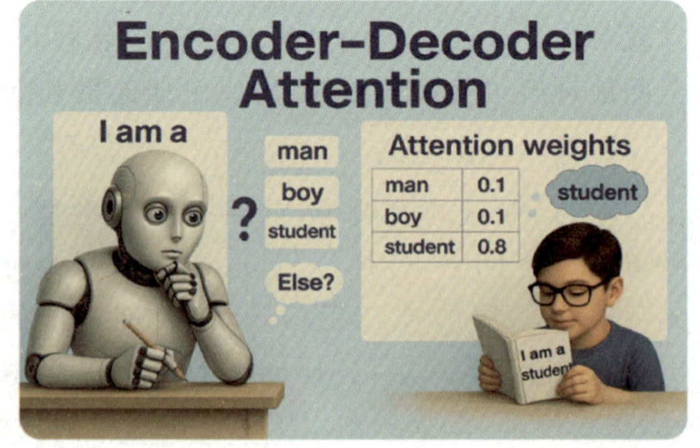

图 3-14 编码器-解码器注意力机制

3. 输出生成（Linear+Softmax）

当注意力层处理完信息后，模型将上一步注意力机制得到的向量表示，投影到词汇表维度上，并用 Softmax 转为每个词的概率，再把结果转换成一个词汇表中所有词的概率分布。概率最大的词，就是解码器当前生成的词。

3.3.6　从“草蛇灰线，伏脉千里”看多头注意力机制

在 1.5 节我们用自注意力机制解读了《红楼梦》“草蛇灰线，伏脉千里”的创作手法，并用于分析“宝玉摔玉”与前几回显式和隐式的人物设定与情节的长程依赖关系。在这一例子中我们领略了将“文学记忆”转化为“数学距离”的能力，但是单一的自注意力机制仍然存在着局限。

一个单一的自注意力层学习到的是一种特定类型的关联模式（比如 1.5 节中的“宝玉摔玉”与之前诸多设定和情节的逻辑联系）。它试图将序列中所有复杂的关系（如语法结构、语义角色、指代关系、远距离依赖等）压缩到一个单一的“关注视角”中，这显然是不完全的——复杂的语言现象往往需要同时从多个不同的角度或子空间来理解。比如，一个动词可能需要同时关注其主语（执行者）、宾语（承受者）以及修饰它的副词（方式）。让单一的自注意力机制去捕捉所有这些不同类型的关系，可能会很困难，就像试图用一个定焦镜头去看清所有的细节一样。多头注意力机制正是为了解决单一自注意力在捕捉多样化关系模式上的局限性而提出的。其核心目标是：

（1）并行学习多种关系类型：允许模型同时关注来自输入序列不同位置上、不同表示子空间的信息。

（2）增强模型的表达能力：通过提供多个“视角”或“专家”，每个“头”可以学习并专注于特定类型的依赖关系或语义特征。

（3）解耦关注模式：不同的“头”可以学习不同的关注模式（例如，有的“头”主要关注局部语法结构，有的“头”关注远距离的语义关联，有的“头”关注特定类型的实体关系等）。

《红楼梦》中的“草蛇灰线，伏脉千里”用诸如“宝玉摔玉”这样的单一、简单关系模式所能表达，以下从更一般的关系模式视角解释多头注意力机制带来的新的视界图（图 3-15）。

图 3-15　“草蛇灰线，伏脉千里”的文学意象与 LLM 中的类比含义

艺术性在于"未说之说",多头注意力则在"未显之语"中建立连接——两者都体现出对隐性结构的洞察与重建。就如"草蛇灰线"在全书中连接无数潜台词,LLM 的注意力机制在生成中不断"连接表层与深层",实现"千里脉络可循"。"草蛇灰线,伏脉千里",正是人类创作中隐伏之美的典范,而多头注意力机制,则是 AI 在千篇语料中追踪"灰线"的能力化身。两者"一文一技",却殊途同归,皆为理解世界的精微之眼(表 3-2 和表 3-3)。

表 3-2 "草蛇灰线,伏脉千里"的文学意象与 LLM 中的类比含义

文学术语/意象	LLM 中的类比含义
草蛇灰线	多头注意力中的"隐性关系捕捉"机制——若隐若现,暗中连接远距离的词或概念
伏脉千里	长程依赖建模(long-range dependency)——隐藏信息被长距离准确捕捉
暗线埋伏,后文照应	多头注意力的不同"头"擅长关注不同时段的上下文信息(过去、未来、侧面)
回头方觉其妙	注意力权重被学习后才显现其高权重的重要性——模型学会"回望"理解

表 3-3 图 3-15 的线索伏笔

伏笔类型	对应结构/象征	在 LLM 中的类比
情意伏笔	相知相惜、诗词唱和	情绪向注意力通道(emotional head)
宿命伏笔	神瑛侍者、绛珠仙草	长程记忆向注意力(long dependency)
性格伏笔	反叛/敏感、诗性/病态	角色特征编码(character embedding)
文学伏笔	《葬花吟》、对联隐语	文本结构隐线(narrative skeleton)

3.3.7 Transformer 案例设计:以《红楼梦》故事中的人物关系为线索

Transformer 模型是当前自然语言处理领域最强大的模型之一。它的核心思想是使用多头注意力机制来理解文本序列中词与词之间的关系。

而要深入理解多头注意力机制,就需要从 $\boldsymbol{Q}$、$\boldsymbol{K}$、$\boldsymbol{V}$ 开始理解。

下面以《红楼梦》人物关系,来引入多头注意力机制的概念,特别聚焦于 $\boldsymbol{Q}$(query)、$\boldsymbol{K}$(key)、$\boldsymbol{V}$(value)含义的拟人化解析,以及每个多头机制在实际情节中的维度说明。

【案例】红楼梦人物关系模型架构设计(基于 Transformer 的多头自注意力)。

1. 模型架构设计(基于 Transformer 的多头自注意力)

构建一个"红楼梦大模型",用于理解人物之间在不同时期和情境中的依赖与关系变化。模型将输入整本书的章节文本,并对主要人物之间的互动构建"关系图谱"。

2. 输入文本:$\boldsymbol{Q}$、$\boldsymbol{K}$、$\boldsymbol{V}$ 在红楼梦人物关系中的类比

章节文本第三十三回(回目:"手足眈眈小动唇舌,不肖种种大承笞挞"),这一章节的对话/描写被编码为 token 序列,输出大模型。LLM 根据故事发展与人物关系,抽象出 Query、Key 和 Value 的内容(表 3-4)。

输出:各人物之间的关注权重(即 Attention Weights),用于判断谁对谁最"在意"或"依赖"。

表 3-4　Transformer 中的 Q、K、V 在红楼梦人物关系中的类比

参数	模型意义	红楼梦类比	说明
Query(Q)	当前关注点，想要了解的信息	宝玉的"心理投射"	宝玉此刻内心对某个人的期望或关注，如想得到谁的支持或理解
Key(K)	各个对象的"特征表达"	他人对宝玉的具体行为表现	贾政、贾母、黛玉、宝钗等人对宝玉行为的实际反馈，决定能否引发关注
Value(V)	实际获得的信息/影响结果	他人的行为造成的情感或心理后果	如贾母的保护带来的安全感，黛玉的沉默引发共鸣等

3.《红楼梦》第三十三回多头机制设计

Transformer 使用多组 Query-Key-Value（即"多头"）同时并行计算，关注多个维度的信息。在《红楼梦》中，每一头可以理解为宝玉对多个"关系通道"的并行关注，见表 3-5 和图 3-16。

表 3-5　多头注意力机制的映射解读

Head 编号	关注维度	说明
Head 1	情绪联结	分析人物间的情绪支持、共鸣程度，如黛玉的沉默安慰，被宝玉视为理解与关心
Head 2	权力结构	分析角色在家族中的权威和其言行带来的压制力，如贾政的惩戒、贾母的庇护
Head 3	家族亲缘	分析血缘关系所带来的天然信任或保护期待，如宝玉对贾母的依附和依赖
Head 4	事件背景影响	关注当前章节特定事件对人物心理的影响，如"挨打事件"导致心理剧烈波动
Head 5	言语行为冲击力	对具体话语与训斥、安慰等语言行为的敏感程度，影响心理波动反应强度

图 3-16　《红楼梦》第三十三回："不肖种种大承笞挞"情节中的多头注意力机制示例

4. 以宝玉（心理）为 Query 的 Key 和 Value 内容

类比解释（表 3-6）：

Query(Q)：宝玉内在的心理需求与情绪驱动，体现为他在不同情境下的关注点。

Key(K)：他人（父亲、祖母、两位女性）在特定场景中的具体行为、态度或语言表现。

Value(V)：这些行为对宝玉内心状态所产生的具体影响，包括情绪舒缓、关系依附、压制反抗或冲突调节等。

表 3-6　以贾宝玉心理为 Query 的注意力机制类比分析(红楼梦人物关系)

人物	Query(宝玉内在情绪诉求)	Key(对方言行表现)	Value(实际产生的心理与社会影响)
贾政	渴望理解但又恐惧父权压制	棍棒训斥、严厉态度	精神压抑与身体惩罚,引发逆反心理与人格裂变
贾母	寻求庇护、渴望情感依靠	出面训斥贾政、护短维护	建立情感安全锚点,强化宝玉对家庭庇护系统的信任
林黛玉	渴望共鸣、安慰,情绪与灵魂相通	默默关心、泪眼相对	提供精神慰藉、形成情绪共振与心灵支撑
薛宝钗	渴望理解但保持理性平衡	柔和劝解、稳定表达	平衡情绪波动,缓和矛盾冲突,形成理智稳定的社会支持机制

5. 多头注意力分数:宝玉视角

Attention Score$=\boldsymbol{Q}\cdot\boldsymbol{K}/\sqrt{d_k}$,用于计算宝玉对他人行为反应的关注强度,见表 3-7。

表 3-7　宝玉心理视角下的多头注意力分数

人物	注意力分数	多头关注维度贡献(简要)
贾政	0.9	Head 2(权力结构),Head 4(事件背景)主导,表现为恐惧与压制感
贾母	0.8	Head 3(亲缘依赖)+Head 2(权威保护),带来情感支撑
林黛玉	0.5	Head 1(情绪共鸣),Head 5(话语慰藉),体现心理共情力
薛宝钗	0.4	Head 6(理性建议),但因理性与疏离,权重偏低。

6. 注意力权重计算

Softmax 是一种归一化函数,用来把注意力多个分数变成一个概率分布,使得每个分数变为 0 到 1 之间的值,所有注意力权重之和等于 1。注意力权重值越大表示“越被注意”,值越小则“被忽略”。

将注意力分数计算为注意力权重值,公式如下:

$$\text{Attention Weights}=\text{Softmax}(\text{Attention Score})$$

最终输出的注意力权重,即宝玉内心在当前场景中,对谁最在意/依赖的心理分布,计算结果如图 3-17 所示。

图 3-17　《红楼梦》第三十三回“宝玉挨打”故事情节中的注意力分数与权重计算(宝玉视角)

3.4　语言的预测游戏：从“猜词”到语言建模

你是否曾在手机上输入文字时，发现输入法会自动补全你的句子？这背后的原理，正是语言模型的一种简单应用。但如果我们希望让 AI 不仅能补全句子，还能写文章、回答问题，甚至进行富有逻辑的对话呢？今天，我们的手机输入法、自动翻译软件，甚至 LLM 都在做同样的事情：它们通过“数学逻辑”预测并生成文本。

这一切的答案，都藏在生成式语言模型(generative language models)的魔法之中。

事实上，这种猜词能力背后有一套数学逻辑：某些单词在特定上下文中更有可能出现，而另一些单词几乎不可能出现。这种“预测下一个单词的能力”，正是大语言模型的核心思想。

3.4.1　大语言模型的核心目标：预测文本

LLM 生成文本的核心原理是基于已有文本，预测下一个最合理的词。但这个过程并不是死板的，而是结合了海量数据和一定的随机性，使得生成的文本既连贯又富有创造力。

它学习了大量人类文本数据，掌握了语言的使用规律。它并不是直接复制现有的内容，而是基于数学模型预测合理的下一个词。它使用“温度”参数来调节随机性，确保文本既合理又有创意。

比如，我们给 LLM 输入这样一个语句开头：

“The best thing about AI is its ability to...”(“AI 最棒的地方在于它的……能力。”)

LLM 不会从互联网或数据库上查找现成的句子，而是基于大模型的训练数据，计算出接下来哪个词最可能出现，见表 3-8。

表 3-8　单词出现的概率

No.	Verb(动词)	单词出现的概率
1	learn(学习)	31.1%
2	predict(预测)	18.9%
3	make(创造)	15.5%
4	understand(理解)	13.9%

然后，LLM 选择其中一个词，加入句子，并继续这个过程，逐步生成完整的段落和文章。

整个过程是逐步推进的，每次添加一个单词或词片段(token)，直到形成完整的内容。

实际上，LLM 并不是真的“理解”文本，而是基于概率预测来生成看起来合理的句子。但令人惊讶的是，这种简单的预测机制，结合深度学习原理，竟然能产生如此流畅、自然，甚至有创造力的文本。

3.4.2　自回归语言：预测下一个词的概率模型

LLM 的核心是一个自回归语言模型(autoregressive model)，它基于条件概率计算下一个词的概率。简单来说,给定一个句子的片段 $w_1, w_2, \cdots, w_{t-1}$,用条件概率公式来表示模型的预测目标:

$$P(w_t \mid w_1, w_2, \cdots, w_{t-1})$$

公式表示的含义是:在给定前面所有词 $w_1, w_2, \cdots, w_{t-1}$ 的情况下,预测当前词 w_t 出现的概率。

这个公式是自回归语言模型的核心,它表达了"下一个词依赖于前面所有词的条件概率"。这正是生成式语言模型"逐词预测"的数学基础。

但是,这个概率是怎么计算出来的呢?实际上,模型会先对每一个候选词(比如词表中的所有词)生成一个打分 s_i,这个打分可以理解为"这个词作为下一个词的可能性有多大"。这个打分通常来自神经网络最后一层的输出,称为 logits。

为了把这些打分转换为真正的概率分布(数值范围在 0 到 1 之间,且总和为 1),需要用到 Softmax 函数,计算公式如下:

$$P(w_t) = \frac{\exp(s_i)}{\sum_j \exp(s_j)}$$

式中,s_i 为模型对词 w_i 的打分(logit 值),表示该词作为下一个词的可能性;$\exp(s_j)$ 为将打分国转化为非负数;分母部分为对所有可能词的指数值求和,确保最终概率总和为 1。

图 3-18 展示了自回归语言模型的工作机制,即语言模型是如何"一个词一个词地"预测下一个词的。图中展示了输入句子已有的部分"the cat sat on",这些词被模型视为"上下文",用于预测下一个词。模型接收到上下文后,会通过前向传播生成对下一个词的预测分数(logits)。这些 logits 被送入 softmax 层,转化为一个概率分布,表示"每个词作为下一个词的可能性"。

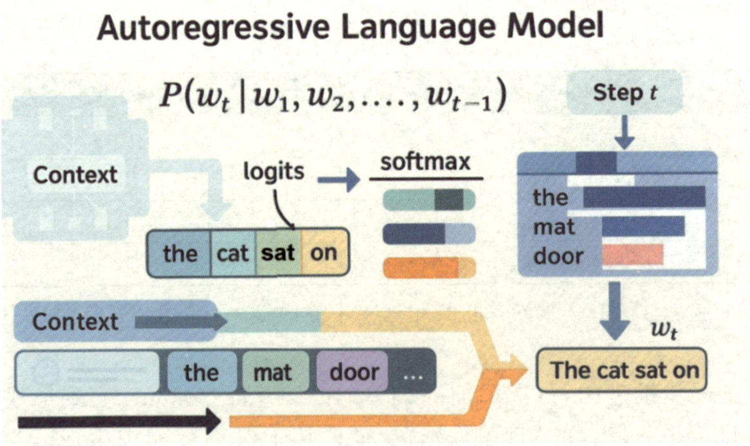

图 3-18 自回归语言模型的工作流程概念图解

在 Step t 步骤,表示现在生成第 t 个词,模型根据上下文和 softmax 结果选出概率最高的词,假设这里选择 mat,这时 w_t 的值为"mat",最后输出完整的句子"The cat sat on the mat."。

以上图示说明,自回归语言模型是一种逐词生成机制,模型在每一步只依赖已生成的词来预测下一个词。在实际工作中，它会将上下文词汇编码为向量，通过 softmax 得出概率分布，最终选出最可能的词作为输出。这种机制是 GPT 类模型（如 ChatGPT）生成文本的基本原理。

3.4.3　LLM 如何选择词？——适度的随机性

如果 LLM 总是选择概率最高的词，它的回答会显得呆板、缺乏创造力，甚至会不断重复；但如果完全随机选择，生成的文本又会缺乏连贯性，容易跑题。

为了解决这个问题，LLM 采用了一种“温度”调节机制，让生成的文本既合理又富有变化。

1. 最高概率选词的局限性（zero temperature sampling）

当 LLM 生成文本时，它会根据给定的上下文预测下一个最可能的单词。如果始终选择概率最高的单词，就会导致文本单调、机械，甚至陷入重复循环。示例见表 3-9。

表 3-9　最高概率选词的局限性示例

英文文本	中文含义
“The best thing about AI is its ability to”	“AI 最棒的地方在于它的[……]能力”
learn	学习
learn from	学习来自……
learn from experience	从经验中学习
learn from experience. It	从经验中学习。它……
learn from experience. It's	从经验中学习。它是…
learn from experience. It's not	从经验中学习。它不是……

最终的文本会变得乏味，缺乏变化，甚至进入死循环。

2. 引入“温度”参数，增加随机性（temperature sampling）

如果我们引入温度参数（temperature），允许一定概率选择排名较低的单词，而不是总是选最高概率的单词，就可以得到更有创造力的输出。

温度低（接近 0）→选择最高概率的词，文本较为严谨，但可能显得死板。

温度高（如 0.8）→可能会选择概率较低的词，增加创意，使文本更自然。

这也是为什么每次输入相同的提示，LLM 可能会生成不同的回答。

比如，当温度设为 0.8 时，示例见表 3-10。

表 3-10　引入“温度”参数示例 1

英文文本	中文含义
“The best thing about AI is its ability to”	“AI 最棒的地方在于它的[……]能力”
create	创造
create worlds	创造世界
create worlds that	创造那些世界
create worlds that are	创造那些是……的世界
create worlds that are both	创造那些既是……又是……的世界
create worlds that are both exciting	创造那些令人兴奋的世界

每次生成的文本可能会有所不同，形成更丰富的表达，见表 3-11。

表 3-11　引入“温度”参数示例 2

英文文本	中文含义
The best thing about AI is its ability to learn. I've always liked...	AI 最棒的地方在于它的学习能力。我一直很喜欢……
The best thing about AI is its ability to really come into your world and just...	AI 最棒的地方在于它能够真正融入你的世界，并且……
The best thing about AI is its ability to examine human behavior and the way it...	AI 最棒的地方在于它能够分析人类行为以及它如何……
The best thing about AI is its ability to do a great job of teaching us...	AI 最棒的地方在于它在教学方面表现出色……
The best thing about AI is its ability to create real tasks, but you can...	AI 最棒的地方在于它能够创造真正的任务，但你可以……

这个表格展示了 AI 生成文本时的多样化延续方式，每次生成的句子都可能有所不同，取决于上下文和随机性。

3. 语言建模中的 Zipf 定律(Zipf's law in language modeling)

在语言中，大多数单词的出现概率遵循 Zipf 定律，即少数单词(如“the”“is”)出现频率极高，而大多数单词出现频率较低。通过适当调整温度参数，我们可以让模型生成既合理又有创造力的文本(图 3-19)。

想象你在写一篇文章，每个词都要根据之前的词来决定。如果你总是选择最可能的下一个词，文章就会变得乏味和重复，比如不停地说“AI is good, AI is good, AI is good...”。但如果偶尔选择一些概率稍低的词，就可以写出更加自然和有创意的内容，比如“AI is good at learning new things, adapting, and solving problems”。

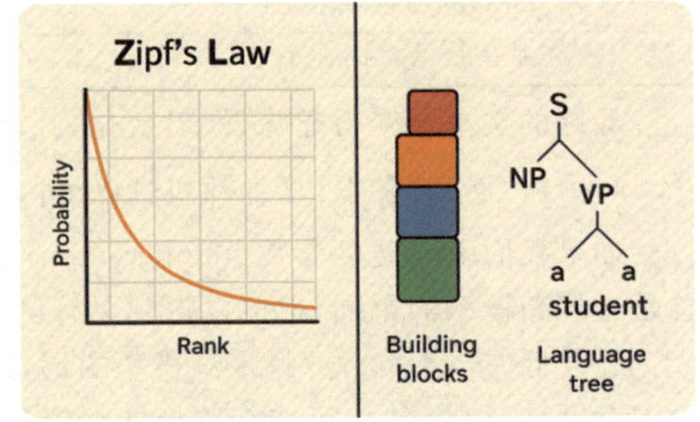

图 3-19　Zipf 定律示意

这就是 LLM 生成文本时的策略。它不会死板地选择最高概率的词，而是会引入随机性，确保输出既合理又有变化，从而提升文本的多样性和流畅度。

3.4.4　为什么大模型会“一本正经地胡说八道”？——关于 AI 幻觉

在与 ChatGPT、DeepSeek 等智能助手互动时，你是否遇到过这种情况：AI 自信满满地给出一个“听起来很对”的答案，但查证事实后发现它完全是“瞎编”的？这就是所谓的 AI 幻觉(AI hallucination)，一种 AI 编造出似是而非内容的现象。

一个经常被引用的例子发生在 2023 年 2 月，当时谷歌的 Bard 聊天机器人(现名为 Gemini)被问及美国宇航局詹姆斯·韦伯太空望远镜的发现，它错误地声称该望远镜首次拍摄到了太阳系外一颗系外行星的照片。但类似的例子还有很多。

在 AI 领域中，幻觉（英语：hallucination，或称人工幻觉）是由 AI 生成的一种回应，它含有貌似事实的虚假或误导性资讯。在自然语言处理中，幻觉通常被定义为“生成的内容相对于被提供的源内容而言是无意义或不可信的”。文本和表达之间的编码和解码错误会导致幻觉，产生不同反应的 AI 训练也可能导致幻觉（图 3-20）。

图 3-20 AI 幻觉

那么，为什么这些聪明的“大脑”会突然“做梦”，甚至“撒谎”？如何理解以上讨论的内容，就会明白 LLM 本质上是靠统计预测语言模式运作的，它无法真正理解问题。

1. AI 不是“理解”语言，而是“预测”语言

这一切都归结于模型是如何训练的。支撑生成式人工智能工具的大语言模型基于海量数据进行训练，这些数据包括文章、书籍、代码和社交媒体帖子。它们非常擅长生成与训练过程中所见内容相似的文本。

大语言模型“看起来聪明”，但本质上是靠统计预测语言模式运作的，它无法真正理解问题、辨别真假、查阅资料。这就像一个“故事大王”，你给它一个开头，它能续写得头头是道——但你不能保证它讲的是历史，而不是传说。

大语言模型本质上并不理解语言，它们只是训练得非常好的“预测器”。我们在本节内容已经介绍，大语言模型的核心目标就是预测文本。所以说，LLM 是“预测大师”，而不是“理解大师”。

例如，你问“某某科学家有哪些论文?”，大模型可能会“自创”出几篇听起来很像真的论文标题，甚至连杂志名都一应俱全——但这些论文根本不存在！

所以，当问 LLM 一个比较偏门的问题，或者涉及最新时事时，它可能会根据过去“听过”的相似场景，一本正经地“编”一个答案。

2. 数据局限性：AI 知道的“世界”可能不完整

AI 依赖于训练数据，而这些数据可能存在以下问题：

(1) 缺失信息：如果 AI 没有学过某个冷门领域的知识，它可能会“猜”一个答案出来，而不是说“我不知道”。

(2) 过时数据：AI 的训练数据有时间限制，可能无法提供最新的信息。例如，一个 2023 年训练的 AI，可能无法回答 2025 年的新闻。

(3) 错误或偏见数据：如果 AI 的训练数据中包含错误信息，它可能会把错误当成事实传播。

3. AI 不会"查证"，只会"模仿"

人类在回答问题时，可以去查阅资料、核对事实，而 AI 生成答案时，并不会像搜索引擎那样去实时查询权威来源。它只是模仿人类的语言模式，就像一个"学舌的鹦鹉"，把它曾经学到的内容"拼凑"起来，看似合情合理，但可能完全是凭空捏造的。这就导致它在回答问题时，更像是在"演讲"而不是"回答"。

4. 如何减少 AI 幻觉的影响

虽然 AI 幻觉不可避免，但我们可以通过以下方式降低影响：

(1) 核实信息：对于重要内容，不要完全相信 AI 生成的答案，可以对比多个权威来源。

(2) 开启联网搜索：联网搜索可以让 AI 搜索互联网上的内容，增强回答的可靠性。

(3) 优化提问方式：给 AI 更具体的问题，或者要求它提供参考来源，能减少错误答案。

(4) 使用 AI 辅助决策，而非完全依赖：AI 是强大的工具，但仍然需要人类监督和判断。

3.5 多模态大模型：当文字遇见图像、视频与声音

3.5.1 什么是多模态

在 AI 这个充满活力的领域，多模态大语言模型(multimodal LLM，MLLM)的出现正在彻底改变我们与技术的互动方式。这些尖端模型超越了传统的基于文本的界面，预示着一个新时代的到来。在这个新时代，AI 可以理解和生成各种格式的内容，包括文本、图像、音频和视频。

多模态不再局限于单一类型的数据处理，它融合图像、文本、音频等多种信息源。其基础知识涵盖机器学习、深度学习及其在多模态领域的应用。机器学习部分包含分类、回归、聚类、降维 4 类算法；深度学习则涉及 CNN、RNN、Transformer 等多种网络结构；而多模态应用领域则包括计算机视觉、自然语言处理、语音识别等方向。

多模态学习(multimodal learning)是一种通过整合多种数据模态(如文本、图像、音频、视频等)来提升模型对复杂信息的理解能力的技术。其核心目标是利用不同模态的互补性与冗余性，突破单一模态的信息局限，模拟人类多感官协同认知的能力。

3.5.2 多模态大模型的结构

图 3-21 形象地展示了多模态大模型是如何"听说读写、图音视全通吃"的！下面介绍多模态处理流程。

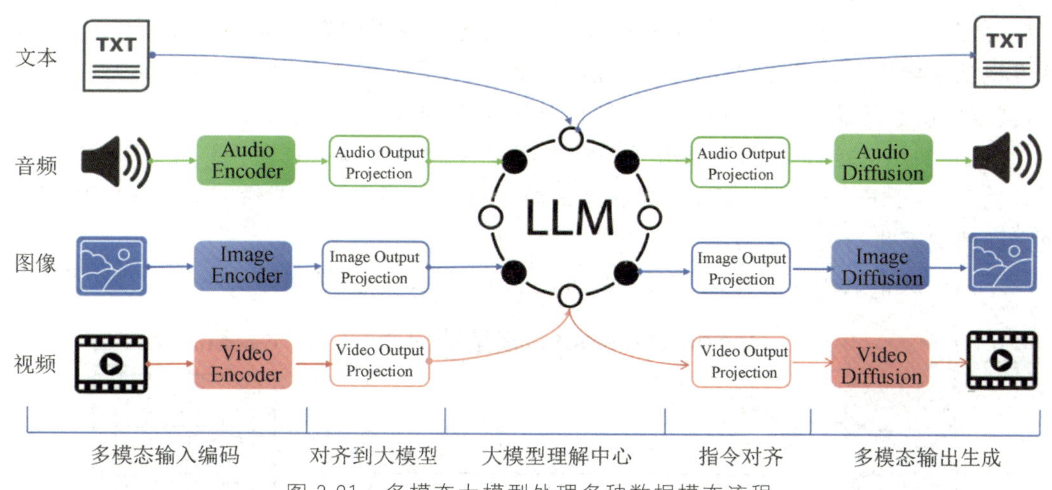

图 3-21　多模态大模型处理多种数据模态流程

1. 第一阶段：多模态输入编码（multimodal input encoding）

图像、音频、视频通过各自专属的编码器，提取出底层的语义特征。

这一步就像是不同语种的翻译器，把图片、声音、视频"翻译"为 LLM 能懂的"通用语言"。

2. 第二阶段：对齐到大模型（LLM-centric alignment）

接下来这些特征通过输入投影（input projection）模块（注意旁边的小图标，说明这些模块是可以训练的），将各模态特征映射到统一的嵌入空间，方便与 LLM 对接。简单来说就是：让图像、声音和视频的"语言"完全适配 LLM 的语义理解系统。

3. 第三阶段：大模型理解中心（LLM-based semantic understanding）

LLM 是多模态模型的"大脑"，所有信息进入 LLM 后，它进行统一理解、推理、知识调用等操作，就像一个知识丰富的中枢处理器。这个模块通常是冻结的，即不会在多模态训练阶段被重新训练，保持稳定。

4. 第四阶段：指令对齐（instruction-following alignment）

在多模态生成任务中，仅仅理解还不够——还要"听懂用户的指令"。这个阶段的目标是让模型理解"你想让它做什么"，比如"请根据这张图写一段诗"，或"根据视频生成解说词"等。

5. 第五阶段：多模态输出生成（multimodal output generation）

从图像输出到文本再到视频，都有自己的"生成通道"：

Image Output Projection→Image Diffusion→生成图像

Audio Output Projection→Audio Diffusion→生成音频

Video Output Projection→Video Diffusion→生成视频

这些过程就像是 AI 拿到了一个草图，然后一步步"画"出图像、声音或视频等具体内容。

3.5.3　图像分类的模型：Vision Transformer（ViT）

ViT 是 2020 年 Google 团队提出的将 Transformer 应用在图像分类的模型，因为其模型“简单”且效果好，可扩展性强（scalable，模型越大效果越好），成为 Transformer 在计算机视觉领域应用的里程碑模型。目前，ViT 已应用于多个领域，如图像分类、对象检测，甚至应用于传统图像处理以外的领域，如医学图像分析。

图 3-22 直观展示了 ViT 结构。ViT 将图像变成像文本一样的“序列”，用原本处理语言的 Transformer 来理解图像，然后用全局注意力机制来理解图像结构，通过理解图像块之间的关系进行分类任务。

下面用通俗的语言解释图中每一部分的功能，解释 ViT 是如何把图片“看懂”的。

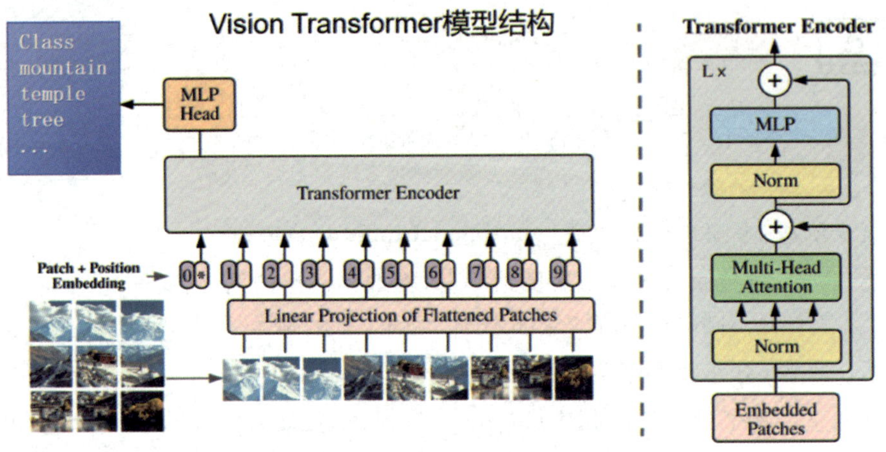

图 3-22 ViT 模型结构

1. 图像划分为 patch

图像首先被划分成若干个固定大小的 patch（图像块），比如 16 像素×16 像素一个 patch。在类比语言模型中，每个 patch 就像一个词（token）。

2. patch ▸向量：线性投影

每个 patch 被展平，并通过一个线性变换转成数字表示的向量，然后通过一个线性映射转换成固定维度的嵌入。类似于 NLP 中将词转换成词向量。

3. 加入位置编码＋类别标记

因为 Transformer 本身不懂图片中哪些块在左、右、上、下，因此要给每个 patch 加上位置信息，告诉模型每个 patch 的空间顺序。

同时在所有 patch 之前插入一个特殊的“[class] token”，用来输出整张图的类别。

4. Transformer 编码器

所有这些 patch＋位置编码＋class token 构成一个“序列”，输入 Transformer 编码器中。Transformer 就是一个强大的“注意力网络”，它能让每个小块都注意到其他小块的信息，从而理解整张图的全局结构。

图 3-22 中右侧显示的是 Transformer 编码器内部结构，包括：

（1）多头自注意力，用于捕捉不同 patch 间的全局关系。

（2）前馈神经网络（MLP），对每个 patch 进行进一步非线性转换。

(3) 残差连接＋LayerNorm，加速训练与稳定输出。

5. 分类

编码后的“[class] token”会进入一个 MLP Head（全连接层），输出一个分类结果，比如对图片中的场景识别等。

3.5.4　多模态大模型应用示例

1. 图片识别

多模态大模型图片识别示例如图 3-23 所示。

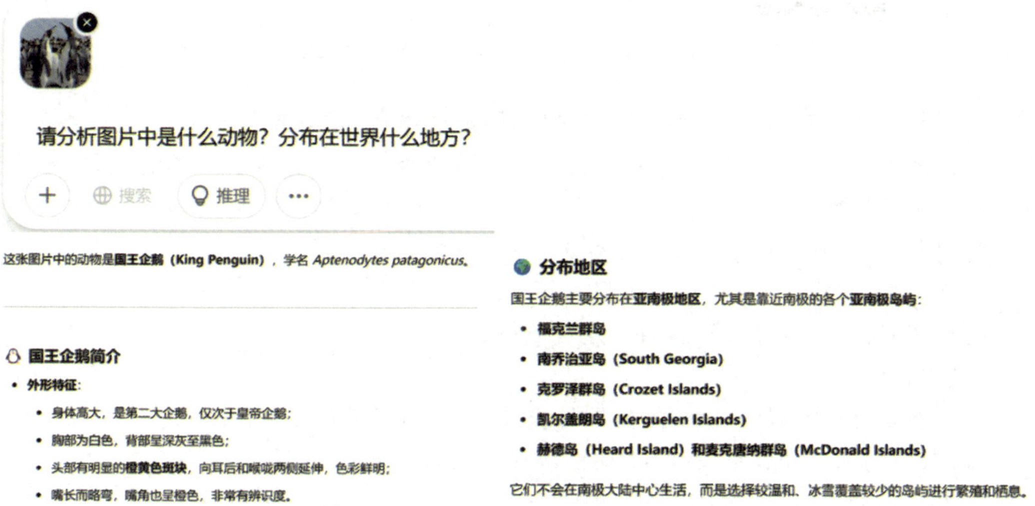

请分析图片中是什么动物？分布在世界什么地方？

＋　搜索　推理　…

这张图片中的动物是**国王企鹅（King Penguin）**，学名 *Aptenodytes patagonicus*。

国王企鹅简介

- **外形特征**：
  - 身体高大，是第二大企鹅，仅次于皇帝企鹅；
  - 胸部为白色，背部呈深灰至黑色；
  - 头部有明显的**橙黄色斑块**，向耳后和喉咙两侧延伸，色彩鲜明；
  - 嘴长而略弯，嘴角也呈橙色，非常有辨识度。

分布地区

国王企鹅主要分布在**亚南极地区**，尤其是靠近南极的各个**亚南极岛屿**：

- **福克兰群岛**
- **南乔治亚岛（South Georgia）**
- **克罗泽群岛（Crozet Islands）**
- **凯尔盖朗岛（Kerguelen Islands）**
- **赫德岛（Heard Island）和麦克唐纳群岛（McDonald Islands）**

它们不会在南极大陆中心生活，而是选择较温和、冰雪覆盖较少的岛屿进行繁殖和栖息。

图 3-23　多模态大模型图片识别示例

2. 手写文本识别

【提示词】请识别上传的手写图片内容是什么？（图 3-24）

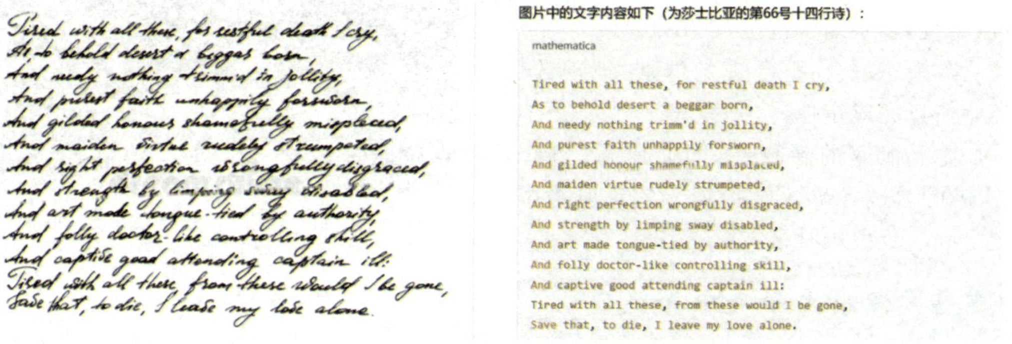

图片中的文字内容如下（为莎士比亚的第66号十四行诗）：

```mathematica
Tired with all these, for restful death I cry,
As to behold desert a beggar born,
And needy nothing trimm'd in jollity,
And purest faith unhappily forsworn,
And gilded honour shamefully misplaced,
And maiden virtue rudely strumpeted,
And right perfection wrongfully disgraced,
And strength by limping sway disabled,
And art made tongue-tied by authority,
And folly doctor-like controlling skill,
And captive good attending captain ill:
Tired with all these, from these would I be gone,
Save that, to die, I leave my love alone.
```

图 3-24　多模态大模型手写文本识别示例

3. 视频场景识别

【提示词】请识别上传视频的内容，视频拍摄于哪个国家的什么地方，以及这个场景

背后的故事(附没有任何文字或解说的视频文件)?(图 3-25)

我已经收到了你上传的视频文件。接下来我会分析视频内容，识别其中的画面信息，包括可能的地点、国家以及相关背景故事。如果有音频内容，我也会一并处理。

请稍等片刻，我正在处理视频内容……

从提取的视频关键帧来看，这段视频拍摄的是世界著名的历史遗址 **马丘比丘（Machu Picchu）**，位于**秘鲁（Peru）安第斯山脉。**

图 3-25　多模态大模型视频场景识别示例

4. 图片地理位置定位:揭示多模态模型对“模糊线索”的强推理能力

美国威斯康星大学麦迪逊分校和南加州大学的研究团队完成了一项测试,揭示了自主多模态大语言推理模型严重的隐私泄露风险——图片地理位置定位[1]。

【案例】俄亥俄州的“垃圾桶 LOGO+建筑风格组合密钥”。

预测位置:完全一致,误差 0 英里。

关键线索:门牌号,垃圾桶标识,建筑风格。

【技术逻辑】

视觉解析:OCR 识别门牌号,提取垃圾桶上的 SWACO 六箭头标识。

地理围栏:通过回收桶 LOGO 锁定哥伦布-富兰克林县区域。

外部工具调用:街景 API、房产数据库。

【案例意义】

此案例完美诠释多模态模型的“链式推理”能力,从微观到宏观:通过垃圾桶 LOGO(城市级)→ 建筑风格(社区级)→ 门牌号(住宅级)逐层缩小范围(图 3-26)。

图 3-26　地理位置定位测试图片

跨模态融合:整合视觉识别、地理数据、商业信息完成定位。

隐私泄露的隐蔽性:即使遮盖门牌号,AI 仍可通过 SWACO 标识+建筑风格组合锁定到 3 英里内社区。

3.5.5　多模态学习中的挑战

多模态学习是指融合多种类型的数据(如文本、图像、音频等)来进行统一建模和分

①论文标题:Doxing via the Lens:Revealing Location-related Privacy Leakage on Multi-modal Large Reasoning Models,论文链接:https://arxiv.org/abs/2504.19373。

析。虽然它为 AI 带来了更丰富的理解能力，但其在实际应用中也面临诸多挑战。

1. 异构数据融合困难

不同模态的数据具有不同的格式、维度和结构。例如，图像是像素矩阵，文本是字符序列，音频是连续波形。如何将这些信息有效整合，使它们在模型中“对齐”并发挥作用，是一项技术难点。

2. 高质量多模态数据稀缺

与图像或文本等单模态数据相比，多模态数据集更难收集和标注。例如，同时包含图像、文字描述和语音解说的数据集数量很有限，构建这样的数据资源需要大量的人力和时间成本。

3. 模型结构更复杂

多模态模型通常包含多个子网络，需要同时处理不同类型的信息。这不仅提升了设计与训练的难度，也对计算资源提出了更高的要求。

4. 模态间关联学习困难

让模型理解图像与文字之间的关联，或在音频中识别与语义相符的情感，是多模态学习的核心任务。但不同模态的信息表达方式差异较大，建立它们之间的关联并非易事。

5. 语义层次差异大

图像可能只表达了“视觉特征”，而文本往往涉及更抽象的概念。如何弥合这种“语义鸿沟”，让模型既理解图片的内容，又理解文本的深层含义，是当前研究中的难点。

6. 数据质量与噪声问题

多模态系统对数据质量非常敏感。如果某一模态存在错误（如图像模糊、语音嘈杂或文本描述不准确），就可能对整体模型性能造成影响，因此数据预处理和筛选至关重要。

7. 道德风险与偏见传递

多模态模型同样面临道德和偏见问题。例如，如果训练数据中的图像或文字含有性别、种族偏见，这些偏见可能被模型继承并放大。因此，多模态 AI 的发展也必须兼顾伦理考量与公平性设计。

3.5.6　多模态大模型与生成式大模型

很多人会把多模态大模型和生成式大模型混用，其实它们关注的核心任务和输入输出形式是不同的，表 3-12 解释了两者的主要区别。

表 3-12　多模态大模型与生成式大模型的区别

对比维度	多模态大模型	生成式大模型
关注重点	理解和融合不同模态的信息	生成内容的能力（如对话、写诗、画图）
输入类型	可以是文本、图像、音频、视频等多模态输入	通常是文本输入（如 prompt）
输出类型	输出可以是文本、图像或其他模态，但强调整合多模态信息	可生成文本、图像、音频、视频等
技术核心	融合策略（如 CLIP、BLIP、Flamingo、GPT-4V）	语言模型（如 GPT）为主，关注生成策略
典型任务	图文匹配、图像描述、视觉问答、多模态推理	对话生成、图像生成、代码生成等

用一句话总结就是："生成式大模型专注于'创造内容'，而多模态大模型专注于'理解并融合不同类型的信息'。两者在现代 AI 中往往结合在一起，形成更强大的能力。"

3.6 大语言模型训练"三部曲"

大语言模型的训练过程可以概括为"三部曲"：预训练、监督微调和基于人类反馈的强化学习(RLHF)，如图 3-27 所示。

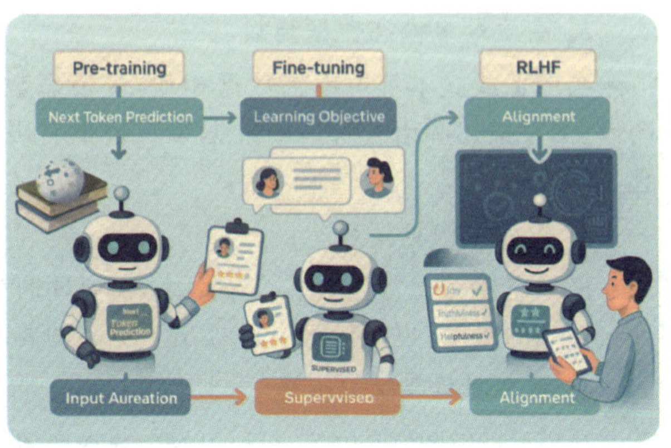

图 3-27 大语言模型训练"三部曲"

模型首先通过海量文本学习语言规律，打下知识基础；接着在人工标注数据的指导下学会更符合人类预期的回答；最后通过人类评分不断优化输出质量，提升实用性与安全性。这 3 步逐层递进，让模型从"会说话"逐步成长为"说得好、说得对、说得懂人心"的智慧体，是当前大模型训练的标准路径。

3.6.1 预训练：让模型懂"这个世界"

预训练(pre-training)是指利用海量数据对模型进行一般任务的训练，使其能够捕捉各个领域的基本特征和模式。预训练是一种无监督学习方法，帮助大模型掌握语言规则并构建世界认知框架，其目标是构建模型的通用知识基础。

在这个阶段，我们把海量的、没有标注的文本(比如各种文献、网页等)"喂"给模型，训练它从中预测缺失的词或下一个词。这个过程不需要人工标注，而是靠模型自己从语言中"找规律"。这就好比是给一个婴儿提供大量的语言环境，让他在不断听和模仿中逐渐学会说话。

通过预训练，模型学到以下知识。

1. 语言规律(grammar & syntax)

学会语法、时态、结构等规则。

2. 常识推理(world knowledge)

知道"太阳从东边升起""水在 0 ℃会结冰"这类基础知识。

3. 语境理解(context awareness)

明白"我今天很开心，因为……"后面应该接正面事件，而不是负面事件。

举个例子：当模型看到这句话："Over there，I see…"，它会尝试预测下一个最可能出现的词："an apple""a person""a dog"。

填空式预测训练就是模型"看懂语言结构"和"预测常识性语言"的过程。这些"填空”是预训练阶段的核心任务，也被称为语言建模(language modeling)。

为了实现这一目标，模型会通过损失函数不断调整自身参数，使其输出预期词汇而非当前错误预测。经过预训练得到的模型被称为“基础模型”(base model)。预训练后的模型虽然“懂语言”，但它还不“懂人类想要什么”，所以还需要后续的监督微调和强化学习。

3.6.2　监督微调：让模型“更人性化”地回答问题

大模型训练的第二阶段称为监督微调(supervised fine-tuning，SFT)。监督微调采用有监督学习方法，通过标注数据训练模型产生符合预期的输出行为。

经过预训练的基础模型通常存在诸多不足，SFT 的核心目标就是优化模型输出质量(使其更符合人类预期)。SFT 主要实现了以下两大提升。

1. 提升有用性

例如，一个预训练模型可能正确回答了问题，但缺乏同理心。我们可以使用 SFT 来使其输出更具同理心。不只是回答“对”或“错”，而是要回答得具备同理心、条理清晰、语言自然。

2. 提升合规性

基础模型可能生成有害内容，而 SFT 能有效过滤不当输出，使其拒绝回答某些敏感问题。

例如，问大模型：“如何制作炸药?”基础模型可能会提供不当信息。

SFT 后模型回答：“很抱歉，我无法协助处理这类请求。”

监督微调就是让模型“在人类指导下学会更合适的回答方式”。我们使用一批人类标注的高质量问答数据来进一步训练模型，让它学会在特定情境下给出更合规、更有用的回应。

监督微调的最终目标是让大语言模型具备更自然的对话能力，使其成为既实用又安全的对话型 AI 助手。经过这一阶段优化后的模型，我们称之为“指令模型”(instruct model)。

3.6.3　基于人类反馈的强化学习——听取建议，持续变好

基于人类反馈的强化学习(RLHF)是大语言模型训练的第三阶段，目标是让模型更“有帮助”，更贴近人类偏好。

前面的“预训练”学的是语言模式，“监督微调”教它哪些答案是对的，而 RLHF 则进一步教它：哪些回答更有价值、更自然、更符合人类审美和需求。

RLHF 是一种机器学习(ML)技术，它利用人类反馈来优化 ML 模型，从而更有效地进行自我学习。强化学习技术可训练软件做出可最大限度地提高回报的决策，使其结果更加准确。RLHF 将人类反馈纳入奖励功能，因此 ML 模型可以执行更符合人类目标、愿望和需求的任务。RLHF 广泛应用于生成式 AI 应用程序，包括大语言模型。

RLHF 的本质就是：AI 不断写作→人类不断打分/反馈→AI 根据反馈优化写作方

式。在 RLHF 中,人类的"评分"起到了"奖励信号"的作用,帮助模型明白哪些输出是好的、哪些是不理想的,最后得到的是"奖励模型"(reward model)。

RLHF 是公认的确保 LLM 制作真实、无害且有用的内容的行业标准技术。但是,人类沟通是一个主观的创造性过程,而 LLM 输出的有用性则深受人类价值观和偏好的影响。每个模型的训练方式都略有不同,所用的人类响应者也不尽相同,因此即使是竞争力相当的 LLM,输出也会有所差异。每个模型涉及人类价值观的程度完全取决于创建者。

3.7 世界模型:让 AI 理解真实的世界

科学界长期以来一直渴望开发一个统一的模型,以复制其对世界的基本动态,从而实现通用人工智能(AGI)。由于多模态大语言模型(如 GPT-4)和视频生成模型(如 Sora)的发展,世界模型的概念受到了广泛关注,这些模型是实现 AGI 的核心。

实现 AGI 的关键之一,是让 AI 能够"理解"真实世界。长期以来,科学家一直希望构建一种统一模型,用于模拟世界的基本动态。随着多模态大语言模型(如 GPT-4)和先进的视频生成模型(如 OpenAI 的 Sora)不断发展,"世界模型"的概念也逐渐成为 AGI 领域的重要研究方向。

简单来说,世界模型就是一个 AI 用来理解当前世界状态,或预测未来世界变化的内部模型。它不仅感知世界,还能模拟它的演变过程。

3.7.1 世界模型的概念与特征

世界模型(world model)这一术语由研究者 David Ha 在 2018 年的论文"World Models"中首次系统性地引入人工智能领域。他提出:与其让智能体直接在环境中试错学习,不如让它先构建一个对世界的内部模型,通过"在脑海中模拟"来训练自己。这一思路受到了人类思维机制的深刻启发。

实际上,这种"先构建模型再做决策"的想法并不是全新的,它的思想源头可以追溯到 1971 年心理学家 Johnson-Laird 提出的"心理模型"(mental model)理论。心理模型理论指出,人类并非机械地感知世界,而是主动地对世界进行简化建模,构建出抽象化的内在表征。这种模型帮助我们做出判断、预测未来,并理解复杂现象(图 3-28)。

图 3-28 世界模型的概念与特征

世界模型的主要有以下几大特征。

1. 抽象表征能力

世界模型强调"不要复刻世界,而是要抽象理解它"。这就需要 AI 能够将原始感知数据(如图像、视频、语音)压缩成更低维、更本质的表示,类似人类将一个"狗"抽象成"有四条腿、有毛发、有叫声”的概念。

2. 预测未来状态

一个成熟的世界模型必须具备时间一致性，也就是说，它不仅能理解当前世界状态，还能预测接下来可能发生的变化。这种能力对于规划、控制和学习策略至关重要。

3. 因果推理与反事实推理

好的世界模型不仅能做“会发生什么”的预测，更要能推理“为什么发生”以及“如果没发生会怎样”。这类推理能力是人类智能的核心，也被视为 AGI 的关键指标。

4. 模拟现实，降低代价

借助世界模型，AI 可以在自己的“想象”中反复练习，而不是一开始就去真实世界中操作。这类似于人类在做决定前会“在脑海中想一遍”，而不是立刻行动。例如，AlphaGo 就在内部模型中对弈上百万次，才掌握了高水平的围棋策略。

3.7.2　世界模型与人类智能的关系

人类智能的核心能力之一，就是我们总能在非常有限的监督下完成新任务。这种能力在 AI 领域被称为小样本学习(few-shot learning)或零样本学习(zero-shot learning)。这种泛化能力的基础，就是我们脑海中形成的“世界模型”。

我们的世界模型可以帮助我们理解因果关系、预测未来事件、计划达成目标。例如，当我们看到一个房间很乱时，脑中会迅速构建一个变干净的过程(比如扫地、收拾物品、倒垃圾)，并据此做出行动。

在 AI 系统中，世界模型同样扮演这样的角色。通过视频、图像、语言等多模态数据，AI 模型可以学习环境的演变规律，实现例如：

(1) 反事实推理：预测“如果我做了另一种选择，会发生什么?”。

(2) 物理常识建模：比如理解重力、时间、碰撞等自然规律。

(3) 因果推断：理解“为什么某件事会发生?”。

(4) 自主规划：如在自动驾驶中预测其他车辆行为并选择最优避障路径。

这种模型和基于模型的强化学习(model-based RL)理念非常接近——两者都强调通过内部模拟来优化现实世界的行为。

3.7.3　世界模型的应用场景

我们可以根据 AI 所面对的环境，把世界模型的应用场景划分为 3 类：室内环境、户外环境和动态环境。每种环境有不同的建模重点和挑战。

1. 室内环境(structured indoor world)

室内环境是结构化且受控的，比如家庭、办公室、厨房等场景。在这些环境中，AI 可以执行精细的任务，如清洁、做饭、与用户对话(图 3-29)。

例如，给模型一个“脏乱的房间”视频和一个“干净的目标状态”，它可以规划出合理的清理动作序列：吸尘、洗碗、扔垃圾等。这种行为背后不是简单的模式匹配，而是源于

AI 对“变干净”的过程的理解。

此外，强化学习常用于训练 AI 在此类环境中自主导航、交互甚至使用工具（如机械臂整理桌面、语音助手与人交流等）。

图 3-29 世界模型在室内环境的应用场景

2. 户外环境（expansive outdoor world）

相比室内环境，户外环境具有更高的复杂性与动态变化特征，如城市交通、建筑结构、天气变化等。

AI 在这样的环境中要面对交通流动、行人行为、信号灯变化等多因素干扰，需要具备上下文感知能力，才能进行路径规划和实时调整（图 3-30）。例如，MetaUrban 这样的项目就训练 AI 在模拟城市中安全导航，处理各种突发情况。

3. 动态环境（generative dynamic world）

传统模拟环境往往是静态、预设的，而动态环境则使用生成模型构建一个可以实时变化、无限生成场景的虚拟世界。

这类环境允许 AI 从第一人称视角经历各种场景，大大丰富了其训练样本，使其更具泛化能力（图 3-31）。例如，AI 可以在不断变化的虚拟游戏世界中练习策略，学习如何在不可预测的条件下做出决策。

图 3-30 世界模型在户外环境的应用场景

图 3-31 世界模型在动态环境的应用场景

3.7.4 Sora 是世界模型吗

如果你尝试过使用 AI 视频创作视频，会发现大多数（如果不是全部的话）AI 生成的视频都会陷入“恐怖谷”现象。生成的视频有时会出现一些怪异的现象，比如肢体扭曲并融合在一起，或是不符合物理定律的现象。

2024 年，OpenAI 推出了视频生成模型 Sora，它可以根据文本、图像甚至视频等多模态输入，生成长达一分钟、画面连贯、符合物理规律的视频。Sora 的出现使“世界模型”再次成为热门话题。

Sora 的强大之处在于(图 3-32)：

(1) 它能生成符合物理常识的视频(如光影变化、液体流动、物体运动等)；

(2) 它在相机移动、视角切换等情况下保持 3D 一致性；

(3) 它还可模拟虚拟世界(如《我的世界》中的第一人称游戏场景)。

但 Sora 是否真正成为“世界模型”仍有争议。虽然它的视频效果很好，甚至能“看起来像懂了世界的规律”，但是否真正理解这些规律，还需要进一步验证。例如，它可能预测出篮球的弹跳轨迹，却不一定知道“重力”这个概念。

不过，可以肯定的是，Sora 正在接近一个“可以模拟世界演变过程”的模型，它不仅再现了表面现象，还尝试捕捉背后的动态因果关系。因此，Sora 是当前“世界模型”方向的一个重要代表。

图 3-32　Sora 表达“世界模型”的能力

3.7.5　世界模型不等于生成模型

值得注意的是，虽然许多世界模型会使用视频、图像生成作为“表现形式”，但世界模型不仅仅是生成漂亮的画面。真正的世界模型，更关注内部结构——是否理解物理定律、因果关系和时序逻辑。

比如，一个模型可以生成看起来非常逼真的火箭发射视频，包括火焰、轨迹甚至音效，但它可能只是从已有数据中“学会了外观”，而不理解火箭为何加速、为何需要逃逸地球引力，甚至什么是轨道力学。如果一个模型无法内化如“重力”“动能守恒”“轨道速度”等物理机制，仅仅是基于已有样本做统计生成，那么它就只是一个图像模拟器，而不是一个能够推理和预测世界行为的世界模型。

世界模型与多模态生成模型的核心区别对比见表 3-13。

表 3-13　世界模型与多模态生成模型的核心区别对比

特征名称	世界模型(world model)	多模态生成模型(multimodal generative model)
核心目标	理解世界运行规律，进行预测、规划和决策	生成符合输入描述的内容(图像、视频、文本等)
本质功能	构建环境的内部动态表示(latent model)，用于模拟与推理	生成视觉或语言内容，重在表现与展示
是否具备物理/因果建模能力	是：强调因果推理、物理一致性、反事实模拟等	否：通常只学习数据中的统计相关性，难以进行因果推断
是否需要真实交互反馈	通常需要(如强化学习环境中的试错与反馈)	通常不需要，只基于大规模数据进行训练
主要应用场景	机器人决策、自动驾驶、强化学习、虚拟训练场、反事实推演	图像/视频生成、文本生成、内容创作、辅助设计等
时间建模能力	强：需要建模时序因果链(如预测下一帧、下一个状态)	弱：可生成连贯内容，但通常不具备物理一致的时间演化能力
泛化能力方向	强调对未见任务、状态的适应能力(如零样本迁移)	依赖训练数据分布，对真实世界动态变化的泛化能力有限
是否具备“理解”能力	更可能具备(建模机制趋向人类的心智模型)	主要是“模仿”能力，尚未体现真实理解

两者虽然都可能使用 Transformer 等深度学习架构，也都涉及多模态输入，但目标、能力与使用场景有着本质区别。未来的 AGI 很可能是两者能力的融合：既能理解世界，也能表达世界。

本章思考与练习

一、深度思考题

【思考题 1】大语言模型具备一定的事实性知识，但并不具备实时联网或数据库结构。你认为它是否可以被视为“知识库”？它的知识来源和特点是什么？

【思考题 2】为什么 GPT 类模型可以同时完成写新闻、答题、生成代码等多任务？它是否具备真正的“通用智能”？

【思考题 3】大语言模型是否能够生成“原创”内容？你如何理解它在创作类任务(如写诗、写故事)中的角色？

【思考题 4】大语言模型能完成写诗、写代码、翻译、答题等任务。请分析：它是如何具备这些跨任务能力的？关键在什么？

【思考题 5】相比只能处理文本的大语言模型，多模态大模型能同时处理图像、声音、视频等信息。你认为这是“通向通用人工智能(AGI)”的一步吗？为什么？

【思考题 6】越来越多领域使用语言模型辅助写作、决策和创造。你认为人类与 AI 在内容生成中应如何分工？存在哪些边界？

【思考题 7】多头注意力有什么优点？为什么要使用多个头？

【思考题 8】为什么自注意力机制中需要用 Query、Key、Value 这 3 组向量？每个分别代表什么含义？

【思考题 9】大语言模型能生成语法正确、上下文连贯的句子，你认为这代表它“理解”了语言语法吗？为什么？

【思考题 10】世界模型试图让 AI 理解真实世界的因果规律与动态变化，你认为语言模型能胜任这一角色吗？需要具备哪些额外能力？

二、实践题(应用与探索)

【任务 1】跨模态生成实验。

任务：使用开放平台的多模态大模型，完成以下任务：

(1)输入一段文字描述(如“夕阳下的无人沙漠”)，让模型生成图像；

(2)反向上传图像，要求模型生成描述、诗句或短文.

问题引导：

模型在跨模态生成中表现如何？

是否存在信息缺失、误解或风格偏差？

你认为哪些类型的任务适合多模态模型完成？

【任务 2】大语言模型多轮对话一致性实验。

任务：与大语言模型展开多轮连续对话，结合自己的专业或围绕某个感兴趣的主题(最好是比较深入的主题)，观察：

(1)是否能保持语气风格一致？

(2)是否记得上轮内容？

(3)有无逻辑跳跃或自我矛盾？

【任务 3】从提示工程看生成控制。

任务：尝试以下 3 个提示，引导语言模型生成一个故事的开头：

A.“写一段童话故事”；

B.“写一段带有悬疑色彩的童话故事”；

C.“写一段类似《小红帽》但具有反转结尾的童话开头”。

问题引导：

(1)输出内容有何差异？

(2)哪种提示更具体？哪种更开放？

(3)如何设计更有效的提示以控制风格和情节？

【任务 4】语言模型能否理解“上下文”？

任务：使用语言模型输入以下两个提示，观察其输出：

A.“小明把鱼放进冰箱。他发现它还在游。”

B.“小明把鱼放进浴缸。他发现它还在游。”

问题引导：

(1)模型能否识别“它”指代的对象？

(2)输出体现了哪些上下文理解能力？

【任务5】多模型回答比较。

任务：选择两个大语言模型，向它们分别提出同一个问题：

“请解释什么是 Transformer 架构，请用普通人最能理解的话语表达。”

要求：

(1)比较输出的清晰度、术语使用、类比方法。

(2)讨论哪个模型对目标用户更友好，为什么？

三、计算题

【计算题1】简化自注意力分数计算。

某简化自注意力机制中，一个输入序列含两个词，其对应的查询($\boldsymbol{Q}$)和键($\boldsymbol{K}$)向量如下：

$$\boldsymbol{Q}=[1,\ 0],\boldsymbol{Q}=[0,\ 1]$$

$$\boldsymbol{K}=[1,\ 0],\boldsymbol{K}=[0,\ 1]$$

计算两个词之间的注意力分数矩阵(即 $\boldsymbol{QK}^{\mathrm{T}}$，不进行缩放和 Softmax)。

【计算题2】Softmax([2, 1, 0])的输出是多少？

【计算题3】生成词序列的总概率。

问题：大语言模型生成序列“我爱 AI”，每个词的预测概率如下：

P(“我”)=0.6；

P(“爱”|“我”)=0.5；

P(“AI”|“我 爱”)=0.4。

请计算整个句子生成的联合概率。

【计算题4】参数估算(多头注意力)。

问题：某 Transformer 层配置如下：

模型维度 $d_{\mathrm{model}}=512$；

Head 数量=4，每个 Head 的 $\boldsymbol{Q}$、$\boldsymbol{K}$、$\boldsymbol{V}$ 参数均为 512×128；

输出线性变换为 512×512。

求该多头注意力层的总参数量(不含偏置)。

【计算题5】交叉熵损失值计算。

问题：模型预测类别概率如下(分类任务)：

类别	预测概率 P	实际标签 y
A	0.1	0
B	0.6	1
C	0.3	0

计算该样本的交叉熵损失。

公式：

$$L=-\sum yI\lg(P_i)$$

【计算题 7】Transformer 中某前馈子层配置如下：

输入维度：$d_{\text{model}}=256$。

隐藏层维度：$d_{\text{ff}}=1024$。

使用两层线性变换（含激活但不计偏置）。

求该前馈网络的参数总量。

【计算题 8】位置编码计算（简化模型）。

问题：在 Transformer 中，若词序列位置为 pos=2，维度 $i=0$，使用正弦位置编码公式：

$$\text{PE}_{(\text{pos},2i)}=\sin\left(\frac{\text{pos}}{10000^{2i/d_{\text{model}}}}\right)$$

若 $d_{\text{model}}=4$，求 PE(pos=2，$i=0$)的值（保留两位小数）。

四、综合计算题（选做）

模拟一个最简 Transformer 编码器的注意力计算过程，通过手工演算＋结构图＋逐步推理的方式，帮助学习者真正理解 Transformer 的核心机制，尤其是多头注意力机制。

我们以《红楼梦》故事的核心人物为例，理解基于“宝玉”和“黛玉”两个人物关系的 Transformer 注意力机制，包括查询 $\boldsymbol{Q}$、键 $\boldsymbol{K}$、值 $\boldsymbol{V}$ 的向量，以及最终加权求和后的输出向量 $\boldsymbol{Z}$。

【题目背景】

在一个最简化的语言模型任务中，设计有两个输入词：

单词序列为：["宝玉"，"黛玉"]

每个词已通过嵌入向量映射为一个二维向量：

输入词向量：

“宝玉” →$\boldsymbol{x}_1=[0.9,\ 0.1]$（在词向量空间表示宝玉人格气质，如偏阳刚）

“黛玉” →$\boldsymbol{x}_2=[0.1,\ 0.9]$（在词向量空间表示黛玉人格气质，如偏柔美）

“宝玉”的语义值向量更偏向第一维（偏阳刚）

“黛玉”的语义值向量更偏向第二维（偏柔美）

映射矩阵如下：

$$\boldsymbol{W}_Q=\begin{bmatrix}1 & 0\\0 & 1\end{bmatrix}\text{（单位矩阵）}$$

$$\boldsymbol{W}_K=\begin{bmatrix}0 & 1\\1 & 0\end{bmatrix}\text{（交换分量）}$$

值矩阵（体现语义）：

$$\boldsymbol{W}_V=\begin{bmatrix}1 & 0\\0 & 1\end{bmatrix}$$

【问题任务】

请手工模拟 Transformer 的一个注意力层计算流程，并完成以下内容：

步骤 1：计算输入词向量 $\boldsymbol{x}_1$ 和 $\boldsymbol{x}_2$ 的查询向量 $\boldsymbol{Q}$，键向量 $\boldsymbol{K}$，值向量 $\boldsymbol{V}$。

公式：

$$\boldsymbol{Q}=\boldsymbol{x} \times \boldsymbol{W\_Q}$$

$$\boldsymbol{K}=\boldsymbol{x} \times \boldsymbol{W\_K}$$

$$\boldsymbol{V}=\boldsymbol{x} \times \boldsymbol{W\_V}$$

步骤 2：计算每个词对其他词的注意力分数(点积)。

以词“宝玉”为例，它的查询向量为 $\boldsymbol{Q}_1$，与其他词的 $\boldsymbol{K}$ 向量点积：

$$\mathrm{Score}_{11}=\boldsymbol{Q}_1 \cdot \boldsymbol{K}_1, \mathrm{Score}_{12}=\boldsymbol{Q}_1 \cdot \boldsymbol{K}_2$$

步骤 3：将分数通过 Softmax 转为注意力权重(可简化为非严格归一化)。

$$\mathrm{Softmax}(\mathrm{score}_{ij})=\exp(\mathrm{score}_{ij}) \ / \ \sum\exp(\mathrm{score}_{ij})$$

步骤 4：使用注意力权重对值向量 $\boldsymbol{V}$ 进行加权求和，得到输出向量 z_1，z_2。

$$\boldsymbol{z}_{\mathrm{i}}=\sum\alpha_{ij} \cdot \boldsymbol{V}_j$$

步骤 5：请解释输出向量 z_1 与 z_2 在语义上的变化体现了什么信息?

第4章

智慧城市：让城市更聪明更宜居

本章教学目标

本章旨在引导学生深入理解智慧城市的基本内涵、关键技术框架与典型应用实践，帮助其建立人工智能与城市治理融合发展的系统认知。学生将系统掌握智慧城市“感知—传输—处理—反馈”四层架构，理解物联网、人工智能、大数据、数字孪生等技术在城市基础设施、公共服务与城市管理中的实际作用与协同机制。通过典型案例的分析，如智能交通系统、绿色能源管理、城市应急响应平台等，学生将认识AI如何提升城市运行效率、公共资源配置与居民生活质量。课程还将引导学生关注智慧城市发展中的数据隐私、技术伦理与公平可及性问题，增强其批判性思维与社会责任意识。通过案例学习与跨学科探讨，学生将具备初步的智慧城市解决方案分析与构建能力，为未来参与数字治理、城市创新与智能社会发展奠定坚实基础。

4.1 智慧城市：核心技术体系与九大核心应用领域

21世纪是城市化快速发展的时代。全球超过一半人口生活在城市中，城市不仅是经济发展的核心区域，也是能源消耗、交通运行、公共服务和社会治理的主要场所。然而，城市化带来了诸多深层次挑战：交通拥堵日益加剧，资源分配效率低下，环境污染问题严峻，突发公共事件响应迟缓，城市管理难度日益提升。

传统的城市治理模式和基础设施已难以支撑如此高密度、复杂性、多元化的城市生活。面对这些系统性难题，单靠传统方法和人力管理已无法实现高效、精准和可持续的发展。这正是“智慧城市”概念兴起的历史动因。它并不是一场简单的技术升级，而是一场深层次的城市治理范式转型，依托新一代信息技术，特别是人工智能（AI）等智能化手段，以实现城市运行方式的全方位智能重构。

4.1.1 广泛被国际社会采纳的智慧城市定义

“智慧城市”（smart city）这一概念最早由IBM公司在2008年提出。当时，IBM公司将智慧城市的理念定义为通过可测量（instrumented）、互联（interconnected）、智能化（intelligent）的方式，即所谓的“3I”特性，来构建更加智慧的城市。

在全球城市加速迈入数字化与智能化阶段的背景下，联合国人居署(UN-Habitat)于2015年启动智慧城市倡议，强调"以人为中心的城市数字化"。在《联合国智慧城市框架》(UN-Habitat Smart City Framework)中，提出了广泛被国际社会采纳的智慧城市定义："智慧城市是一个利用信息通信技术(ICT)和其他手段，提高城市运行效率、改善城市服务质量、提升人类福祉，并确保经济、社会和环境可持续发展的城市。"

从本质上看，智慧城市并不等同于"高科技城市"或"自动化城市"，而是强调通过信息技术与治理理念的融合，建立一个更高效、包容、绿色与公平的城市生态系统。这一定义不仅强调技术手段的应用，更将"以人为本""系统协同""可持续发展"作为智慧城市的核心目标(图 4-1)。

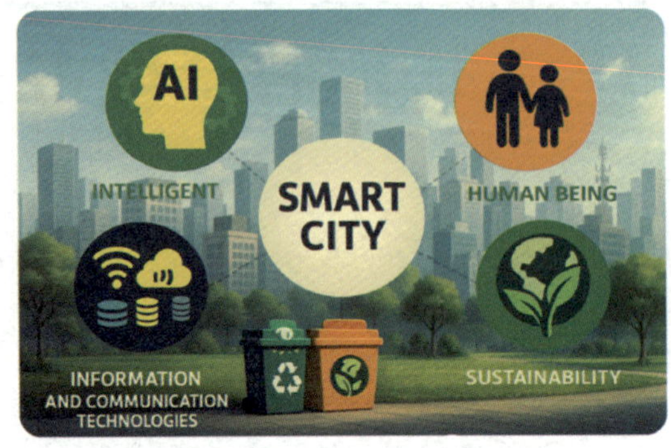

图 4-1　联合国人居署对智慧城市定义的核心要素

为推动全球城市实现可持续智慧发展，联合国人居署制定了《智慧城市战略指南》①，该指南是对全球智慧城市发展经验的系统总结，提供了从战略规划、治理架构、技术选择、公共参与到评估指标体系的全流程指南，强调灵活、可扩展、适应本地情境的城市数字化路径设计。《以人为本的智慧城市框架》②，旨在回应过去以"技术驱动为主导"的智慧城市模型的局限，强调城市数字化转型必须以"人权、数字正义、技术伦理与包容性"为核心，指导各国构建更加公正、可持续和具有人本关怀的城市数字基础设施。

这些战略指南已成为全球智慧城市评估与治理的重要基础，并被用于各类国际智慧城市排名与评估(如 IMD 智慧城市指数、OECD 城市数字化报告)。

4.1.2　智慧城市的发展演化路径

智慧城市的发展并非一蹴而就，而是经历了从理念探索到系统集成、从局部智能到生态共生的多个阶段。最初，智慧城市项目主要由大学实验室、研究机构或跨国公司牵头开展，聚焦于传感网络、数据集成与 ICT 平台的研究。而今，智慧城市已成为各国政府和城市管理者推动数字转型、提升城市治理能力和居民福祉的重要战略手段。

根据《联合国智慧城市框架》、《ITU-T Y.4900 系列标准》以及全球多个典型城市案例的演进轨迹，智慧城市的发展路径可大致划分为如下几个阶段，见图 4-2 和表 4-1。

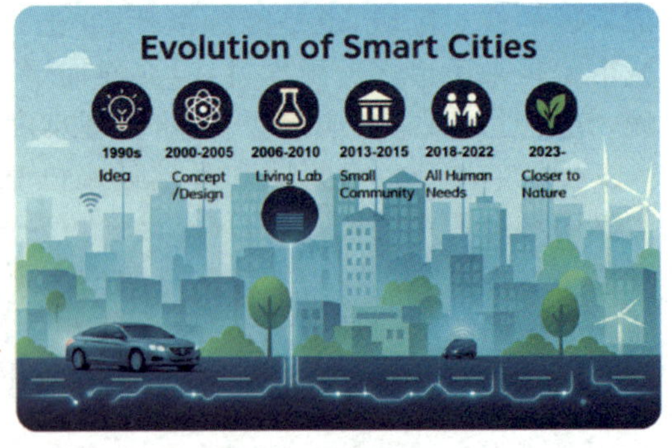

图 4-2　智慧城市的发展路径与阶段

①"Smart City Strategy Guide"，发布机构：联合国人居署(UN-Habitat)，版本说明：面向政策制定者和城市规划者的操作性指南，支持 SDG11(可持续城市与社区)，发布时间：2020 年 12 月。

②"People-Centered Smart Cities Framework"，发布机构：联合国人居署(UN-Habitat)，发布时间：2021 年 12 月。

表 4-1　智慧城市发展阶段与核心含义

时间线	中文阶段	核心含义
1990s	概念阶段(idea)	智慧城市的思想萌芽期,强调“城市信息化”的可能性,尚未形成具体实施路径
2000—2005	设计与构想阶段(concept/design)	发展智慧城市的初步蓝图构建,提出城市系统数字化模型设计、试验生态城和数据平台概念
2006—2010	城市实验室阶段(living lab)	城市成为技术实验平台,部署传感器网络、互联网节点,进行交通、环保、水务等场景的智能测试
2013—2015	小型智慧社区阶段(small community)	构建具备智能治理能力的小尺度社区或园区,如智慧楼宇、能源调度、居民服务、闭环数据平台
2018—2022	全人群需求导向阶段(all human needs)	城市设计不再只是提升效率,更重视包容性、社会公平、弱势群体服务,强调数字正义与伦理治理
2023—	自然融合阶段(closer to nature)	推动城市生态系统与数字系统协同发展,目标为绿色城市、低碳生活、可持续韧性城市

4.1.3　构成智慧城市的核心技术体系

智慧城市的技术体系可以分为以下几个核心部分,每一项技术都扮演着独特且互补的角色,共同构成城市智能化运行的基础架构(图 4-3)。

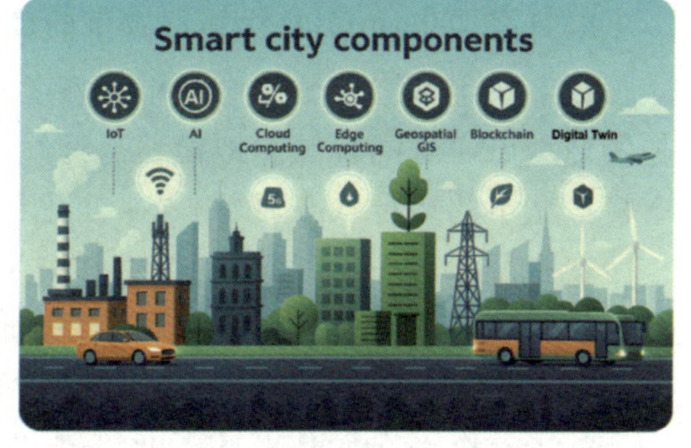

图 4-3　构成智慧城市的核心技术体系

1. 物联网(internet of things,IoT):城市的感知神经系统

物联网技术通过传感器、射频识别(radio frequency identification,RFID)、摄像头等设备,实现对城市各类信息的实时采集。这些设备广泛部署在交通路口、公共设施上、环境监测点处等,构建起城市的全面感知网络。它使城市能“看得见”“听得懂”,为后续的数据分析和智慧决策提供原始数据支持。

2. 大数据:城市的记忆与分析中心

大数据技术支撑城市海量数据的存储、管理和智能处理,涵盖交通、能源、气象、公共安全等多个领域。通过模式识别、时序分析和预测建模,城市管理者可以提前识别问题,制定优化策略,实现管理更加精准化与前瞻性。

3. 人工智能(AI):城市的智慧大脑

AI 技术赋予城市“思考能力”。通过机器学习、计算机视觉、自然语言处理等方法,AI 可实现对城市运行态势的自主学习和智能反馈。例如,AI 可用于预测交通拥堵趋势、控制智能红绿灯、识别安防视频中的异常行为,或在政务场景中实现智能问答与政策推荐。

4. 云计算与边缘计算:城市的数据处理平台

云计算提供统一的资源池、弹性计算和高可靠性服务,支持智慧城市的核心应用运行。边缘计算则适用于低延迟、高实时性的场景,如自动驾驶、无人巡逻等,通过将计算力靠近数据源,大幅提升响应速度与系统稳定性。

5. 5G 通信:城市的信息高速公路

5G 技术为智慧城市构建起高带宽、低延迟、海量连接的通信基础。它支持大规模 IoT 设备联网,赋能远程医疗、无人机监管、车联网通信等典型场景。随着 6G 的研究推进,未来通信网络还将实现更深层次的人机物融合。

6. 区块链:城市的数据安全保障

区块链通过分布式账本和智能合约机制,增强数据流转过程中的可信性、透明性与抗篡改性。在政务、金融、城市信用体系建设中,区块链可用于身份认证、数据共享记录、信息审计等,提升政府服务效率与市民信任度(图 4-4)。

7. 地理信息系统(geographic information system,GIS):城市的空间信息平台

GIS 支持城市空间数据的采集、管理、分析与可视化。它广泛用于城市规划、灾害响应、资源调配等领域。通过 GIS 地图,管理者可以直观了解地形地貌、建筑密度、交通流线等,为决策提供空间智能支撑。

8. 数字孪生(digital twin):城市的虚拟映射引擎

数字孪生是智慧城市中一个日益关键的新兴技术,它指的是在数字空间中创建一个与物理城市实时同步的虚拟模型。通过与物联网、AI 和大数据的融合,数字孪生能够动态模拟城市的运行状态、预测未来演化趋势、评估不同政策方案的效果。

在智慧城市中,数字孪生技术常用于城市基础设施运行模拟与优化(如地下管网、交通信号系统)(图 4-5),城市规划的沙盘推演与虚拟仿真,应急管理中的多场景预警与演练(如台风、火灾、洪水响应),能源建筑与城市碳排放模型的实时监测与调控。

数字孪生不仅提升了城市的可视化能力,更为城市带来了"预测未来、测试未来"的能力,是迈向城市智能体的重要支撑。

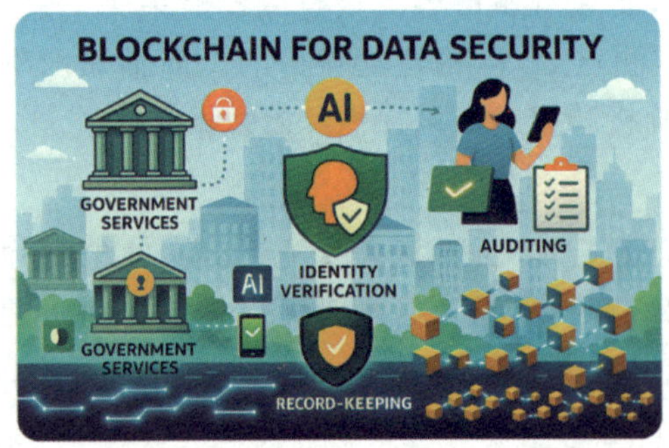

图 4-4 区块链可用于身份认证、数据共享记录、信息审计

图 4-5 数字孪生技术用于城市基础设施运行模拟与优化

4.1.4 联合国人居署:智慧城市九大核心应用领域

在 21 世纪的城市转型浪潮中,全球范围内的城市治理正逐步由传统模式走向以数

据驱动、技术融合、可持续发展为核心的"智慧化"路径。智慧城市,作为信息通信技术(ICT)、物联网(IoT)、人工智能(AI)等新兴技术集群深度嵌入城市运行的全新形态,正在重塑城市的基础结构与服务生态。

联合国人居署在《世界智慧城市展望 2024》(World Smart Cities Outlook 2024)报告中,提出了九大核心应用领域,作为衡量城市智慧化程度与发展潜力的战略支柱。这些领域不仅涵盖了城市运转的关键环节,也折射出全球在追求高效、宜居、绿色与包容城市愿景中的共识。

这九大核心应用领域分别是(图 4-6):

(1) 城市与空间规划(urban and spatial planning);

(2) 智慧住房(smart housing);

(3) 智慧交通(smart transportation);

(4) 能源管理(energy management);

(5) 水资源管理(water management);

(6) 废弃物管理(waste management);

(7) 自然灾害预防与管理(natural disaster prevention and management);

(8) 安全与安保(safety and security);

(9) 社会福利与公共服务(social welfare and public services)。

图 4-6　智慧城市核心九大核心应用领域

每一个领域不仅是城市发展的独立维度,更与其他维度形成动态交互与协同演进。它们共同构成了一个智慧城市的应用框架,支持城市从"功能城市"向"智慧生态体"跃迁。

接下来的章节,我们将依次深入探讨这九大领域,从核心概念、关键技术路径、典型应用案例到未来发展趋势,揭示技术如何服务于人、环境与社会的协同发展,勾勒智慧城市的实践图景与发展逻辑。

4.2　城市与空间规划:构建协同、高效、可持续的城市发展蓝图

在过去一个世纪中,城市的快速扩张带来了前所未有的发展机遇,也带来了深层次的治理挑战。如何科学、高效地配置城市空间资源,使土地、基础设施、生态系统与社会功能协调运转,始终是城市治理的核心课题。城市与空间规划,正是在这一背景下发展并不断演化的重要领域。

4.2.1　从图纸到数字孪生的演进之路

传统的空间规划多以二维图纸和静态模型为基础,依赖专家经验与历史数据进行布

局推演。这种方法在城市早期开发阶段曾发挥重要作用，但在今日城市体系日趋复杂、人口快速流动、环境变化剧烈的背景下，传统手段面临多重挑战。如何实时感知城市运行状态？如何预判区域发展趋势？如何在多目标、多约束条件下进行协同配置？这些问题的出现促使空间规划走向以数据驱动与智能计算为核心的新阶段。

在智慧城市框架下，城市与空间规划正在经历从“物理图纸”到“虚拟城市”的深层转变。这一转变的技术基础主要包括：地理信息系统(GIS)、遥感与高精度地图、三维建模与可视化平台、人工智能辅助决策系统以及数字孪生城市引擎(digital twin city)等。这些工具共同组成了一个高度融合、动态响应、持续演化的“空间智能体系”，支撑着从规划设计、方案推演到实施反馈的全流程城市空间治理(图 4-7)。

图 4-7　数字孪生城市引擎

4.2.2　从数据感知到认知模拟：AI 如何嵌入城市空间治理

在传统 GIS 中，地图数据往往是静态、孤立的。而在智慧空间治理中，GIS 不再只是“底图”，而是成为一个整合多源数据、支撑空间分析与智能推理的核心平台。通过与 AI 深度融合，GIS 能够自动识别图像中不同的土地利用类型，分析区域功能的空间关联性，预测城市扩张趋势，甚至提供交通、能耗、灾害等多因素协同模拟结果。

以 AI 为引擎的空间模型不仅能处理历史数据，更具备预测能力。深度学习网络(如 LSTM)可基于城市多年扩张轨迹，预测未来某区域的开发强度；图神经网络(graph neural network，GNN)则可以识别城市中关键节点的空间耦合特征，如学校与地铁站之间的步行距离关系、医疗设施与人口密度之间的覆盖盲区。这些模型能够为城市更新、选址决策、功能优化等提供具有可操作性的科学建议。

此外，空间知识图谱作为一种新兴的数据结构，已被应用于城市空间语义建模。通过定义“道路连接建筑”“绿地覆盖区域”等关系，系统可以进行空间语义理解和逻辑推理。

例如，在制定新建社区规划方案时，AI 可自动筛选满足“500 米内有地铁、医院、绿地”条件的候选地块，极大地提升了选址效率与方案精度(图 4-8)。

图 4-8　AI 可自动筛选满足“500 米内”的城市服务

4.2.3　数字孪生城市：虚实融合的规划沙盘

在更高层次上，智慧城市中最具代表性的空间技术成果莫过于数字孪生城市平台。数字孪生是指将现实世界中物理空间、设施系统、运行状态等要素在数字空间中实时复刻,从而实现虚实同步、在线演练、智能决策等功能。数字孪生不仅用于空间展示,更承担着预测分析、风险评估、方案模拟等任务,是实现“规划—建设—运营”全周期闭环的关键支撑(图 4-9)。

图 4-9　数字孪生城市:虚实融合的规划沙盘

在规划层面,数字孪生平台可视化呈现未来开发蓝图,并支持不同情境的方案对比。例如,一座新建科技园区在模拟阶段可通过数字孪生环境调试不同道路布局对通勤效率的影响,评估楼宇密度对通风通光条件的影响,甚至模拟不同建设节奏下的能耗负荷变化。这种高度还原现实的仿真机制,为城市空间决策提供了前所未有的精度与灵活性。

目前,许多领先城市已将数字孪生作为城市治理中台的重要组成部分。新加坡的“虚拟新加坡”计划已实现全国范围内的 3D 城市建模与 AI 模拟联动;中国深圳“i 深圳”系统将 GIS 平台与城市更新政策、人口结构变化及功能评估模型整合,广泛应用于旧城改造与新片区策划;荷兰阿姆斯特丹则在历史街区构建了面向公众开放的“数字规划平台”,鼓励市民在虚拟空间中共同参与社区更新方案设计。

4.3　智慧住房:未来的居住图景

在全球城市化进程持续推进的背景下,住房问题已成为各国政府与城市居民面临的共同挑战。城市人口的快速增长导致住宅需求激增,而住房供给能力与制度保障体系的滞后则进一步拉大了“居住鸿沟”。

联合国预测,到 2030 年,全球将有超过 30 亿人需要新建或改善住房条件。这不仅是一个数量问题,更关乎公平、尊严与可持续发展的基本权利。

4.3.1 从“智能建筑”到“智慧住房”：功能深化与系统演进

智慧住房(smart housing)正是在全球城市化进程持续推进的背景下应运而生的概念。它不仅强调通过信息技术、智能系统与建筑科技提升住宅的功能性与能效性，更致力于通过数据驱动的治理模式回应人类社会在住房公平、环境可持续性、老龄化社会适应性等方面的深层诉求。

在智慧城市框架中，智慧住房是最贴近市民生活质量的基础单元。它既包括建筑本体的智能化改造，也涵盖社区系统、能源系统、服务系统与住房管理机制的系统性重构。

早期的智能住宅多聚焦于建筑本身功能的智能化，如自动灯光调节、恒温系统、安全警报等。而智慧住房的发展则超越了建筑本体，将住宅系统置于城市大数据平台之中，融入能源、健康、安防、环境、服务等多个维度，构建出一个具有自感知、自响应、自优化能力的动态系统。

图 4-10 所示是智慧住房系统结构图：集成能源效率、智能设备、家庭自动化与安防监控功能，展现智慧住宅的核心构成与运行逻辑。

图 4-11 展现了一座多层住宅被五大核心技术所环绕：

图 4-10 智慧住房系统结构

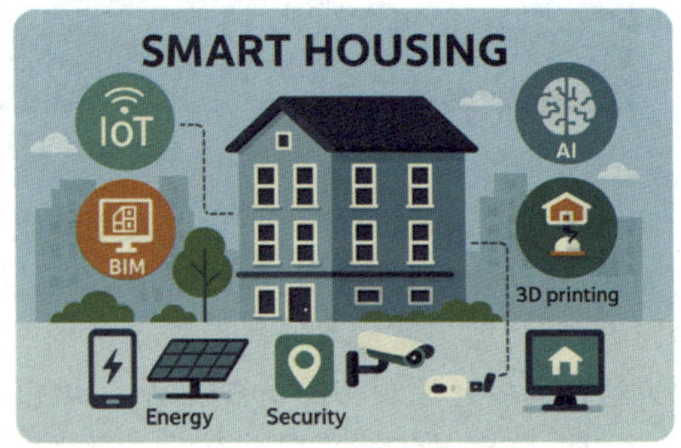

图 4-11 功能集成与居住体验融合的智慧住房

(1) IoT(物联网)：通过环境传感器、可穿戴设备、智能门锁等实现室内外状态的实时感知与远程控制。

(2) BIM(建筑信息建模)：构建从规划、设计、建造到运维的全周期数据模型，提高管理效率与空间利用率。

(3) AI(人工智能)：支持人流分析、安防识别、能耗预测与个性化服务推荐。

(4) 3D 打印建造：提升建筑效率与个性化定制能力，助力可负担住房快速建成。

(5) 能源与安保(energy & security)系统：集成绿色能源调度与多层级安防机制，提升生活舒适度与安全性。

智慧住房的技术体系涵盖从建筑单体到社区集群、从建造流程到运行维护的全过程。在此过程中，AI 不仅作为控制工具，更成为理解用户行为、优化资源配置、提升住房服务质量的核心智能体。

4.3.2　建筑阶段的智能化设计与建造

智慧住房的第一步是“建得起、建得快、建得好”。3D 打印技术已成为当前最具颠覆性的建筑方式之一。通过精密喷射混凝土等材料,系统可在 24～48 小时内打印出一栋基础住宅单体,其成本仅为传统建房方式的 40%～60%,且施工过程中几乎不产生建筑垃圾(图 4-12)。

图 4-12　利用 3D 打印技术建造住房

例如,墨西哥纳卡胡卡项目利用 3D 打印在高地震风险区域建造了 500 栋抗震智能住宅,不仅满足了建筑抗灾标准,还通过参数化设计实现住宅结构与气候条件的高度适配。

与此同时,建筑信息建模平台作为建筑信息建模工具,使得住房设计从二维图纸转向多维信息空间。设计者、施工方、政府监管者可在同一平台协作,确保建筑方案合理性、成本可控性与实施可行性,并支持后期维护管理的信息延续。

4.3.3　居住阶段的感知网络与行为智能

智慧住房的关键在于“住得好、住得安心”。住宅不再是被动空间,而是一个高度感知化、数据化的智能实体。通过物联网技术,住宅内部可部署环境传感器(温湿度、光照、$PM_{2.5}$)、安防系统(人脸识别、烟雾报警、入侵检测)以及行为分析系统(如跌倒识别、能耗异常报警等)。

AI 算法可基于用户行为数据不断优化居住体验。例如,通过分析用户使用空调、电灯、厨具等电器的时间模式,系统可以自动进行“主动节能”调控;对老年居民,AI 可结合穿戴设备与室内监测数据判断身体状态,并触发健康预警或远程医疗系统。

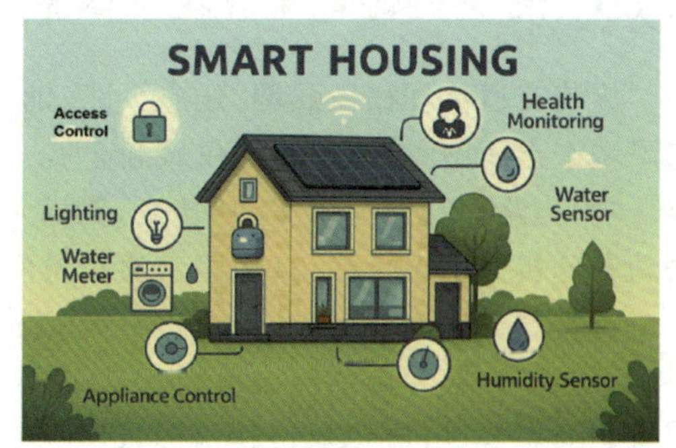

图 4-13　智慧住宅中多种感知与控制设备的集成布局

图 4-13 展示了智慧住宅中多种感知与控制设备的集成布局,包括环境感知、能源管理与健康监测三大模块。通过传感器、智能设备与控制终端的协同工作,实现对家庭内部状态的全面监控与智能响应。

4.3.4　社区维度的能源与服务集成

单体住房的智能只是起点,更高效的智慧住房体系往往体现在社区层面。智慧社区平台通过边缘计算设备对整个社区的用电、用水、停车、垃圾处理等进行协同管理。住宅之间不再是“孤岛”,而是数据互通、能量流通的“协同单元”。

图 4-14 智慧住宅的能源管理

绿色能源系统如太阳能屋顶、电池储能、能量回收通风系统被广泛嵌入新型智慧住宅中。AI 系统可预测每日天气与住户行为,提前规划能源调度路径,实现社区"零碳运行"(图 4-14)。

智慧住房不仅是科技赋能的象征,更承载着实现人类"宜居梦想"的现实路径。它要求在技术方案之外,更深刻地回应公平、生态、老龄、贫困等社会问题。在智慧城市的构建过程中,住房不应只是一个空间单元,更应成为人类生活尊严与幸福的起点。

4.4 智慧交通:让城市出行更高效、更绿色、更智能

在现代城市生活中,交通早已成为市民感知最直接的"城市体验"。一场早高峰的拥堵、一条断裂的公交线路、一次超时的快递配送,足以反映一座城市运行系统的效率与公平。而在智慧城市的发展战略中,如何以科技提升城市出行的便捷性、安全性、绿色性与可达性,构建高效、低碳、普惠的交通体系,正是智慧交通关注的核心。

传统交通系统多以静态规则、人工管理为主,面对日益复杂的城市流动性需求,往往力不从心。而智慧交通的本质,是以数据为基础、以人工智能为引擎、以协同共享为路径的城市交通系统新范式。它不仅关注车辆的运行,更关注人与物、空间与时间之间流动关系的全面优化。从城市道路到交通枢纽,从自行车道到车联网,从快递配送到自动驾驶,交通系统正逐渐演变为一个智能协作的有机网络。

4.4.1 智慧交通的核心技术体系

传统交通治理往往强调"建多少路、铺多少轨",即以基础设施供给为核心。然而,在有限城市空间中,单纯扩容不仅代价高昂,且常常陷入"越修越堵"的悖论。智慧交通倡导从"构建路径"向"优化流动"转变,其背后逻辑是以实时数据感知系统为基础,通过算法动态分析全市出行状态,构建交通决策的自动调控机制。

在智慧交通框架下,城市不再只是道路和红绿灯的集合,而是一个实时互联的交通"神经网络"。各种传感器、摄像头、地磁感应器、移动端 App 构成城市的"感知层",AI 模型对交通态势进行预测与判断,形成"决策层",而自动信号灯调控、路线推荐、公交调度等作为"执行层",完成闭环响应。

1. 交通感知与数据采集系统

智慧交通的第一步是"看得清"。城市中部署的大量传感器和摄像头,通过计算机视觉与深度学习技术,实现车流量、人流密度、道路状态、违规行为等的实时识别。无人机巡查、高分遥感图像也被用于宏观交通动态捕捉。

例如,AI 可以从高清视频中自动识别车牌、车速、车道偏移行为,并与道路标签数据融

合，形成多维动态交通图谱。这些数据不仅用于交通管控，也用于城市规划与环境评估。

2. 智能信号控制系统

传统红绿灯依赖固定时长，而智能信号灯调度系统通过 AI 实时分析不同路段车流状态，动态调整信号周期，实现“绿波带”协调。强化学习（RL）算法可通过试错学习最优控制策略，提升交叉口通行效率（图 4-15）。

图 4-15　智能信号控制系统

例如，中国杭州在典型路口部署 AI 信号控制后，拥堵时段通行效率提升 20%以上。部分系统还能结合公交优先、急救车辆预警等特殊模式，实现多目标控制。

3. 多模式交通调度与出行推荐

现代城市居民的出行方式呈多元化趋势：地铁、公交、自行车、网约车、步行、电动车等构成了“多模式出行网络”。智慧交通系统通过整合这些模式，实现路径、时效、价格等维度的最优组合，即“mobility as a service（MaaS）”服务体系。出行平台 App 可根据实时交通情况、天气、用户偏好等个性化推荐最佳出行方案，甚至预测未来一小时的出行压力，从而引导用户错峰出行（图 4-16）。

4. 自动驾驶与车路协同系统（V2X）

智慧交通的高阶形态是“自动驾驶＋智慧道路”双向协同。城市通过建设 V2X 基础设施，让车辆与交通灯、行人、道路边设备实现信息互通，从而使自动驾驶系统在城市复杂场景中具备感知冗余与应对能力（图 4-17）。

AI 在其中承担关键任务：车辆自主感知与路径规划、交通标志识别、意图预测、突发事件响应等。未来，自动驾驶将不再是单车智能，而是与整个城市交通系统深度协作的“分布式智能终端”。

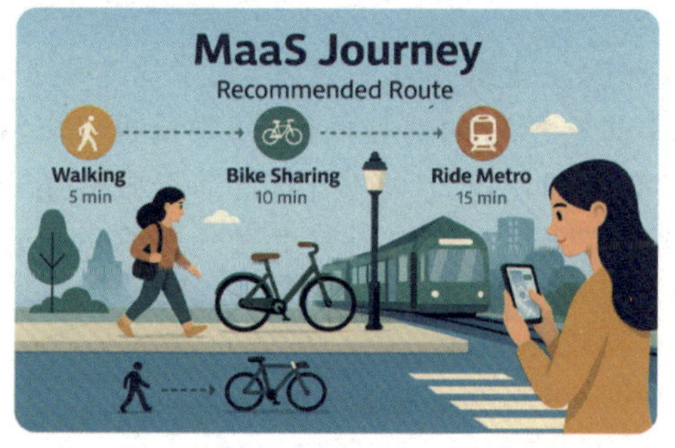

图 4-16　MaaS：地铁＋共享单车＋步行路径计算流程

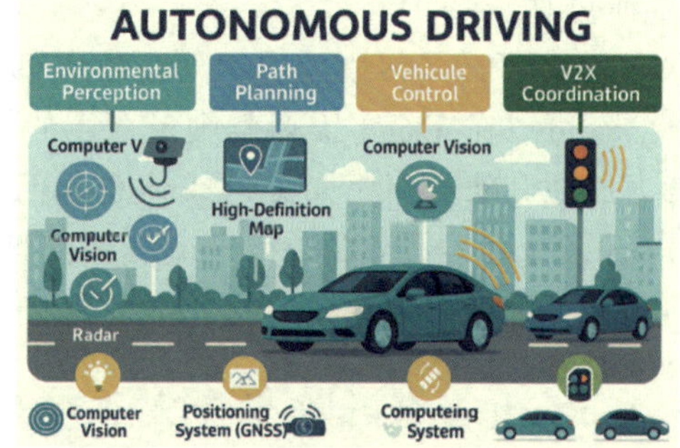

图 4-17　自动驾驶系统组成与城市 V2X 协同

4.4.2　自动驾驶的等级划分

为了更方便地区分和定义自动驾驶技术，自动驾驶的分级就成了一件大事。国际上公认的自动驾驶等级标准是由国际自动机工程师学会(Society of Automotive Engineers International,SAE)提出的,我国工信部颁布的《汽车驾驶自动化分级》标准与 SAE 基本保持一致,以上标准都是将自动驾驶划分为 L0 至 L5 这 6 个等级,见表 4-2 和图 4-18。

表 4-2　自动驾驶的等级划分

级别	名称	驾驶任务主导者	典型应用
L0	无自动化	人类全权驾驶	普通车辆
L1	辅助驾驶	人类+辅助提示	车道偏离预警系统
L2	部分辅助驾驶	人类+多项辅助控制	Autopilot(仅辅助)
L3	条件自动驾驶	车辆(但人类需接管)	特定高速封闭场景
L4	高级自动驾驶	车辆主导,限制区域	无人配送车,Robotaxi,适用于部分场景
L5	完全自动驾驶	完全无人参与	无人出租车、未来交通系统,适用于任何场景

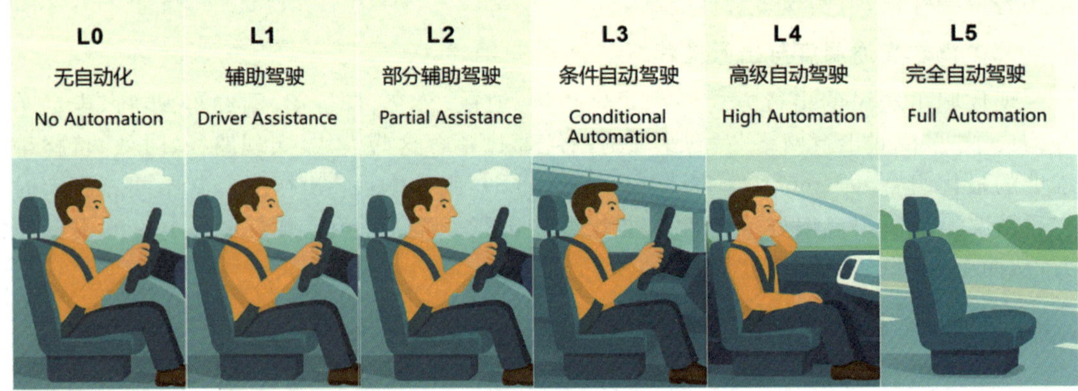

图 4-18　自动驾驶的等级划分

在表 4-2 中,L3 是目前最具争议的自动驾驶等级之一。在特定条件下(如高速公路、天气良好等),车辆可以执行所有驾驶任务,但当系统发出请求时,驾驶员必须在短时间内接管,对法律、责任、技术挑战较大;某些厂商(如特斯拉)甚至跳过 L3,直接声称追求 L4 或更高。

而 L4 和 L5 级别的自动驾驶技术都可以称为完全自动驾驶技术,到了这个级别,汽车已经可以在完全不需要驾驶员介入的情况下进行所有的驾驶操作,驾驶员也可以将注意力放在其他方面比如工作或休息。但两者的区别在于,L4 级别的自动驾驶适用于部分场景下,通常是指在城市中或是在高速公路上。而 L5 级别则要求自动驾驶汽车在任何场景下都可以做到完全驾驶车辆行驶。

4.4.3　自动驾驶技术两大类路线之分

目前的自动驾驶技术主要可以分为两大类路线:一是多传感器融合方案(sensor fusion,以激光雷达为代表),二是纯视觉自动驾驶方案(vision-based,以摄像头+神经网络为核心)。

下面我们从技术原理、优势、不足方面对这两类方案进行对比分析。

多传感器融合方案通过集成激光雷达(LiDAR)、摄像头(camera)、毫米波雷达

(radar)、全球定位系统(GPS)以及惯性导航单元(IMU)等多种传感器，协同感知车辆周围环境，进而构建高精度、稳定性强的三维环境模型(图 4-19)。这种多元数据融合的方式不仅增强了系统对复杂交通状况的应对能力，也提高了整体的驾驶决策可靠性。

从优势来看，多传感器融合方案的感知精度极高，激光雷达能够提供厘米级精度的点云建图，有效捕捉周边物体的轮廓、距离及空间关系，为精确决策提供坚实的数据基础。同时，该方案具备高度的冗余性与安全性。在恶劣天气或光照不足等摄像头性能受限的情况下，毫米波雷达仍能发挥作用，保障系统稳定运行。此外，这种架构在结构化道路、城市交叉口、高速公路等多类型交通场景中表现出良好的适应性，可配合高精地图实现精准导航和路径规划，从而提升自动驾驶系统在实际应用中的实用性与稳定性。

然而，这类方案也面临着一系列制约其普及的现实问题。首先是硬件成本高昂，尤其是激光雷达设备价格较高，难以大规模部署于民用市场。其次，系统架构复杂，多传感器之间需要进行精密的时间同步与空间标定，数据融合算法也对计算资源与开发经验提出较高要求。此外，该方案对高精地图存在较强依赖性，一旦所处环境与地图数据不一致，可能出现感知偏差或路径规划错误，影响驾驶安全与稳定性。

另一类具有代表性的自动驾驶技术路线是纯视觉自动驾驶方案。该方案摒弃了激光雷达和高精地图的依赖，完全依靠摄像头采集图像信息，并通过深度学习模型进行环境感知与决策控制。具体而言，车辆前装多个视角摄像头以捕捉道路、行人、交通标志等图像数据，随后借助卷积神经网络(CNN)或 Transformer 等深度学习模型完成图像识别、三维环境重建、路径规划，以及转向、加速、制动等行为的智能控制(图 4-20)。这种从“图像到动作”的端到端处理方式，意在模拟人类驾驶中“用眼观察、用脑判断、用手操作”的整体感知与反应链条。

图 4-19　基于激光雷达的自动驾驶系统

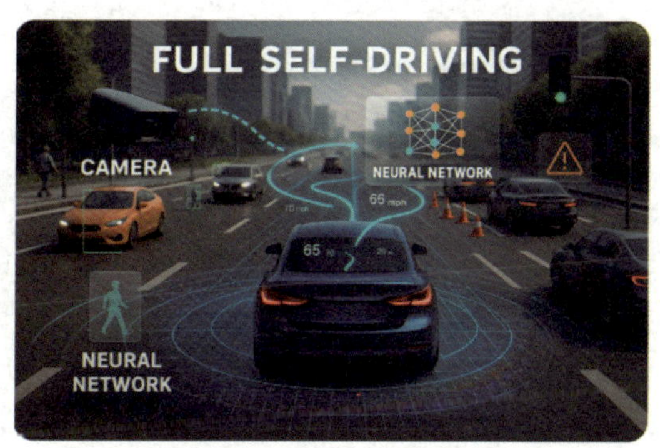

图 4-20　基于纯视觉的自动驾驶系统

在优势方面，纯视觉自动驾驶方案的硬件门槛显著低于多传感器融合方案。其仅依赖低成本的摄像头和计算芯片即可构建完整的感知与控制系统，极大降低了整车制造与部署成本，使其更适合应用于大规模消费级市场。此外，该方案采用数据驱动的模型训练方法，具备较强的自适应学习能力与持续优化潜力。随着车辆行驶过程中不断收集新的图像数据，系统能够不断更新参数，提升对复杂路况的识别与应对能力。更为关键的是，纯视觉自动驾驶方案在设计逻辑上更贴近人类驾驶习惯，因其模拟的是人眼与大脑的协调机制，未来有望实现更自然、更智能的自动驾驶体验。

然而，该方案同样存在一些关键限制。首先，其感知系统受限于摄像头图像质量，在雨雪、大雾、夜间或强烈背光等极端天气与光照条件下，图像识别性能可能显著下降，从而影响驾驶安全。其次，单目视觉难以获取精确的空间深度信息，在测距和三维定位方面不及 LiDAR 等主动传感器。此外，为保证系统泛化能力与复杂场景覆盖，纯视觉自动驾驶方案依赖于海量真实或合成图像数据进行训练，这对数据获取、标注、计算平台和训练框架提出了较高要求，增加了模型构建的复杂性与成本。

目前，完全自动驾驶(full self-driving，FSD)系统是纯视觉自动驾驶方案的代表。该系统通过 8 个摄像头采集全车周围图像，并借助端到端的神经网络预测转向角度与车辆行为，构建一种无须激光雷达与高精地图的完全视觉驱动模式。纯视觉路线因其低成本、高灵活性与技术进化潜力，已成为推动自动驾驶规模化落地的重要力量之一。

4.5 能源管理：构建低碳、高效、自适应的城市动力系统

能源是城市生命体的“血液系统”，维系着照明、交通、建筑、工业等各个子系统的运转。随着城市化进程加快，能源需求日益增长，但传统能源体系已难以支撑人口集中、碳排放管控、极端天气等新型挑战。联合国报告指出，全球城市目前消耗了超过 75%的能源总量，并产生了近 70%的温室气体排放，这使得构建高效、清洁、智慧的城市能源体系成为城市可持续发展的战略核心。

“能源管理”作为智慧城市建设的重要支柱，其核心在于以物联网实现全域感知，以人工智能实现预测与优化决策，以清洁能源实现结构转型，以多元参与机制实现能源治理协同。它不再只是能源“使用方式”的升级，更是能源“生成—调度—消费—反馈”全流程智能化再造。

4.5.1 从集中供能到智能调控：城市能源系统的新逻辑

传统能源系统呈现出“集中式、单向性、静态调度”的特点，即由大型能源中心统一发电，单向输送至终端用户。然而，现代城市能源使用呈现出高度时空波动性：居民生活、商业办公、公共服务、交通系统等存在明显的“日夜差”“冷热差”“峰谷差”，若仍采用固定调度与线性管理，势必造成浪费或负荷不均，甚至引发局部电力瘫痪。

智慧能源系统则强调“多点分布、双向流动、实时协同”的新范式。通过部署传感器与边缘计算节点，城市能源网络能够“看见”每一栋建筑、每一条电缆的实时负载；借助 AI 算法，系统可以预测明日用能趋势，并动态调节发电量、储能分布与用户负载，实现“能量按需、调度智能”。

4.5.2 智慧能源系统的技术支撑结构

1. 能源感知与数据集成平台

智慧能源系统的首要环节是“感知”。在发电侧，风电场、光伏板、水电站配备实时传

感设备,采集发电功率、天气状况、设备运行状态等信息;在输配电网中,布设智能电表、节点监测器与电压感应器,实现全网络状态的精准获取。

各类数据通过边缘网关汇总至城市能源中台系统,完成数据清洗、建模与归档,形成“城市能源数字画像”(图 4-21)。

2. AI 驱动的负荷预测与调度优化系统

AI 在智慧能源中的关键价值体现在预测与调度两大模块上。

在预测端,利用 LSTM 等时序模型对历史用能数据进行学习,结合天气预报、节假日、人群活动等多元因素,精准预测区域负荷变化趋势。

在调度端,采用遗传算法、强化学习等优化策略实现能源流通路径的智能分配,如控制电网开关、启动储能电池、调整用电优先级等。这种智能调度机制使城市在高温酷暑、夜间高峰等特殊时段,依然能够实现“无感波动”。

3. 智能电网(smart grid)与分布式能源系统

智慧能源系统的骨干是智能电网,它具备实时监控、自主控制、故障自愈、双向交互等特征。尤其在大规模接入分布式能源(如居民屋顶光伏、社区风电、移动储能装置)后,智能电网成为协调“源—网—荷—储”多方关系的中枢。

在分布式能源系统中,能源不再只由电厂产生,而是每一位用户都可能成为“产能者”(prosumer)。例如,居民白天将光伏余电输入电网,夜间则从电网获取稳定供电,实现“能量双向流动”(图 4-22)。

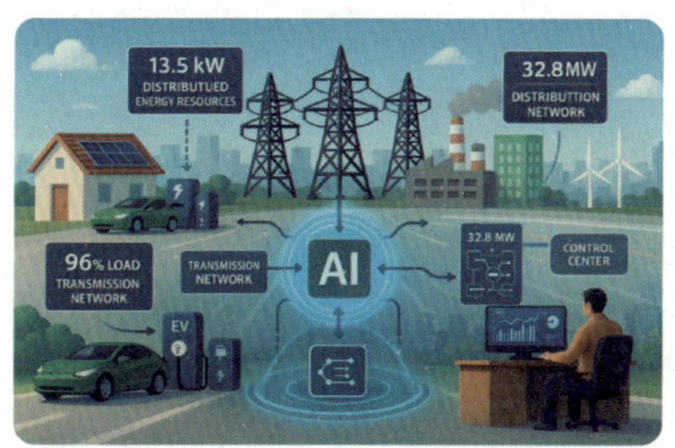

图 4-21　智能电网与分布式能源协同架构

图 4-22　能源社区实现能量双向流动

4. 能源社区(energy community)与需求侧管理

智慧能源管理不仅是技术问题,更是社会组织方式的转变。近年来,能源社区理念在欧洲迅速发展,居民组成自治能源联盟,共同投资太阳能板、共享储能设备、协商用电分配规则。

AI 系统作为社区能量管家,实时显示能源生产-消费图谱,提供能效建议,预测高峰期并提前均衡负荷,最大化集体收益与环境效益。

此外,通过需求响应机制,城市可通过价格杠杆、政策激励等手段,引导用户主动调整用电时段,参与电力调节过程,成为“城市能源协作者”。

4.6 水资源管理:构建数字化、智能化与韧性的城市水系统

在 21 世纪的城市发展蓝图中,水资源安全已成为城市生存与发展的根本保障之一。水不仅是市民日常生活的基础供给,更是工业制造、城市绿化、能源系统运行的重要依托。然而,随着人口集聚、极端天气频发、水资源污染等因素加剧,城市水系统正面临前所未有的挑战。

据联合国报告,截至 2023 年,全球仍有超过 20 亿人生活在缺乏安全饮水的环境中;城市中约三分之一的供水系统存在明显漏损;排水系统老化、暴雨积涝频发、水质检测滞后,已成为全球城市共同的“隐形危机”。

在这一背景下,智慧城市框架下的智慧水资源管理(smart water management)应运而生。它强调将物联网技术(IoT)、边缘计算、地理信息系统(GIS)、人工智能(AI)与数字孪生技术融合应用于城市水系统全生命周期的规划、监测、管理与服务中,实现城市供水、排水、雨水管理的高度自动化、协同化与智能化(图 4-23)。

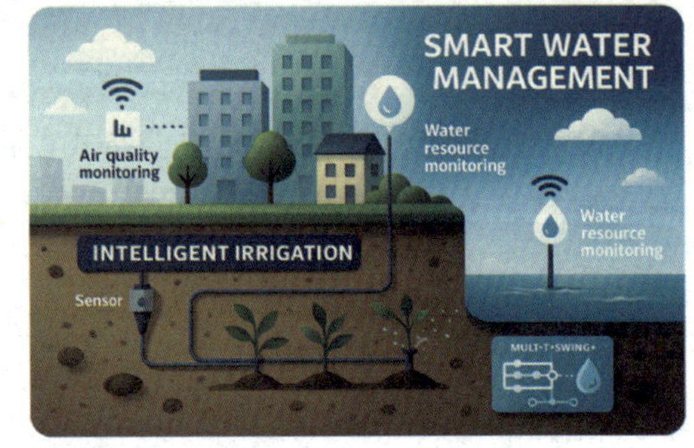

图 4-23 智慧水务三网:供水、排水、雨水结构

4.6.1 全域水感知网络

智慧水务系统的第一层是覆盖全域的水感知网络。这包括:

(1) 智能水表:部署于终端用户家中,实现用水行为实时采集与分类计费。

(2) 漏损监测节点:部署在主干管网与支线交汇处,监测压力变化、流速差异,快速识别潜在破裂或漏损点。

(3) 水质传感器网络:嵌入输水管线、储水设施与取水口,实时检测 pH、浊度、氯含量、重金属等指标。

(4) 雨水与排水感知系统:包括地面雨量计、管道液位传感器、城市排涝口视频监控系统等,构建对城市内涝的多维感知体系。

通过物联网平台,这些设备与城市水务中台实现联网,实现对全市水资源状态的监控。

4.6.2 AI 辅助决策系统与水务知识图谱

通过数据集成后,AI 模型发挥核心作用:

(1) 用水预测模型:基于历史用水数据、节假日、气候数据等预测社区、楼宇的短期用水需求,辅助调度。

(2) 漏损检测模型:训练分类器识别“正常使用”与“异常流量”行为,显著缩短漏损识别时间。

(3) 污染源识别与溯源模型:通过多点水质数据反向建模,追踪污染发生点。

(4) 排水调度模型:在强降雨情况下,AI 可根据雨量数据预测积水区域,调配水泵,打开或关闭闸门。

此外,构建城市"水务知识图谱",将水源地、处理设施、用户终端、排放点等以实体关系方式建模,有助于城市整体水系统的结构认知与策略推演。

4.6.3　数字孪生与模拟预测

随着城市数字孪生平台的建立,水务子系统可实现高精度模拟与预测。

例如,在模拟城市暴雨内涝场景中,可动态展示"积水区变化—排涝路径选择—雨水回收过程"的实时演进,用于演练与系统评估。数字孪生还可以用于水厂运营仿真、净水过程调优、水泵能耗管理等。

4.7　废弃物管理:从末端处理走向智能循环的城市资源系统

在现代城市发展中,废弃物管理不仅是环境卫生问题,更是资源效率、生态安全与城市可持续性的重要体现。随着城市人口密度提升与生活方式变化,城市固体废弃物(municipal solid waste,MSW)的种类日益复杂,产量持续攀升。据联合国统计,全球城市每天产生超过 20 亿吨固废,预计到 2050 年将翻倍。与此同时,许多发展中国家依然采用填埋、焚烧等粗放式处理方式,导致土地资源紧张、空气污染严重、温室气体排放上升。

在智慧城市背景下,传统"垃圾—运输—填埋"线性模式已无法应对多样化、动态化、可持续的城市治理需求。智慧废弃物管理(smart waste management)作为一种融合物联网(IoT)、人工智能(AI)、数据分析与循环经济理念的综合体系,正推动城市废弃物管理从"末端处理"转向"全流程智能治理"。

其核心目标是通过对垃圾产生、分类、收集、运输、处理、资源化等各个环节进行智能化重构,提升废弃物治理的效率、公平性、经济性和环境友好性,从而实现城市绿色转型与资源闭环流动。

4.7.1　垃圾分类感知与智能识别系统

智慧废弃物管理首先要"看得见"。通过部署智能垃圾桶、视觉识别终端、嵌入式传感器等手段,实现对废弃物类型、投放量、投放时间的精准感知。

(1) 智能垃圾桶:内置重量感应器、摄像头、满溢预警系统,当垃圾达到设定阈值时自动发送清运请求(图 4-24)。

图 4-24　智能垃圾桶识别 - 分类流程

(2) AI 图像识别模块:基于卷积神经网络(CNN),可自动识别垃圾种类(纸张、塑料、餐厨、有害、可回收等)，提升分类准确率。

(3) 用户识别与行为记录：通过扫码、NFC 或人脸识别功能，记录居民投放行为，为后续激励机制与积分体系提供数据基础。

这种“可见可溯”的垃圾管理机制，既提升了分类效率，也增强了居民参与感。

4.7.2 智能清运调度与动态路径优化

传统清运车按固定路线运行，存在“空桶运输”或“超时积压”的效率问题。智慧调度系统借助 GPS、GIS 与 AI 路径规划算法，实现动态优化(图 4-25)。

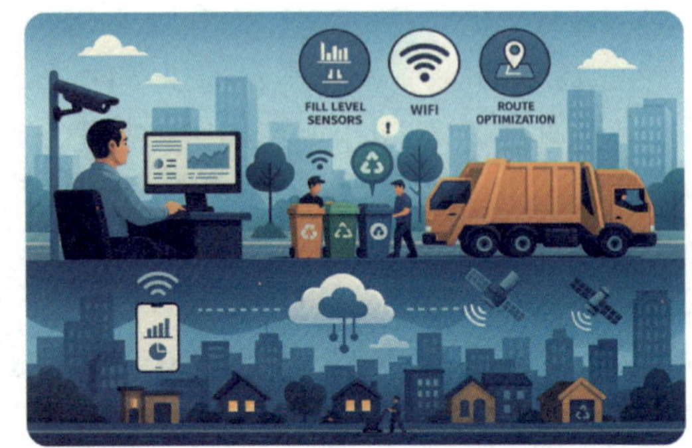

图 4-25 AI 调度下的垃圾清运路径优化图

(1) 路径最短算法(如 Dijkstra)：结合交通实时数据、垃圾量估算、优先级配置，生成最节能的清运路径。

(2) 清运任务管理系统：可基于区域垃圾产生强度动态调整人力与车队分配，实现“垃圾满了才出车，满一车才返回”的最优化策略。

(3) 联动系统：如遇恶劣天气、突发事件，可自动重规划路径并预警相关区域。该系统的运行不仅减少了运输成本与碳排放，也显著降低了运营风险。

4.7.3 资源回收与再利用系统

从“垃圾”到“资源”的关键，是在中后端建立资源再利用机制。通过大数据平台与 AI 匹配系统，将居民区、商业区、学校、工业园产生的不同类型废弃物对接至最合适的回收渠道或再生设施。

(1) 智能分拣中心：集成 AI 分选机械臂、图像识别、多维检测仪，完成对纸类、金属、塑料、纺织品等的高效自动分类。

(2) 垃圾流向追踪平台：记录每类垃圾从产生、回收、处理、再利用的全过程，支持政府监管与公众监督。

(3) 循环经济平台：通过共享平台连接“回收商—加工厂—再制造企业”，实现废弃物“闭环”利用，构建“城市矿山”体系。

在此系统中，AI 不仅提高效率，也赋予“废弃物”新的生命周期与价值属性。

4.8 自然灾害预防与管理：构建韧性城市的智能防线

城市是高度复杂的人类聚居系统，同时也是自然灾害影响最为集中和严重的空间单元。从地震、台风、暴雨到城市内涝、滑坡与森林火灾，极端气候与自然事件对城市的生命系统、基础设施与人群安全构成巨大挑战。随着全球气候变化加剧，城市暴露在自然灾害中的风险逐年提升。据联合国《减少灾害风险全球评估报告》统计，超过 70%的人口居住在面临至少一种自然灾害风险的区域。

传统的灾害管理体系多以“灾后应急”为主，强调政府主导、事后响应、经验决策。然而，这种模式往往滞后于灾害本身的破坏速度，缺乏对系统性风险的提前识别与综合应对能力。

在智慧城市语境下，自然灾害预防与管理的范式正在发生根本转变。依托于遥感与地理信息技术（GIS）、多源数据融合平台、人工智能预测模型与数字孪生演练系统，灾害治理正从“经验驱动”转向“数据驱动”，从“被动响应”转向“主动规避”，从“单点干预”走向“系统协同”，最终目标是构建具备韧性（resilience）与自适应能力的城市系统。

4.8.1　从风险识别到综合治理：灾害管理的新逻辑

自然灾害具有突发性、空间扩散性与系统连锁性三大特点。一次城市暴雨，可能触发积水、交通瘫痪、电力中断、医疗中断等多重社会次生灾害，因此单一部门的被动应对已远不能满足城市安全需求。

智慧灾害管理体系强调全流程闭环控制，包括：

（1）灾前识别与风险评估：基于 AI 模型与地理大数据，识别高风险区域与人群，制定应急资源分布与防护策略。

（2）灾中感知与智能响应：部署物联网设备进行实时监测，AI 系统辅助指挥调度，提升响应效率。

（3）灾后评估与快速恢复：通过卫星遥感、无人机扫描与损失建模，快速判断损害程度，辅助重建与保险理赔。

（4）跨部门协同与公众联动：打破城市部门壁垒，建设统一数据平台，实现多部门决策共享，增强公众参与和应急知识普及。

这一治理逻辑的核心不在于“完全消除灾害”，而是提升城市系统在面对灾害冲击时的吸收、适应与快速恢复能力。

4.8.2　智慧灾害管理的关键技术体系

1. 灾害监测与多源感知网络

城市中部署的遥感卫星、气象雷达、水文站点、地震传感器、雨量计与摄像头构成灾害感知的“感官系统”（图 4-26 和图 4-27）。

在气象层面，卫星与雷达捕捉台风路径、强对流系统、极端降水。

在地面层面，传感器实时监测河流水位、坡体位移、城市积水。

在人群层面，移动通信与社交媒体数据用于判断城市人口迁徙与交通拥堵程度。

无人机可在灾中快速执行空中扫描、热成像探测与红外识别，提高复杂区域的感知覆盖率。

这些多源数据汇入统一灾害中台后，将成为 AI 模型预测、推演与响应的基础。

图 4-26 多灾种城市感知设备部署地图，展示地震、水位、风速、热感等设备布点

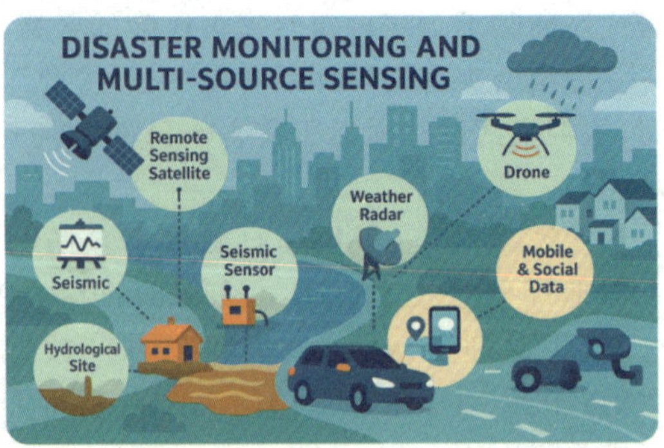

图 4-27 灾害监测与多源感知网络

2. AI 预测与灾害模拟建模

AI 算法在灾害预警中主要承担两个任务：一是提前识别风险区域与脆弱群体；二是实时预测灾害发展趋势与影响范围。

（1）地震风险建模：融合历史地震数据、建筑分布、地质构造，AI 可估算震中及周边区域的建筑受损概率。

（2）洪水预测模型：结合降雨量、地形坡度、排水系统结构，深度神经网络可对积水扩展范围进行逐小时预测。

（3）火灾蔓延模型：基于风速、植被分布与气候变量，AI 模型可模拟火势路径与可控区。

（4）疫情/生物灾害传播预测模型：结合人口密度、交通流与空间接触模型，推演潜在感染区域与高风险人群。

这些预测不仅服务于政府决策，也可作为公众平台展示内容，提高预警可达性。

4.9 安全与安保：构建智慧城市的可信与可控防线

在高速运转、功能高度集成的现代城市系统中，安全与安保不仅关乎人民群众的生命财产安全，也直接影响着城市的运行稳定性与发展信心。从传统的治安管理、火灾防控，到反恐、暴力犯罪、社会稳定再到网络安全、数据保护和关键基础设施防护，城市安全正呈现出更加多元、复杂与动态的形态。

在智慧城市建设的背景下，安全系统已不再是“城市边缘功能”，而成为支撑城市高效运行、居民安心生活与可持续治理的核心要素。与此同时，技术变革正重新定义安全治理的方式。基于人工智能、视频图像识别、智能传感网络、大数据平台与城市信息物理融合系统（cyber-physical systems，CPS）的城市安全管理体系，正逐步取代传统“人工巡逻＋被动报警”的治理结构，推动安全治理从“事后控制”向“事前预警”、从“封闭管理”向“开放协同”演进。

4.9.1 安全体系转型：从静态管控到动态治理

在传统安全治理模式中，城市安保主要依赖于人力巡逻、视频监控、人工排查与线性响应。这种模式在信息密度低、人口流动性弱的旧型城市中尚能适应，但在面对超大城市日益频繁的人员聚集、突发事件、信息超载与跨域协同需求时，显得力不从心。

智慧城市语境下的安全治理体系强调：

(1) 全域感知能力：通过传感器、摄像头、无人机等设备构建“物理空间安全感知网”。

(2) 智能识别能力：通过 AI 模型识别图像、行为、声音、情境，实现从“看见异常”到“识别威胁”的质变。

(3) 动态预测与预警能力：结合历史数据与实时数据进行行为模式建模，提前发出安全风险预警。

(4) 一体化响应机制：打破安保、消防、医疗、交通等多个部门之间的壁垒，形成跨平台协同联动响应机制。

(5)治理透明与公众联动：增强公众对城市安全运行状态的感知与反馈能力，提升治理的可信度。

4.9.2　智慧城市安全体系的核心技术结构

1. 城市视频感知与图像识别系统

城市中的视频监控系统正由“录像回放”向“智能感知”升级。在此过程中，AI 图像识别技术扮演着“哨兵”的角色。

(1) 人脸识别系统：基于深度学习的人脸特征提取模型可在数秒内完成身份比对，用于身份查验、重点人群布控与出入管理(图 4-28)。

(2) 行为识别模型：AI 可识别打架、跌倒、尾随、奔跑等异常行为，触发预警机制。

(3) 密度与聚集分析：在大型活动或公共场所中，系统可实时分析人群密度，预警潜在踩踏风险。

(4) 车辆识别系统：自动识别车辆牌照、类型、行驶方向与违规行为(如闯红灯、逆行、占道停车)。

这些系统的联动调度，使得一座城市如同拥有“万只智能眼睛”，实现从“监控画面可查”走向“安全事件可识”。

2. 智能感知终端与城市安防物联网

在城市角落，越来越多的非视频类感知设备也正在融入安全系统，包括烟雾、燃气、震动与红外传感器：构建微型消防与入侵检测系统(图 4-29)。

(1) 声学传感器与 AI 语音识别：可识别尖叫声、爆炸声等应急信号，自动定位报警源。

(2) 城市安防机器人与无人巡逻车：在园区、车站、仓库等区域执行移动巡逻、违规检测、语音播报等任务。

(3) 穿戴设备与智能手环：用于公安执法记录、医护人员生命体征监控、重点人群轨迹追踪等场景。这一类设备构成了“非可见但可感知”的城市安全补充系统，提升了对盲区、死角与时间差的补偿能力。

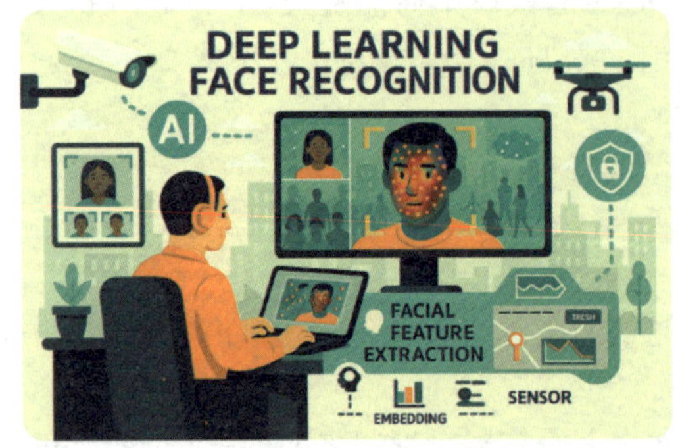

图 4-28　基于深度学习的人脸特征提取场景

图 4-29　智能感知终端与城市安防物联网

3. AI 辅助决策与智能应急调度系统

传统应急调度依赖人工判断与逐级汇报，响应速度受限。而 AI 系统可以在事故发生的“黄金分钟”内，通过多源数据分析提供辅助决策支持。

例如，火灾报警后，系统结合建筑布局、热感图像、人流位置，预测火势蔓延路径并推荐最优疏散方案；在治安事件中，AI 可根据地理位置、警力分布、案情级别生成最优调度路径，避免警力冗余或空缺；在交通事故中，系统识别车牌后快速联动交通管理平台、保险平台、道路养护系统实现“一体化处置”。

此外，AI 还可用于安全事件的“复盘分析”与“模拟演练”，帮助城市形成从风险识别、干预决策到制度修复的闭环治理能力。

4.10　社会福利与公共服务：以智能化手段构建包容性城市体系

公共服务系统是城市运行的基础设施，更是社会公平的制度保障。从教育、医疗、社会保障，到养老、儿童抚育、残障支持等服务体系，公共服务连接着城市中每一位居民的基本生活与尊严。特别是在面对老龄化、人口流动、疫情冲击等新型挑战的背景下，城市治理亟须构建一个更加高效、精准、可持续、包容性强的社会福利网络。

智慧城市的发展为公共服务体系注入了新的活力。通过引入人工智能、大数据平台、自然语言处理、物联网终端与智慧终端设备，城市社会福利系统正逐步实现数字化转型、智能化升级，推动从“以部门为中心”向“以人群为中心”转变，从“按流程提供”向“按需求定制”转变。

4.10.1　智慧社会服务的核心理念与技术路径

1. 以“人”为中心的服务逻辑重构

智慧公共服务的出发点是围绕个体在城市生活中不同阶段、不同角色、不同需求下的服务路径进行重构。这种服务路径不仅是物理空间的接入点，更是行为数据、身份状态、历史偏好等多维信息的整合体。

通过建立“居民数字画像”，系统可动态掌握居民的生命周期信息（如婴幼儿阶段需要疫苗提醒，青年阶段需要就业指导，老年阶段需要健康监测和护理服务），实现“全生命周期一体化服务”（图 4-30）。

AI 在其中承担着个性化匹配与智能推荐的中枢角色。例如，残障人士登录城市公共服务 App，系统可自动推荐无障碍出行路线、专属辅具申请窗口与康复医疗机构，避免繁杂的申请流程，提高服务可达性与公平性。

图 4-30　以“人”为中心的服务逻辑重构

2. 数据驱动的服务平台与 AI 决策机制

支撑上述服务逻辑的是统一的“城市社会服务数据平台”。该平台整合医疗、教育、民政、社保、交通、就业、司法等多部门信息资源，通过身份识别、区块链存证与隐私计算保障数据安全流转。

人工智能模型可基于数据平台运行以下任务：

（1）预测服务需求变化：如分析某区域人口老龄化速度，预测未来 5 年养老服务床位缺口。

（2）资源配置优化：如通过地理数据分析与服务反馈模型，识别服务“空白点”，优化网点布局。

（3）应急响应联动：如当极端高温预警触发时，自动推送清凉服务点地图至老年人群。

（4）政策模拟与效果评估：如对不同社保补贴政策进行建模仿真，预测财政压力与覆盖率变化。

智慧服务平台不再只是“办理入口”，而是城市对居民需求的“感知中枢”与“决策神经”。

4.10.2　典型场景中的 AI 公共服务应用

1. 智慧医疗与居家健康照护

AI 辅助诊断系统已经广泛应用于城市基层医疗机构，支持医生快速识别病理图像中的异常信息。

在智慧养老场景中，穿戴设备可实时采集老年人心率、体温、活动数据，AI 模型根据个体状况提供用药建议或健康警报，相关信息通过物联网同步给子女与社区医生，实现“居家照护—远程医疗—社区响应”的闭环服务（图 4-31）。

图 4-31　“居家照护—远程医疗—社区响应”的闭环服务

2. 智慧政务与“主动服务”

AI 政务助手通过自然语言处理技术，为市民提供全程政策咨询、流程引导与表格预填服务。当居民即将退休、子女即将入学、家庭状态变化时，系统可主动提醒需要办理的事项，提供个性化的“办事清单”，实现从“我找政府”到“政府找我”的服务模式转变。

本章思考与练习

一、深度思考题

【思考题 1】智慧城市是否只是对未来的“技术幻想”？你认为建设智慧城市的最大现实挑战是什么？

【思考题 2】人工智能在城市治理中起到哪些独特作用？哪些环节必须保留人类决策？

【思考题 3】数据是智慧城市的基础资源。谁拥有这些数据？是否存在“技术集中化”的隐忧？

【思考题 4】智慧城市的广泛部署是否可能加剧老年人、低收入群体等弱势群体的数字排斥？是否会加剧“数字鸿沟”？你认为应如何应对？

【思考题 5】智慧城市正从“被动响应”转向“主动感知与调度”。你认为未来城市是否可以像手机一样拥有自己的“操作系统”？有哪些可能的好处与隐患？

【思考题 6】社会往往对无人驾驶车设定“必须绝对安全”的标准。你认为这种期待是否合理？无人驾驶是否必须“零事故”才能推广？如果不能达到零事故，AI 该承担哪些责任？

【思考题 7】若无人车仅依赖摄像头或仅依赖激光雷达工作，感知系统依赖单一传感器是否安全？会面临什么问题？你认为最安全的感知策略应是怎样的？

【思考题 8】如果无人车必须在“撞行人”或“撞障碍”之间做出选择，AI 是否应该拥有类似“伦理偏好”的设定？谁来决定？

二、实践题

【实践题 1】设计一个简单的“智慧交通系统”解决方案，用于减少校园高峰期拥堵：需要：

(1)收集哪些数据？(如摄像头、门禁、人流计数等)

(2)采用哪些 AI 技术或数据处理方法？

(3)输出什么样的管理建议？(如错峰出行、路线推荐等)

【实践题 2】请观察你所在城市或校园，记录 3 个已具备“智慧特征”的系统或场景(如共享单车、扫码通行、智能快递柜等)，并分析它们：

(1)使用了哪些关键技术？

(2)给城市生活带来哪些改变？

(3)是否存在技术依赖或隐私问题？

【实践题 3】请观察你所在的城市或社区，发现至少一个目前尚未“智慧化”的城市问题(如夜间照明浪费、公交系统等)，并提出智慧化改造建议。

【实践题 4】以小区为单位，设计一套基于物联网和 AI 的垃圾分类辅助系统，要求考虑以下问题：

(1)使用哪些感知设备?
(2)如何对错误投放行为进行识别与反馈?
(3)如何提升居民参与率?
【实践题 5】设计一个面向极端天气(如暴雨、高温)的城市级智能预警系统,包括:
(1)数据来源(如传感器、气象台、社交媒体)。
(2)AI 如何进行风险评估?
(3)系统如何与市民/政府互动?

三、计算题

【计算题 1】某城市利用 AI 模型预测高峰期车辆数量,得到以下数据:

实际流量/辆	预测流量/辆
1200	1150
1600	1700
1400	1350

请计算预测的平均绝对误差(MAE)。
【计算题 2】某路段使用智慧照明系统后,每天晚上平均电耗从 45 kWh 下降到 30 kWh。若该路段共有 100 盏路灯,试估算每月(30 天)节约电量和节约电费(每千瓦时为 0.5 元)。
【计算题 3】某智慧安防系统识别可疑人员。某天监测 500 人,其中 20 人为异常,系统识别出 30 人异常,其中正确识别 15 人,求系统的误报率。
【计算题 4】某智慧城市平台收集过去 7 天某商业区用电量(单位:万千瓦时)如下:
32,33,30,29,28,31,5532,33,30,29,28,31,55
计算该数据的均值与标准差,并判断是否存在"明显异常点"。
提示:超过均值±2×标准差,属于异常值。
【计算题 5】某十字路口在引入 AI 智能调控后,早高峰平均等待时间由原来的 120 s 降为 72 s。若每天有 5000 辆车通过该路口,试估算每天总节省等待时间(以小时计)。
【计算题 6】某无人车以 60 km/h 的速度行驶,系统从感知到障碍物到启动刹车需 0.5 s,刹车减速度为 6 m/s^2。请计算:
(1)反应距离(即在感知至刹车这段时间内行驶的距离)。
(2)刹车距离(从刹车开始到停止)。
(3)总停车距离是多少?
【计算题 7】无人车的感知系统每秒采集 10 帧图像(即帧率为 10 FPS),若图像处理延迟为每帧 80 ms,AI 决策计算耗时为 120 ms,问:系统从环境变化到做出决策的时间延迟大约是多少?
【计算题 8】某无人车面临两条路径选择:
(1)路径 A:距离 10 公里,限速 60 km/h。
(2)路径 B:距离 9 公里,限速 40 km/h,中间信号灯预计多停一次(需额外 90 s)。
问:从时间角度分析哪条路径更优?

四、综合计算题

自动驾驶中的强化学习仿真决策任务。

某车企在为一辆自动驾驶汽车设计一个强化学习策略模型，使其在复杂路况中学会安全驾驶。强化学习模型将通过不断与环境交互，在不断试错中学习最优驾驶策略。

【已知参数】

(1)状态空间(State)：

①当前车道中心偏离：$d=0.5$ m(偏离车道中心)。

②当前速度：$v=15$ m/s。

③距离前车距离：gap=10 m。

④交通信号灯状态：绿色。

⑤周围障碍物：无。

(2)可选动作(Action)。

①A1：加速($+2$ m/s^2)。

②A2：减速(-3 m/s^2)。

③A3：向左打方向盘($-15°$)。

④A4：向右打方向盘($+15°$)。

(3)奖励函数(Reward)设计如下：

①车道偏移>0.3 m：-5。

②距离前车过近(<8 m)：-10。

③红灯闯行：-20。

④保持平稳居中驾驶(偏移<0.2 m，速度 10～20 m/s)：$+10$。

⑤每执行一次动作均需消耗能量(动作惩罚)：-1。

【问题要求】

(1)当前状态下，系统分别选择 A1～A4 这 4 种动作，分别计算它们各自的奖励值。

(2)哪个动作是当前状态下最优的？为什么？

(3)结合上述结果，请画出状态→动作→奖励的一个信息流图(可手绘或文字表达结构)。

第5章

智慧医疗:AI助力健康未来

本章教学目标

本章旨在引导学生系统掌握智慧医疗的基本理念、技术路径与典型应用,理解人工智能在医疗健康领域的深层融合与变革性作用。通过对AI赋能医疗服务全过程的讲解,学生将了解智能影像识别、语音识别诊疗辅助、健康大数据分析、智能可穿戴设备等技术在疾病筛查、辅助诊断、个性化治疗和慢病管理中的广泛应用。课程将帮助学生认识智慧医疗如何提升医疗服务效率与质量,推动"以患者为中心"的精准医疗和远程服务新模式。学生还将思考智慧医疗所面临的数据隐私、伦理规范、责任界定等现实问题,增强其对技术社会影响的敏感性与批判性判断能力。通过案例分析与项目实践,学生将初步具备跨学科整合能力,理解AI与医学、信息、伦理等领域的协同发展逻辑,为未来从事相关研究与实践打下坚实基础。

5.1 全球智慧医疗:AI引领健康体系的演进与变革

5.1.1 智慧医疗发展的背景驱动因素

21世纪以来,全球医疗卫生体系面临着深刻的变革压力和前所未有的挑战。传统的以医院为中心、以治疗为主导的医疗模式,难以应对人口老龄化、慢性病高发、医疗资源不均等一系列现实问题。在此背景下,以信息技术为核心支撑的"智慧医疗"(smart healthcare)应运而生,并迅速发展成为全球医疗改革的重要方向。

智慧医疗是指通过人工智能、大数据、云计算、物联网、移动互联网、区块链等现代信息技术,构建以数据为驱动、以患者为中心的高效、精准、智能化医疗服务体系。其本质是将医疗健康服务全面数字化、网络化和智能化,从而提升医疗质量与效率,实现全民健康保障。

智慧医疗的兴起和快速发展,主要受到以下几个关键因素驱动(图5-1)。

1. 人口老龄化日益加剧

据联合国《世界人口老龄化报告》,到2050年,全球65岁及以上人口将达到16亿,占比超过 20%。老年人群患病率高、医疗依赖性强，尤其是慢性病、心脑血管病、神经退行性疾病（如阿尔茨海默病、帕金森病）大幅增加。这对现有医疗体系提出了持续性照护、多学科协同和长期健康管理的新要求。智慧医疗通过远程监护、慢病管理系统、可穿戴设备等手段，为老年患者提供持续、便捷、高效的健康管理服务。

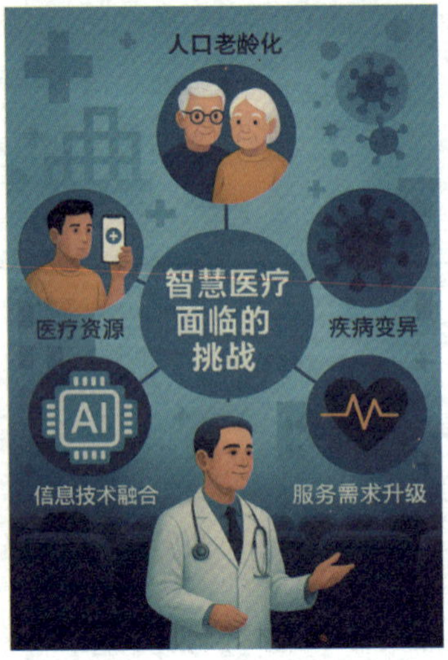

图 5-1　智慧医疗面临的挑战

2. 医疗资源分布不均

在全球范围内，医疗资源高度集中于大城市和中心医院，而偏远地区、基层医疗机构普遍存在设备落后、医生短缺、服务能力弱等问题。发展中国家尤为突出。例如，在非洲和南亚地区，每万名人口仅有 1～3 名医生，远低于世卫组织推荐标准。智慧医疗通过远程会诊、远程影像诊断、AI 辅助诊疗等手段，实现优质医疗资源的下沉与共享，提升基层医疗机构的服务能力。

3. 疾病谱结构持续演变

随着环境变化、生活方式转变及人口结构老化，传染病与慢性病双重负担日益严重。例如，全球每年因心血管病、糖尿病、癌症等慢病死亡人数达 4000 万，占总死亡人数的 70%以上。同时，COVID-19 等重大传染病事件的爆发，也暴露了传统公共卫生体系响应滞后、信息孤岛等问题。智慧医疗通过大数据建模、早期风险预测、流行病学智能监测等技术，有效支撑公共卫生应急与疾病防控。

4. 医疗服务需求结构升级

当代患者不再满足于“治病”，更追求“健康”——包括就医体验、人性化服务、全生命周期管理等。这对传统医疗模式提出了更高要求。智慧医疗支持从“以治疗为中心”向“以健康为中心”转变，提供主动、连续、个性化的健康服务，如智能随访、康复管理、心理健康支持等。

5. 信息技术融合应用突破

随着 AI 算法（如深度学习、自然语言处理）、云计算平台、大数据处理框架（如 Hadoop、Spark）、5G 网络以及物联网技术的广泛部署，智慧医疗获得了前所未有的发展契机。例如，AI 可实现高精度医学影像识别、辅助病理判断和自动生成病历；5G 远程技术可实现毫秒级延迟的远程手术与指导；而可穿戴设备则让实时健康监测成为现实。

5.1.2　智慧医疗全球发展趋势概述

智慧医疗作为一个高度综合性的技术应用体系，已经成为全球医疗改革的重要组成部分。各国政府、科技公司和医疗机构纷纷投入资源，积极探索智慧医疗的发展路径。以下从发达国家与新兴市场两个维度，总结全球智慧医疗的发展趋势。

1. 发达国家的战略引领

美国是全球智慧医疗发展的先行者。早在 2014 年，美国就启动了“精准医疗计划”

(Precision Medicine Initiative),提出通过基因组学、大数据与AI算法,为个体量身定制治疗方案。该计划由美国国立卫生研究院(National Institutes of Health,NIH)牵头,吸引了谷歌、IBM、微软等科技巨头参与。IBM Watson Health曾用于肿瘤辅助诊断,在乳腺癌、肺癌、白血病等领域开展试点(图5-2)。Google Health专注于医学影像AI识别与病理分析,推动AI模型用于皮肤病、眼底病等领域。Amazon Web Services(AWS)医疗云平台为医院提供一体化的云计算基础设施和健康数据管理能力。

图5-2 IBM Watson Health系统用于肿瘤辅助诊断

2. 欧盟:重视跨境健康信息共享

欧盟提出"eHealth Action Plan",推动成员国建立电子健康记录(electronic health records,EHR)互通机制,实现医疗服务的数字化和跨境可移动性。重点建设内容包括:数字处方系统、跨国患者转诊信息平台、健康数据标准与伦理框架。此外,德国、法国、芬兰等国出台国家级智慧医疗战略,支持AI在初级诊疗中的应用。

3. 日本:以高龄化社会为导向推进健康科技

作为全球老龄化最严重的国家之一,日本将智慧医疗纳入"Society 5.0"国家发展战略,强调人与科技的融合。其发展重点包括:可穿戴健康设备与远程监测系统、养老机器人与认知障碍辅助技术、基于AI的健康管理与疾病预测系统。日本厚生劳动省与NEC、富士通等企业合作还开发了"个人健康档案平台",实现全民健康数据整合与动态监控。

4. 新兴市场的加速追赶

在医疗资源相对短缺的发展中国家,智慧医疗被视为提升医疗服务能力的重要手段。以下是典型国家的发展实践:

(1) 印度面临庞大人口与农村医疗服务不足的问题。其智慧医疗发展主要依赖移动互联网与低成本AI技术:开发AI辅助诊断App(如Jio Health);利用WhatsApp与语音识别技术提供远程问诊;推出国家级"数字健康身份码"项目,整合公私医疗数据。

(2) 巴西推动"远程医疗+AI"组合方案,优化边远地区的初级诊疗能力。其国家远程医疗网络(RUTE)连接全国上百家医院与大学,实现病例共享、远程培训与AI协诊。

(3) 非洲部分国家如卢旺达、肯尼亚利用无人机运输药品、远程视频问诊与移动支付相结合,为偏远地区提供疫苗接种、母婴健康等服务(图5-3)。

图 5-3　非洲国家利用信息技术开展智慧医疗的场景

5.1.3　中国智慧医疗政策与发展情况

在“健康中国 2030”战略与“数字中国”建设的大背景下，中国智慧医疗已进入快速发展阶段。政府高度重视顶层设计与制度建设，持续出台相关政策推动智慧医疗从技术试点走向体系建设、从局部应用迈向全面布局。

中国智慧医疗正在从政策推动走向体系化建设阶段。通过国家顶层设计、技术企业协同创新、地方政府因地制宜落地实践，智慧医疗已在诊疗效率提升、资源均衡配置、患者体验优化等方面取得突破。

自 2016 年起，中国政府就已将智慧医疗列入国家发展战略层面，主要政策脉络见表 5-1。

表 5-1　中国智慧医疗相关政策与官方文件汇总(2020 年以后)

发布时间	文件名称	核心内容与智慧医疗相关要点
2020 年 3 月	《新基建发展规划(草案)》	将智慧医疗纳入“新基建”重点应用场景，强调 AI＋医疗、5G 远程医疗、健康数据平台的建设
2021 年 6 月	《“十四五”卫生健康信息化发展规划》	提出建设国家健康信息平台，发展人工智能辅助诊疗、智慧医院、数字化健康管理
2022 年 1 月	《国家卫生健康信息标准体系建设指南(2022 年版)》	明确电子病历、电子健康档案标准与 AI 医疗数据标准化建设
2023 年 2 月	《数字中国建设整体布局规划》	将“数字医疗健康”列入七大重点任务，推动全民健康信息工程、智慧医院评级体系建设
2023 年 8 月	《关于加快推进智慧医院建设的通知》(国家卫生健康委)	指导各地开展智慧医院建设评价，建设高水平医院信息平台、智能管理系统与辅助决策平台
2024 年(部分地方试点)	多地出台《智慧医疗发展三年行动计划》(如江苏、广东、浙江等)	明确区域内智慧医疗基础设施建设目标，包括 AI 辅助诊疗、远程医疗协作平台、健康数据中心等

注：政策关键词：智慧医院、远程医疗、人工智能、大数据、信息共享、基层能力提升。

5.1.4　中国智慧医疗发展的阶段性成果

经过数年政策推动与技术进展,中国智慧医疗在以下四大领域取得显著成效。

1. 智慧医院建设体系日趋成熟

国家卫生健康委制定并推广"三级智慧医院分级评价标准",涵盖智慧服务、智慧管理、智慧医疗三大维度;各大三甲医院普遍部署 AI 影像识别系统、智能导诊机器人、电子病历系统,如典型医院实现门诊预约率超 90%,诊间 AI 辅助推荐系统覆盖率超 70%(图 5-4)。

2. 互联网医疗平台快速普及

截至 2024 年,全国注册互联网医院数量已超过 2700 家;主流互联网平台如阿里健康、京东健康、平安好医生、腾讯健康等构建了"线上问诊+电子处方+药品配送+健康管理"闭环生态;实现了医保在线结算、线上复诊、慢病续方、AI 客服初筛等功能,服务可及性大幅提升(图 5-5)。

图 5-4　门诊预约与导诊

图 5-5　互联网医疗平台快速普及:线上问诊

3. AI 技术在医疗核心环节加速落地

在医学影像识别、辅助诊断、病理分析、手术导航、药物研发等方面,AI 应用不断突破;国家药监局批准多款国产 AI 医疗器械产品进入临床,如肺结节识别辅助系统、糖网病筛查 AI 模型等(图 5-6)。

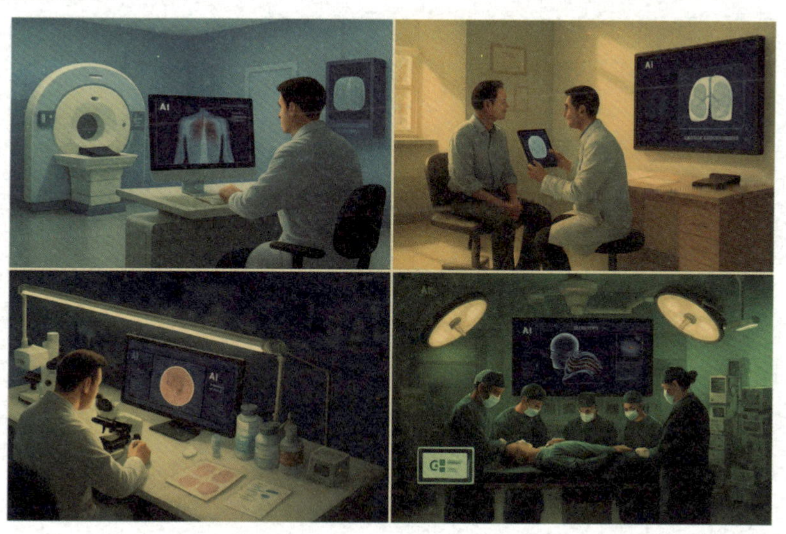

图 5-6　AI 技术在医疗核心环节加速落地,多款国产 AI 医疗器械产品进入临床

4. 医疗大数据平台与信息互通体系初具雏形

国家级"全民健康信息平台"正在推进，实现居民电子健康档案、电子病历、公共卫生信息跨部门共享；多地推进区域"健康码"与"医疗数据一体化平台"对接，探索健康城市、数字公卫协同治理模式；在云计算和边缘计算技术支撑下，医疗系统IT架构逐步实现数据分级存储、联邦学习与隐私保护计算。

5.1.5 智慧医疗的核心任务与目标

智慧医疗的根本目标是：构建以患者为中心、数据驱动、精准高效、普惠共享的现代健康服务体系。这一目标不仅体现了医疗理念的根本性转变，也明确了新一代医疗信息技术在国家卫生战略中的核心使命。

围绕这一总体愿景，智慧医疗可归纳为五大核心任务（图5-7）与目标。

图5-7 智慧医疗的五大核心任务

1. 精准诊疗：实现千人千方，推动个性化医疗

精准诊疗是智慧医疗的核心价值体现，其根本理念是通过多维数据融合和深度建模，实现疾病诊断与治疗"因人而异"的精准化。摆脱传统"一刀切"式治疗路径，转向"为每一个患者量身定制"的医疗服务。不仅关注疾病本身，还结合患者的遗传背景、环境因素、生活方式和临床表现。

通过高通量测序技术，识别个体遗传变异，用于癌症靶向药物选择、罕见病筛查等；AI临床辅助决策系统整合实验结果、病历信息与最新临床指南，生成最优诊疗建议；多模态数据建模，结合影像、病理、文本等多源异构数据，实现深度患者画像与预测性建模。

2. 智能服务：引入AI技术，提高诊疗效率

智能服务强调以技术手段优化医疗流程，提升服务效率与质量，减少医生重复性劳动，为患者提供更流畅、更智能的就医体验。例如，利用智能技术提升医生工作效率、减少人为误差，实现服务流程自动化、患者交互智能化。

实现路径：

(1) 自然语言处理(NLP)：自动提取病历文本信息，支持结构化电子病历生成。

(2) 图像识别与机器学习：在影像诊断、皮肤病检测、病理分析等环节实现AI辅助识别。

(3) 智能导诊与语音交互系统：通过移动端或终端设备实现初步分诊、病情分析与问诊导航；

(4) 医疗机器人与语音助手：服务于导诊、陪护、消毒、护理等场景。

3. 协同共享：推动资源整合与远程医疗

协同共享的目标是打破信息孤岛，实现跨机构、跨区域医疗资源互联互通，提升整体诊疗协作效率和基层服务能力。在系统层面，构建数据、服务、知识与人员的互通网络；在组织层面，推动"医联体""区域医疗中心""互联网医院"有效协作。

实现路径：

(1) 国家健康信息平台建设：实现居民电子病历、处方、影像等数据的统一归集与标准共享。

(2) 远程会诊与远程影像中心：实现基层与三甲医院之间的协作支持。

(3) 基于云的协同平台：为多家医疗机构提供统一的AI模型调用、数据交换与决策支持。

(4) 智慧分级诊疗系统：通过智能分诊系统，实现首诊在基层，重症上转、康复下转的资源流转机制。

4. 全周期健康管理：覆盖从预防到康复的全过程

与传统医疗"重治疗、轻预防"不同，智慧医疗强调全生命周期健康管理，实现疾病防控、诊疗、康复、随访的无缝衔接。建立围绕个人健康的全过程数据采集与干预机制；关注健康的"前移"和"后延"，即加强健康促进与康复管理。

实现路径：

(1) 可穿戴设备与智能硬件：实时监测心率、血压、血糖、睡眠等指标，数据上传至健康管理平台。

(2) 个性化健康干预计划：AI系统根据用户数据生成运动、饮食、作息建议与行为提醒。

(3) 慢病管理平台：通过线上监测与医生远程干预，实现对高血压、糖尿病、心衰等慢性病的长期控制。

(4) 康复指导与随访系统：在患者出院后提供远程康复评估、线上处方续签与心理疏导等服务。

5. 数据安全与伦理保障：确保可信、安全、公平地发展医疗AI

在智慧医疗高度依赖数据与智能算法的背景下，数据安全、隐私保护与伦理监管成为其可持续发展的基石。保护患者隐私权与知情权，防止数据滥用；管控AI算法偏见、解释性不足带来的问题。

5.1.6　构建智慧医疗面临的风险与挑战

在全球范围内，智慧医疗作为新一代医疗体系的重要方向，正逐步改变着人们对健康服务的获取方式和医疗系统的运作逻辑。然而，其在推进过程中也面临诸多复杂而现实的挑战，制约着其全面落地与可持续发展。这些挑战并非某一国家或地区所独有，而是具有广泛共性，构成了当前全球智慧医疗发展道路上的核心阻力。

1. 医疗数据的互联互通问题

尽管许多国家已构建了电子健康档案系统，但由于不同医疗机构、地区乃至国家之间在信息系统建设标准上的不统一，大量宝贵的医疗数据被孤立在各自的数据库中，难以实现有效流通与共享。这种"数据孤岛"现象不仅妨碍了医疗资源的整合利用，也严重限制了人工智能模型的训练深度和跨平台应用能力。

2. 医疗数据的隐私保护与伦理风险问题

智慧医疗的本质在于对海量个人健康数据的采集、处理与分析，这使得患者隐私面临前所未有的暴露风险。从基因信息到临床记录，再到实时监测设备收集的生理指标，这些敏感数据一旦被滥用、泄露或用于不当商业目的，将对个体造成不可逆的损害。因此，如何在确保数据利用效率的同时，构建系统完善的隐私保护机制和伦理审查体系，已成为各国政府与医疗机构亟待解决的重要课题。

3. 基础设施薄弱与技术能力差异

在全球范围内，特别是在发展中国家和欠发达地区，智慧医疗所依赖的高带宽网络、云计算平台、AI 模型部署环境等，在城市大医院中或许已经初具规模，但在乡村、边远地区却依然难以普及。这种技术与资源的不均衡加剧了医疗服务的差距，也让智慧医疗的普惠性目标难以实现。

4. 医疗人工智能系统的适应性和普适性

一方面，许多 AI 诊断模型是在特定种族、特定地域或单一医院的数据基础上开发而成的，缺乏多样化样本的训练，导致其在面对不同人群、不同设备、不同病例时往往准确率下降、偏差加大；另一方面，这些系统的“黑箱”特性亦带来了临床应用的不确定性，医生在无法解释 AI 判断依据的情况下，难以放心将其作为决策参考(5-8)。

5. 监管体系的滞后

当前多数国家的医疗法律法规体系仍是围绕传统医疗行为构建的，面对 AI 辅助诊疗、远程机器人手术、跨境数据流动等新型场景，相关法律责任归属、认证审批流程、医疗安全标准等仍存在空白或模糊地带。这种法律上的真空使得企业与医疗机构在推广创新技术时心存顾虑，亦不利于形成公平有序的市场环境。

6. 智慧医疗能否被广泛接受

在许多国家，不少医生对 AI 系统的准确性、可靠性和替代性持谨慎甚至抗拒态度，担忧其削弱了专业判断权或加重了法律风险；而患者，尤其是老年群体，则普遍存在对远程医疗、AI 问诊等方式的不熟悉与不信任，认为其缺乏人情味与安全感。这种认知落差如果得不到有效缓解，将直接影响智慧医疗服务的使用频率与推广效果(图 5-9)。

图 5-8　AI 系统的“黑箱”特性带来应用的不确定性

图 5-9　智慧医疗的民众接受度问题

7. 商业模式的不确定性

目前,无论是 AI 辅助诊疗系统、健康管理平台,还是远程问诊服务,其在多个国家尚未被纳入医保支付体系,缺乏可持续的盈利机制。在市场前景尚未明朗、监管规则尚未明确的背景下,许多企业在资金投入、研发创新和市场拓展方面面临掣肘,智慧医疗的发展缺乏足够的商业动力支持。

综上所述,智慧医疗在全球范围内的推广并不仅仅是一个技术升级的问题,它更是一个系统性转型的过程,涉及技术发展、制度建设、伦理审查、法律规范与社会接受度等多个维度。这些挑战的存在不仅考验着各国政府的政策制定能力,也对国际合作、标准制定与产业协同提出了更高要求。唯有在全球共识与多方努力的基础上,智慧医疗才能真正成为推动人类健康事业跨越式发展的新引擎。

5.2　AI 赋能医疗:开启新时代的医学革命

5.2.1　AI 为何能改变医学

AI 正在深刻地改变医学领域,它不仅能够辅助医生进行精准诊断,还能优化医疗资源,提高医疗效率,甚至推动个性化医疗的发展。AI 之所以能在医学领域产生如此巨大的影响,主要得益于其强大的数据分析能力、精准的辅助决策、医疗效率的提升、医疗成本的降低以及对患者体验的优化(图 5-10)。

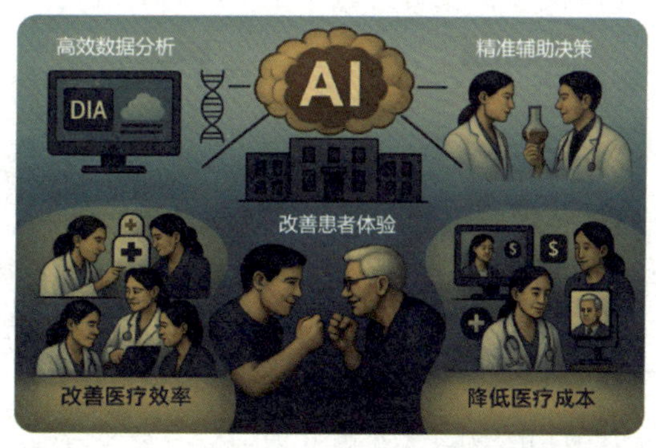

图 5-10　人工智能正在深刻地改变医学领域

1. 高效数据分析:挖掘医学知识,提升诊断准确性

医学是一个数据密集型领域,涉及海量的病历、影像、基因组数据等。传统的医疗数据分析依赖于医生的经验和有限的信息处理能力,而 AI 可以借助机器学习和深度学习等技术,从海量医学数据中快速提取有价值的信息。例如,医学影像分析、基因组学与精准医疗、电子病历分析等。

2. 精准辅助决策:让医生更快、更准地诊断

在传统医疗中,医生的诊断主要依赖于个人经验、临床指南和有限的患者数据,然而,由于医学知识的快速增长、疾病的复杂性以及医疗资源的限制,医生可能会遭遇信息过载、误诊或漏诊的情况。AI 通过数据驱动的分析和智能决策支持,能够极大地增强医生的诊断能力,使其更加精准和高效。例如,临床决策支持系统、疾病预测与早期预警、药物推荐与个性化治疗等。

3. 提升医疗效率:优化资源配置,减少医生负担

医疗行业面临着全球性挑战,如人口老龄化、医疗资源短缺、医生工作压力过大等问

题。AI通过自动化、智能优化和数据驱动的决策支持，能够有效提升医疗效率，优化医疗资源配置，并减少医生的负担，使其能够专注于更高价值的医疗任务。例如，智能分诊与远程医疗、医疗机器人、医疗文书自动化、医疗资源智能调度等。

4. 降低医疗成本：让优质医疗服务更可及

医疗成本的高昂已成为全球医疗体系面临的重大挑战，尤其是在老龄化加剧、慢性病患增多、医疗资源分配不均的背景下。AI通过优化医疗流程、减少误诊误治、提高医疗资源利用率以及加速药物研发，可以有效降低医疗成本，使更多患者能够负担得起优质的医疗服务。例如，远程医疗与智能问诊、智能药物研发等。

5. 改善患者体验：提供更便捷、更个性化的医疗服务

医疗行业的最终目标是提升患者的健康水平和就医体验。然而，传统医疗体系往往面临排队时间长、个性化服务不足、患者依从性低等问题。AI通过优化就医流程、提供个性化健康管理、提升医患沟通体验、提高治疗依从性，使患者能够享受到更便捷、高效和人性化的医疗服务。例如，智能健康管理、个性化医疗服务、智能客服与心理健康支持等。

5.2.2 AI在医疗中的主要应用

目前，AI在医疗领域的应用正迅速改变着传统医疗模式，其核心是通过数据驱动技术优化诊疗流程、提升精准度并降低成本。下面主要从医学影像分析、个性化治疗、患者管理方面来论述（图5-11）。

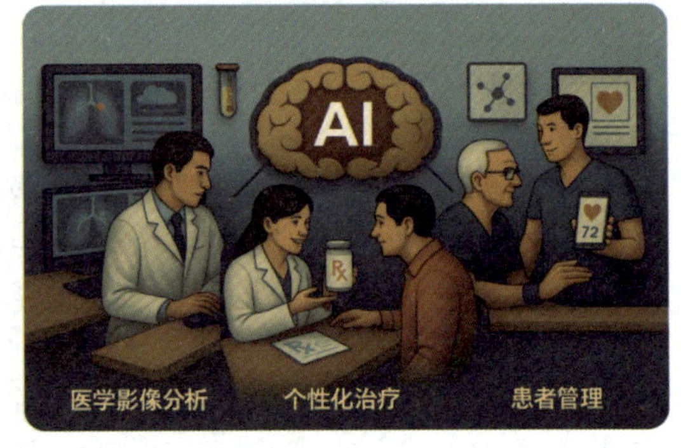

图5-11　AI在医疗中的主要应用

1. 医学影像分析方面

医学影像分析是指利用计算机技术、AI和图像处理算法等，对医学影像（如X射线、CT、MRI、超声、PET等）进行自动或半自动的解析和解释，以辅助医生诊断疾病、制定治疗方案或评估治疗效果的技术领域，其核心目标是从医学图像中提取有价值的信息，帮助提高诊断的准确性、效率和一致性。例如，AI在肺癌、乳腺癌和视网膜病变的早期筛查中表现出色，甚至在某些任务上超越了人类医生的水平；在病理学领域，AI可以通过分析组织切片图像，辅助病理学家识别癌症细胞，提高诊断的准确性和效率。

2. 个性化治疗方面

个性化治疗是一种基于个体差异（如基因、环境、生活方式、生理特征等）制定针对性预防、诊断和治疗方案的医疗模式，其核心理念是打破传统“一刀切”的通用疗法，通过精准识别患者的独特性，选择最有效的干预手段，减少副作用并提高治疗效果。例如，在癌症治疗中，AI可以帮助医生选择最有效的药物组合，减少副作用并提高治疗效果。此外，AI还在药物研发中发挥着重要作用，传统的药物研发周期长、成本高，而AI可以通过模拟药物与靶点的相互作用，加速新药的发现和开发过程。

3. 患者管理方面

患者管理是指通过系统化、科学化的方法,对患者的诊疗流程、健康数据、治疗依从性及长期健康状态进行规划、协调和优化的过程,其核心目标是提高医疗服务质量、降低医疗成本、改善患者体验,并最终实现更好的健康结局。例如,AI 被广泛应用于远程监控和健康预测,通过可穿戴设备和移动应用,AI 可以实时监测患者的生理指标,如心率、血压和血糖水平,并在发现异常时及时发出警报;对于慢性病患者,AI 可以帮助医生制定个性化的健康管理计划,提高患者的生活质量。

5.2.3　医疗 AI 的深远影响

AI 与医学的结合不仅为医疗行业带来了技术上的突破,更深刻地改变了医疗服务的模式。首先,人工智能技术的应用显著提高了医疗效率。例如,AI 可以在几秒钟内完成对大量医学影像的分析,而人类医生可能需要数小时甚至数天的时间。这种效率的提升不仅减轻了医生的工作负担,还缩短了患者的等待时间,提高了医疗服务的可及性。

其次,人工智能技术的引入有助于降低医疗成本。通过自动化和智能化的手段,AI 可以减少医疗资源的浪费,优化医疗流程。例如,AI 可以通过预测患者的住院时间和治疗需求,帮助医院更合理地分配资源。此外,AI 在疾病早期筛查中的应用可以显著降低晚期疾病的治疗成本,从而减轻患者和社会的经济负担。

最后,人工智能技术的应用改善了患者的医疗体验。通过个性化治疗和远程监控,患者可以享受到更加精准和便捷的医疗服务。例如,AI 可以根据患者的健康状况和生活习惯,提供个性化的健康建议,帮助患者更好地管理自己的健康。此外,AI 还可以通过自然语言处理技术与患者进行互动,解答他们的疑问,提供心理支持,从而提升患者的满意度和信任感。

5.3　AI 影像诊断:让人工智能读懂医学图像

计算机辅助诊断(CAD)系统是通过医学影像处理技术及生理、生化等手段,结合计算机分析计算,辅助发现病灶的医学影像信息库。它能够对医学影像进行深度解析与智能分析,从而提升诊断结果的准确性与效率。计算机辅助诊断系统是一种集影像学、医学图像处理、人工智能算法于一体的先进诊断技术,其核心目标是通过计算机算法对医学影像进行自动化分析,从而为医生提供诊断建议。计算机辅助诊断系统工作原理与流程如图 5-12 所示。

图 5-12　计算机辅助诊断系统工作原理与流程

5.3.1 计算机辅助诊断系统工作原理

1. 图像获取

图像获取是指将物体成像，并将其转换成数字图像的过程。这一过程通常通过使用各种设备和技术来实现，主要包括扫描仪、摄像头、数字相机等。图像获取的核心是将模拟图像转换成数字图像，以便在计算机上进行处理和分析。医学影像是计算机辅助诊断系统的基础数据来源，常见的医学影像包括 X 光片、CT(计算机断层扫描)、MRI(磁共振成像)、超声图像、病理切片等。这些影像通过医疗设备获取，并传输到计算机辅助诊断系统进行处理。

2. 图像预处理

图像预处理是指在将图像数据输入机器学习模型之前，对图像进行一系列处理操作，以消除不需要的失真，并增强图像的质量和特征，从而提高后续处理的准确性和可靠性。图像预处理的主要目的是消除图像中的无关信息，恢复有用的真实信息，增强有关信息的可检测性，并最大限度地简化数据。由于医学影像可能受到噪声、伪影或低对比度等问题的影响，因此图像预处理是计算机辅助诊断系统的重要步骤，其中，预处理技术通常包括图像去噪、图像增强、图像归一化等。

3. 特征提取

特征提取是从原始数据中提取有用信息的过程，目的是减少数据维度并保留关键特征，以便更好地进行后续分析或建模。它在机器学习、模式识别和信号处理等领域有着广泛应用。特征提取是计算机辅助诊断系统的核心环节，通过图像处理技术，系统从医学影像中提取出与疾病相关的特征，如肿瘤的形状、大小、纹理、边缘特征等，这些特征是后续分类与诊断的基础。

4. 分类与诊断

分类与诊断是计算机辅助诊断系统的核心任务，通常在特征提取的基础上，计算机辅助诊断系统利用机器学习或深度学习算法等对图像进行分类。例如，系统可以判断一张乳腺 X 光片是否存在恶性肿瘤，或者一张肺部 CT 图像是否存在肺结节。分类与诊断常用算法包括支持向量机(SVM)、随机森林(random forest)、*K* 近邻(*K*-NN)、卷积神经网络(CNN)等。

5. 结果展示与辅助决策

结果展示是计算机辅助诊断系统将数据分析结果以直观、可操作的形式呈现给医生，帮助其快速理解患者病情，如标注出可疑区域、生成诊断报告等。辅助决策是利用计算机辅助诊断系统基于分析结果为医生提供诊断建议、治疗方案推荐或风险评估，核心目标是减少误诊、提高效率。

5.3.2 AI 辅助诊断系统技术方法

1. 传统机器学习方法

在深度学习兴起之前，计算机辅助诊断系统主要依赖于传统机器学习算法，利用人

图 5-13　计算机辅助诊断系统技术方法

工设计特征或统计模型，通过数据驱动的方式辅助医生进行疾病诊断。例如，支持向量机常用于乳腺癌检测、肺结节分类等，随机森林常用于糖尿病分类与预测等，K 均值聚类常用于检测心律失常等（图 5-13）。

尽管传统机器学习方法在计算机辅助诊断系统中取得了成功，但仍存在一定局限性：①人工设计特征需要领域专家的知识，难以捕捉复杂模式；②对于复杂的医学影像数据，传统方法的分类能力有限；③难以处理大规模数据，可能会导致维度灾难，影响分类性能。因此，传统机器学习方法在小样本数据、可解释性强的任务中具有明显优势。

2. 深度学习方法

近年来，深度学习在计算机辅助诊断系统中得到广泛应用，特别是在医学影像分析、病理学检测、疾病预测和临床决策等方面取得了显著进展。与传统机器学习方法依赖手工设计特征不同，深度学习能够自动提取数据中的高级特征，从而提高诊断准确率。例如，卷积神经网络（CNN）常用于肺结节分类与检测、眼底疾病检测、皮肤癌检测等；全卷积神经网络（FCN）常用于肺部 CT 结节分割、脑部 MRI 分割等；循环神经网络（RNN）常用于疾病预测、患者监护、分析医疗记录和健康数据等；生成对抗网络（generative adversarial networks，GAN）常用于修复受损的医学影像，提供清晰的诊断信息，以及虚拟病理分析等。尽管深度学习方法在计算机辅助诊断系统中取得极大成功，但仍存在一定局限性：①数据获取困难，由于医学数据通常涉及隐私问题，获取高质量标注数据集较难；②存在数据不均衡，由于某些疾病样本较少，深度学习模型易偏向于多数类别；③模型泛化能力问题，由于不同医院、设备的医学影像存在差异，深度学习模型可能缺乏泛化性。

3. 多模态数据融合

多模态数据融合（multimodal data fusion）是指将不同来源、不同形式的数据进行整合与分析，以提取更全面、更准确的信息。在计算机辅助诊断系统中，多模态数据融合通过结合医学影像、基因组数据、电子健康记录、实验室检查结果等多种数据源，显著提升了疾病诊断的精度和个性化治疗的效果。尽管多模态数据融合在计算机辅助诊断系统中具有显著优势，但也面临着一些局限性。

【案例】多模态基础模型 TITAN。

在医学人工智能领域，基础模型代表了一种全新的发展方向。它们不仅可以执行多种临床相关任务，比如识别不同类型的癌症，还可以预测患者的生存概率。2024 年，哈佛医学院在计算病理学领域取得了重大突破，特别是在构建大规模的病理基础模型方面。这些模型已经开源，组成了一个功能强大的工具集，极大地推动了病理学 AI 的发展。

其中，TITAN 是一个由哈佛团队提出的重要多模态基础模型，专门用于处理全图病理图像（whole slide images，WSI）。TITAN 的目标是将一整张病理切片图像转化为通用的、可用于多种任务的特征表示。它使用了一种先进的视觉变换器（ViT）来“看懂”图像内容，并将其编码成特征嵌入（图 5-14）。

为了让模型具备这种能力，TITAN 通过 3 个阶段进行预训练（图 5-15）：

(1) 自监督学习阶段：模型在数百万个组织图像块（即感兴趣区域，region of interest，ROI）上学习如何识别组织结构和细胞形态，不依赖人工标签。

(2) 视觉-语言对齐阶段：模型学习如何将图像信息与语言描述（如病理报告中的文字）相对应，增强其对图像语义的理解能力。

(3) 多模态合成数据预训练阶段：模型还使用了超过 42 万条由病理报告和生成式 AI 助手共同生成的图像描述语句，这些合成标题帮助模型更好地学习视觉和语言之间的关系。

通过这 3 个阶段的训练，TITAN 不仅能理解局部的组织区域，还能形成对整个切片的全面理解。这种 WSI 级别的表示对于疾病诊断、风险预测等任务具有很强的通用性。

总之，TITAN 代表了病理 AI 从“单任务模型”向“通用基础模型”的转变，有望在未来支持更加智能、全面的临床辅助诊断系统。

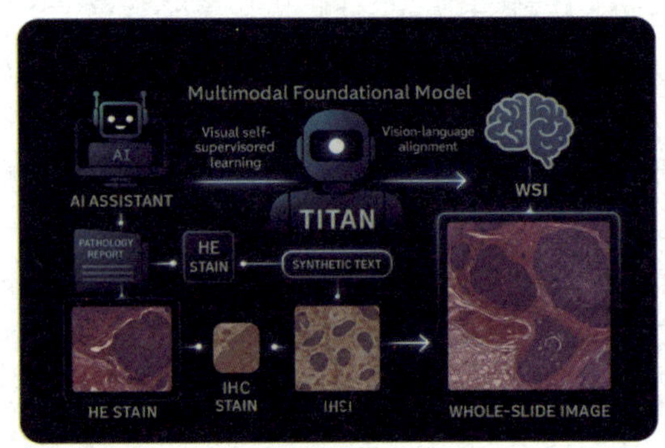

图 5-14　多模态 WSI 基础模型 TITAN

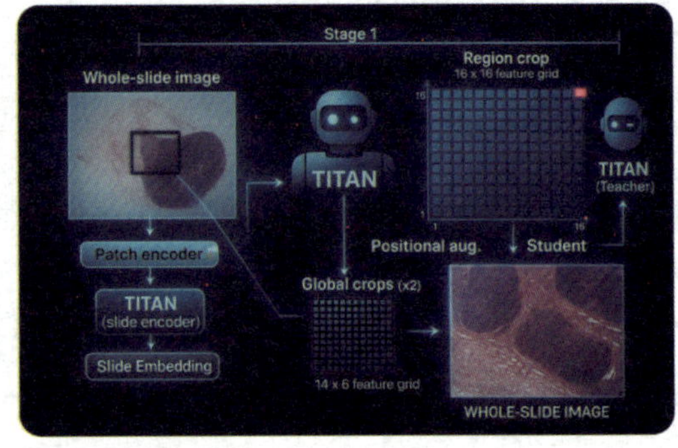

图 5-15　TITAN 的预训练过程

5.3.3　计算机辅助诊断系统应用领域

1. 肺癌筛查

肺癌是全球发病率和死亡率最高的癌症类型之一，而早期筛查对于提高患者生存率至关重要。基于低剂量计算机断层扫描（low-dose computed tomography，LDCT）的 CAD 系统可以自动检测肺结节，并评估其恶性概率，也可以通过深度学习算法分析影像特征，提供结节分割、分类和发展趋势预测，提高筛查的准确性和效率。例如，谷歌公司开发的 Google DeepMind 在肺癌筛查中约达到 94.5%的准确率，以及新加坡的 AIDOC 团队开发的 Aidoc（天医）用于实时分析 CT 影像，自动标记可疑结节，显著提高筛查效率（图 5-16）。

2. 乳腺癌检测

乳腺癌是女性最常见的恶性肿瘤之一,早期发现和诊断对于治疗效果至关重要。CAD 系统可辅助医生分析乳腺 X 线摄影(mammography)、乳腺超声(breast ultrasound)和磁共振成像(MRI)等影像,自动检测乳腺肿块、钙化点和结构异常,辅助判断病灶的良恶性。例如,IBM 公司的 IBM Watson Health,它在乳腺癌检测中准确率约达 92.5%,以及美国超声公司开发的 Qlarity Imaging,通过分析乳腺 MRI 影像,显著提高早期乳腺癌的检出率。

3. 脑部疾病诊断

脑部疾病包括阿尔茨海默病、帕金森病、脑卒中等,影像学检查是诊断这些疾病的重要手段。CAD 系统可分析脑部 MRI、CT 影像,识别异常区域,辅助医生进行病灶定位、病情评估和预测。例如,美国企业开发的 Enlitic 用于脑肿瘤检测,其检测准确率约达 95%,以及美国一家医疗 AI 公司开发的 Viz. ai 能快速诊断脑卒,从而缩短治疗时间。

4. 病理学检测

病理学诊断依赖于显微镜下的组织切片分析,传统方法需要高度专业化的医生进行观察和判断。CAD 系统结合数字病理(digital pathology)技术,可自动分析病理切片,识别癌细胞、炎症、坏死组织等,提升病理诊断的效率和准确性。例如,美国 PathAI 公司开发的 PathAI 用于优化患者组织样本分析,提供更准确、更快速的病理学分析,以做出更有效的诊断决策(图 5-17)。

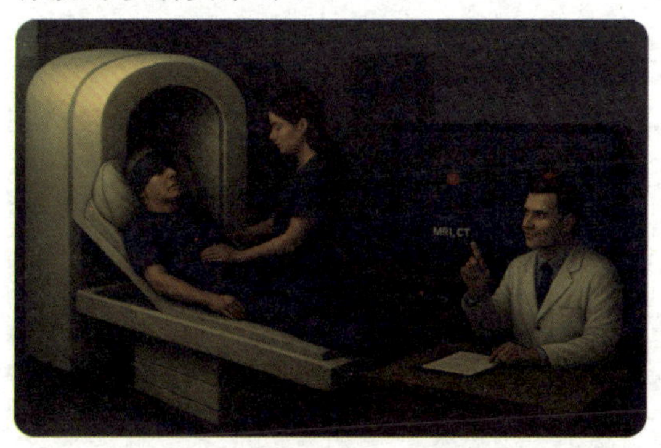

图 5-16　低剂量计算机断层扫描自动检测肺结节

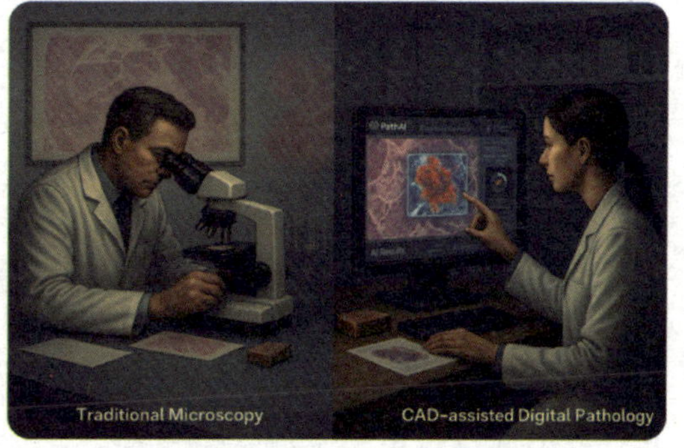

图 5-17　传统病理学检测与 CAD 系统

5. 心血管疾病检测

心血管疾病是全球范围内的主要死亡原因之一,影像学检查(如心脏超声、冠状动脉 CT、MRI)是疾病评估的重要工具,CAD 系统可用于自动分析心脏功能、血管狭窄、动脉硬化等影像特征,辅助医生进行疾病风险评估和治疗方案制定。例如,美国加利福尼亚一家企业开发的 Arterys,在冠状动脉 CT 分析中准确率约达 90%(图 5-18)。

6. 皮肤病学检测

皮肤病学领域的 AI 影像分析技术可用于皮肤癌(如黑色素瘤)、银屑病、湿疹等疾病的早期检测。CAD 系统可分析皮肤镜(dermoscopy)图像,识别皮肤病变特征,辅助皮肤科医生进行分类诊断。例如,谷歌公司开发的 Google Health 用于黑色素瘤检测,其准确率可达到 89%,接近于皮肤科医生的水平(图 5-19)。

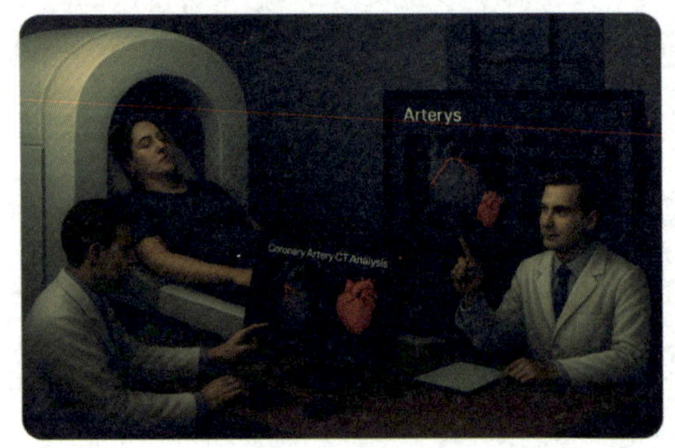

图 5-18 心血管疾病检测

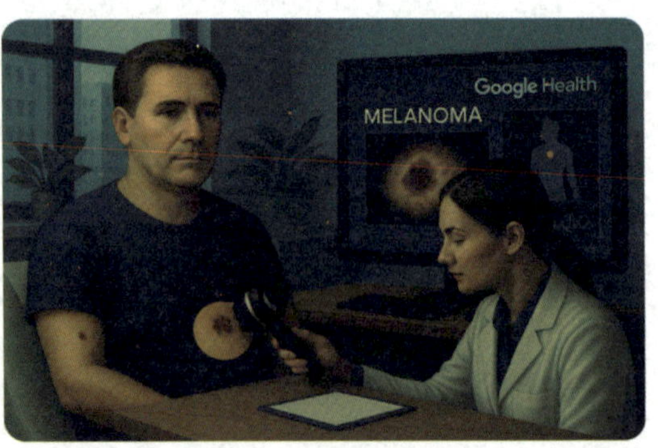

图 5-19 皮肤病学检测

总之,CAD 系统在肺癌筛查、乳腺癌检测、脑部疾病诊断、病理学、心血管疾病和皮肤病学等领域展现出巨大潜力。通过 AI 技术的赋能,CAD 系统不仅提高了疾病诊断的准确性和效率,还减轻了医生的工作负担,推动了精准医疗的发展。未来,随着技术的不断进步,CAD 系统将在更多医学领域发挥重要作用,为人类健康保驾护航。

【案例】病理 AI 大模型 PathMMU。

在传统的计算病理学中,不论是利用图像编码器和多示例学习(multiple instance learning,MIL)方法进行图像分类,还是使用多模态模型直接从图像生成报告,这些方法往往无法真正模拟病理医生的实际诊断过程。

大型多模态模型的出现释放了人工智能的巨大潜力,特别是在病理学方面。然而,缺乏专门的、高质量的基准,阻碍了它们的发展和准确评价。为了解决这个问题,有关研究团队引入了 PathMMU,它包括 33428 道多模式选择题和来自不同来源的 24067 张图片,每张图片都附有正确答案的解释。PathMMU 的构建利用了 GPT-4V 的先进功能,利用超过 30000 对图像标题来丰富标题并在级联过程中生成相应的问答。

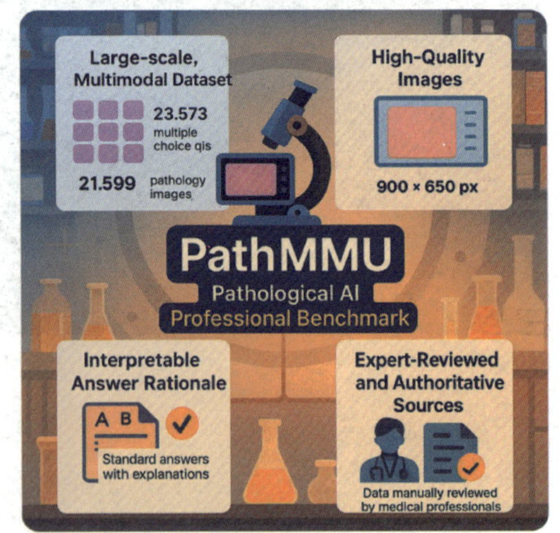

图 5-20 病理 AI 大模型 PathMMU 的主要特征

PathMMU 是目前规模最大、图像质量最高、经专家验证的病理学多模态基准,专为大模型(如 GPT-4V 等)在医学图像理解中的评估设计。它的主要特点包括(图 5-20):

(1) 大规模多模态数据。PathMMU 收录了来自不同机构和平台的 21599 张高质量病理图像,并配套设计了 33573 道多项选择题。每一道题结合图像与文字,模拟真实临床问答任务,覆盖广泛的病理知识点。

(2) 高清图像质量。图像平均分辨率达到 900 像素×650 像素,足以清晰观察细胞形态、组织结构等病理关键细节,满足专业使用需求。

（3）答案带解释，提升可解释性。每道题目都配有标准答案及详细解释，帮助模型在训练和推理时不仅“选对”，还能“说明为什么对”，有助于实现 AI 诊断过程的可解释性。

（4）专业权威审核。数据来源权威，题目和解释均由医学专家进行人工审核，确保科学性与临床实用性，是少数经过专业质量把控的开放病理数据集。

PathMMU 的推出不仅填补了病理 AI 基准的空白，还为大模型的训练与评估提供了专业化、标准化、系统化的工具。这一成果为开发更智能、可靠、符合临床流程的病理 AI 系统奠定了基础，也加快了 AI 在数字病理领域的临床落地步伐。

5.4　AI 个性化医疗：为每个人量身定制治疗方案

个性化医疗（personalized medicine）是指根据个体的基因、环境、生活方式等特征，为其量身定制预防、诊断和治疗方案的一种医疗模式。传统医疗模式主要依赖于经验医学和群体数据的统计分析，而个性化医疗则强调基于个体基因、环境和生活方式等因素，为患者提供精准、高效的治疗方案。AI 通过大数据分析、机器学习、深度学习等方法，为个性化医疗的实现提供了强大支持，使得个性化医疗成为可能，并在基因组学、精准医疗、药物研发和慢病管理等多个领域取得突破性进展。

5.4.1　基因组学：AI 解码生命密码

基因组是指一个生物体的全部遗传信息，通常由 DNA（脱氧核糖核酸）组成，人类基因组包含约 30 亿个碱基对，分布在 23 对染色体上，而基因组学主要是研究生物体全部基因的结构、功能及相互作用的学科。人类基因组中蕴含了决定个体特征、疾病易感性及药物反应的关键信息。通过基因组学分析，可以为患者提供个性化的疾病风险评估、诊断和治疗方案。本节主要介绍 AI 在基因组学中的一些应用与案例。

1. 基因测序数据分析

基因测序数据分析是指利用生物信息学方法和 AI 技术对基因测序产生的海量数据进行处理、分析和解读，以提取有价值的生物学信息的过程。它是基因组学研究的重要组成部分，也是精准医疗、个性化治疗等领域的核心技术支撑。基因测序技术的发展使得获取个人基因组数据变得越来越便捷，但如何从海量数据中提取有价值的信息，成为摆在科学家面前的一大难题。基因测序数据分析的意义在于：通过分析基因序列，可以了解基因的结构、功能以及基因与疾病之间的关系，从而揭示生命的奥秘；基因测序数据分析可以帮助医生根据患者的基因组特征，制定个性化的预防、诊断和治疗方案，实现精准医疗；通过分析基因数据，可以发现新的药物靶点，加速新药研发进程，提高药物研发效率。

利用 AI 技术对基因测序数据分析，国内外有许多公司进行深入研究与探索。例如，由美国国家癌症研究所（National Cancer Institute，NCI）和国家人类基因组研究所（National Human Genome Research Institute，NHGRI）联合启动一个癌症基因组图谱计划(The Cancer Genome Atlas,TCGA)项目,旨在通过大规模基因组测序和分析,揭示癌症的基因组特征,为癌症的诊断和治疗提供新的思路(图 5-21)。该项目已经对 33 种癌症类型进行了基因组测序和分析,发现了大量与癌症相关的基因变异,为癌症的精准治疗提供了重要依据。中国公司华大基因利用基因测序数据分析技术,开发了多种疾病风险预测、药物反应预测、个性化治疗方案制定等服务。如华大基因开发的“无创产前基因检测”技术,可以通过分析孕妇血液中的胎儿 DNA,检测胎儿是否患有染色体异常疾病(图 5-22)。

图 5-21 AI 技术对基因测序数据分析

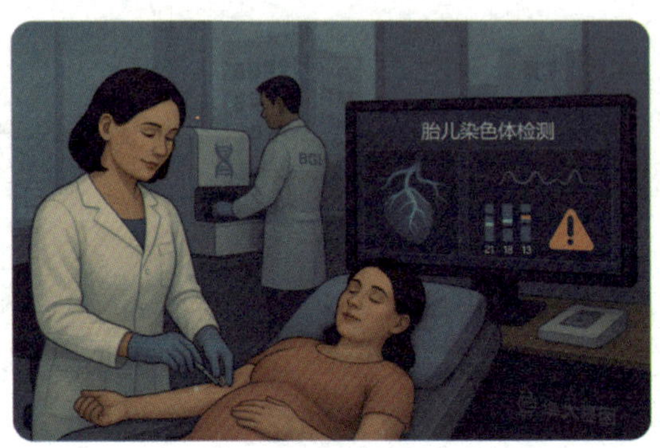

图 5-22 胎儿染色体检测

2. 基因编辑技术优化

基因编辑技术优化是指利用 AI 技术对基因编辑工具进行改进和优化,以提高其编辑效率、精准性和安全性,从而更好地应用于基因功能研究、疾病治疗和生物育种等领域。基因编辑技术,特别是由 2020 年诺贝尔化学奖获得者,法国科学家埃玛纽埃勒·沙尔庞捷和美国科学家珍妮弗·道德纳共同研发的高精度基因组编辑方法:CRISPR-Cas9 系统,为科学家提供了一把强大的“基因剪刀”,可以精准地对基因组进行编辑(图 5-23)。

AI 技术用于基因编辑技术优化的意义在于:提高编辑效率,AI 模型可以根据 gRNA(guide RNA)序列预测其与目标 DNA 的结合效率,从而筛选出高效的 gRNA;提高编辑精准性,AI 模型可以预测基因编辑工具在基因组中潜在的脱靶位点,从而设计出更精准的 gRNA;提高编辑安全性,AI 模型可以预测基因编辑对细胞和生物体的潜在影响,从而评估编辑安全性。

在基因编辑技术优化方面,国内外公司均有一些成果。例如,由美国 Synthego 公司开发的基因编辑技术,它利用 AI 技术优化基因编辑实验条件,并提供高质量的 gRNA 和 Cas 蛋白。而同济大学课题组开发了 DeepCRISPR,它是一种基于人工智能深度学习框架的向导 RNA(sgRNA)设计的计算平台,该平台基于深度学习模型进行一站式的 sgRNA 打靶活性预测及全基因组范围内的脱靶谱(off-target profile)预测,从而帮助用户挑选最优化的 sgRNA 进行基因编辑。

总之,基因组学是生命科学的前沿领域,AI 技术为其发展注入了新的活力。通过 AI 技术的应用,我们可以更快速、更精准地解读基因组信息,揭示生命奥秘,预测疾病风险,开发个性化治疗方案,为人类健康保驾护航(图 5-24)。

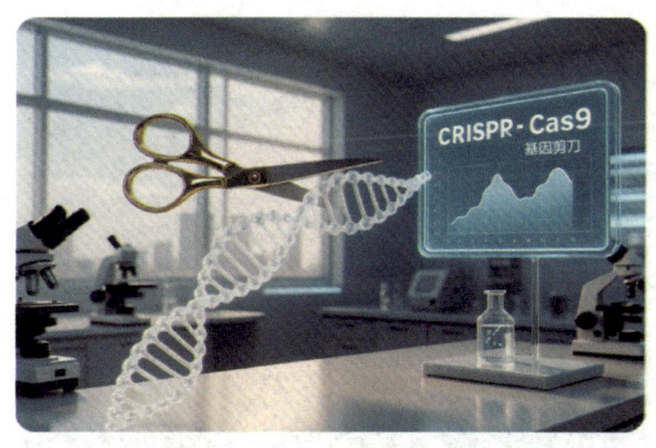

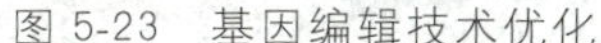
图 5-23　基因编辑技术优化

图 5-24　基因组学是生命科学的前沿领域

5.4.2　精准医疗:AI 驱动的个体化诊疗

精准医疗(precision medicine)是一种基于个体差异的医疗模式,旨在通过整合基因组、临床、环境等多维度数据,为患者提供最优诊疗方案。AI 作为引领新一轮科技革命和产业变革的战略性技术,为精准医疗的发展提供了强大的技术支撑。AI 驱动的个体化诊疗,是指利用机器学习、深度学习等 AI 技术,对海量医疗数据进行分析和挖掘,从而辅助医生进行疾病预测、诊断、治疗和预后评估,最终实现个体化精准医疗。

1. 个性化治疗方案设计

传统的治疗方案通常是基于大规模临床试验的结果,针对特定人群设计的,缺乏个体差异性。AI 可以通过分析患者的基因、临床、影像等多维度数据,为患者量身定制最佳治疗方案。例如,在癌症精准治疗方面,由于癌症是一种高度异质性疾病,不同患者的基因突变、肿瘤微环境等存在显著差异,AI 可以通过分析患者的基因测序数据、病理图像等,预测患者对不同治疗方案的反应,从而制定个性化的治疗方案,如美国的 IBM Watson for Oncology 利用 AI 技术为癌症患者提供个性化的治疗方案推荐。在罕见病治疗方面,由于罕见病的病例稀少,缺乏有效的治疗方案,AI 可以通过分析罕见病患者的基因数据和临床数据,寻找潜在的治疗靶点和药物,如美国 FDNA 公司利用 AI 技术分析面部特征,辅助诊断罕见遗传病,并为患者提供个性化的治疗建议(图 5-25)。

2. 疗效监测与动态调整

传统的治疗方案一旦确定,往往需要较长时间才能评估疗效,难以根据患者的个体情况进行动态调整。AI 可以通过实时监测患者个体的生理指标、症状变化等,评估治疗效果,并及时调整治疗方案。

例如,在糖尿病管理方面,由于糖尿病是一种需要长期管理的慢性疾病,AI 可以通过分析患者的血糖数据、饮食记录、运动情况等,实时监测患者的血糖水平(图 5-26),并根据监测结果调整胰岛素用量和饮食建议,如 Livongo 是美国一家专注于糖尿病管理的公司,它开发了一款基于 AI 的糖尿病管理平台,可以为患者提供个性化的血糖监测、饮食建议和运动指导。在癌症免疫治疗方面,由于癌症免疫治疗是一种新兴的治疗方法,其疗效因人而异,AI 可以通过分析患者的免疫细胞活性、肿瘤微环境等,预测患者对免疫治疗的反应，并根据治疗过程中的实时监测数据，动态调整治疗方案。

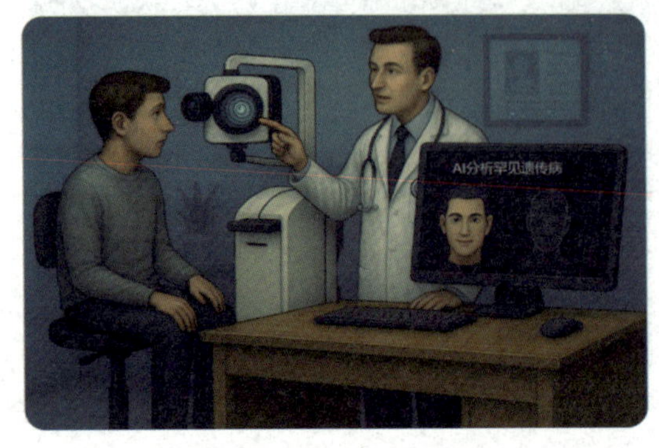

图 5-25　利用 AI 分析面部特征辅助诊断罕见遗传病

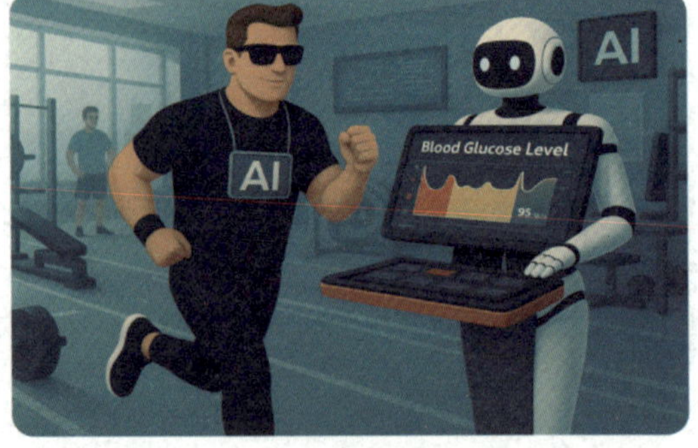

图 5-26　实时监测患者的血糖水平

总之，AI 驱动的个体化诊疗是精准医疗发展的重要方向，它将为患者提供更加精准、高效、个性化的医疗服务，推动医疗模式从“以疾病为中心”向“以患者为中心”转变。相信随着技术的不断进步和应用的不断深入，AI 将在精准医疗领域发挥越来越重要的作用。

5.4.3　药物研发：AI 加速个体化药物开发

个体化药物开发（personalized drug development）是指根据患者的基因、代谢特征、生活方式和疾病特征，量身定制更精准、更高效的药物治疗方案。与传统“通用药物”不同，个体化药物旨在最大程度地提高疗效，同时减少副作用，从而实现精准医疗的目标。AI 在个体化药物开发中发挥重要作用，它能够利用大规模生物医学数据、基因组数据、临床试验数据以及药物分子结构数据，通过机器学习、深度学习和生物信息学等技术，加速药物发现、优化药物设计、预测药物作用机制，并提高药物研发的成功率。

下面主要介绍 AI 在个体化药物开发中的应用及相关案例。

1. AI 驱动的药物靶点发现

药物靶点是指药物在体内的作用结合位点，包括基因位点、受体、酶、离子通道、核酸等生物大分子，通过与药物相互作用，能够调节疾病进程。AI 能够解析海量的基因组和蛋白质数据，从中发现新的潜在药物靶点，利用自然语言处理技术分析生物医学文献，或通过深度学习模型解析基因表达数据，以识别与疾病相关的重要基因或蛋白质（图 5-27）。

例如，在发现新型抗纤维化靶点方面，英矽智能（Insilico Medicine）公司使用生成对抗网络（GAN）和深度学习模型，分析基因组学、蛋白质组学和临床数据，发现了一个全新抗纤维化靶点，并在临床前实验中显示出显著疗效，从靶点发现到候选化合物设计仅用时 18 个月，大幅缩短了传统研发周期。

2. AI 辅助药物分子设计

AI 辅助药物分子设计是指利用 AI 技术，特别是机器学习和深度学习，来加速和优化药物分子的设计过程。通过分析化学结构、生物活性数据、蛋白质-配体相互作用等信息,AI 可以预测具有潜在治疗效果的分子结构,并优化其药物特性(如药效、选择性、毒性等),这一过程显著缩短了传统药物研发周期,降低了成本,并提高了成功率(图 5-28)。例如,在发现新冠病毒治疗候选药物方面,位于英国伦敦的 BenevolentAI 公司采用 AI 技术筛选潜在治疗药物,发现巴瑞替尼(Baricitinib)可能具有抗病毒作用,并能减少炎症反应,后续临床试验显示,巴瑞替尼确实对重症 COVID-19 患者有效,并被纳入治疗指南。

图 5-27　AI 驱动的药物靶点发现

图 5-28　AI 辅助药物分子设计

总之,个体化药物开发是未来医药发展的重要方向,AI 技术为其提供了强大的驱动力。通过 AI 技术的应用,我们可以更快速、更精准地发现药物靶点、设计药物分子、筛选候选药物、优化临床试验,最终实现"对症下药",为患者提供更有效的治疗方案。相信随着 AI 技术的不断进步和应用,个体化药物开发将迎来更加美好的未来,为人类健康事业做出更大的贡献。

5.5　AI 健康监测:打造主动、精准的智能健康守护系统

在数字化时代,AI 技术正以前所未有的速度渗透到医疗健康领域,推动"以治病为中心"向"以健康为中心"转变。智能健康监测成为连接个体健康管理与现代医疗服务的重要桥梁。

本节将探讨 AI 在智能健康监测中的具体应用,包括可穿戴设备、健康风险预测、远程医疗等,展示 AI 如何提升个体健康管理的效率与精度,促进医疗服务的普及与公平。

5.4.1　智能健康监测的内涵与背景

智能健康监测是指借助现代信息技术,尤其是人工智能、大数据、传感器技术与物联网等,对人体生命体征、生活行为、环境因素等进行实时监控、数据采集与智能分析,从而实现对个体健康状态的动态评估和风险预警。随着全球范围内人口老龄化日益加剧,联合国数据显示,到 2050 年,全球 60 岁及以上人口比例将超过 20%。老年人群体作为健康服务的重点对象,对慢性病管理、日常健康监护和医疗照护的需求持续上升。与此同时,心脑血管疾病、糖尿病、慢性呼吸系统疾病等慢性疾病的发病率逐年攀升,已成为影响居民生活质量和公共卫生系统可持续发展的主要因素。然而,传统以医院为中心的健康管理模式已难以满足新时代公众对健康服务的多样化、个性化需求,智能健康监测正

是在这一背景下应运而生的，并逐渐成为构建“以人为本”健康管理体系的重要组成部分(图 5-29)。

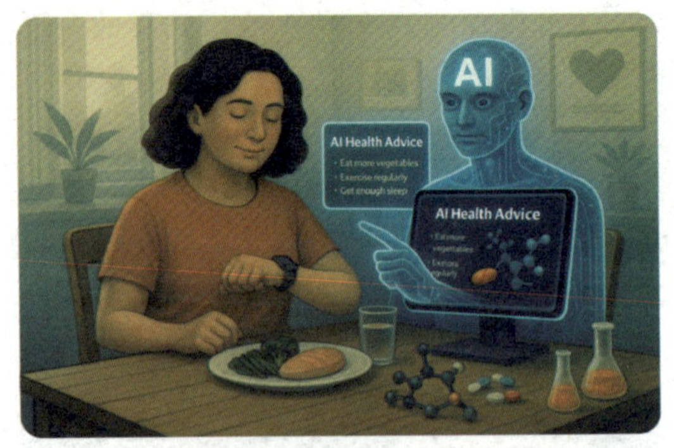

图 5-29 AI 在智能健康监测中的应用

近年来，随着信息技术的飞速发展，智能健康监测得以快速落地和推广。物联网技术使得可穿戴设备、便携式健康终端、家庭医疗设备能够实现对人体生命体征数据的实时采集和远程传输。传感器技术的发展则提高了数据采集的精度与灵敏度，覆盖心率、血压、血糖、血氧、体温、睡眠质量等多个维度。人工智能与大数据技术的应用，进一步增强了对海量健康数据的处理能力：通过深度学习算法模型，可以对个体健康状况进行精准分析和智能预测；通过数据挖掘，可以识别健康风险因素，建立个性化健康档案与干预方案；而云计算和边缘计算技术的引入，则提升了数据处理的实时性和安全性，为构建分布式健康管理系统提供技术支撑。

5.4.2 AI 赋能可穿戴设备

随着信息技术和智能硬件的不断发展，可穿戴设备已成为智能健康监测系统的重要组成部分，也是健康数据采集的主要入口。通过搭载各类高精度传感器，这些设备能够实现对用户多项生理指标和日常行为的连续、动态监测，为个体健康管理和医疗辅助决策提供关键数据支持。

下面主要介绍可穿戴设备的功能及相关产品。

1. 可穿戴设备的基本功能

可穿戴设备通常佩戴于人体表面，具备长期佩戴、便捷操作、低功耗运行等特点。其核心功能包括：

(1) 生理信号采集：指通过传感器或专用设备，实时或非实时地记录、测量和分析人体生理活动的电信号、机械信号或其他生物信号的过程，主要包含心率、血压、体温、血氧饱和度、呼吸频率等。这些信号反映了人体各系统的功能状态，广泛应用于医疗诊断、健康监测、运动科学和生物医学研究等领域(图 5-30)。

图 5-30 典型可穿戴设备产品：智能手表与智能手环在健康监测中的应用

(2) 行为活动监测：指通过传感器、算法或观察手段，对个体或群体的动作、运动模式、日常活动或交互行为进行持续或间歇性的记录、分析和评估的过程，主要包括步数统计、运动轨迹、姿态识别、跌倒检测等。其目的是量化行为特征，用于健康管理、运动科学、安全预警、心理学研究或人机交互优化等领域。

(3) 睡眠分析：指通过生理信号监测、行为追踪或环境数据采集，对个体的睡眠结构、质量及异常进行量化评估和解读的过程，主要包括心率变异、体动频率等。其核心目标是识别睡眠阶段（如深睡、浅睡、快速眼动）、诊断睡眠障碍（如失眠、呼吸暂停）并提供改善建议，属于健康监测和临床医学的重要分支。

(4) 健康趋势跟踪：指通过持续、系统地收集和分析个体或群体的生理、行为及环境数据，识别健康状态的变化规律、潜在风险和发展趋势的过程，主要包括连续血压监测等。其核心目标是实现长期健康评估、疾病早期预警和个性化健康干预，属于预防医学和数字健康的关键技术。

2. 典型可穿戴设备产品

目前市场上的可穿戴设备种类多样，功能不断丰富，下面列举几个代表性产品：

(1) 智能手表：是一种佩戴于手腕处的多功能微型计算机设备，通过集成传感器、无线通信模块及嵌入式操作系统，实现健康监测、血氧检测、运动追踪、心电图分析、信息交互及环境感知等功能的可穿戴电子终端。常见的智能手表有 Apple Watch，具备心率监测、血氧监测、体温感应、跌倒检测等功能，成为广大消费者最受欢迎的智能可穿戴设备之一。

(2) 智能手环：是一种佩戴于手腕处的轻量化可穿戴电子设备，通过集成多种微型传感器和低功耗处理芯片，实现基础健康监测、运动追踪和智能提醒功能的便携式健康管理终端。由于其价格相对亲民，主打运动与睡眠监测，适用于大众健身与健康跟踪。常见的智能手环具备心率监测、血氧饱和度监测、睡眠监测等功能。

5.4.3　健康风险预测

健康风险预测是指利用 AI 技术，结合个体的健康数据、行为习惯与环境因素，对其未来可能面临的健康风险进行评估与预测的过程。通过对大量历史健康数据的学习与建模，AI 能够提前识别潜在的疾病风险，从而实现早预防、早筛查、早干预的健康管理目标。

传统的健康评估往往依赖于医生的经验判断和体检报告，具有一定的滞后性和主观性。而 AI 驱动的健康风险预测则能够借助大数据、机器学习、深度学习等技术，自动识别影响健康的关键变量，通过模型预测个体在未来一段时间内患某种疾病或出现健康问题的可能性。健康风险预测不仅适用于慢性病（如糖尿病、心血管病、癌症）等常见疾病的预测，也能在突发性疾病（如中风、心肌梗死）以及精神心理疾病的预警中发挥重要作用，是现代智慧医疗体系中不可或缺的重要组成部分（图 5-31）。

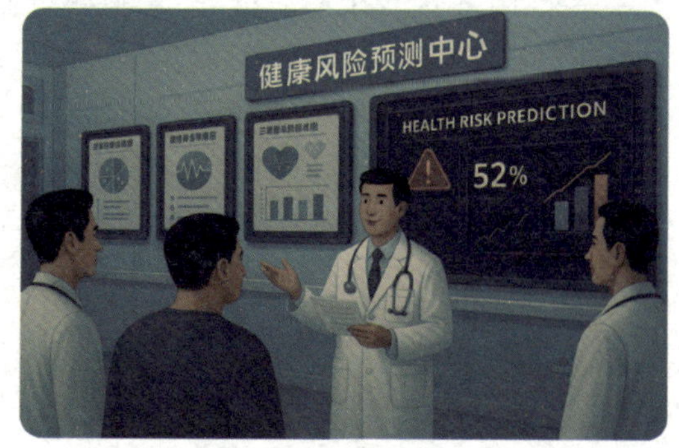

图 5-31　健康风险预测的意义与作用

1. 健康风险预测的意义与作用

(1) 实现疾病预防关口前移:传统医疗模式以“治疗”为主,而健康风险预测则推动医疗重心向“预防”转移。通过预测高风险人群,医疗机构和个人可以在疾病发生前采取干预措施,这有助于降低发病率和死亡率。例如,通过 AI 预测某人未来 5 年内患 2 型糖尿病的风险,个体可以及早调整饮食结构、增加运动,从而延缓或避免疾病发生。

(2) 提高个体化健康管理水平:每个人的遗传背景、生活方式、环境暴露都不相同,健康风险预测可通过对个体多维度数据的分析,实现个性化的健康建议与干预策略。AI 系统可以根据个人风险等级制定差异化的随访频率、检查项目和生活干预计划,从而提高健康管理的科学性和有效性。

(3) 减少医疗资源浪费与降低成本:在传统医疗模式下,资源往往集中在疾病的治疗阶段,成本高昂。而通过提前识别高风险人群并进行干预,可以显著减少重症患者数量,缓解医疗系统的压力,降低整体医疗支出。例如,在癌症筛查中,AI 预测高风险人群可以优先获得进一步的检查资源,避免盲目检查造成的资源浪费。

(4) 促进公共卫生决策科学化:健康风险预测不仅可用于个体健康管理,也可为公共卫生政策提供数据支持。政府与医疗机构可通过对特定人群健康风险的聚类分析,识别出重点关注地区与疾病高发人群,从而优化资源配置,制定有针对性的干预政策。例如,某地区居民心血管疾病风险显著高于全国平均水平,政府可提前加强该地区的健康教育与干预措施。

2. 健康风险预测典型案例

(1) AI 预测糖尿病发病风险:美国 Kaiser Permanente 医疗机构与研究团队合作,开发了基于机器学习的糖尿病风险预测模型。该模型使用超过 100 万名患者的电子健康记录(EHR),提取包括 BMI(身体质量指数)、血压、血糖、家族史等在内的特征变量,预测个体在未来 3 年内患 2 型糖尿病的概率。结果显示,模型预测准确率高于传统评分工具,并成功识别出大量高风险但尚未被诊断的个体。这些个体随后被纳入生活干预计划,显著降低了糖尿病的发生率。

(2) 心血管疾病风险预测:英国 Biobank 项目收集了 50 万名居民的健康数据,包括基因信息、生活方式、医疗记录等。研究人员利用深度学习模型整合这些多源数据,预测个体未来 10 年内发生心肌梗死、中风等心血管事件的风险。该模型在多个验证数据集上表现出高准确率,并揭示了某些传统风险因子(如动脉硬化)与基因变异之间的交互作用,为精准防治提供了新路径。

(3) 癌症早期风险识别:阿里健康与多家医院合作,基于海量体检数据和用户健康行为数据,开发了 AI 癌症风险评估平台。该平台针对肝癌、肺癌、胃癌等高发癌种,通过学习体检指标变化趋势、生活习惯与疾病关联,能够预测个体未来 1～3 年内的患癌风险。

5.6 AI 医疗未来图景:智能如何重塑健康新生态

随着 AI 技术不断演进,其在医疗健康领域的应用逐渐深入,形成了“智慧医疗”的新概念。智慧医疗不仅是医疗技术的革新,更是医疗服务模式、诊疗流程、健康管理方式的全面升级。面向未来,AI 正以前所未有的速度和深度重塑整个医疗体系的结构与功能。本节将从智慧医疗的未来发展趋势出发,探讨 AI 如何在技术、系统与服务层面塑造智慧医疗的内涵与外延,并分析其在实际应用中的潜力与挑战。

5.6.1　AI 塑造智慧医疗的未来趋势

1. 从辅助工具到决策引擎

过去,AI 在医疗中的角色多为“辅助工具”,如图像识别、语音记录、数据分析等。然而,未来 AI 将逐步演变为“智能决策引擎”,参与临床路径规划、个性化诊疗方案制定,甚至在多学科会诊中提供智能建议系统。例如,AI 可根据患者的基因组数据、病史、生活习惯等,生成预测性诊断模型,为医生提供精准治疗建议。

2. 从医院中心向患者中心转移

传统医疗模式以医院为中心,资源集中、服务割裂。而 AI 赋能的智慧医疗强调“以患者为中心”,通过可穿戴设备、远程监护、移动健康应用,实现医疗服务的无缝连接与延伸。未来,患者将在家中、社区甚至旅途中,享受到连续、个性化的健康管理服务,真正实现“无处不在的医疗”。

3. 从数据孤岛到智能互联

目前医疗数据仍存在严重的“信息孤岛”问题。未来,AI 将在数据整合、隐私保护和共享机制方面发挥关键作用,打通医院、医保、科研机构等多方数据壁垒,实现跨机构、跨系统的智能协同。例如,基于区块链与 AI 的数据互操作系统不仅能保障数据安全,还能为研究与诊疗提供更全面的基础。

5.6.2　AI 在未来智慧医疗中的核心作用

随着 AI 技术的快速发展,医疗健康行业正在经历一场深刻的变革,从疾病的预测预警到个性化治疗,从自动化诊疗到智慧护理,AI 正在重塑医疗服务的全过程。相比传统医疗模式,AI 赋能下的“智慧医疗”不仅提高了医疗资源配置效率,也为患者提供了更精准、高效和人性化的健康服务。以下将从 4 个维度深入探讨 AI 在未来智慧医疗中的核心作用。

1. 预测性医疗:从“治疗”到“预防”

传统医疗体系以“事后治疗”为主,患者在症状明显后就医,医生再做出诊断与治疗。然而,这种模式不仅增加了患者的医疗负担,也导致许多慢性病和重大疾病错失最佳治疗时机。预测性医疗(predictive healthcare)则借助 AI 技术,通过对大量健康数据的分析,实现疾病的早期识别和干预,将医疗重点从“治疗”转向“预防”(图 5-32)。

例如,在糖尿病预测与干预中,AI 模型可以基于患者的连续血糖监测数据、饮食结构、运动习惯和体重变化等,构建个体化风险评估模型。例如,美国斯坦福大学开发的一款 AI 工具,通过分析可穿戴设备记录的血糖及心率数据,提前 1 年预测 2 型糖尿病风险,准确率约超过 85%,系统还可根据个体数据给出生活方式调整建议,实现干预前移。

2. 个性化医疗:从"标准治疗"到"精准治疗"

个性化医疗强调"因人而异"的治疗原则,它基于患者的基因组信息、生理数据及生活方式,为其定制最合适的治疗方案,AI 技术在其中起到了关键的推动作用,尤其是在处理海量生物医学数据方面展现出强大能力。例如,在罕见病辅助诊断中,由于罕见病症状多样性、病例样本稀少性等,罕见病诊断充满了巨大挑战。而 AI 系统能通过深度学习算法分析患者的基因变异,自动比对数据库中的已知突变和疾病关联信息,能快速锁定罕见病等(图 5-33)。

图 5-32　预测性医疗:从"治疗"到"预防"

图 5-33　个性化医疗:从"标准治疗"到"精准治疗"

3. 自动化诊疗:从"人工服务"到"智能执行"

医疗服务中存在大量重复性强、标准化程度高的工作,如患者初诊、影像判读、医嘱录入等,AI 技术可通过自动化系统完成部分诊疗任务,提高效率、降低误诊率,并缓解医生资源紧张问题。例如,导诊机器人如"小智"等,已在多家医院上线。患者通过语音或触屏交互输入症状信息,AI 系统迅速分析并推荐挂号科室、就诊流程及候诊时间,有效缓解了医院导诊负担,部分系统还集成了医保查询、电子支付等功能,提升患者体验(图 5-34)。

4. 智慧护理与康复:从"院内照护"到"全程陪伴"

智慧护理是指将 AI、大数据、物联网等技术应用于患者照护全过程,实现动态监测、远程管理和智能干预。它突破了传统"院内治疗"的局限,延伸到患者的日常生活和康复过程,是真正意义上的"全生命周期健康管理"。例如,情绪陪护机器人,日本研发的 Paro 智能海豹是一种具备基础情绪识别与互动能力的护理机器人,广泛应用于阿尔茨海默病患者的陪护。研究指出,Paro 能有效降低患者焦虑与抑郁水平,提升生活质量(图 5-35)。

图 5-34　导诊机器人

图 5-35　情绪陪护机器人

本章思考与练习

一、深度思考题

【思考题 1】"智慧医疗"并不是简单的"医疗信息化升级"，智慧医疗与传统医疗的本质区别是什么？请结合具体案例谈谈你对两者区别的理解。

【思考题 2】AI 能准确辅助诊断甚至推荐治疗方案，那么是否应让其直接做出诊断决定？人工智能在医疗中应不应该拥有"决策权"？为什么？

【思考题 3】为了更好地进行个性化健康管理，系统需要采集大量个人健康数据。你认为这是否侵犯隐私？应如何平衡数据隐私与医疗便利之间的矛盾？

【思考题 4】你认为未来 AI 是否可以部分替代"家庭医生"的角色？其在提供持续健康管理方面有哪些潜力与局限？

【思考题 5】AI 和远程技术被认为能"普惠医疗"，但也有人担心技术门槛会加剧城乡、地区的数字鸿沟。智慧医疗是否会放大"医疗资源不均"？你怎么看？

【思考题 6】如果医疗 AI 系统之间可以共享患者健康数据，将大大提升诊断效率与准确率，但这可能侵犯隐私。你认为应如何设计健康数据共享机制？

【思考题 7】卷积神经网络(CNN)广泛应用于医疗影像分析，如肺部 CT、皮肤病变、眼底图像识别。请简要说明 CNN 的哪些特性使其特别适合该类任务。

【思考题 8】AI 系统在医疗图像识别中可能比人类更快、更准确，但临床中仍需医生审核结果。你认为原因有哪些？

【思考题 9】如果训练图像主要来自某类人群(如中青年)，AI 是否可能对老年患者图像识别失误？这种偏见应如何避免？

二、实践题

【实践题 1】请设计一个基于 AI 的大学生健康管理 App，需考虑以下功能：

(1)数据采集方式(如步数、睡眠、饮食)。

(2)AI 如何分析用户健康状态？

(3)如何向用户提供个性化建议？

(4)用户数据如何保护？

【实践题 2】阅读或设想一个 AI 误诊的病例，分析：

(1)AI 为何做出错误判断？

(2)人类医生是否介入？

(3)如何通过系统设计避免此类问题发生？

【实践题 3】以患者身份体验一次线上问诊、智能体检或健康码系统使用过程，记录体验过程中的亮点与问题，提出改进建议。

【实践题 4】针对大学生心理压力普遍的问题，设计一个"AI 辅助心理健康干预"系统，考虑以下场景：

(1)收集哪些数据指标(如睡眠、语音情绪、社交频率等)？

(2)如何识别潜在心理风险？

(3)如何进行干预或推荐帮助资源?

(4)如何保护学生隐私?

【实践题 5】设计一个用于肺部 X 射线图像分类的 AI 流程,绘制关键模块,需包括:

(1)图像预处理阶段。

(2)CNN 结构模块(简述 CNN 模型主要层)。

(3)输出与评估机制(如预测结果+准确率)。

三、计算题

【计算题 1】某智能手环每 5 分钟上传一次心率数据(每次数据包 1KB),每天记录 24 小时。求该手环日均上传流量(以 KB 为单位)。

【计算题 2】某 AI 模型在肺结节识别任务中测试如下:

判断结果	实际为阳性	实际为阴性
模型判为阳性	45	10
模型判为阴性	5	40

求该模型的准确率和精确率(查准率)。

【计算题 3】输入医疗图像大小为 128×128,使用一个大小为 5×5 的卷积核,步长为 1,问该卷积层输出的特征图大小是多少?

【计算题 4】某医院准备训练一个眼底图像识别模型,每张图像为 RGB(3 通道)格式,尺寸 512×512,图像以 PNG 格式存储,每张约 500KB。若总数据集为 100000 张图像,问数据集总大小为多少?

四、综合计算题(选做题)

【综合计算题 1】医疗检测的贝叶斯公式应用示例。

假设某癌症检测手段对癌症的检出率为 95%,误检率为 5%。如果某人检测为阳性,求他实际上患癌的概率是多少?即求:

$$P(\text{患癌}\mid\text{检测为阳性})=P(C\mid T^{+})$$

【提示】计算过程:先验概率→似然概率→后验概率。

【综合计算题 2】AI 技术正在被用于分析基因组序列,以预测哪一段 DNA 最适合作为编辑靶点,并评估其脱靶风险和编辑效率。

假设你是一名 AI+生物信息方向的学生,正在参与"利用 AI 优化基因编辑靶点设计"的课题。现有某基因上 3 个可选的编辑靶点候选序列(A、B、C),系统已为你提供 AI 模型分析得出的评分如下:

序列编号	编辑效率评分(0~1)	脱靶风险评分(0~1,越低越好)	安全性加权总评分
A	0.80	0.20	?
B	0.70	0.10	?
C	0.90	0.40	?

请根据以下加权评分公式,计算每个靶点的安全性加权总评分,并推荐最优靶点。

$$\text{总评分}=70\%\times\text{编辑效率评分}+30\%\times(1-\text{脱靶风险评分})$$

【综合计算题 3】某 AI 用于预测高血压风险,基于 3 个特征:BMI(体重/身高^2)、年龄、遗传风险评分(0～1)。

患者	BMI	年龄	遗传风险	是否患高血压
A	27	45	0.8	1
B	22	35	0.3	0
C	30	50	0.9	1
D	24	30	0.2	0
E	28	55	0.7	1

问题:

(1)使用逻辑回归模型构建一个风险预测函数 $P=\text{Sigmoid}(w_1\cdot \text{BMI}+w_2\cdot 年龄+w_3\cdot 遗传风险+b)$;

(2)使用最小二乘法初步拟合权重 w_1,w_2,w_3(可设初始 $\boldsymbol{w}=[0.1, 0.05, 1.0]$,手动迭代);

(3)对新患者 F(BMI=26,年龄=48,遗传风险=0.6)手动计算其患病概率。

第 6 章

智慧农业：AI 赋能现代农业

本章教学目标

本章旨在帮助学生理解人工智能在现代农业领域的融合应用，提升其将 AI 技术与农业生产实际相结合的跨学科思维能力。通过介绍智慧农业的基本概念、关键技术与典型应用场景，学生将掌握如何利用图像识别、传感器网络、数据建模、机器人技术等手段，实现对农作物生长状态、病虫害、土壤环境等的智能感知与决策支持。教学过程中将引导学生分析农业生产中面临的挑战，理解 AI 如何在精准播种、智慧灌溉、智能施肥、无人农机与农业气象预测等环节中提升效率与可持续性。通过案例研讨与任务实践，学生将建立起智慧农业的系统性认知，具备初步的方案设计与创新意识，为今后在农业科技、智能制造、环境科学等领域的综合应用与职业发展奠定基础。

6.1　智慧农业的七大重点领域：走向数据驱动与智能决策的未来

本节介绍了智慧农业的基本概念、发展背景与国家战略意义，围绕国家关于发展智慧农业的政策指导意见，明确了智慧农业的发展愿景与主要任务，涵盖种植、养殖、设施农业、渔业、育制种、农业全产业链及农业农村管理服务七大重点领域。智慧农业通过融合人工智能、物联网、大数据、遥感技术，推动农业生产方式从经验驱动转向数据驱动与智能决策。

6.1.1　智慧农业的定义与战略意义

智慧农业是以现代信息技术为核心驱动力，通过人工智能、大数据、物联网、遥感技术等新一代数字技术赋能传统农业生产体系，构建起以精准感知、实时分析、智能决策、高效执行为主要特征的新型农业发展模式。它不仅实现了农业生产过程的数字化、智能化、网络化，而且推动了农业资源的优化配置和生态环境的可持续保护，成为支撑农业现代化和乡村振兴战略的重要力量。

回顾农业发展的历史轨迹，人类农业经历了原始农业、传统农业、机械化农业和绿色农业等阶段，每一次技术革命都极大地提升了农业生产力。而当今世界，以人工智能、物联网、5G 通信、区块链为代表的第四次科技革命浪潮席卷全球，农业领域也正在经历一场前所未有的深刻变革。智慧农业正是在这一大背景下应运而生的，它不仅是农业自身发展的必然选择，更是全球范围内应对人口增长、气候变化、资源短缺等挑战的关键手段。

中国作为农业大国，长期以来面临着“人多地少”、“资源约束”与“生态脆弱”等复杂局面，传统农业生产方式在新形势下面临着严峻考验。为了破解这些难题，国家高度重视智慧农业发展。

2024 年，农业农村部发布了《农业农村部关于大力发展智慧农业的指导意见》[①]，明确提出将智慧农业作为推动农业高质量发展、加快农业现代化的重要引擎，系统部署了推进种植、养殖、设施农业、渔业、育制种、农业全产业链以及农业农村管理服务七大重点领域的数字化转型任务，全面拉开了我国智慧农业建设新篇章（图 6-1）。

图 6-1　智慧农业七大领域的数字化转型任务

从国家政策角度来看，智慧农业的发展被赋予了多重战略意义。

首先，它是保障国家粮食安全的基础性工程。通过集成应用“四情”（苗情、墒情、虫情、灾情）监测、精准施肥施药、智能农机作业、遥感监测等技术，能够有效提升主要作物的大面积单产，稳定提高农业综合生产能力，筑牢粮食安全根基。其次，智慧农业是促进农业绿色转型的重要支撑。基于数据驱动的精准管理，大幅度降低了农业生产中水、肥、药等资源的过量投入，减少了面源污染和生态破坏，实现了生态效益与经济效益的双赢。最后，智慧农业是推动乡村振兴战略实施的关键举措。通过智能化、数字化手段提升农业生产经营效率，拓展农产品流通渠道，促进农村就业创业，助力农民增收致富，为乡村振兴注入了强大动力。

此外，智慧农业也是我国参与全球农业科技竞争的重要抓手。随着国际农业科技竞争日益激烈，谁能在智慧农业领域占得先机，谁就能在未来的全球粮食安全、农业产业链重塑中掌握更多主动权。正因此，我国高度重视智慧农业创新能力建设，鼓励科研机构、高校、企业协同创新，加快智能农机装备、作物生长模拟、农业大数据平台、精准农业决策系统等关键核心技术突破，力争在国际智慧农业发展中占据一席之地。

智慧农业不仅改变了农民的生产方式，还深刻重塑了农业全产业链。在种植业中，通过土壤传感器、无人机遥感、智能施肥系统等，农户能够实时掌握土壤墒情、作物长势、病虫害发生情况，科学决策灌溉、施肥、防治措施，极大地提高了生产精准度和资源利用效率。在设施农业领域，通过建设连栋温室、植物工厂，配备智能环境控制系统和作业机

① 农市发〔2024〕3 号，2024 年 10 月 25 日，http://www.moa.gov.an/Govpublic/Scyjjxxs/202410/T20241025_6465040.htm。

器人，实现了全年无间断、高效高产的作物生产。在畜牧养殖业方面，通过智能饲喂系统、动物个体识别、环境智能调控，提升了畜禽养殖的自动化、精细化管理水平，有效保障了动物福利和产品质量。在渔业领域，应用智能增氧、精准投喂、疾病监测系统，水产养殖更加高效安全。与此同时，农业全产业链各环节，如农产品加工、仓储、冷链物流、质量追溯、销售渠道，也在数字化改造的浪潮中不断升级迭代，推动农业产业链整体向智能化、绿色化、高端化方向发展。

在政策引导下，各地积极响应，智慧农业示范区、数字农业创新基地、智慧农场建设如火如荼。全国范围内，“天空地”一体化遥感监测网络加速布局，田间物联网感知节点迅速铺开，大型农机装备数字化率持续提升，农产品质量追溯体系日趋完善，一幅数据驱动、智能引领、生态友好的未来农业图景正在中国大地徐徐展开。

总体而言，智慧农业不仅是农业发展的未来方向，更是新时代国家战略的关键组成部分。它通过深度融合科技与农业，激活了农业生产力，重塑了农业经营模式，推动了农业可持续发展，为我国加快实现农业强国目标、引领全球农业变革提供了坚实支撑。站在新的历史起点上，发展智慧农业，既是我国建设农业强国的必由之路，也是全球农业现代化竞争中不可或缺的中国担当。

6.1.2 智慧农业的发展目标与主要任务

智慧农业作为新时代我国农业农村现代化的重要支撑，其发展目标不仅限于提升农业生产效率，更着眼于构建数据驱动、智能引领、绿色高效、可持续发展的农业新格局。从国家战略层面来看，《农业农村部关于大力发展智慧农业的指导意见》中提出，到2035年，力争建成结构合理、技术先进、覆盖全面、运行高效、服务便捷的智慧农业体系，基本实现农业主要环节数字化、关键装备智能化、管理决策科学化、产业链条协同化和服务模式多元化。这一总体目标，为我国智慧农业发展勾画了清晰而宏大的蓝图。

围绕这一宏伟目标，国家确立了智慧农业七大重点任务，涵盖种植、养殖、设施农业、渔业、育制种、农业全产业链及农业农村管理服务等领域，形成了系统完备、重点突出、层层递进的任务体系。以下将结合政策精神，对智慧农业发展的主要任务进行系统阐述。

(1) 在种植领域，智慧农业着力推进种植精准化、数字化。通过集成“四情”监测、精准水肥药施用、智能农机作业、无人机应用、智能决策系统等新技术，显著提升耕种、管理、收获全流程的精准作业水平(图6-2)。构建大面积单产提升的数字化技术体系，特别是在粮食主产区，强化农田新型基础设施建设和升级，完善耕地质量监测网络，打造智慧田园，夯实粮食安全基础。与此同时，鼓励发展智能农机装备，推进农机数字化升级，依托全国农机作业指挥调度平台，推广“互联网+农机作业”新模式，实现农机作业的信息化、智能化管理。

图6-2 “四情”(苗情、墒情、虫情、灾情)监测

(2) 在设施农业领域，智慧农业重点推进设施种植数字化改造。围绕设施农业传统优势产区，集中连片推进老旧低效设施数字化升级，普及环境精准控制、水肥一体化管理等物联网应用。面向大中城市郊区及周边区域，发展连栋温室、植物工厂等现代化设施农业体系，加快推广国产化全流程智能管控系统，集成作物生长动态监测、环境调控、水肥综合管理、作业机器人等装备，实现设施农业从人力密集型向数据智能型转变。同时，鼓励规模化设施种植主体应用生产经营全过程信息管理系统，科学制订种植计划，动态调整品种结构和上市时机，提升设施农业经营的智慧化水平。

(3) 在养殖领域，智慧农业推动畜牧养殖向智能化、规模化方向发展。以环境精准调控、动物生长信息监测、疫病智能诊断防控为核心，推广精准饲喂等智能装备，优化养殖环境与营养管理，提高畜禽生产性能和健康水平。在土地资源紧张地区，推广立体智能养殖模式，提升单位土地利用率。规模养殖场被鼓励建立电子养殖档案，实现养殖数据的实时直联直报，加快普及能繁母猪、奶牛个体电子标识，构建从饲养管理到疫病防控全流程可追溯的智能化养殖体系，切实保障动物健康与食品安全。

(4) 在渔业领域，智慧农业加速推进渔业生产智能化。聚焦池塘养殖、工厂化养殖、大水面养殖模式，推动智能增氧、精准饲喂、鱼病智能诊断、循环水处理等设施设备应用，提高水产养殖单产和生态可持续性。沿海地区则因地制宜发展智能网箱养殖和深远海智能化养殖渔场，配备环境监控、精准投喂、自动起捕、智能巡检、洗网机器人等先进设施，提升海洋牧场综合效益。同时，大力推进渔船数字化改造，推广船载宽带、北斗导航定位、防碰撞等系统，建设智慧渔港，增强渔业生产安全和执法监管能力。

(5) 在育制种领域，智慧农业着力推进育种环节智能化、现代化。加快国家级、省级种质资源库数字化建设，促进种质资源信息互联共享。支持建设一批智能化制种区和核心育种场，推广小区智能播种收获、高效去雄等智能装备，推动作物育种、畜禽育种、水产育种的智能化升级。科研机构和种业企业被鼓励联合打造智能育种平台，研发智能设计育种工具，实现从经验育种向基因大数据驱动的智能设计育种转型，缩短育种周期，提升种业竞争力。同时，完善中国种业大数据平台，探索品种身份证制度，推行种子全程可追溯管理，保障种业安全。

(6) 在农业全产业链领域，智慧农业着力推进产加销数字化一体化改造。

通过实施“互联网＋”农产品出村进城工程，培育一批数字化运营主体，打通农产品上行渠道，拓展网络销售、直播电商、社区团购等新业态。同步推进产地市场、加工企业、冷链物流企业智能化升级，普及清选分级、品质检测、智能包装、冷藏保鲜等装备设施，建设高效、智能、绿色的农产品供应链体系。依托农产品质量安全追溯管理平台，完善产地溯源系统，保障农产品质量安全可追溯，提升农产品竞争力。

(7) 在农业农村管理服务领域，智慧农业致力于管理数字化、服务智能化。

加强国家农业农村大数据平台和用地“一张图”建设，推动涉农数据资源共享与应用标准化，构建农业农村管理服务数字化底座。以防灾减灾救灾指挥调度、农村集体资产监管、承包地宅基地管理、农田建设监管、防止返贫监测、乡村建设信息监测、综合执法等为重点，统一数据标准和底图，强化系统互联互通、业务协同，全面提升农业农村治理体系和治理能力现代化水平。同时，持续建设单品种全产业链大数据系统，强化农产品市场监测预警与信息发布，提升农业风险防范能力和应对能力。

总的来看，智慧农业发展的目标体系和任务体系具有高度的系统性与前瞻性，既注重夯实农业基础设施的数字化转型，又强调关键环节的智能化提升，还兼顾产业链协同和管理服务现代化。这一体系不仅立足当前中国农业发展的实际需要，也紧扣未来全球农业竞争格局演变趋势，为我国智慧农业持续健康发展奠定了坚实的政策基础与实践路径。

6.1.3 智慧农业发展的阶段演进与未来趋势

要理解智慧农业的发展轨迹，或许可以将它想象成一棵大树的成长过程：从萌芽、扎根，到抽枝、开花，再到茁壮成长，每一个阶段都有它独特的风景。

1. 智慧农业发展的阶段演进

智慧农业并不是一夜之间出现的。回望历史，它的演进大致经历了 3 个阶段：初步数字化、智能化探索，以及如今全面智能融合的新时代。

在 20 世纪末，农业第一次和信息技术握手，那时的农村开始出现气象预警系统、作物长势监测仪器、机械化操作设备。农民依旧要靠经验种田，但身边多了一些帮手，比如可以预测天气的小型气象站，或者能统计产量的收割机仪表盘。这一时期，数字化只是零散地辅助农业生产，像是农民口袋里偶尔摸到的一把小工具，虽有用，但远未形成体系。

进入 21 世纪，尤其是智能手机普及、互联网提速之后，农业开始变得更有“智慧”味道。大数据平台、物联网传感器、卫星遥感、自动驾驶农机陆续登场，原本零零散散的数字工具，开始像串珠子一样，慢慢连接成一张更大更密集的网络。农民不再仅靠眼睛判断苗情，而是可以通过手机查看田间湿度曲线；畜牧场主也不需要亲自一圈圈巡视牛棚，而是通过智能摄像头和生长监控系统来实时掌握情况。农业，正在悄然变身（图 6-3）。

图 6-3　智能设备的普及促进智慧农业发展

而到了今天，智慧农业迈进了一个全新的阶段——全面智能融合。人工智能不再只是一个遥远的概念，它已经渗透到作物种植、畜禽养殖、水产养殖、农产品流通的每一个环节。无人驾驶拖拉机可以 24 小时在农田里作业；基于深度学习的作物诊断系统能自动识别病虫害并推荐用药方案；农业大脑系统可以根据全球气象模型、作物品种特性、市场需求波动，为农民量身定制最优种植策略。整个农业生产体系，正从“人指挥机器”转向“人机协同决策”，从经验农业向智慧农业飞跃。

2. 未来智慧农业的发展方向

站在当下这个转折点上，未来智慧农业的发展方向，已经逐渐清晰（图 6-4）。

图 6-4　智慧农业的发展方向

（1）感知层将更加无处不在。

想象一下，未来的田野、牧场、渔场，每一寸土地、每一滴水、每一个生命体，都在实时发送数据。传感器成本将进一步下降，续航时间更长，数据采集更精准，连最偏远的山村小地块，也能拥有自己的“数据护照”。

（2）决策系统将更加智能化。

未来的农业大脑不仅能分析数据、输出建议，甚至能进行自我学习和优化。比如，一块地去年施肥后产量提升了 8%，系统就会记录这个经验，来年根据新环境微调施肥策略，让土地越用越懂得如何高效生产。

（3）作业系统将向全自动进化。

无人机群协作喷洒，自动驾驶农机列队收割，无人化温室全天候自适应管理——这一切，将不再是科幻电影里的场景，而是农村的日常。劳动力短缺的难题，将被智能机械大军逐步化解。

（4）智慧农业将更加注重绿色可持续。

过去农业追求产量最大化，常常带来资源浪费和环境负担。而未来，智慧农业通过精准施肥、智能灌溉、病害早期预警，可以实现资源最小投入、产出最大化。农业将真正从“求量”走向“求质”，实现人与自然的和谐共生。

更令人期待的是，农业与消费市场的连接将更加紧密高效。未来，消费者可以直接参与种植决策，比如通过手机 App 选择自己认养的田地，实时查看作物生长情况，收获季节亲自来采摘或者邮寄到家。农业将变得更加个性化、互动化，成为一种全新的生活体验。

当然，未来的智慧农业也会遇到新的挑战，比如数据安全问题、农民数字技能提升问题、不同地区发展不均衡问题等。这要求我们在技术创新的同时，注重制度建设、人才培养、基础设施完善，真正让科技红利普惠到每一个乡村、每一位农民。

总之，智慧农业就像一条正在快速奔腾的河流，它从传统农业的源头流出，穿越数字化的激流，汇入智能化的宽广水域，最终奔向一个充满生机与希望的未来。在这条河流上，每一位涉农从业者、每一位科技工作者，甚至每一位普通消费者，都是同行者、见证者，也是推动者。

智慧农业，未来已来。现在，正是最好的时候，投身其中，成为这场伟大变革的一部分。

6.2 智慧农业的结构组成:智慧农业的系统组成与技术基础

智慧农业由 4 层架构体系组成,分别为感知层、传输层、分析与决策层、应用层。感知层通过“天空地”一体化布局,构建了多源数据实时采集体系;传输层依托 5G 等通信技术,实现农业场景下大规模、低功耗的数据流动;分析与决策层基于大数据与人工智能,进行多维度环境解析与智能农事决策;应用层则聚焦智能种植、智慧养殖、智慧渔业、智慧育种和农产品数字流通,推动农业全链条的智能化转型。各层协同,构建起高效、智能、绿色的现代农业新基座,如图 6-5 所示。

图 6-5 智慧农业的四层体系架构

6.2.1 感知层——多源监测与数据采集

在智慧农业的整个生态系统中,感知层就像是大自然的“感官系统”,负责捕捉田间地头最细微的变化,并将这些变化转化为数据,为后续的智能决策打下坚实的基础。传统农业更多依赖经验和直觉,比如通过观察作物颜色判断是否缺水,但在智慧农业时代,感知变得更加精准、及时和系统化。

这一层的核心任务是多源监测与数据采集,涵盖了土地、气候、作物、畜禽乃至水体环境等各个方面。为了实现全方位、全天候、立体化的数据获取,现代智慧农业发展出了“天空地”一体化监测体系。所谓“天空地”,就是将天上的卫星遥感、空中的无人机巡检、地面的传感器网络有机结合起来,形成三位一体的监测格局(图 6-6)。

图 6-6 感知层——多源监测与数据采集

卫星遥感通过高空视角,能够大范围地掌握作物长势、土壤水分、气象变化等宏观信息,尤其在大规模农场管理中展现出独特优势。而无人机则灵活机动,能够低空细致巡查,实时拍摄高清影像,用于病虫害识别、长势评估和局部灾害监测。与此同时,地面部署的大量传感器,如土壤湿度传感器、空气温湿度监测器、光照强度检测器,源源不断地采集着田间最微小的环境数据,补充天空观测所难以覆盖的细节。

这套体系的最大特点在于多维度互补和动态更新。无论是突发的暴雨天气,还是农田某块区域的土壤 pH 值异常波动,感知层都能够在第一时间捕捉到,并通过智能预警系统提醒农户或农业管理者,确保种植和养殖能够及时调整策略,避免损失。

特别值得一提的是,随着国产高分卫星、农业专用无人机的普及,以及物联网传感技术的不断进步,感知层的建设成本正在快速下降,这使得即使是中小型农场,也有条件接入这一曾经专属于大型农业企业的高端技术。

可以说,感知层不仅是智慧农业的"眼睛"和"耳朵",更是整套系统智能化运转的起点,决定了后续分析与决策的准确性和及时性。

6.2.2　传输层——农业物联网与通信技术

如果说感知层是智慧农业的"感官",那么传输层就像是神经网络,负责把田间地头每一个细小的数据变化,迅速而准确地传递到后端的分析系统中。没有高效的传输层,再精准的监测也只是"自说自话",无法形成真正的数据驱动的智能农业。

在传统农业中,信息的传递往往靠人力,比如农民在地里巡查后回去手动记录。但在智慧农业时代,这种模式显然已经不能满足实时性和精准性的需求。因此,农业物联网(agricultural internet of things,A-IoT)应运而生。它通过各种无线通信技术,把散布在田间的传感器、监控设备、智能农机甚至无人机,编织成一张巨大的数字化网络,让信息能够自动流动、及时响应(图 6-7)。

图 6-7　传输层——农业物联网与通信技术

在传输技术方面，智慧农业通常根据应用场景的不同，灵活选择合适的通信手段。比如，在大范围农田或偏远地区，LPWAN(low power wide area network，低功耗广域网)技术尤为重要，其中代表性的如 LoRa(long range，远距离)和 NB-IoT(narrow band internet of things，窄带物联网)。这类技术特点是能耗低、覆盖广，哪怕是偏远的山地果园、草原牧场，也能保持数据畅通，适合土壤监测、畜群定位等需求。

而在数据密集型应用场景，比如高清无人机影像传输、温室大棚实时高清视频监控，则需要更高速率的通信方式。这时候，5G 技术的引入成为革命性突破。5G 不仅带来了超高速的数据传输能力，还具有低延迟和大连接特性，使得无人驾驶农机协同作业、实时远程农业专家诊断成为可能。例如，一台正在稻田里自动作业的智能拖拉机，可以实时将作业参数上传至云端，由后台算法动态优化行驶路径，几乎无须人工干预。

随着农业通信基础设施不断完善，一些地区还开始尝试部署专属农业小型基站，配合卫星互联网，为边远山区、岛屿农业等极端环境下的智慧应用打开了新空间。未来，农业信息传输将不再受限于地面基站的布局，而是真正实现“随时、随地、随需”的信息互联。

当然，智慧农业的物联网传输不仅仅关乎速度，还涉及稳定性和安全性。面对极端天气、地形复杂等挑战，系统需要具备良好的抗干扰能力；而在数据安全方面，特别是种植配方、养殖参数等核心数据，必须通过加密传输和防护机制，保护农业生产经营者的隐私和知识产权。

总的来看，传输层的进化，让智慧农业真正具备了“远程感知、实时决策”的能力，把农田和世界的连接变得前所未有地紧密。而随着 6G、量子通信等前沿技术的不断研发，未来农业的信息高速公路将更加宽广而智能。

6.2.3 分析与决策层——大数据与智能决策系统

在感知层和传输层的紧密配合下，智慧农业已经能够捕捉到海量、细腻且实时的数据。但数据本身只是原材料，真正让农业生产从经验驱动走向科学决策的，是隐藏在背后的分析与决策层。可以说，这一层是智慧农业真正体现“智慧”的地方。

过去的农业管理，很大程度依赖经验累积。老一辈种植户凭借观察天气、土壤颜色和植株长势来判断施肥、浇水时机，虽然积累了宝贵的“田间经验”，但这种方法往往存在较大的主观性和滞后性。而在大数据和人工智能技术的加持下，今天的农业决策正在发生质的变化——数据变成了新的农具，算法成了新的耕作助手。

在农田场景中，分析与决策系统通常会从土壤传感器、水质监测仪、无人机影像、卫星遥感等多源数据中，实时采集关于温度、湿度、养分、光照等各类环境指标，形成完整的田间态势图。系统通过机器学习算法，能够识别出作物生长异常、病虫害风险、灌溉需求等潜在问题，并据此生成精准的种植管理建议。

在设施农业中，如智能温室、植物工厂等环境可控系统，分析与决策系统扮演着“指挥官”的角色。通过对室内温度、湿度、CO_2 浓度、光照强度的实时监测，系统能够自主调控风机、水泵、遮阳网、补光灯等设备，实现作物生长环境的最优化调整。例如，当探测到室内湿度异常升高，系统可以自动命令开启排湿装置，并同步调整光照和温度设置，防止病菌滋生。在这样的全自动管理下，蔬菜可以一年四季稳定供应，品质一致，生产风险大大降低。

在养殖领域，智慧牧场和智慧渔场的建设，让动物和水产养殖也走向了数字化。基于摄像头视觉识别、RFID 耳标、行为监测传感器等数据，系统可以实时掌握每一头牛、每一尾鱼的生长状况、健康指标和运动轨迹。通过数据建模，不仅能及时发现生病个体并干预治疗，还可以通过分析群体行为模式，优化饲喂策略、调整密度布局，从而提高整体生产效益和动物福利水平（图 6-8）。

图 6-8　分析与决策层——大数据与智能决策系统

这一切，背后都有强大的数据处理能力作为支撑。大数据平台通过云计算和边缘计算技术，实现了海量数据的实时存储、清洗、分析与可视化，确保从田间到后台的每一次决策都基于真实、全面、动态更新的信息。为了进一步提升决策的智能化水平，越来越多的智慧农业项目开始引入深度学习、强化学习等前沿算法，开发智能种植助手、养殖管理助手等系统，让 AI 不仅能分析现状，还能预测未来、制定最优方案。

比如在稻米种植项目中，某地就通过历史气候数据与土壤参数训练了预测模型，在播种前给出最适宜的品种建议；而在奶牛养殖中，一套基于机器视觉和时间序列分析的系统，能够在奶牛出现微小行为异常（如采食减少、走动频次降低）时，预测可能的健康问题，提前干预，极大降低了发病率和损失。

可以预见，未来随着计算能力和算法水平的持续提升，农业大脑将越来越具备自我学习、自我优化的能力。智慧农业将从“辅助决策”逐步迈向“自主决策”，从单一场景优化走向跨系统协同——让一块田地、一座牧场，乃至整个农业生态系统，都能够像一台庞大而高效的智能机器，自我感知、自我调节、自我演进。

6.2.4　应用层——智能种植、智慧养殖、智慧渔业、智慧育种、数字流通

如果说感知层、传输层和分析与决策层是智慧农业的“神经系统”，那么应用层，就是它灵活运作的“手脚”，也是智慧农业最直观、最令人兴奋的呈现。

在这里，大数据分析结果被真正转化为具体行动，人工智能驱动着无人机、机器人、自动化设备忙碌地穿梭在田野、牧场、水面、温室之间，每一个细微的动作，都在悄然改变着传统农业的面貌。

在智能种植领域，精细化管理已经成为一种新常态。通过结合土壤养分监测、作物生长建模与气象预测系统，种植者可以精准掌控播种、施肥、灌溉、除草、采摘等各个环节。无人驾驶拖拉机按照预设轨迹精准耕作，无人机群组高效完成农药喷洒，智能灌溉系统根据实时土壤湿度自动开启关闭，既节水又保证作物健康成长。即使是在数百亩的大田上，一台笔记本电脑加一部手机，就能实现对全场景作物的远程巡查与精准调度，真正做到"千里眼"和"顺风耳"（图 6-9）。

图 6-9　应用层——智能种植、智慧养殖、智慧渔业、智慧育种、数字流通

在智慧养殖方面，畜禽和水产动物的健康管理迈上了新台阶。在现代化猪场，每头猪都有电子耳标，摄像头和体感传感器全天候监控生长数据。系统会实时分析猪群行为特征，自动识别疾病风险，并智能调配饲喂配方，做到按需喂养、个性护理。在奶牛养殖场，智能项圈监测牛只运动与反刍频率，一旦出现异常，比如步数突然减少或饮水减少，系统立即预警，养殖人员可以第一时间干预，大大降低了疾病扩散和经济损失。

智慧渔业更是科技感十足。养殖池塘上布满了水质监测浮标，水下则部署了自动监控摄像头，实时采集水温、pH 值、溶氧量、鱼群密度等数据。智能增氧机、自动投饵机根据实时水环境与鱼群行为调整作业参数，确保水质最佳、饵料利用率最高。而在远海渔场，智能网箱与无人船协同作业，搭载环境监控与鱼群追踪系统，即使在风高浪急的条件下，也能保证渔业生产的安全与高效。

在智慧育种方面，传统依赖经验和周期性试验的育种流程，正被大数据和人工智能深度改造。通过基因组大数据分析、表型高通量测量和智能筛选算法，科学家们可以在海量种质资源中迅速锁定优良品种，大幅缩短育种周期。智能化的育种车间，自动完成种子播种、育苗、检测和收获，大幅提高效率与准确率，使得新品种从实验室到田间的速度前所未有地加快（图 6-10）。

而在数字流通领域，智慧农业不仅关注生产端的高效，还打通了农产品上行的“最后一公里”。通过物联网追溯系统，消费者只需扫码，就能了解到每一棵蔬菜、每一块肉从田间到餐桌的全流程记录，包括种植日期、养殖方式、运输路径等。电商平台与智能物流中心无缝对接，依靠大数据预测销售趋势，动态调整库存，优化配送路径，确保新鲜农产品能够更快、更安全地抵达消费者手中。在大型农产品批发市场，自动化分拣系统与品质检测机器人也已经投入使用，实现了从质检、定级到包装的全链条智能处理（图 6-10）。

图 6-10　智慧农业智慧育种与数字流通领域

随着应用层的不断深化，智慧农业不再只是技术的堆砌，而是逐步形成了一种全新的农业生态体系：高效、可持续、韧性强、以数据为驱动、以用户需求为导向。

未来，这一体系将更加智能协同，比如智能种植与气象预测深度结合，智慧养殖与食品安全实时对接，数字流通与消费端需求动态匹配，形成一个真正自我调节、自我进化的农业智能体。

6.3　智慧农业的应用场景：赋能智慧农业的关键实践路径

本节围绕智慧农业各细分领域的实际应用展开，系统介绍了主要作物种植精准化、智慧畜牧与水产养殖、数字化设施农业、智能育种与种质资源保护、农业全产业链数字化及农业农村管理服务数字化的核心技术原理与应用场景。通过智能感知、精准控制、数据决策与自动化执行，智慧农业不仅提升了农业生产效能和资源利用率，还推动了农产品流通方式变革与乡村治理体系升级，整体展现了智慧农业从地块管理到生态构建、从生产环节到产业链条的全方位赋能路径。

6.3.1 主要作物种植精准化:数字种植体系

在数字化时代的田野上,精准种植正逐步取代“靠经验”的传统模式。它以数据驱动、智能调控为核心,通过感知系统、决策模型和执行设备构建起一个闭环运作的数字种植体系。而支撑这一体系的关键引擎,正是人工智能。

精准种植的第一步,是构建“四情”监测系统,包括作物苗情、土壤墒情、病虫情和灾害风险情(图 6-11)。传统依赖人工巡查的做法,已被 AI 视觉系统与遥感分析所取代。无人机搭载多光谱与热红外摄像头,通过图像采集形成高分辨率的田块视图;基于深度卷积神经网络(CNN)的作物识别模型可自动识别病斑、缺肥区域或生长异常,通过归一化植被指数(normalized difference vegetation index,NDVI)等植被指数与语义分割模型进行叶色分类、地块健康度评分,从而提供早期预警与分区管理建议。

图 6-11 精准种植需要构建“四情”监测系统

在精准施肥与灌溉方面,AI 通过融合土壤传感器数据、历史作物响应曲线和气象预测结果,构建作物需水需肥的回归预测模型。典型算法如随机森林或梯度提升决策树(gradient boosting decision tree,GBDT)被用于制定“地块—作物—时段”的最优施肥方案,而施肥无人机或智能喷灌系统则根据模型输出进行变量控制,实现“缺什么补什么”的目标,既减少资源浪费,也避免土壤污染。

智能农机系统是数字种植体系的执行端。自主导航拖拉机依靠强化学习(RL)和路径规划算法(如 AI 算法)自动选择最佳作业路径,避开障碍,优化作业效率;智能收割机通过传感器融合与目标识别模型识别作物成熟度,并动态调节收割参数,实现对不同作物的差异化处理。

更高层级的智能体现在农业管理平台中。通过农业知识图谱构建种植知识关系网络,结合面向农业领域的大语言模型(LLM)进行语义查询与智能问答,农民可实现“自然语言输入+智能建议输出”,如“下周是否适合播种玉米?”,系统可基于气象预测与作物生育模型综合作答。而强化学习与动态调度算法,则协助平台自动优化种植排期、施肥计划与农机调度。

整个系统背后的基础设施同样智能：边缘计算设备将 AI 模型下沉至田间终端，保障数据实时处理与本地控制；太阳能供电的微型基站与物联网节点保障了长周期、低成本的运行；云平台则统一管理各类数据流，构成智能种植的大脑中枢。

随着 AI 技术的持续进化，数字种植正从“精准执行”迈向“智能引导”，不仅帮助农民提高单产与品质，也推动农业走向绿色、减排、可持续的新阶段。未来，数字种植还将与区块链、碳汇计算、智能合约等技术融合，使农业不仅能种粮，还能“种数据”“卖碳权”，打开农业价值的新边界。

6.3.2　智慧畜牧与水产养殖（智能监控与精准饲喂）

在现代化养殖场，传统靠人“走一圈、看一眼”的管理方式，正逐渐被人工智能主导的“全天候无死角”智能监控系统所取代。无论是奶牛的日常采食，还是鱼群的生长状态，AI 正在以前所未有的精度与效率，重塑畜牧与水产养殖的生产逻辑（图 6-12）。

智慧畜牧的第一步，是动物健康行为的可视化监测。基于计算机视觉的动物识别系统，通过安装在圈舍中的高清摄像头，实时追踪每一头牛、每一头猪的行为状态。卷积神经网络（CNN）模型被训练用于动作识别（如走动、卧躺、采食频率等），结合目标检测与跟踪算法精确定位个体。系统可根据行为变化自动判断是否存在发热、采食减少、跛行等异常，一旦发现异常行为，即可自动触发预警，提示养殖人员进行干预。

图 6-12　智慧畜牧与水产养殖（智能监控与精准饲喂）

在智慧水产养殖中，AI 主要任务是监测水环境与鱼群状态。水面摄像头结合水下声呐图像，配合神经网络模型对鱼群密度、活跃度进行动态建模。卷积神经网络与长短期记忆网络（LSTM）结合，可实现对鱼群行为的序列预测，用于判断是否存在密集聚集、活性下降等病变征兆。

与监控同步进行的是精准饲喂系统的运行。在畜牧业中，通过个体识别设备（如 RFID 耳标、红外面部识别等）配合养殖数据库，AI 可分析不同阶段、不同体重、不同生理状态的动物所需营养结构，利用回归模型或专家系统为每只动物生成个性化饲喂配方。自动喂料系统将按照方案进行精准投喂，不仅减少浪费，还能最大化饲料转化率（feed conversion ratio，FCR）。

水产饲喂系统则基于摄像头捕捉鱼群活跃度变化，并结合历史摄食曲线，使用聚类算法（如 *K*-means）与预测模型（如 XGBoost）判断当前鱼群是否处于饥饿状态。智能投饵机接收信号后自动投喂，并根据鱼群反应实时调整投喂量，实现“动态喂养”。

整个智慧养殖系统的核心在于以数据为驱动、以 AI 为中枢的闭环控制：前端采集器实时感知动物与环境数据；中台 AI 模型分析健康状态、环境适应性、营养需求；后端智能硬件（如通风系统、温控系统、自动投喂机等）完成物理执行。

更进一步，AI 还被用于疫病防控与早期识别。例如，在禽流感或口蹄疫等高危疾病区域，利用时空预测模型[如地理加权回归(geographically weighted regression，GWR)或时空 LSTM]分析疫情传播路径，可提前布控防疫资源，减轻疫病扩散风险。

这些系统背后的集成平台，则统一调度多模态数据：图像、传感器、喂料日志、体重变化等，多模态融合模型进一步提升了识别准确率与预测可靠性。最终，AI 不仅在提高养殖效益与动物福利方面取得成效，也在保障食品安全与公共健康层面，扮演越来越重要的角色。

6.3.3 数字化设施农业（温室、植物工厂）

设施农业是现代农业中实现高效、集约与可控生产的典范，而数字化设施农业则在此基础上进一步引入人工智能、大数据与自动化技术，使温室与植物工厂从“半人工管理”跃升为“全流程智能调控”的数字生态系统（图 6-13）。

图 6-13 温室与植物工厂的智能控制

在智能温室中，最核心的变化是环境因素的动态感知与智能控制。温度、湿度、CO_2浓度、光照强度、土壤/营养液 pH 值与电导率(electrical conductivity，EC)等参数，通过布设的多类型传感器实时采集。AI 模型则作为“大脑”，对这些数据进行多维分析。例如，利用多变量回归模型预测环境波动对作物生长速率的影响，结合历史作物生育模型，生成最优的调控策略，实现光热气水肥的协同调节。

具体而言，在温室气候控制方面，人工神经网络(artificial neural networks，ANN)和模糊控制算法(fuzzy logic)被广泛应用于环境因子的自适应调控。系统可基于设定目标（如作物需温曲线），自动调整通风窗、风扇、湿帘、水泵等设备运行状态。与传统 PID 控制不同，AI 模型可根据外部天气预测、植物品种与生长阶段，提前预判调控需求，达到更高的能效与生长一致性。

在水肥管理方面,滴灌系统与传感器实现精准灌溉,而 AI 则负责做出判断何时灌、灌多少。通过 LSTM 模型对植物生长趋势进行预测,平台可动态推送灌溉施肥方案,提前响应植物需求,避免因滞后施用而造成生理性障碍。此外,图像识别技术被用于监测作物生长状态,如叶片颜色变化、冠层覆盖度变化等,辅助判断营养缺失或病害发生情况。

在植物工厂中,AI 所扮演的角色更为突出。植物工厂是一个完全封闭、与自然环境脱钩的生产空间,所有光照、温湿度、营养液供给均依靠系统调控。AI 模型通过对生育阶段、光合速率、养分吸收速度等指标的实时学习,动态调整 LED 灯光谱与照明周期,实现"定制式光环境管理"。强化学习算法还可在不同作物间训练最优组合光谱,实现同区种植下的产量最优解。

AI 控制系统通常配备中央决策引擎,该引擎基于作物知识图谱与机器学习模型,统一调度"光—温—水—肥—气"五大因素,维持稳定且高效的生长环境。作物管理算法还会自动生成播种时间、采收时间预测,以及换茬建议与资源配置优化计划。

在运营管理层面,数字化设施农业系统支持远程控制与多场景联动。无论农场主、技术人员在哪,只需一部手机或平板即可查看作物状态、设备运行情况,并通过自然语言交互与 AI 助手对话获取种植建议。这些系统背后,往往运行着大语言模型,进一步提升了管理智能化与人机交互的便利性。

同时,AI 还被应用于风险控制与预警,如当温室设备异常(温度升高异常、CO_2 浓度骤降)或病害图像识别模型检测到疑似病株,系统可第一时间推送警报信息,支持工作人员进行快速响应。

可以说,数字化设施农业不仅实现了"作物能听懂算法语言",更实现了从播种到收获全过程的智能闭环。在城市化快速发展的今天,植物工厂和智能温室还为城市农业、应急保供、特殊作物精密育种提供了理想平台,成为未来农业可持续发展的重要支点。

6.3.4 智能育种与种质资源保护

自 500 万年前人类出现以来,食物一直是人类生存的关键必需品。然而,预计到 2050 年,世界人口将达到 97 亿,粮食供应需求持续增长。为了确保粮食安全,通过作物育种改良作物特性至关重要。

多年来,作物育种经历了数次革命。在最初的育种 1.0 时代,野生作物被驯化,近 7000 种作物被种植用于食用。19 世纪末 20 世纪初,育种进入 2.0 时代,其特点是使用数量遗传学、杂交策略和基于孟德尔植物遗传理论的统计学方法来选择优良品种。在 3.0时代,育种广泛利用分子标记和基因编辑技术,通过聚合众多基因来开发新品种。目前,作物育种正处于 4.0 时代,其特点是结合了基于基因型和表型技术的智能育种。

所谓"智能育种",指的是在传统生物育种方法的基础上,引入 AI 模型与算法,对海量种质数据、基因信息、生长表现(表型)和环境因子进行建模与优化,缩短育种周期,提高成功率,降低成本。

它的核心逻辑是:用算法替代部分经验判断,用数据预测替代烦琐试验。

1. AI 如何介入基因育种

育种的基本流程：选材→杂交组合设计→子代筛选→多环境试验（图 6-14）。AI 可在以下关键节点发挥作用：

图 6-14　智能育种过程

（1）种质资源表型分析：

利用计算机视觉与图像识别技术（CNN 模型），对作物表型（phenotype）图像（如叶片形态、株高、结实密度等）进行自动提取和数字编码，再结合已有基因组信息，训练表型-基因之间的映射模型。常见方法是深度学习分类器和主成分分析（PCA）融合，用于快速识别优质种质。

（2）育种组合智能设计：

在传统育种中，设计哪两个亲本组合，往往靠育种专家的"经验＋直觉"。而 AI 通过多目标优化算法（如遗传算法、贝叶斯优化）搜索潜在杂交组合，并结合模拟预测模型（如 GBDT）评估后代性状遗传概率，从而智能推荐最佳组合方案。

在这个过程中，基因编辑辅助工具（如 CRISPR-Cas9 位点选择）也可由 AI 模型优化剪切靶标，提高精准育种效率。

（3）基因—环境—表型三元建模：

一个品种在不同区域表现可能天差地别，AI 可通过建立 G×E×P 模型（基因×环境×表型），即采用多模态神经网络，将基因位点数据（SNP 矩阵）、气象与土壤因子、历史田间试验数据一同输入，预测新品种在特定生态区的稳定性与优劣性状。

（4）子代筛选与模拟试验：

使用生成对抗网络（GAN）或 Transformer 等模型生成"虚拟植株表现"，模拟未来几代的性状组合走向，若表现不理想可提前淘汰不良组合，避免田间试种造成资源浪费。

2. 智能育种平台建设

目前多地建设有"智能育种大脑"，整合高通量表型分析平台、种质资源数据库、AI

建模系统与自动育种设备。例如：

(1) 农业知识图谱用于统一育种术语和种质属性。

(2) 高性能计算平台用于基因关联分析(genome-wide association study，GWAS)。

(3) 可视化平台辅助育种人员根据 AI 结果进行决策。

(4) 生物信息学与机器学习协同实现“育种数字孪生体”。

这些平台不仅加快了育种进程，还推动育种由经验导向转向数据驱动，逐步走向“智能设计”。

3. AI 在种质资源保护中的应用

在资源保护方面，AI 也展现出强大能力。通过图像识别与基因指纹数据建模，系统可对遗传重复资源自动聚类，提升种质库管理效率。同时，基于迁徙路径预测与气候模拟模型(如 RNN＋GIS 建模)，可评估濒危物种潜在风险，优化种质采集和保种布局策略。

AI 还可用于构建种质资源数字身份(DNA 条码＋大数据标签)，支撑可追溯体系，确保育种成果知识产权不被滥用。

未来，智能育种将向更加个性化、多元化方向发展。根据不同市场需求，可以快速定制出专用作物品种，比如适应高原种植的耐寒小麦、面向健康消费的高抗氧化番茄，甚至是面向植物工厂专门优化光合作用效率的专用蔬菜。

在这个新征途上，种子不再是单纯的生命起点，更是一粒粒浓缩着科技智慧、生态希望和人类梦想的奇迹之源。

6.3.5　农业全产业链数字化：从田间到餐桌的智能协同

农业的价值，不仅体现在田间的高产上，还贯穿于农产品的加工、仓储、运输、销售直至消费者餐桌的每一个环节中。传统的农业链条“长、慢、散”，信息不透明、损耗高、反应慢。而如今，借助人工智能与物联网，农业全产业链正迈入一个“端到端感知、智能调控、数据驱动协同”的新时代(图 6-15)。

图 6-15　农业全产业链数字化示意

1. 智能加工:让农产品“出厂即精品”

在产地初加工环节,AI使清洗、分级、检测、包装等流程实现高度自动化。基于图像识别与深度学习模型(如YOLO、ResNet),系统可快速识别果蔬外观、颜色、大小、成熟度甚至表面瑕疵,实现自动分级分类。多光谱图像配合卷积神经网络(CNN)可进行内在品质检测,如识别坏果、病斑等问题。

在食品加工线上,AI还能辅助实现“工艺调度优化”。例如,通过强化学习算法训练控制系统,实现多品种切换时的工艺自适应调整,提升加工效率与一致性。

2. 数字冷链:打造“可控温度+智能路径”运输网

从田间到市场,冷链物流是保障农产品新鲜度的关键。AI系统通过环境传感器网络,实时监测冷藏车/冷库中的温湿度、震动等指标,并基于预测性维护模型(如LSTM+报警阈值学习)及时预警设备故障,避免食品变质。

在冷链路径调度方面,AI结合历史运输数据、实时路况与订单优先级,使用路径规划算法(如Dijkstra或深度强化学习路径优化)生成最优运输路线,减少时间浪费与能源消耗。

3. 智能销售:电商平台与直播背后的“AI引擎”

数字农业的另一大亮点是“农货上网”,尤其是通过电商、直播、社交团购等新渠道拓宽销路。AI算法在其中承担着商品推荐、用户画像、定价预测等关键角色。

电商平台借助协同过滤、深度推荐网络(DeepFM等)为消费者精准推送农产品,提高转化率。同时,基于商品历史销售数据与节假日、季节因素,使用时间序列预测模型(如ARIMA、Prophet)自动调整商品上架时机与定价策略,提升收益。

智能客服系统(如基于大语言模型的对话机器人)也被广泛部署于农产品电商平台,实现订单咨询、物流查询、售后问答自动化,降低人工成本。

4. 可追溯体系:用AI保障“每一口食品的安全链条”

食品安全是全链条数字化中的“底线”。AI参与的溯源系统通常融合了区块链技术、图像识别与大数据分析,通过构建农产品全生命周期数据链,实现“是哪块田里种的、用什么肥料、是哪个加工车间包装的”一键查询。

区块链记录不可篡改的数据节点,AI则对上传图像与表单内容进行审核判断(如真伪识别、合规性分析)。此外,还可基于异常行为检测模型发现欺诈行为(如重复上传、虚构数据),提升系统可信度。

消费者端扫码查看农产品旅程的可视化路径图,不仅增强消费者信任,还倒逼上游环节标准化管理,推动农业质量品牌化。

5. 智慧供应链协同:农场、车间、商超“三位一体”

AI让整个农业供应链从“串联”变为“协同”。供应链管理平台借助多源数据融合与优化算法,实现“以销定产”:AI根据市场销售趋势预测未来1～2周的需求变化,并将预测数据同步给上游农场与加工企业,智能调节采摘时间、物流安排与库存策略,避免缺货或过剩。

部分先进平台已搭建"农业数字孪生"模型,模拟整个链条的物理状态与数据变化,AI 在其中进行策略模拟与应急演练,为政策制定与企业管理提供决策支撑。

6.3.6　农业农村管理服务数字化

如果说精准种植、智能养殖解决的是"种什么""怎么种"的问题,那么农业农村管理服务数字化关注的则是"怎么管好农业、服务好农民、建设好农村"。过去,农村管理靠人巡逻、靠纸记录、靠经验判断,如今则逐步转向了"数据说话、平台调度、AI 辅助决策"的全新范式。

人工智能技术正在成为农业农村治理能力现代化的强大推手,为政策制定、资源配置、风险应对与服务创新提供系统支撑。

1. 农业农村大数据平台:打造"一张图"智能底座

国家和省级农业农村大数据平台正快速构建,通过融合遥感图像、传感器数据、卫星导航、政务档案、作业记录等多维信息,构成乡村治理的数字地图(图 6-16)。

图 6-16　大数据平台:打造"一张图"智能底座

在此基础上,AI 模型可自动完成耕地保护监测、农田建设统计、种植结构变化评估等任务。例如,通过卫星遥感图像+语义分割算法,实现对不同作物覆盖区域的自动识别和面积计算;基于时序变化图像,利用时空预测模型判断耕地是否被违规占用,辅助自然资源监管。

AI 还能自动识别农田细碎化、农机覆盖率低、农田灌溉不均等问题,为财政资金投向和项目规划提供数据依据。

2. 农业灾害监测与智能预警系统

农业防灾减灾是农村管理中极为重要的一环。AI 在灾害监测系统中的角色,类似于一个不眠不休的"数字巡逻员"(图 6-17)。

图 6-17　农业灾害监测与智能预警系统

利用"天空地"一体化监测系统,AI 通过融合卫星遥感图像、地面气象数据与田间物联网传感器数据,建立灾害识别与预测模型。卷积神经网络可用于识别图像中水淹区域、病虫斑块等异常区域,时间序列预测模型(如 LSTM)根据气象数据预测未来的高温、暴雨、干旱等极端天气风险,多源融合决策引擎则为各级农业管理部门生成应对策略。

同时,系统可通过短信、微信小程序等方式,向农户推送“分地块、分品种”的灾害预警信息,并智能推荐应对方案,如临时加灌或提前采收,提升防灾反应速度与精度。

3. 农村土地与资产数字监管平台

AI在农村土地管理中也扮演着“智慧审计师”的角色。通过构建“地块—合同—农户”三位一体的知识图谱系统,结合光学字符识别(OCR)、自然语言处理(NLP)和图神经网络(GNN),平台可对农村承包合同、土地流转信息、资产交易行为等进行自动归档、比对与异常检测。

例如,当某块土地存在重复确权、流转面积与合同不符时,AI模型可自动检测数据异常,预警可能存在的侵权或违规行为,极大减少了人为疏漏与争议纠纷。

农户也可通过手机App自助查询地块位置、权属信息与流转状态,实现“地在眼前,权在掌中”。

4. 农村公共服务数字协同

在服务层面,AI+政务平台实现了农村社保、补贴、执法、乡村建设等事务的一站式管理。基于大语言模型(如Transformer),系统可实现智能问答与政策推荐功能,为农民提供政策解读、申请流程导航、补贴资格评估等功能。

例如,农民只需输入:“我家自种土地能申请哪些补贴?”系统可根据地块所在区域、作物种类、历史申请记录等,自动匹配政策并生成办理路径,提高服务触达率。

在农业执法方面,AI+无人机结合图像识别技术,可自动巡查农资销售点是否违规、农药使用是否合规,辅助执法系统构建“远程巡查+精准打击”新模式。

本章思考与练习

一、深度思考题

【思考题1】如果将智慧农业比喻为“农业的工业革命”,你如何理解这一说法?智慧农业带来的最根本变革是什么?

【思考题2】AI可以对土壤、病虫害等进行智能识别,但能否完全替代农民的经验判断?哪些环节仍需人机协同?

【思考题3】引入无人机、卫星遥感、农业机器人等高科技是否会进一步加剧发达地区与欠发达乡村之间的技术差距?智慧农业会带来“乡村技术鸿沟”,如何缓解?

【思考题4】为什么在农业场景中使用AI比传统经验更具优势?请结合温度、湿度、土壤数据等举例说明。

【思考题5】智慧农业中“精准灌溉”依赖哪些类型的数据?为什么这些数据不能简单用人工目测?

【思考题6】为什么说图像识别可以用来辅助植物病虫害识别?它相比传统巡田手段有什么优势?

【思考题7】在农业AI模型中,为什么预测作物产量要使用“时间序列数据”?

【思考题8】你如何设计一个农田传感系统来判断是否有“干旱预警”?请描述关键变量和

判断逻辑。

【思考题 9】智慧农业中的 AI 无人机相比传统人工巡查最大的优势和风险分别是什么？

二、实践题

【实践题 1】设计一个“智能温室系统”的流程图，考虑如下需求：

(1)需要哪些传感器？

(2)需要采集哪些数据？

(3)如何建立 AI 模型？

(4)如何执行控制？

【实践题 2】用手机拍摄植物叶片的照片，尝试用图像识别软件(如 PlantNet)识别病虫害类型。

【实践题 3】为一块果园设计智能监测系统，考虑如下需求：

(1)所需传感器(温湿度、光照、土壤等)。

(2)数据如何采集、传输、处理？

(3)如何触发自动响应(如灌溉、遮阳)？

(4)用户端如何查看与控制？

【实践题 4】设计一个“AI 农情分析系统”帮助农民判断是否施肥，考虑如下需求：

(1)输入哪些数据(如作物品种、生长周期、天气、土壤氮含量)？

(2)使用哪类 AI 模型(如回归、分类、神经网络)？

(3)输出形式？是否需解释其建议？

【实践题 5】拟设计一个“智慧猪舍”AI 模型，要监测哪些变量？如何自动预警动物健康？

三、计算题

【计算题 1】无人机对 100 亩农田进行航拍，每亩采集 10 张图像，每张图像为 2MB，请计算：

(1)总图像数量。

(2)总数据量(单位 MB 和 GB)。

【计算题 2】传统灌溉每天用水量为 1200 L，使用 AI 精准灌溉系统后，每天用水量下降为 850 L。若系统覆盖面积为 10 亩，试估算一周内总节水量。

【计算题 3】土壤湿度传感器数据为[28%，27%，30%，25%，29%]，求平均湿度与标准差。

【计算题 4】某作物产量模型为：产量 $y=1.2\times$ 氮肥 $+0.8\times$ 磷肥，若施氮肥 40 kg，磷肥 20 kg，计算产量预测。

【计算题 5】已知 AI 识别病虫害准确率为 92%，每天检测 200 株植物，平均误判多少株？

【计算题 6】温室环境采集数据：温度＝28 ℃，湿度＝85%，光照＝300 lux，将其用 Min-Max 归一化(区间 0～1)，给出转换结果。

已知：温度范围[20，40]，湿度范围[60，100]，光照范围[0，1000]。

四、综合计算题

【综合计算题 1】某智慧农业系统希望根据天气预报数据与土壤湿度传感器数据智能决策

是否在明日进行灌溉。请建立一个逻辑模型，融合预测与传感信息，判断“是否需要灌溉”，并计算该模型在历史数据上的准确率。

数据说明：（提供简化样本）

日期	土壤湿度/%	明日降雨概率/%	实际是否灌溉（标签）
D1	28	10	是
D2	38	60	否
D3	25	5	是
D4	35	80	否

任务要求：

（1）设计规则：如“土壤湿度＜30% 且明日降雨概率＜50%→灌溉”。

（2）逐条判断是否需要灌溉（模型预测值），与“实际是否灌溉”对比。

（3）计算模型准确率＝正确预测数/总样本数。

【综合计算题 2】你负责分析两类不同玉米品种在不同环境下的生长曲线，通过数学建模和数据拟合，判断哪种品种生长更快、对气候更敏感。

数据样例（单位：cm）：

日龄/天	A 品种高度	B 品种高度
0	5	5
10	12	9
20	25	18
30	43	33
40	60	52

任务要求（通过手工计算完成）：

（1）对两个品种的生长数据分别进行最小二乘法拟合（一元二次函数）。

（2）画出生长曲线并标注加速度（导数）变化。

（3）分析：哪个品种更早进入加速增长期？哪个对气候（温度）变化更敏感？

【提示参考】

（1）曲线拟合公式如：$H(t)=at^2+bt+c$。

（2）对温度波动敏感性可扩展为：$H(t,T)=a(T)\cdot t^2+bt$。

【综合计算题 3】某农场希望根据 5 项变量预测小麦产量，以便提前规划收割与销售策略。你需要建立线性回归模型，并用数据进行训练与预测。

变量定义如下：

（1）X_1：播种密度（kg/m^2）。

（2）X_2：施肥量（千克/亩）。

（3）X_3：平均日照时长（小时）。

（4）X_4：灌溉频率（次/周）。

（5）X_5：平均生长期温度（℃）。

训练数据：（提供样本）

X_1	X_2	X_3	X_4	X_5	产量 Y/(千克/亩)
1	20	7	2	24	520
1	25	8	2	25	590
1	30	7	3	23	610
1	35	6	4	22	600

任务要求:

(1)建立 $Y=\beta_0+\beta_1 X_1+\beta_2 X_3+\beta_3 X_3+\beta_4 X_4+\beta_5 X_5$ 的回归方程。

(2)用最小二乘法解出 β 系数。

(3)预测新输入条件下的产量,如[1, 28, 7.5, 3, 24]。

(4)分析:哪个变量对产量贡献最大?是否有"过施肥"现象?

第 7 章

智慧教育:AI 重塑学习方式与教育生态

本章教学目标

本章旨在引导学生深入理解人工智能如何重塑教育方式,掌握智慧教育的核心理念、关键技术及在教学、学习与评估中的应用。通过对教育智能体、自适应学习系统、AI 赋能教学评估、数字素养培养和教育公平等主题的学习,学生将了解人工智能如何实现个性化学习路径、动态调整教学内容与难度,并辅助教师进行精准教学与反馈。此外,学生将关注智慧教育面临的隐私保护、数据安全、伦理责任等问题,提升其对技术与教育融合的理性认知,具备分析与参与智慧教育设计的基础能力,为未来跨学科的教育创新与人工智能应用探索奠定认知基础。

7.1 智慧教育演进:从数字化学习到智能教育体系

7.1.1 智慧教育的概念

智慧教育(smart education)是指以人工智能、大数据、云计算、物联网等前沿信息技术为基础,融合教育科学、学习科学和认知科学成果,通过对教学、管理、资源等教育要素的数字化、网络化、智能化升级,构建以学习者为中心、因材施教、持续优化的智能教育生态系统。智慧教育不仅强调技术的使用,更注重在技术驱动下教育理念、教育方式和教育关系的深刻变革。

与传统教育相比,智慧教育呈现出以数据为依据、以智能算法为引擎、以人机协同为特征的教学模式。教师不再是单一的知识传授者,而转变为学习的引导者与反馈者;学生不再被动接受知识,而是通过系统智能推荐与反馈,实现个性化的、自主的学习路径构建。智慧教育是教育现代化的重要方向,是实现教育公平、提高教育质量与效率的关键支撑。

7.1.2 智慧教育的核心特征

智慧教育的核心特征体现在以下几个方面,如图 7-1 所示。

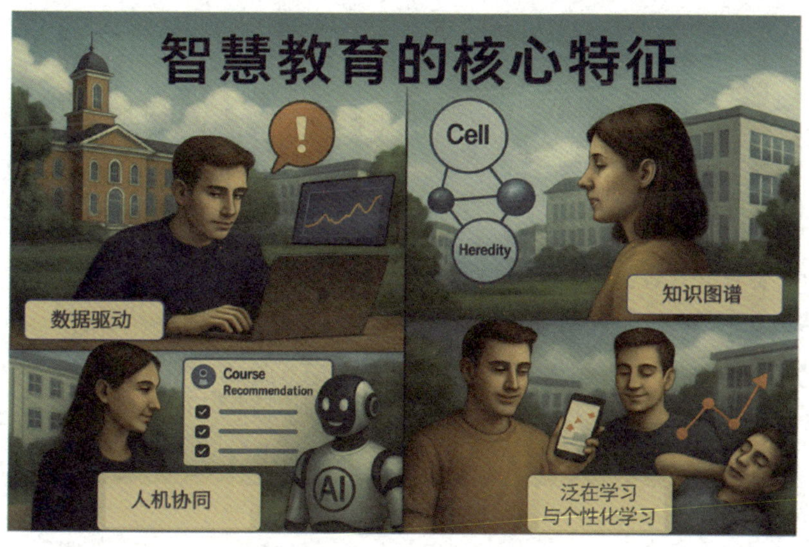

图 7-1　智慧教育的核心特征

1. 数据驱动的动态适应性

智慧教育系统能实时感知学生学习状态与行为数据，依据学习轨迹、答题记录、视频观看行为等进行分析，动态调整内容推送、反馈形式和教学节奏。例如，某学生在代数学习中表现出知识点“分式运算”掌握薄弱，系统将自动安排对应练习并反馈至教师端，引导教师精准教学。

2. 知识图谱支持的系统性认知

通过构建学科知识图谱，智慧教育系统能够将碎片化知识组织为可视化、关联性的网络结构，帮助学生建立结构化认知模型，提升跨知识点迁移能力。例如在生物教学中，“细胞结构”可与“代谢功能”“遗传信息传递”建立图谱连接，帮助学生形成学科整体图景。

3. 人机协同的教学支持模式

在智慧教育场景下，AI 与教师并非替代关系，而是协同关系。AI 系统承担初步诊断、学习资源推荐、客观测评等事务性工作，教师则专注于情感引导、高阶思维训练、个别化辅导，实现教学效率与教学温度的统一。

4. 泛在学习与个性化路径共存

学习不再局限于课堂，智慧教育通过云平台、移动终端、智能设备支持随时随地的学习，同时系统可根据学生兴趣、能力和目标生成个性化学习路径，实现“千人千面”的教学支持。

7.1.3　智慧教育的发展阶段与技术演进

智慧教育的发展并非一蹴而就，而是在技术推动下逐步演化而来的，主要经历了以下 4 个阶段，如图 7-2 所示。

图 7-2　智慧教育的发展阶段与技术演进

1. 初步信息化阶段(1970s—1980s)

该阶段以个人电脑的兴起为标志,计算机首次进入校园教育场景。我国于 1984 年明确提出"计算机普及要从娃娃抓起",推动计算机课程进入基础教育体系。电化教育馆、电视大学等的形态出现,使教学资源初步实现数字化。该阶段的教育信息化仍以"硬件普及"和"信息呈现"为主,尚未进入网络化与智能化阶段。

2. 网络化教育兴起阶段(1990s—2000s)

随着 Internet 的发展和中国教育科研网(CERNET)的建设,网络成为教学新通道。远程教育、在线课程系统逐步建立,网络平台(如广播教育网)支持了跨区域、跨时间的教育资源共享。同时,4A 特性(anytime,anywhere,anyone,anydevice)成为新特征,移动终端逐步进入学习场景,为泛在学习打下基础。

3. 智能化转型阶段(2010—2016)

云计算、大数据与移动互联网快速发展,推动教育平台从"资源平台"向"智能系统"转型。大规模开放在线课程(MOOC)在全球范围流行,人工智能辅助分析学生学习行为、自动推荐内容、进行预测性干预等功能初步实现。智能导学系统、自适应学习平台在高等教育和职业教育中开始试点部署。

4. 智慧教育新时代(2017—　)

2017 年《新一代人工智能发展规划》提出"构建新型智能教育体系",AI 与教育深度融合成为国家战略方向。当前,GPT 等教育大模型开始支持自动答疑、语义评估、作文打分等任务;智慧教室普及,实时采集学生行为数据;联邦学习、区块链等技术支持教育数据安全与可信共享。教育的形态正由"教为中心"向"学为中心"转变,教学资源从"标准推送"走向"精准匹配",管理决策从"经验判断"升级为"数据驱动"。

7.1.4　智慧教育的时代价值与战略意义

智慧教育不仅是技术进步的产物,更是教育理念变革的体现。它赋予教育更强的适应性、开放性和公平性,正在重构教育生态,推动教育从传统模式向更加精准、个性化和可持续的未来转型。图 7-3 展示了智慧教育的时代价值与战略意义,具体内容如下所述。

图 7-3　智慧教育的时代价值与战略意义

1. 教育公平的技术支撑

传统教育资源存在区域分布不均、优质师资难以下沉等问题,而智慧教育通过在线教育平台、智能化教学资源和个性化推荐系统,为农村和边远地区学生提供与城市学生同等质量的教学内容和学习机会,缓解"数字鸿沟"。

2. 教育质量的智能提升

智慧教育系统能够实时记录学生的学习轨迹与数据表现,借助智能算法进行分析与预测,辅助教师实现因材施教。多模态评估手段的引入,如行为识别、情绪检测与知识掌握建模,使得教学反馈更加科学、有效,从而提升教学精准度与学习成效。

3. 教育治理的科学转型

教育管理者可通过数据平台掌握学生学情、教师行为、课程进度等全局信息,结合数据可视化与智能预测,实现宏观教育决策的精准化。例如,基于平台数据预测某地区的师资短缺、课程偏移问题,有助于科学配置教育资源,实现从"经验驱动"到"数据驱动"的治理转型。

4. 教育创新的生态融合

在智慧教育体系下,教育边界不断拓展,学校、家庭、社会三方实现高效联动。家长可通过系统实时查看学生表现并获得辅导建议,社会可通过教育大数据提供学习平台或实践机会,形成"协同育人"的良性生态。

7.1.5　智慧教育的国际视野与未来趋势

在全球范围内,智慧教育已成为各国提升教育质量、推动教育公平的重要战略方向。中国提出"教育数字化战略行动",联合国教科文组织发布《未来教育报告》,均强调以 AI、大数据等前沿技术构建新型教育形态。

未来智慧教育的发展将呈现以下趋势(图 7-4)。

图 7-4　智慧教育的国际视野与未来趋势

1. 教育大模型将成为教学核心引擎

以 GPT、DeepSeek 等为代表的通用大模型正被微调用于教学场景，实现作文评分、问答生成、个性化内容推送等多种能力。多模态大模型将进一步实现图文音视频交互式教学，构建可理解、可对话的“数字教师”。

2. 数字孪生与虚拟教学环境的融合发展

通过数字孪生技术构建“虚拟教室”和“数字学生模型”，实现虚拟实验、行为模拟、学习过程可视化等新型教学场景，提升学生学习沉浸感与交互性。

3. 多元评价机制成为常态

智慧教育将逐步取代“唯分数论”的传统方式，引入多元指标评价体系，如知识掌握度、参与度、协作能力、学习成长性等，更全面地反映学生能力结构与发展潜力。

4. 教育伦理与算法治理同步强化

随着技术深度介入教育系统，学生数据保护、算法公平性、教师角色重塑等问题日益受到关注。建立教育人工智能伦理规范与技术治理体系，是实现可持续智慧教育的前提。

7.1.6　中国开启教育数字化发展新征程

2025 年 5 月 16 日上午，在 2025 世界数字教育大会上，中国教育部发布《中国智慧教育白皮书》，并启动“国家教育数字化战略行动 2.0”。白皮书包括发展历程、发展战略、实践探索和未来展望 4 个章节，系统梳理了中国教育数字化的发展历程、战略规划与实践成果，并提出了未来智慧教育的展望。白皮书以“3C”发展理念[联结为先(connection)、内容为本(content)、合作为要(cooperation)]和“3I”战略方向[集成化(integrated)、智能化(intelligent)、国际化(international)]为核心，标志着中国教育数字化转型进入新阶段。白皮书还提出 2025 年是智慧教育元年，中国教育部将以“3N”[新阶段(new stage)、新标准(new standard)、新路径(new ways)]推动教育的深层次、系统变革,为全球智慧教育发展贡献中国智慧、提供中国方案,共同开启教育数字化发展新征程。

7.2　教育系统架构:智慧教育的技术支撑与协同结构

7.2.1　分层结构模型

智慧教育系统的构建需要一个清晰且可扩展的架构体系,以便于不同技术模块的集成、升级与协同。当前主流智慧教育架构大多采用"数据层—算法层—应用层"3 层结构模型,每一层承担特定功能,彼此联动支撑教育场景的智能化转型,如图 7-5 所示。

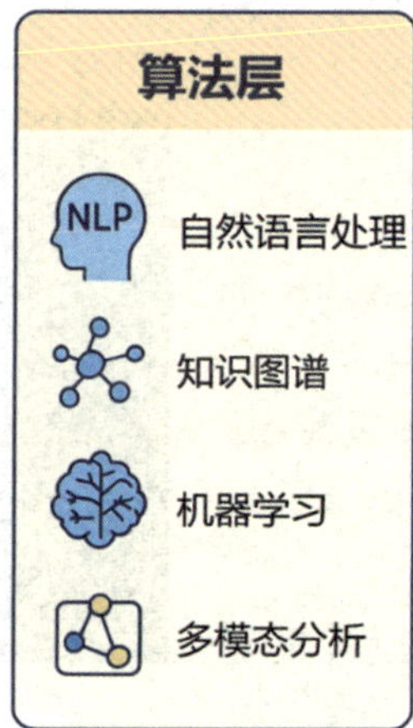

图 7-5　用知识图谱构建"牛顿定律"教学应用的知识内容

1. 数据层:感知与记录的基础平台

数据层是智慧教育的底座,负责采集、存储和管理各类教育相关数据。数据类型覆盖广泛,主要包括:

(1) 多模态学习数据:包括学生行为数据、课堂音视频、眼动、答题轨迹等。

(2) 教学资源数据:包括教学视频、课件、教材、题库等。

(3) 教务管理数据:包括课程安排、出勤记录、考试成绩等。

(4) 教育外部数据:如家庭环境、社会实践、心理测评等拓展性数据。

数据层需保障数据的标准化存储、安全合规,并支持高效的数据清洗与预处理,为算法分析提供基础支撑。

2. 算法层:核心智能能力的实现引擎

算法层是智慧教育实现"因材施教"的关键所在,涵盖多项人工智能与数据分析技术,具体包括:

(1) 自然语言处理(NLP):支持作文批改、自动答疑、语义理解。

(2) 知识图谱:用于知识组织、路径推荐、精准推题。

(3) 机器学习与深度学习:实现学生画像建模、能力评估、个性预测等。

(4) 多模态分析:对语音、图像、行为等数据联合建模,提升学习状态识别准确性。

该层通常依托大模型、图神经网络、联邦学习等先进方法进行训练与部署,提升系统智能化程度。

3. 应用层:面向教学全过程的智慧服务系统

应用层是智慧教育面向教师、学生、管理者的直接体现,其功能包括:

(1) 智能教学辅助:如教学大纲生成、AI 课堂助教、智能评分系统。

(2) 个性化学习支持:如自适应推荐系统、互动答疑、学习进度管理。

(3) 教学可视化与反馈:如学生学习报告、能力成长图谱、班级学情热力图。

(4) 教育管理优化:如排课系统、教学评价分析、资源配置智能化建议。

应用层通过多终端协同(PC、Pad、手机、交互式白板等),将算法能力转化为高效教学服务。

7.2.2 技术联动机制

智慧教育不是单一技术堆叠的结果,而是多种核心技术协同联动的系统工程。有效的技术联动机制能够提升系统鲁棒性、服务连续性与智能水平,其核心体现在以下几个方面,如图 7-6 所示。

图 7-6 智慧教育技术联动机制

1. 数据-算法协同:数据驱动模型,模型反哺数据

数据不仅是模型训练的燃料,更在持续优化中扮演"反馈激励"角色。系统需构建完善的数据闭环机制:前端采集→数据清洗→模型训练→应用反馈→数据更新。例如,在作业自动批改场景中,模型通过不断学习学生新答案与教师评分数据,不断提升自身评估能力,实现精准反馈。

2. 多模态技术融合:打通感知通道,构建学习全景

智慧教育强调"人本感知",通过图像、语音、文本、行为等多模态融合实现对学习状态的深层理解,如课堂行为识别可融合 OpenPose 姿态估计+语音分析+面部表情识别,实现学生注意力、情绪、参与度的精准判断。

3. 模型-规则混合:兼顾灵活性与可控性

在教育场景中,完全依赖深度模型可能引发"黑箱"问题,因此智慧教育系统往往采用"规则引导+模型预测"的混合模式。规则用于基础知识判断、逻辑检验,模型用于模糊识别与行为预测,确保教育可解释性与可控性兼具。

4. 多平台联动与终端协同

智慧教育需支持多平台(教学系统、资源平台、管理系统等)数据联通,同时支持多终端(教师 PC 端、学生 App、教室智能终端等)无缝协作。通过标准协议、应用程序编程接口(application programming interface,API)、边缘计算等手段,保障智慧教育"随时、随地、智能"运行。

7.2.3　系统集成能力与平台协同演进

随着智慧教育从示范性部署向规模化推广迈进,系统集成能力与平台协同成为评估智慧教育系统成熟度的关键指标。系统集成不仅包括前端应用与后端能力的衔接,还涵盖教育业务流程的自动化与数据流的闭环设计,如图 7-7 所示。

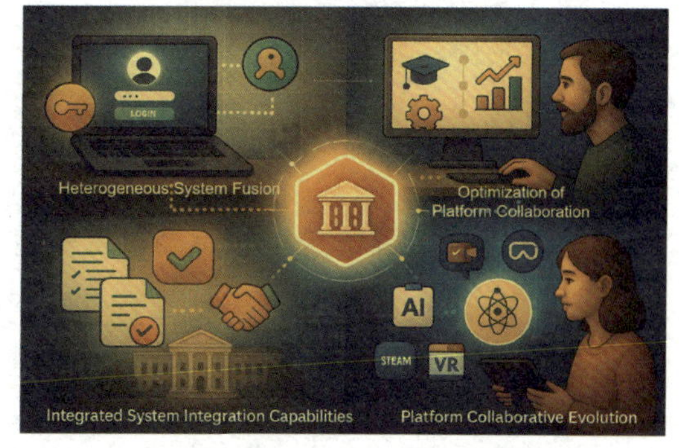

图 7-7　系统集成能力与平台协同演进

1. 异构系统融合能力提升

教育机构在长期发展中积累了众多信息平台,如教务管理系统、学生信息系统、资源平台、教学平台等,这些系统往往架构异构、标准不一。智慧教育要求打通数据孤岛,实现统一身份认证、统一数据交换格式、统一接口协议,最终构建"一个入口、一个视图、一份数据"的集成门户体系。

2. 平台协同联动机制优化

在实践中,智慧教育平台不仅需支撑"教、学、管、评"各环节的功能,还要支持跨平台联动。例如,教师在资源平台布置作业,学生在学习平台完成后自动同步至管理平台记录成绩,再结合大数据平台分析学生完成情况并反馈至教学端,形成完整闭环。

3. 标准体系与互操作协议建设

标准是系统协同的前提。当前智慧教育建设需参考教育部《国家智慧教育平台建设指南》等相关文件,制定元数据标准、接口规范、数据标签标准等,提升平台兼容性与可扩展性,逐步构建跨区域、跨校际、跨阶段的教育协同生态。

4. 开放生态与第三方能力融合

成熟的智慧教育平台应提供开放接口,支持第三方教育企业、内容服务商接入,形成内容、工具、服务的共建共享生态。通过引入 AI 作业批改、虚拟实验室、STEAM 编程平台、VR 教具等资源,丰富平台功能,提升教育多样性与创新性。

7.3　关键技术体系:构建智慧教育的智能引擎

7.3.1　自然语言处理

自然语言处理(NLP)在智慧教育领域扮演着核心角色。作为人工智能的关键分支,它通过语义理解、文本生成等技术重塑教学模式。在智能问答场景中,NLP 让系统能精准解析学生提问，如数理化公式推导或文学文本解读，提供实时解答。作文评分时，其可从立意、结构、语法等多维度量化分析，甚至识别修辞运用的优劣。语言矫正功能则针对外语学习者的发音、语法错误进行实时标注与纠正，模拟一对一外教辅导场景。更重要的是，NLP 通过分析学生的作业文本、互动对话数据，构建个性化知识图谱，从而实现错题归因与针对性学习资源推荐（图 7-8）。

图 7-8　自然语言处理在智慧教育中的应用

1. GPT 自动答疑系统与语义理解模型

基于 GPT-4 等大语言模型的教育问答系统，能够处理开放性问题、结构化查询以及跨学科综合问答任务。系统通过预训练与微调机制掌握教学语言中的上下文关系，具备“理解＋推理＋反馈”能力。

例如，学生向大模型提问：“牛顿第二定律是否适用于非惯性参考系？”系统不仅能够识别关键词，还能基于相关概念进行判断和反问提示，引导学生进一步学习。其背后技术包括上下文注意力机制、多轮对话历史编码、回答精度与逻辑连贯性控制等。

【案例 1】牛顿第二定律是否适用于非惯性参考系？

以下是 GPT-4 对这个问题的答复以及生成的概念视图（图 7-9）。

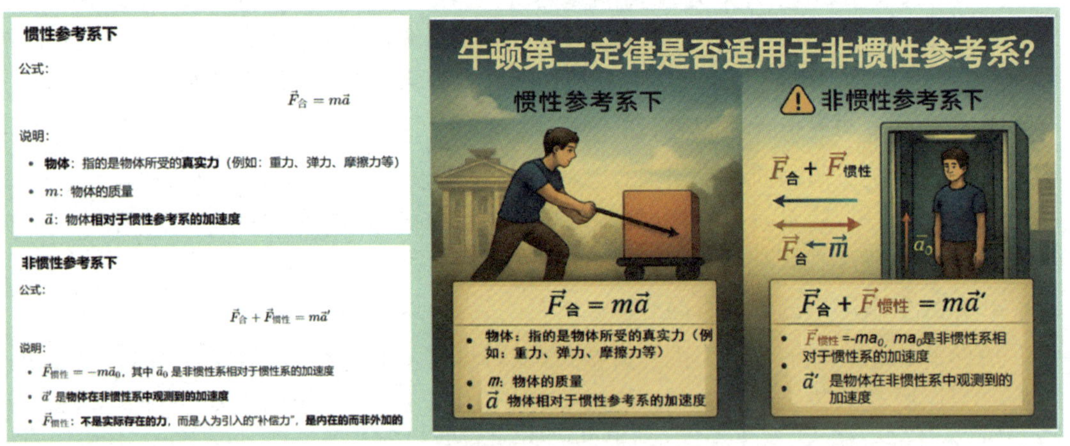

图 7-9　GPT 对“牛顿第二定律是否适用于非惯性参考系?”的答复和生成概念示意

2. 作文自动评分系统

当前主流的作文评分模型采用预训练语言模型（如 BERT、RoBERTa）结合句法树分析，对学生作文进行内容分析、句式多样性、词汇使用、逻辑组织等多维度评价。部分平台还引入教师标注数据进行微调，从而提升评分一致性。系统通常将原始作文分为段落结构后逐句分析，计算语言流畅度（perplexity）、句法深度、词汇多样性等指标。可形成分项得分报告，指出问题并提供修改建议。

【案例 2】大模型用于作文评价(表 7-1)。

表 7-1　作文命题与部分内容

作文命题	作文(部分内容)
阅读下面的材料,根据要求写作。(60 分) 随着互联网的普及、人工智能的应用,越来越多的问题能很快得到答案。那么,我们的问题是否会越来越少? 以上材料引发了你怎样的联想和思考?请写一篇文章。 要求:选准角度,确定立意,明确文体,自拟标题;不要套作,不得抄袭;不得泄露个人信息;不少于 800 字。	问未来问无边界,答时代答无止境 千年前,屈原写下《天问》向着神秘的自然发出了终极叩问,直到今天依旧犹在耳畔。这些问题源自人类身为万物灵长对宇宙的好奇,尽管如今也许可以用一系列物理学知识给屈原一个解释,但重读《天问》,我们依然无法断言这些答案就是最终的真理。随着互联网、人工智能的广泛应用,似乎所有问题都能轻松找到答案,这是否意味着问题从此消失,人类不再需要思考,也不会再迷茫? 问题的产生来自好奇,人工智能可以答疑解惑,却无法抑制人类对世界本质的探索欲望。当我们的祖先好奇火从何而来,钻木取火便开始了;当第一个人好奇人生的意义是什么,哲学思考便开始了。由此可见,人类不断提出问题的动力,源自对周围世界的好奇,而不仅仅是对答案的追求。只要我们一直心存探索之欲,便不会因为答案的增多而减少自己的疑问。相反,对客观世界规律的了解越多,知识的圆圈越大,我们也就越会发现自己知识的贫乏。 对问题的思考由大脑负责,人工智能可以给出已有的答案,却无法回答未知的谜题。建立在大数据算法之上的人工智能是人类的“千里眼"和“顺风耳”,学习时的难题,网上有答案;旅游时的路线,网上有攻略。这些问题看似都是互联网和人工智能解决的,但拨开迷雾,不难发现这些答案归根结底仍然是人类的思考,而非人工智能的“创造”。字典可以查阅生僻字,却不能成为仓颉;百科全书可以检索知识,却很难成为爱迪生。人工智能无法代替人类思考,探索未知的责任仍然担在我们的肩上。

【ChatGPT 总结点评】

这是一篇思想成熟、论证清晰、语言优美的高水平议论文。文章立意深远,紧扣时代命题,体现了良好的思辨能力与人文素养。在表达上,驾驭语言能力强,融合古今、文理相融。但若能增加现实场景细节,增强新颖性与说服力,整体将更具锋芒与时代冲击力(表 7-2)。

表 7-2　作文评分(满分 100 分)

评分维度	权重	得分	评分依据
立意深刻性与时代关联	30%	28	以“AI 是否使问题减少”为核心,联系屈原《天问》、科技现实与青年使命,立意鲜明有深度;略显保守,未充分拓展如“AI 可能激发新问题”的逆向视角
结构完整与逻辑清晰	25%	24	五段结构严谨,逻辑递进自然,起承转合流畅;开头引题、结尾回扣,议论文结构规范、思路清晰
语言表达与文采	25%	23	语言得体,句式多样,引用典雅,用词准确有力,引用典故(屈原、陆游、赵括)增强文学色彩;个别句式略显重复或偏长
内容充实与论据使用	15%	14	历史与现实材料结合恰当,论据典型;但缺少新鲜的一手现实案例(如具体 AI 助手、ChatGPT 在教育中的真实使用)
创新性与启发性	5%	4	文章将传统文化与现代科技结合,引发哲思,有一定创造性;若加入多元立场或设问反驳,将更具思辨张力

3. 个性化语言反馈与学习路径推荐

通过语义理解系统分析学生的语言表达能力、常见错误类型(如语法错误),系统可生成适应性学习内容并推送相应练习。结合词汇水平分级(如 CEFR 等级)、写作风格偏好、表达逻辑清晰度等综合指标,系统构建学习者语言画像并实时更新学习建议。

【案例 3】基于语义理解系统的语言表达能力分析与学习推荐。

学生原句输入(写作任务片段):

"He go to school by bicycle every days because he want to keep healthy."

语义分析结果见表 7-3。

表 7-3 语义分析

分析维度	检测结果	说明
语法错误检测	"He go"应为"He goes"; "every days"应为"every day"; "he want"应为"he wants"	主谓一致错误、复数使用错误
词汇使用分析(CEFR A2 水平)	词汇基本使用准确, 但结构单一,缺少衔接词	使用频率高但缺乏多样性
表达逻辑与语义清晰度	理由表达合理但略显口语化, 逻辑略弱	缺乏"首先""因此"等逻辑连词
写作风格偏好识别	偏口语、直白、动作导向	适合推送结构型与句式变换训练材料

4. 多语种智能支持与辅助语言学习

面向双语或外语教育,NLP 技术可提供跨语种机器翻译、语音转写、语法解析、句法对比等功能。系统支持学生将中文作文翻译为英文并给出语言风格优化建议,同时可反馈文化适应性与用词习惯纠偏。对于汉语学习者,系统可识别错写笔顺、近义词混淆、语调使用不当等问题,提供语音与图文结合反馈,如图 7-10 所示。

【案例 4】英文→中文翻译示例。

原文英语:

"Shall I compare thee to a summer's day?"

——出自莎士比亚《第十八号十四行诗》(Sonnet 18)

某学生的中文译文:

"我应该把你和夏天的一天对比一下吗?"

ChatGPT 给出的正确中文译文是"我怎能把你比作夏日?",如图 7-11 所示。其对翻译结果的分析见表 7-4。

图 7-10 多语种智能支持与辅助语言学习

图 7-11 ChatGPT 给出的正确中文译文

表 7-4　ChatGPT 对翻译结果的分析

维度	错误说明
字面意思部分保留	"compare""summer's day"等词语有基本对应
语体失当	使用"对比一下"严重违背原句的诗意风格,显得生硬、口语化,缺乏文学气质
主语处理不当	"我应该……"暗示一种义务判断,而原句的"Shall I…"是文艺性修辞疑问句,表达爱慕与赞叹
表达笨拙且逻辑混乱	"夏天的一天"是对"a summer's day"的直译,但"夏日"是更符合中文表达习惯的意象

7.3.2　计算机视觉

计算机视觉(CV)赋予智慧教育"观察环境"和"理解行为"的能力,支持手写识别、课堂行为分析、教学图像处理等多种功能。CV 不仅应用于学生学习过程的分析,也支撑着教学活动的自动化与精准监测。

1. CRNN 在手写识别中的应用

CRNN 结合卷积网络的空间特征提取能力与循环网络的时间序列建模能力,特别适用于处理手写文本、数学公式、图像中嵌套文本等复杂结构。在智慧作业系统中,学生书写的答题内容通过摄像或扫描上传,系统利用 CRNN 模型进行字符级识别、分词、语义结构还原,并结合题目标准答案进行比对与逻辑推理批改(图 7-12)。

2. OpenPose 与姿态估计技术的融合应用

OpenPose 是当前领先的人体关键点识别算法之一,它能够精准识别人体15～25 个关键骨架点并进行实时追踪。在智慧课堂中,结合 OpenPose 可识别学生是否注视讲台、是否频繁走神、坐姿是否规范等行为特征。系统通过姿态分类模型(如 LSTM 或 Transformer)分析学生注意力趋势并生成"注意力热力图",帮助教师及时调整互动策略。此外,系统还能记录学生参与行为,如举手频率、与同伴协作动作等,构建"行为画像"用于后续评估,如图 7-13 所示。

图 7-12　CRNN 手写识别在教育中的应用

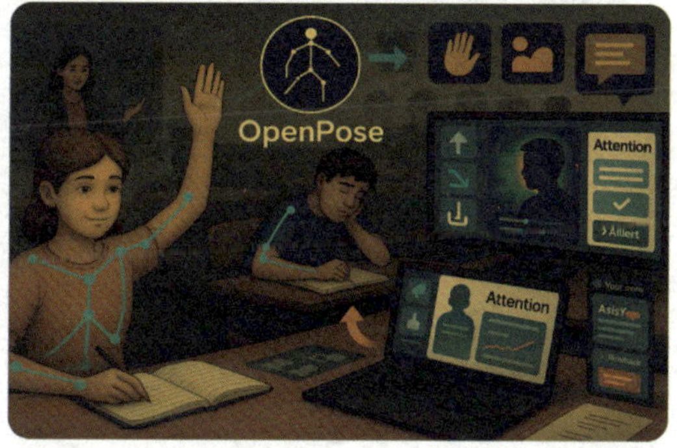

图 7-13　OpenPose 在课堂教学中的应用

3. 人脸识别与无感考勤

通过人脸特征识别与跟踪技术,智慧教室可实现学生进出教室、考勤签到、课堂活跃度打分等管理功能。系统可识别长期缺勤、突发情绪变化等行为,结合学情系统触发预警。算法方面常用 RetinaFace＋ArcFace＋RBF-SVM 分类器结构，确保在不同光照、遮挡环境下仍具高准确性。

4. 图像分类与教学资源分析

在数字化教材与多媒体资源分析中，CV 技术可自动识别图像类型、提取主题标签、生成图文摘要。例如，抽取教学视频中黑板笔记区域并转写为电子文本，支持知识提取、教学资源整理等功能。

7.3.3 教育大模型与教育智能体

教育大模型基于 Transformer 架构，拥有强大的语言理解与生成能力，可执行问答、写作、分析、总结、推理等多种任务，正在成为智慧教育的底层技术基础。

1. 教育大模型架构演化

教育大模型多由通用语言模型（如 GPT 等）微调而来，支持学科教学、个性辅导、试题生成等任务。当前主流模型采用编码器-解码器结构，训练语料覆盖教材、教学对话、知识图谱、学生行为日志等。模型支持多轮对话管理、知识追踪、错误纠偏、策略推荐等核心能力，并逐步具备“教师代理人”能力。

2. 教学内容生成能力

模型可依据输入关键词自动生成结构化试题，并附带知识点标签、参考答案、解析过程、思维导图。通过大模型 API，教师可快速构建完整教案、主题导学图、互动问答卡片等教学资源，显著提升教案准备效率与内容质量。

【案例】教育大模型生成大学物理“交流电桥”的概念与图示（图 7-14）。

概念描述 | 大学物理：“交流电桥”

交流电桥（AC Bridge）是一种用于测量电感、电容、电阻或其组合元件参数的仪器电路，原理类似于直流 惠斯登电桥，但使用的是**交流电源和复阻抗**分析。

交流电桥通常用于测量以下物理量：

- 未知的 **电容**（如使用谢林桥）
- 未知的 **电感**（如使用麦克斯韦电桥）
- 电容或电感的 **损耗角正切**（tan δ）

✦ **基本结构：**

交流电桥是一种四臂电路，其 4 个臂各包含阻抗元件（可为电阻、电感、电容或其组合），中间连接有：

- 一个**交流信号源**（如正弦交流电）
- 一个**检流计或检波器**（用来检测平衡条件）

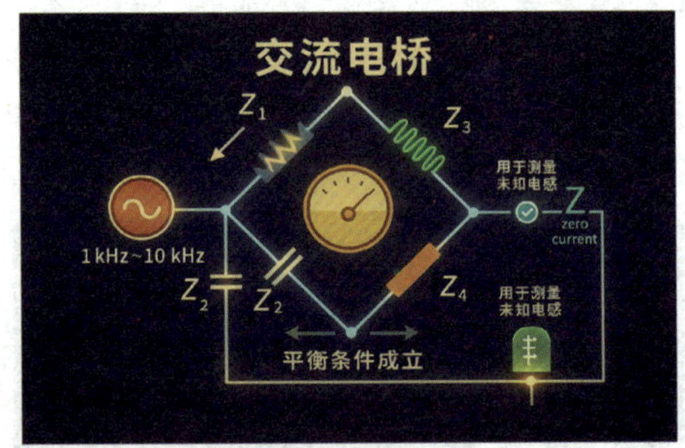

图 7-14　由 GPT 生成大学物理：交流电桥的教学内容与图示

3. 多模态能力与虚拟教师

最新教育模型正逐步具备“图像＋文本＋语音”的多模态能力，可识别并生成图文题、板书识别结果、教学图解等复合格式内容。同时，可构建拟人交互的“虚拟教师助手”，与学生进行任务对话、学习计划调整、情绪安抚等多轮互动。

4. 教育智能体的系统整合应用

教育智能体是集大模型能力于一体的综合教学服务系统，具备知识感知、情境理解、对话引导、内容生成、策略优化等功能。智能体可接入智慧教学平台，实现对教师、学生、管理者三方的智能服务，如为教师推荐教学活动结构，为学生推送个性化任务，为教务提供课表优化建议。

7.3.4　知识图谱在智慧教育中的应用

知识图谱(knowledge graph)是一种用于描述知识实体及其之间关系的语义网络结构，广泛应用于信息抽取、推荐系统、搜索引擎等领域。

知识图谱主要是用于描述现实世界中的实体(区别于概念，是指客观世界中的具体实物)、概念(人们在认识世界过程中形成的对客观事物的概念化表示，如人、动物等)及事件间的客观关系。知识图谱的构建过程即从非结构化数据(图像等)或半结构化数据(网页等)中抽取信息，构建结构化数据(三元组，实体—属性—关系)的过程。

在智慧教育中，知识图谱通过组织学科知识点与教学资源之间的关联，实现个性化学习路径推荐、智能答疑、知识可视化等关键功能，是构建以学习者为中心教学模式的重要支撑技术，如图 7-15 所示。

【案例】动植物知识图谱结构图。

例如，在图 7-16 显示的动植物知识图谱结构中，Living Things，Animals，Plants 均表示实体。

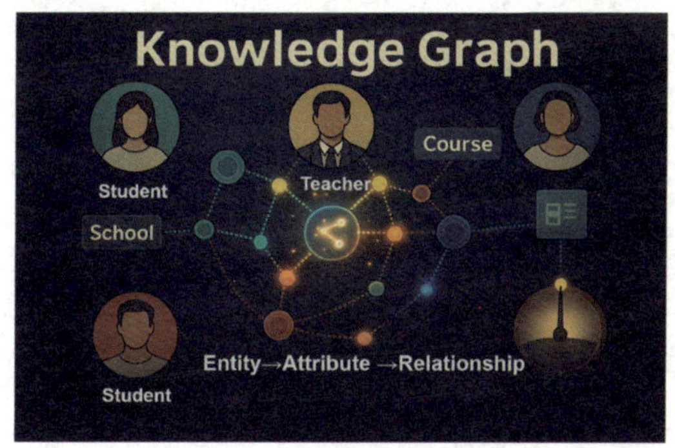

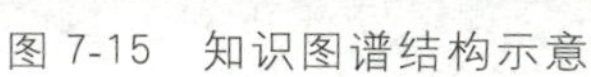
图 7-15　知识图谱结构示意

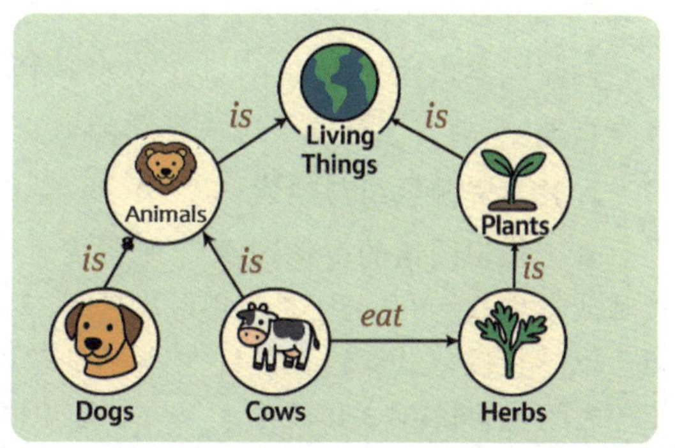

图 7-16　动植物知识图谱结构

“is”表示“从属”或“类别归属关系”，也可理解为“属于一种(is a kind of)”或“是……的一种”。例如，Dogs→is→Animals：狗是一种动物，Animals→is→Living Things：动物属于生物。Herbs→is→Plants：草本植物是植物的一种。

这种“is”关系在知识图谱中常用于表示层级结构(taxonomy)或实体-概念归属(entity-class)。

而“eat”表示“行为关系”或“功能性关系”，它表达了两个实体之间的动作、用途或作用。

例如，Cows→eat→Herbs：牛吃草。

这是一个语义行为关系，代表“牛”的一种行为是“摄食草本植物”，属于语义谓词关系(predicate relation)。

1. 教育知识图谱的基本构成与建模方法

在教育场景中，教育知识图谱主要服务于个性化推荐、智能问答、学习路径规划等任务。其构建流程包括以下几个关键步骤(图 7-17)：

①通过自然语言处理技术从教材、教辅资料、考试题库等教育资源中提取知识点；②进行语义归一化处理,解决同义词、歧义词问题；③执行实体消歧与对齐,统一命名标准并连接多源知识；④进行关系建模,定义知识点之间的依赖、递进、因果等关系；⑤在此基础上进行图谱融合,整合来自不同教材版本或学段的信息；⑥将知识结构以图数据库形式部署,支持高效查询与可视化。

图 7-17　教育知识图谱的构建流程

目前主流建构方法采用“基于教材结构的半自动标注＋实体对齐＋图谱嵌入表示”技术路径,兼顾人工精度与规模扩展能力。

2. 教学资源组织与检索

基于知识图谱的教学资源管理系统可实现对试题、课件、案例的语义关联组织。当教师或学生查询“光的干涉”相关内容时,系统不仅返回关键词匹配结果,还可推荐关联概念(如“相位差”“双缝实验”)与高质量教学视频、仿真实验资源等。知识图谱使得学习资源之间的关联由“关键词索引”转向“知识语义网络”,大大提高了检索效率与内容连贯性。

3. 学生知识状态建模与可视化学习轨迹

结合学生的答题数据与行为记录,系统可识别学生在某些知识点上的掌握情况,并将学习路径与知识图谱中的结构对齐,从而生成“知识掌握图谱”。学生可直观看到当前知识点的掌握程度、未学节点与推荐路径。教师亦可基于班级图谱热力分布掌握整体学情。例如,某班多数学生在“电场线方向判定”上存在薄弱,教师可统一讲解并布置针对性任务图。

4. 个性化推荐与精准推送机制

知识图谱可结合推荐算法(如协同过滤、图卷积神经网络)为学生定制个性化学习路径。系统根据学生历史学习行为、当前认知状态与兴趣偏好,识别其知识图谱中“掌握节点”“近发展区节点”“待解锁节点”,进行动态任务推荐。例如,对于“牛顿第一定律”已掌握,但“惯性质量定义”尚未掌握的学生,系统将优先推送其必要先修资源与测评任务,实现个性引导与精准教学。

5. 智能问答与教学辅助服务

构建问答对与知识图谱语义检索接口,智慧教育系统可提供更具结构化、上下文理解能力的智能问答。例如,学生提问"为什么电压越高越危险?",系统可检索"电压"相关知识路径,结合"电场强度""电击原理"提供基于图谱的因果解释。相比传统关键词匹配的问答系统,知识图谱增强了问答系统的逻辑一致性、概念层级清晰性与推理能力。

6. 跨学科知识融合与能力画像构建

基于跨学科知识图谱,智慧教育系统可以支持学生综合能力评估与迁移学习能力培养。例如,将"函数关系(数学)"与"物理图像分析(物理)"节点建立映射关系,识别出学生在"变量依赖建模"能力方面的横向迁移情况。同时,图谱融合学生兴趣标签、职业发展路径、社会情境等信息,可构建"能力画像",支持生涯规划教育与个性发展支持。

7. 教学知识图谱平台与开源项目

当前主流的知识图谱平台如 Amazon Neptune、阿里图数据库(GraphScope)等已支持教育类知识建模。国内如"智慧树网""学堂在线"已初步搭建课程知识图谱结构,用于资源组织与个性化学习推荐。部分科研团队也基于公开数据集构建开源知识图谱,支持教育人工智能研究与教学应用创新。

7.4　智慧教育在教学评价与教学管理中的应用实践

随着教育数字化转型加速,智慧教育正通过技术赋能重构教学评价与管理体系。智慧教育借助知识图谱、区块链等一系列新技术引入教学评价与管理,这种融合不仅提升了教育管理效率,更为教育高质量发展提供了技术支撑。

7.4.1　个性化推荐引擎

在智慧教育系统中,个性化推荐引擎是连接学习资源与学生认知路径的重要枢纽。它通过人工智能算法,结合学生的历史行为、兴趣偏好和当前学习状态,实现精准的学习资源匹配,从而构建出真正意义上的"因材施教"系统环境。

1. 协同过滤推荐:让数据驱动资源匹配

协同过滤算法是当前推荐系统的核心技术之一。它依据用户的历史行为数据进行建模,主要分为基于用户的协同过滤(UserCF)和基于项目的协同过滤(ItemCF)。

用户协同过滤侧重于"人与人"的相似性。系统首先分析目标学生的点击、答题、收藏等行为,构建其兴趣向量,并在全体用户中寻找相似用户群体(即"邻居")。接着,通过邻居用户喜好的资源进行加权排序,为目标学生推荐他们尚未接触过但可能感兴趣的内容。

项目协同过滤则从资源本身出发,通过分析资源的属性特征(如主题、难度、知识点覆盖范围等)和用户行为间的共现频率,识别资源间的相似性。系统会根据学生历史偏好,从相似资源中筛选出符合其兴趣的新内容。

在实际应用中,混合使用这两类策略已成为主流选择,兼顾兴趣相关性与资源多样性,从而提升推荐的准确性、覆盖率与新颖性。

2. 跨域知识图谱增强:构建语义关联桥梁

传统协同过滤容易受到"稀疏性"与"冷启动"影响。而跨域知识图谱(cross-domain knowledge graph)引入后,极大增强了推荐系统的语义推理能力。知识图谱将教学资源、概念、学科关系等构建为节点与边的图结构,通过嵌入技术(如 TransE、DistMult),系统将图谱转化为可计算的向量空间,使原本分离的学科知识具备了"迁移与关联"能力。

【案例】知识图谱构建语义关联桥梁。

图 7-18 展示了跨学科推荐系统如何利用知识图谱将学生的行为与不同学科领域关联,并生成个性化的学习推荐。

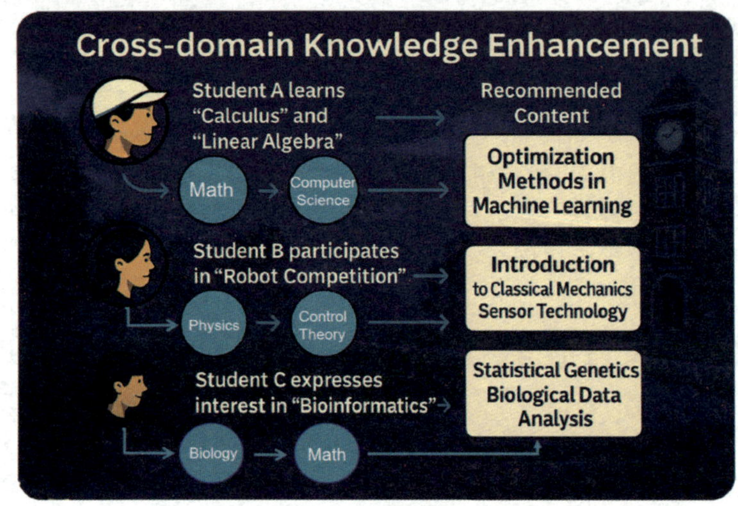

图 7-18 跨域知识图谱增强:构建语义关联桥梁

图片内容分为 3 组学生行为路径:

(1) 学生 A 的路径:

学习行为:学习了"Calculus(微积分)"和"Linear Algebra(线性代数)"。

知识图谱路径:从 Math(数学)→Computer Science(计算机科学)。

推荐内容:Optimization Methods in Machine Learning(机器学习中的优化方法)。

(2) 学生 B 的路径:

学习行为:参加了 Robot Competition(机器人竞赛)。

知识图谱路径:Physics(物理)→Control Theory(控制理论)。

推荐内容:Introduction to Classical Mechanics,Sensor Technology(经典力学导论、传感器技术)。

(3) 学生 C 的路径:

学习行为:表达了对"Bioinformatics"(生物信息学)的兴趣。

知识图谱路径:Biology(生物)→Math(数学)。

推荐内容:Statistical Genetics,Biological Data Analysis(统计遗传学、生物数据分析)。

通过图谱,系统不仅能发现显性关联,更能捕捉到隐性跨学科路径。

7.4.2　联邦学习

联邦学习技术使得多个教育机构可以在不交换原始数据的前提下，共享模型训练成果，是解决教育隐私问题、推动智能协作的关键技术之一。

1. 联邦平均算法在教育建模中的实践

最常用的联邦学习机制是 FedAvg(federated averaging)，各参与节点本地训练模型并将参数更新上传中心服务器进行加权平均更新。在教育场景中，各地学校可部署相同学习推荐模型，在各自平台用本地学生数据训练，周期性上传参数至中心节点，构建全局共享模型。此类机制可显著提高泛化能力，避免“模型过拟合特定区域学生”的问题，如图 7-19 所示。

2. 差分隐私与数据保护机制

为进一步保障模型更新过程中学生行为信息不被还原，联邦学习结合差分隐私机制(differential privacy)在上传前添加噪声干扰。系统利用拉普拉斯(Laplace)或高斯(Gaussian)机制扰动参数梯度，使攻击者无法反推出学生个人特征信息，从而符合《个人信息保护法》的数据合规性要求。

3. 跨平台教学行为建模

联邦学习框架支持跨教学平台的合作，如 A 校使用 A 平台、B 校使用 B 平台，但均部署相同知识追踪模型。通过联邦机制，各校系统可构建跨平台、多区域的学生学习预测模型，提升教育评估标准化程度，并挖掘区域差异性学习行为模式，如图 7-20 所示。

图 7-19　联邦学习机制 FedAvg

图 7-20　跨平台教学行为建模示意

【案例】跨校学生知识掌握建模的联邦学习系统。

(1) 应用背景与问题设定。

在高校通识教育课程中，诸如“线性代数”“大学英语”等课程面临跨学校差异大、学生行为模式复杂、个性化难以统一建模等问题。传统方法如仅用单校数据训练学生知识追踪模型(如 DKT、AKT)，容易造成过拟合于本校行为模式，难以迁移至其他学校。

同时，出于《个人信息保护法》要求，不同学校无法交换原始学生数据，因此需要一种既能联合训练模型，又能保护学生数据隐私的机制。

(2) 系统架构与技术实现。

参与学校：A 校、B 校、C 校，使用不同教学平台（如超星、雨课堂、自研 LMS）。

本地数据：学生答题记录、学习时长、章节完成度等。

部署模型：统一的知识追踪模型结构（如 Transformer 结构的 KT 模型）。

联邦学习流程见表 7-5。

表 7-5　联邦学习流程

步骤	描述
Step 1	各校在本地用学生数据训练初始模型
Step 2	每轮迭代后，将模型参数上传至中心服务器
Step 3	中心服务器使用 FedAvg 算法聚合所有学校参数，生成全局模型
Step 4	全局模型下发到各校，进入下一轮本地训练
Step 5	同时结合差分隐私机制（如添加高斯噪声），防止模型反推学生行为

使用联邦学习系统，可在不共享数据的前提下训练出泛化性更强的学生知识掌握预测模型。

7.4.3　区块链

区块链为智慧教育提供了一种可信的“数据确权”与“全流程留痕”机制，是未来教育数据治理、学术评价与学习成果认证的重要支撑技术（图 7-21）。

1. 教学过程存证机制

系统将每一个教学事件（如选课、签到、作业提交、测验得分、评语记录等）作为一条区块链交易，记录时间戳、数字签名、哈希值，并按时间顺序链接形成教学记录链。此链分布在多个节点上同步更新，任何节点篡改记录均可被全网发现，从而实现“不可篡改、可溯源、可验证”的全流程教学留痕。

2. 数字证书与终身学习档案

学习者在不同学习平台（如高校、企业培训平台、在线课程平台）所获得的证书均可被哈希映射并上链，构成可验证的“数字成绩单”与“个人学习链表”。用人单位可通过查询接口快速验证学历真伪。系统还可支持微证书、能力徽章（badge）等灵活认证方式，构建终身学习的多元化成就评价体系，如图 7-22 所示。

图 7-21　区块链记录可信教学活动

图 7-22　“可信教学链”系统：教学过程存证链

3. 教育资源确权与共享生态

教师上传的教学资源可通过区块链技术实现版权确权与访问控制管理。每份教学资源拥有唯一数字身份，可记录访问者、修改记录与引用路径，保护原创内容的知识产权。此机制可鼓励高校教师资源开放共享，推动“可信共建”教育资源联盟生态建设。

【案例】“可信教学链”系统——基于区块链的课程全流程存证与成果认证

以下是一个基于区块链在智慧教育中实际应用的教学案例设计，涵盖“教学留痕”“证书上链”“资源确权”等关键场景，适用于教材或教学演示内容。

(1) 案例背景：

在当前高校教学中，存在以下问题：教学活动记录零散，难以统一管理；学生成果（如课程证书、项目作品）易被伪造；教师资源共享面临“被抄袭”“版权不清”等风险。为了构建可信、安全、开放的智慧教学生态，某高校部署了基于区块链技术的“可信教学链”系统。

(2) 系统组成与关键概念：

①教学过程存证链。

操作示例：学生选课信息记录为第一笔交易；签到、作业提交、测验得分、教师评语等环节逐步生成区块；每个区块包含时间戳＋数字签名＋哈希值＋前一区块索引。

教学链特性：

A. 不可篡改：若某次考试成绩被试图更改，链结构立即识别异常。

B. 可追溯：从毕业回溯到每次提交与评价，有据可查。

C. 多节点共识：存证同步于教务系统、任课教师终端与学生空间。

②数字证书上链认证。

应用场景：学生完成一门“深度学习课程”后，获得一个课程结业数字证书（含项目成果）；证书内容通过 SHA-256 算法生成哈希摘要，上链存证；学生未来可将该证书链接发送给用人单位，或作为 MOOC 学分转换凭证（图 7-23）。

扩展功能：支持发放“项目能力徽章”（如 AI 建模、数据可视化）；构建个人学习链表（learning chain profile），记录跨平台学习成果。

③教师资源确权与共享机制。

教师在“可信教学链”平台上传原创课件、视频讲解、编程作业；系统为资源自动生成唯一数字身份（token）并登记版权；若他人下载使用资源，系统自动记录访问行为；教师可开放资源权限（如“仅联盟高校可使用”），并按引用次数获得声誉积分或区块链代币奖励，如图 7-24 所示。

图 7-23　数字证书上链认证

图 7-24　教师资源确权与共享机制

4. 实际价值与成效

实际价值与成效见表 7-6。

表 7-6 实际价值与成效

维度	价值体现
教学管理	教务部门实现教学数据全流程链式管理
学生成长	每位学生拥有可信学习轨迹与成果凭证，助力深造与就业
教师权益	教师拥有资源创作记录，保障知识产权
教育治理	支持跨平台、跨机构的“教育数据治理联盟”建设

“可信教学链”不仅是技术革新，更是教育可信化的战略跃迁。它让学习轨迹“写入时间”，让教育成就“永久确权”，推动智慧教育向公平、透明、可信的方向迈进。

本章思考与练习

一、深度思考题

【思考题 1】AI 推动教育“从统一走向个性”，你认为 AI 在教学内容、学习方式与教学评价方面带来了哪些根本性变革？是否对所有学生都更公平？

【思考题 2】AI 可以进行自动批改、知识讲解与学习路径推荐。你认为未来的“教师角色”会发生怎样的变化？教师是否会被 AI 取代？

【思考题 3】越来越多学生依赖 AI 自动答题、写作工具等进行学习任务，这是否会削弱学生的思维能力或学习主动性？

【思考题 4】AI 可在日常学习中实时评估学生能力，是否意味着未来不再需要标准化考试？其背后会带来哪些新挑战？

【思考题 5】融入教育是否会让那些数字技能不足的学生处于劣势？教育系统应如何回应这种“新型不平等”？

【思考题 6】学生使用 AI 写作助手（如 GPT 类工具）生成论文草稿后稍作修改并提交。请讨论此类内容的知识产权归属是学生、平台还是系统提供者？

【思考题 7】一些智慧教室部署面部识别技术监控学生注意力状态。你认为此类技术是否侵犯学生合法权益？哪些法律边界需被划定？

【思考题 8】若一个 AI 系统通过行为数据认定某学生为“低效学习者”，并将其标签化记录在个人学业档案中，你认为这是否符合教育伦理？

【思考题 9】学生借助 AI 写作工具自动改写、润色、生成论文的部分内容，是否构成抄袭或学术造假？应在哪些界限内允许 AI 辅助？

【思考题 10】频繁依赖 AI 答疑和推荐学习路径是否会降低学生的主动探索欲？你是否支持在大学阶段限制 AI 使用？

二、实践题（设计与应用场景模拟）

【实践题 1】请设计一款面向高中或大学生的 AI 学习助手，具备以下功能：

（1）个性化学习推荐。

(2)错题本自动归类与解析。

(3)学习进度可视化。

(4)情绪识别与学习动机干预(可选)。

(5)请给出每个功能需要的技术要点。

【实践题 2】为 MOOC 平台设计一个 AI 系统,帮助学生规划个性化学习路径。请说明:

(1)系统需采集哪些学习行为数据?

(2)如何评估学生掌握情况?

(3)路径推荐算法思路简述(可选用基于规则、协同过滤、强化学习等)。

(4)用户如何干预或调整路径?

【实践题 3】某学校部署了 AI 监测系统,采集学生上课表情、语音、浏览记录、测试成绩。请分析:

(1)分析数据教育数据隐私泄露的风险。

(2)若数据外泄,可能产生什么后果?

(3)应建立哪些制度或技术保障?

【实践题 4】策划一个"AI 素养进阶"校园活动,提升同龄人对 AI 学习工具的正确理解与使用能力,倡导理性、安全、创造性地使用智能技术。

项目要求:

(1)调研:调查学生对 AI 工具(如写作助手、推荐题库)的使用频率与误区。

(2)教育策划:围绕"智慧学习×正确使用"策划 3 节微课或 1 场工作坊。

(3)内容涵盖:AI 基本原理、常见风险、使用边界、隐私保护、创意运用等。

(4)成果宣传:制作宣传材料(手册/视频/PPT)。

成果形式:

调研报告+活动方案+推广材料+成果展示。

三、计算题

【计算题 1】传统教师每份作文批改时间约为 8 分钟。AI 系统平均每份需 0.2 分钟。若全校某次语文考试需批改 3000 份作文,问:

(1)教师需用时多少小时?

(2)AI 需用时多少小时? AI 节约了多少时间?

【计算题 2】AI 系统推荐了 100 道题目,其中有 85 道做错,属于学生薄弱点;其余 15 道属于学生掌握区域。请计算该系统推荐的命中率(准确识别薄弱点的比例)。

【计算题 3】某智慧教室部署 20 个摄像头与 10 个音频传感器,全天采集数据:

(1)视频:每路每小时 1 GB。

(2)音频:每路每小时 100 MB。

若每天上课 8 小时,问一间教室每天产生的数据总量?

【计算题 4】传统人工评分作文平均每篇需 6 分钟,AI 系统平均每篇需 12 秒。若需要评分 8000 篇作文,比较总用时,效率提升倍数是多少?

四、综合计算题(选做)

【综合计算题 1】某在线学习平台收集了 10 名学生在平台上的学习行为特征数据,平台希望基于这些特征，预测学生是否能够在期末考试中“通过”。

学生	视频学习时长/分钟	完成练习题数	错误率/%	每日平均登录次数
学生 1	81	45	6	3
学生 2	44	49	25	7
学生 3	101	33	37	4
学生 4	90	12	16	9
学生 5	117	47	32	9

任务：

(1)假设逻辑回归的线性模型如下所示：

$$z=w_1x_1+w_2x_2+w_3x_3+w_4x_4+b,b=-2.5$$

计算某个学生的 z 值。

(2)选定一位学生输入特征，手动计算其预测值，并通过 Sigmoid 函数判断其是否被模型判定为“通过”。

【综合计算题 2】在一个智慧教育平台中，系统根据学生的兴趣与课程内容进行匹配推荐。将每个学生和课程的特征向量表示为 10 维 0-1 向量，表示对不同知识主题是否感兴趣或是否涉及。

已知：

(1)学生兴趣向量：$\boldsymbol{s}=[1, 0, 1, 1, 0, 1, 1, 0, 1, 1]$。

(2)课程 A 内容向量：$\boldsymbol{a}=[1, 0, 0, 1, 0, 0, 1, 0, 0, 1]$。

请完成以下任务：

(1)解释这些向量的维度与含义。

(2)使用余弦距离计算学生 s 与课程 a 的兴趣匹配程度。

(3)根据计算结果，判断该学生是否适合被推荐这门课程(设置阈值为相似度$\geqslant 0.7$ 为推荐标准)。

第8章

人工智能伦理与法律:构建可信的智能社会规范

本章教学目标

本章旨在引导学生全面理解人工智能在快速发展过程中所引发的伦理与法律挑战,建立基本的AI伦理意识与规则认知。通过典型案例分析与跨学科讨论,学生将了解算法歧视、隐私保护、责任归属、数据安全、AI自主性与人类价值维护等核心议题,掌握人工智能应用中的法律边界与伦理框架。学生将初步具备分析AI系统可能带来的社会影响、审视技术决策合理性、设计公平与透明机制的能力,并能在实践中辨析人与技术的责任界线,在成为AI技术使用者、设计者或管理者的同时,具备伦理责任感和法治思维,成为推动技术向善发展的积极力量,具备在全球视野下参与AI治理的意识与能力。

8.1 伦理挑战:AI发展中的风险识别与价值冲突

人工智能技术作为信息社会发展的前沿引擎,已深度嵌入国家治理、经济运行、社会服务及人类生活的各个层面。AI不仅重构了产业链、价值链与创新链,更在医疗、教育、司法、交通等关键领域展现出超越传统机制的效率与智能。然而,AI在持续释放生产力的同时,也引发了深层次的伦理争议与法律风险。特别是在数据主权模糊、算法黑箱加剧、人机关系重构的大背景下,人工智能伦理风险呈现出多维度、高复杂度与动态演化的特征。

本节围绕人工智能面临的核心伦理问题展开分析,聚焦隐私泄露、算法偏见、安全失控、职业冲击、技术依赖与责任归属六大议题,系统梳理其成因与表现,剖析背后反映出的社会制度挑战与技术治理空白,为后续的伦理治理提供问题导向的理论支撑。

8.1.1 数据滥用与隐私侵权:算法效率与个人边界的冲突

在AI时代,数据已被称为“新石油”,是推动人工智能系统持续进化的关键资源。然而,大规模数据采集与使用的背后,也引发了前所未有的隐私侵权风险。个人信息的可被观测性、可被存储性与可被推理性在 AI 技术的支持下达到了前所未有的高度(图 8-1)。

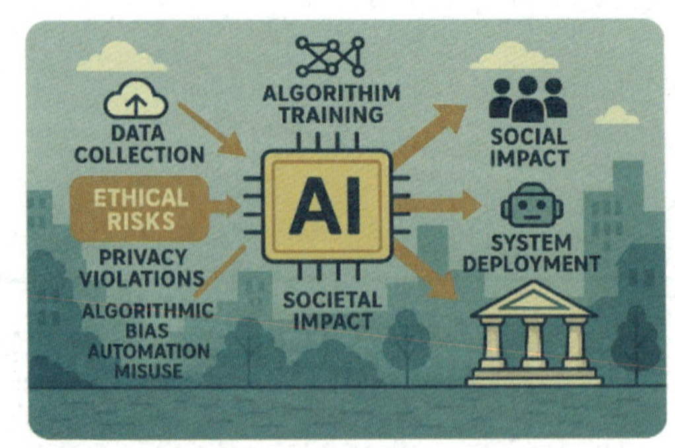

图 8-1　AI 伦理风险结构:从数据到社会的传导路径

首先,AI 模型的训练普遍依赖互联网上未经授权的公开数据、用户上传内容及行为轨迹。这一数据基础往往未经充分脱敏处理,导致隐含的身份信息在生成过程中被复原。例如,语言生成模型可在用户交互中重现曾训练过的机密段落或个人隐私表达,而攻击者通过"模型反演"技术甚至可推导出训练集中的具体样本。

其次,在医疗、金融等高敏感行业,AI 工具虽然提高了诊断效率与服务质量,但也带来了数据外泄的系统性风险。医疗 AI 在处理电子病历、基因信息与影像资料时,若缺乏精细化权限控制,极易被用于商业分析甚至违法交易;金融系统中广泛采用的生物识别技术(如人脸识别、声纹分析)则可能因系统漏洞被绕过或篡改,从而引发严重的身份冒用与资金安全问题。

更为隐蔽的是公共空间中智能监控技术的泛滥应用。大量部署于交通枢纽、商业中心与城市街区的摄像系统借助 AI 算法实时分析人群行为、情绪波动甚至社交互动。在大多数情况下,个体并不知晓自身行为已被记录与解析,而一旦这些数据被跨域整合,便可形成完整的"数字画像"。这一现象既挑战了"信息自决权"的基本理念,也模糊了私人空间与公共空间之间的伦理边界。

在深度伪造(deepfake)技术的加持下,隐私侵权风险进一步升级。伪造面孔、合成语音的能力不仅让谣言传播更具迷惑性,也让"身份盗窃"成为一种低门槛、高收益的新型网络犯罪形态。这些新兴威胁要求我们在制度层面对"个人信息权"做出动态再定义,并推动数据治理机制向"知情、同意、限制、追责"全流程闭环转型。

8.1.2　算法偏见与系统性歧视:技术理性掩盖的社会不平等

算法本质上是人类社会逻辑与规则的数字化表达,它并不超越社会偏见,而是在数据的镜像中"再生产"既有的不平等结构。尽管 AI 常被包装为"中立、客观"的技术,但其训练数据、建模策略与使用环境都深深嵌套于具体的社会语境之中,从而带来了结构性歧视的风险。

一个显著例子是在医疗 AI 系统中的性别与种族偏差。若用于诊断训练的数据集主要来自男性白人群体,系统在识别女性或有色人种特定疾病特征时,准确率将大幅下降,导致误诊或漏诊的情况频发。在司法 AI 中,如美国曾广泛应用的 COMPAS 风险评估系统,研究表明其高估黑人再犯风险的概率是白人的两倍,直接影响量刑判断与假释审批(图 8-2)。

图 8-2　算法偏见与系统性歧视

算法偏见不仅存在于系统训练阶段,也可能在模型部署与使用过程中不断累积并放大。例如,招聘系统可能优先筛选与历史成功者特征匹配的简历,从而持续排斥女性、少数族裔或低收入背景的应聘者;教育 AI 若基于标准化考试成绩评估学生潜能,极易忽视成长背景与多样化认知模式,造成"贴标签式"教育的泛滥。

造成算法歧视的核心根源有三:一是数据代表性的缺失;二是标注过程中人为偏见的注入;三是模型设计未体现社会公平性原则。而算法的"黑箱性"则进一步掩盖了这些偏见的发生过程,使得问题难以追踪、责任难以界定。

从更深层次看,算法歧视体现了技术治理话语权的不平衡。绝大多数 AI 系统仍由少数科技公司主导构建,其价值选择与伦理标准未必与公共利益相一致。这就要求我们在算法设计阶段引入多元价值观审查机制,确保技术不再成为既得利益结构的工具。

8.1.3　安全失控与技术滥用:复杂系统中的不可控性风险

人工智能系统在越来越多的领域被用作关键决策工具,其运行的可靠性、安全性与可控性正成为伦理治理的核心议题。AI 作为一种"深度耦合型"技术,其应用一旦偏离设计预期,不仅可能引发局部错误,更有可能在系统层面诱发连锁反应,造成广泛的社会危害。

在自动驾驶领域,安全事故的频发暴露出技术能力与现实场景之间的巨大落差。尽管多家车企宣称其辅助驾驶系统已达到"准自动"水平,但在复杂交通环境中,如在突发行人闯入、信号失灵或天气恶劣等非结构化条件下,AI 系统的反应速度与应对策略常常不及人类驾驶员。更严重的是,部分厂商在宣传中有意淡化系统局限性,鼓励用户"脱手驾驶",诱导其产生"机器可靠性幻觉",从而埋下重大交通安全隐患(图 8-3)。

医疗 AI 在临床决策中的失误同样令人警醒。由于 AI 模型训练依赖于历史数据,其诊断建议受限于既有知识边界与数据代表性。一旦面对罕见疾病、复杂并发症或具有模糊表达的临床表现,AI 可能给出错误建议,延误治疗甚至危及生命。此外,某些 AI 辅助开药系统在计算药物剂量或药物组合时忽略患者个体差异,已出现因算法推荐失误导致严重药物反应的案例(图 8-4)。

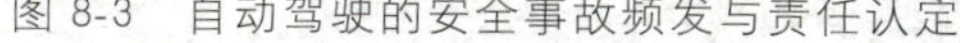
图 8-3　自动驾驶的安全事故频发与责任认定

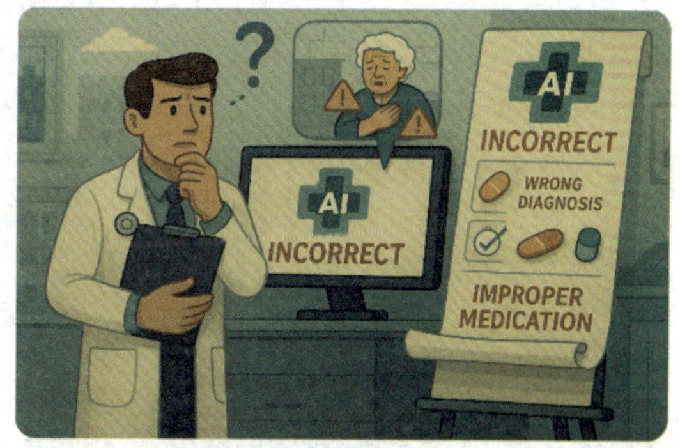

图 8-4　医疗 AI 在临床决策中的失误

深度伪造等生成性 AI 技术的滥用则使安全风险进一步延伸至舆论、选举与国家安全等社会高敏感领域。伪造领导人演讲视频、制造假新闻(图 8-5)、冒充亲属实施诈骗(图 8-6)的案例层出不穷,不仅损害个体权益,更撼动公众对信息系统的信任基础。在国际地缘政治博弈中，这类技术也被视为“新一代信息战工具”，其边界模糊、传播迅速、难以追责等特点使其监管面临极大挑战。

AI 系统的失控风险不仅是技术漏洞的外在表现，更是系统设计中缺乏安全冗余与伦理嵌入的结果。传统技术治理往往依赖“可预见—可控制—可纠正”的线性框架，但 AI 系统的不透明性、复杂性与学习能力打破了这一逻辑。要应对这些挑战，必须推动 AI 安全从“被动防御”向“主动预测”转型，构建跨学科、跨行业的风险感知与响应机制，将安全设计融入 AI 生命。

图 8-5　利用 AI 工具伪造名人演讲视频、制造假新闻

图 8-6　利用深度伪造技术冒充亲属实施诈骗

8.1.4　职业替代与技能变革：技术演化下的就业生态重塑

人工智能对劳动市场的冲击正以“结构性再分配”的方式逐步展开。在历史上，每一次工业革命都伴随着职业结构的重组与劳动力能力谱系的调整，而 AI 作为“认知型机器”的代表，其对就业生态的影响更为深远且复杂。

从短期来看，AI 技术在各类重复性、规则性强的职业中表现出极强的替代效应。如制造业的机器人装配线、金融行业的智能风控与报表生成、服务行业的语音交互客服与导览机器人等，均在显著降低用人成本与提高运营效率的同时，减少了对传统岗位的需求。尤其是部分中低技能岗位，由于门槛较低、替代边际效益高，面临被迅速淘汰的风险（图 8-7）。

然而，这种“岗位消失”的过程并不意味着整体就业空间的萎缩，而是预示着职业功能的重新分配与新职业形态的涌现。随着 AI 的广泛应用，诸如 AI 产品经理、算法调优工程师、数据标注师、AI 伦理分析员、人机协同设计师等岗位应运而生，对高阶思维能力与跨领域素养的需求日益增长（图 8-8）。麦肯锡研究院预测，至 2030 年，全球将新增 1.7 亿个由 AI 推动而诞生的新型职业，净增就业机会将超过 7800 万个。

图 8-7　AI 正取代各类重复性、规则性强的岗位

图 8-8　AI 的普及推动新型职业类型的诞生

与此同时,劳动力市场对“技能转型”的要求前所未有地迫切。传统职业教育体系多以固定岗位技能培养为核心,缺乏应对动态技术迭代的弹性与广度。AI 技术的快速发展迫使教育体系必须进行根本性变革,从以“学科导向”转向“能力导向”,以“阶段性学习”转向“终身学习”,以“知识传授”转向“问题解决”与“跨界创新”。

AI 对就业的冲击也具有区域与社会阶层的不平衡性。在技术资源集中的发达地区与高学历群体中,AI 多成为“效率放大器”,提升了个体的产出能力与市场价值;而在中小城市、低技能劳动者与弱势人群中,AI 则更容易造成“边缘化效应”,加剧收入差距与阶层固化。这要求政策制定者强化就业缓冲机制,通过税收优惠、再培训支持、公共岗位引导等手段,确保技术进步与社会公平之间的动态平衡。

8.1.5 责任归属与法律空白:AI 时代的伦理与制度悖论

AI 系统在多个领域的“准主体化”角色,正在挑战既有法律体系关于行为主体、因果责任与权利义务划分的基本原则。当人工智能引发错误、伤害或违约事件时,现有法律常因主体不明、因果不清、权责错配而陷入困境(图 8-9)。

在自动驾驶事故中,若车辆在无人为干预情况下误操作撞伤行人,责任应由驾驶者、制造商、系统开发者还是算法模型训练方承担?现行法规普遍仍要求人类驾驶者对辅助驾驶系统负责,但随着技术向 L4 级、L5 级演进,这一逻辑将不再适用。医疗 AI 导致误诊、药物推荐错误或数据泄露,是应由医生、软件公司还是医院承担主责?在缺乏解释机制与行为追踪链的情况下,追责往往陷入“归责困境”。

更具争议的是 AI 是否应被赋予“法律人格”。尽管大多数国家目前否定 AI 独立承担法律责任的资格,但在司法实践中,已有判例通过“技术人格”拟制机制对 AI 行为赋予有限责任属性。这种思路认为,AI 作为复杂行为体,其运行虽源于人类输入,但已具备相对独立性,应在特定领域获得责任承担的身份承认。

法律规制的滞后不仅体现在责任认定上,也反映在 AI 行为规范的缺失上。现行法律多基于人类主观意志与明确意图判断行为性质,而 AI 系统的“非意图性行为”尚未被明确定义。例如,当生成式 AI 创作侵犯他人版权、名誉或人格权时,是否构成主观侵权行为?如何界定开发者、使用者与平台方的连带责任?这类问题在全球范围内都尚无定论(图 8-10)。

图 8-9 AI 引发错误时责任归属与法律“空白地带”

图 8-10 生成式 AI 创作侵犯他人版权

未来 AI 责任体系的构建需实现多维融合：技术上，应提升模型可解释性与可追溯性，建立标准化日志机制；制度上，应推动从“主体责任”向“系统责任”扩展，引入“风险共担”与“预防性责任”机制；法律上，应推动建立 AI 责任专项立法，厘清法律人格、义务边界与赔偿框架，为 AI 全面融入社会奠定坚实的法治基础。

8.2 法律挑战：AI 规制的制度困境与应对路径

人工智能技术的迅猛发展，正以前所未有的速度嵌入国家治理体系与社会运行机制之中，其在带来创新红利的同时，也对传统法律体系提出了全方位的挑战。现有法律框架主要基于“人类行为主体”的假设，而 AI 作为“准主体”的技术系统，其自动化行为、不可预测性与难以归责性，正打破以往法理架构的逻辑前提，推动我们重新思考权利界限、责任分配与制度架构的基本模式。

在这一背景下，本节从人工智能带来的 5 类核心法律挑战出发，分别探讨算法监管、数据治理、主体责任、跨境规则与立法体系建设的现实困境与制度应对，旨在为构建面向未来的法治体系提供结构性视角。

8.2.1 算法黑箱与可解释性困境：透明性的法律张力

AI 技术的决策过程往往高度依赖深度神经网络等复杂结构，这种“黑箱式推理”使得开发者尚且难以完全掌控系统的内部逻辑，更遑论用户、监管者或法官进行审查。这种不透明性直接挑战了法律关于“正当程序”的基本要求，尤其在涉及财务审批、刑事裁量、公共服务分配等领域，AI 系统的不解释能力可能侵犯个体的知情权与申诉权（图 8-11）。

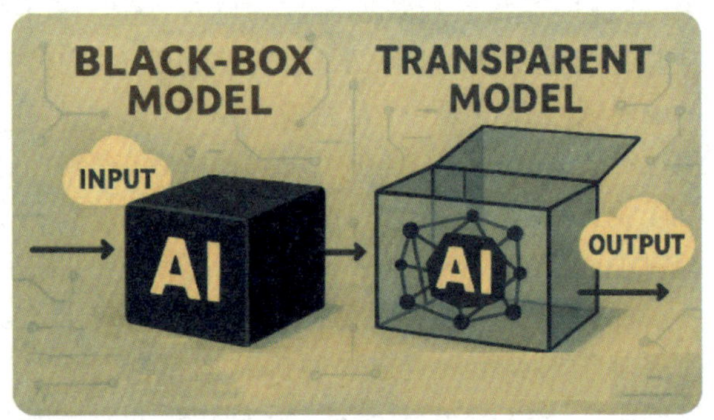

图 8-11 算法黑箱与可解释性困境

以司法辅助系统为例，若法院在量刑中采用 AI 推荐而不说明其参考因素与评估标准，当事人将难以提出有针对性的辩护；在信贷审批中，若 AI 拒绝贷款申请却不说明理由，便构成对消费者合法权益的漠视。

为解决这一难题，法律层面正在推进“算法可解释性”作为新兴合规义务。一些国家已出台“可解释 AI”标准，要求算法开发者在系统部署前必须提供合理解释机制；欧盟《人工智能法案（草案）》中更明确地提出高风险 AI 系统需实现“可追溯性、可审计性与透明性”的三重责任机制。

然而，“可解释性”本身也存在技术瓶颈与概念模糊的问题。过度追求形式化解释可能牺牲系统性能，而模糊的解释标准又难以落地实施。因此，未来需要在“可用性”与“可解释性”之间寻求平衡，同时引入独立第三方算法审计制度，保障公民权利与司法公正。

8.2.2 数据主权与治理权属:AI 时代的信息法转型

数据作为 AI 发展的“燃料”,其归属、处理与交易直接关涉国家安全、经济利益与个人权利,是人工智能法律治理的核心焦点之一。然而,传统法律体系对“数据”的规范仍处于碎片化与模糊化状态,既未形成对个人数据的全面权利配置,也缺乏对数据跨境流动的制度约束。

首先,个人信息保护在全球仍存在巨大的制度差异。欧盟《通用数据保护条例》(General Data Protection Regulation,GDPR)强调“数据主体权利”与“事前同意机制”,构建了较为严谨的保护框架;而在其他地区,如美国则采取“行业分散型”规则,仅在医疗、金融等关键领域设有专门立法。这种制度差异不仅加剧企业合规成本,也为“数据殖民主义”提供灰色空间。

其次,在公共数据与企业数据的权属上,争议更为激烈。许多 AI 系统依赖公共平台或智能城市基础设施收集到的大量行为与环境数据,但缺乏明确界定这些数据的使用边界与商业属性。例如,智能交通系统采集的出行路径、物流轨迹是否应为“共有数据”?由企业运营的智能终端所采集的用户行为数据归用户所有还是归平台所有?这些问题仍无统一答案。

最后,数据跨境流动引发“数据主权”的新型博弈。在数字经济全球化的格局下,数据常常在无形中跨越国界,但其监管能力与法律适用依附于属地原则,从而形成法律与现实的错位。越来越多的国家试图通过“数据本地化”政策维护自身主权,却也阻碍了全球数据价值链的协同发展。

面对这些挑战,制度建设应从“以控制为核心”转向“以治理为导向”,推动从“个人信息保护”向“全周期数据治理”演进,构建包括采集、存储、加工、使用、分享与销毁在内的全过程规则体系,并在全球层面倡导数据权益多边协调机制。

8.2.3 主体责任与归责空缺:AI 行为的法律主体性难题

AI 在多个关键领域的“决策类功能”正使其超越传统工具属性,演变为类主体存在,但现行法律对其责任归属尚未形成清晰界定。人工智能系统在运行中若造成事故、伤害或误判,究竟应由谁承担责任?是开发者、运营者、使用者,还是 AI 自身?这成为人工智能法律治理的首要争议(图 8-12)。

以自动驾驶车辆为例,若系统在“无人接管”模式下做出错误判断导致交通事故,驾驶者是否仍应承担责任?若开发企业早已告知系统局限,是否可以免责?医疗 AI 辅助诊断若误判罕见病,应由使用医生承担主责,还是由算法开发企业共同负责?目前在多数国家,这些情形的法律判断都依赖个案裁量,缺乏系统性规定。

更具挑战性的是“算法自主性”所带来的“无责任主体状态”(图 8-13)。一些学者提出,人工智能应被赋予“有限法律人格”,以建立其责任能力与权利义务体系,但也引发“拟人化过度”与“开发者逃责”的双重争议。多数法治国家更倾向于在 AI 系统所涉风险场景中,引入“扩张性责任模型”,强调企业的预防义务与风险兜底责任。

图 8-12　AI 行为的法律主体责任与归责空缺

图 8-13　“算法自主性”带来的“无责任主体状态”问题

在制度设计上，未来可通过 3 种路径进行完善：一是明确开发方的“风险告知与安全保障责任”，确保系统部署前已充分告知局限与边界；二是建立“AI 产品责任保险机制”，对不可归责的事故由保险基金赔付；三是引入“系统责任共担机制”，在平台方、算法方与使用方之间建立共享责任协议，形成多元责任网络。

8.2.4　跨境冲突与国际协调：AI 治理的全球规则缺失

人工智能的发展突破了传统国界限制，但现行国际法律体系尚未就其治理规则达成共识，导致 AI 全球治理面临标准碎片化、立场分裂化与治理真空化的三重挑战。

在标准层面，各国围绕 AI 伦理、安全与贸易规则出台了大量非协调性政策。欧盟在《人工智能法案（草案）》中提出高风险分类管理，强调“基本人权与民主制度的保护”；美国更强调市场激励与创新自由，缺乏统一法律；中国则倡导“发展与治理并重”，推动伦理规范、平台自律与国家监管的多元治理架构。这种多元分歧不仅导致企业全球合规难度陡增，也使国际合作处于“规则重叠”状态。

在安全层面，人工智能在军事、网络与舆情领域的应用引发“技术武器化”的国际博弈。深度伪造、智能指挥、自动化作战系统均可能成为非对称战力来源，而当前国际法对“AI 武器”尚无界定，《联合国特定常规武器公约》对此类系统缺乏适用性，可能加剧技术军备竞赛与战略误判风险。

更棘手的是伦理共识的分裂。某些国家主张以“自由技术市场”为治理基础，强调 AI 不应过度受限；另一些国家则坚持“技术正义”与“伦理嵌入”，强调必须以人类尊严为核心设立红线。这种价值观冲突直接影响跨境数据流动、算法输出与平台行为的统一性。

解决 AI 治理的国际困境，需要构建“全球协同—区域协调—本国落地”的多层规则体系。在联合国、G20、OECD① 等框架下推动 AI 伦理与治理的全球公约；在区域层面建立标准互认机制与信息共享平台；在本国层面通过法规透明化、算法出口审查等方式参与全球技术治理，共同构建“开放、包容、安全、公平”的人工智能发展秩序。

---

①OECD(Organization for Economic Co-operation and Development，经济合作与发展组织）是全球最早提出系统性 AI 伦理原则的政府间组织之一。2019 年，该组织发布了《OECD 人工智能伦理原则》(OECD AI Principles)。

8.2.5 立法模式与制度构建：AI 治理的法治进路

在人工智能快速演进的背景下，传统以“滞后应对”为特征的法律制定方式正面临巨大挑战。AI 技术的复杂性、跨界性与不确定性，决定了单一立法往往难以覆盖其多维应用场景，亟须探索更加系统性、前瞻性与动态性的立法模式，构建科学、可操作且适应未来发展的 AI 法治体系。

首先，AI 立法必须从“功能规制”向“风险规制”转型。传统法律往往根据产品或行为的类别进行规范，而 AI 系统具有高度灵活性与广泛适应性，使得同一套算法可以在金融、医疗、教育等多个领域交叉应用。因此，越来越多的国家和地区选择以“风险等级”为导向对 AI 系统进行分级管理。例如，欧盟《人工智能法案（草案）》将 AI 系统划分为不可接受风险、高风险、有限风险和最小风险 4 类，分别对应禁止、严格合规、轻度监管和豁免的不同法律应对措施。

其次，应强化“软法”与“硬法”的协同机制。由于 AI 技术迭代速度远超立法周期，单纯依赖硬性法规可能导致滞后甚至抑制创新。为此，可借助行业准则、伦理指南、技术标准等“软法”手段，引导企业形成自律生态。在中国，“人工智能伦理自律准则”“生成式人工智能服务管理办法”等软性规范正在与地方条例、国家立法共同构成分层次、多维度的 AI 治理体系。

AI 法律体系的建设离不开国家治理能力的现代化升级。要推动立法、司法、行政执法与社会监督等多元力量形成合力，在统筹国家安全、产业发展、技术创新与社会公正的基础上，制定顶层设计，健全法律架构。同时，应重视公众参与，提升公民的 AI 素养与法律意识，构建“全社会共治共享”的法治文化，使人工智能的发展真正回归“以人为本、服务社会”的技术初心。

8.3 治理现实：AI 伦理监管的多元挑战与治理空白

随着 AI 系统在社会生产、生活和治理中的深度渗透，其潜在伦理问题已不再是技术边角话题，而成为影响社会公平、公共信任乃至民主治理根基的关键议题。AI 伦理治理，作为在人工智能发展早期嵌入道德规范、社会责任与制度边界的系统努力，旨在通过软法规则、技术准则、制度工具与公众参与实现对 AI 行为边界与价值导向的引导与约束。然而，当前全球范围内的 AI 伦理治理仍面临机制建构不成熟、执行路径模糊以及价值协商困难等多重现实挑战。本节将从 6 个方面深入探讨 AI 伦理治理的主要阻力与演化趋势。

8.3.1 伦理原则的抽象化与操作断层

目前，各国与国际组织普遍将“以人为本”“可解释性”“算法公平”“数据安全”等伦理原则作为治理基石。例如，OECD、IEEE[①]、欧盟、联合国教科文组织均发布了 AI 伦理指

①IEEE（Institute of Electrical and Electronics Engineers，电气与电子工程师协会），不仅主导电气、计算、通信等领域的技术标准制定，也在 AI 伦理与道德设计方面极为活跃。

南，这些指南形成了初步的共识框架。然而，这些表述多停留在哲学层面，其抽象性与模糊性导致实际执行过程中缺乏评估标准与考核工具。

以“公平性”为例，学术界关于算法公平的定义已超过 20 种，但它们在不同社会环境下可能相互矛盾。例如，群体公平（group fairness）强调不同人群结果趋同，而个体公平（individual fairness）强调对每个个体一致对待，两者在现实中往往不可兼得。类似地，“可解释性”原则在深度学习技术中面临巨大技术瓶颈，模型越复杂，其行为逻辑越难以还原为可被理解的因果结构。

因此，仅有伦理宣言而缺乏“伦理实现路径”与“伦理绩效考核机制”的治理设计，使得 AI 伦理治理陷入空转状态，难以真正嵌入算法设计与部署流程中。

8.3.2 技术路径主导下的伦理边缘化

当前 AI 发展仍主要由技术推动，其开发过程高度工程化，以性能、效率与可部署性为核心目标。在这种路径依赖下，伦理问题往往被视为“非必要负担”或“合规障碍”，只能在开发后期甚至上线后“补丁式”修正。

尽管部分科技公司设立了 AI 伦理委员会，发布企业伦理守则，但实质性影响有限。一方面，在企业治理结构中，伦理机构缺乏决策权与投票权，更多为品牌公关工具；另一方面，伦理审查缺乏与项目流程的深度绑定，无法有效介入系统设计阶段。

此外，AI 开发者多为计算机科学背景，对伦理议题的理解与能力有限，伦理培训在高校与企业教育中仍属边缘内容。这种“工程伦理失语”现象使得伦理治理在技术演进中长期处于被动地位，难以与系统优化形成协同机制。

8.3.3 多主体协同困境与权责错位

AI 伦理治理涉及多个利益相关方，包括算法开发者、平台运营商、使用者、监管机构、标准组织与社会公众。然而，不同主体间的职责划分尚未清晰，协同机制尚未健全，导致治理过程中常出现“权责不对称”“责任空白区”“互相推诿”现象。

例如，在 AI 歧视事件中，平台常将偏见归咎于训练数据供应商或开源模型；而数据供应商又强调数据来源的客观性与公众性，结果是“无人负责”，受害者维权无门。另外，政府监管滞后于技术更新，而企业“自律机制”又多停留在表面，形成“治理真空”。

为破除这一困境，必须引入明确的责任划分框架，如“责任矩阵机制”，通过设立开发者、部署者、使用者、平台方 4 类责任主体，并根据其在算法生命周期中的控制程度分配相应伦理义务。同时，设立第三方伦理审计机构，对 AI 产品进行周期性评估，增强外部监督能力。

8.3.4 国际伦理治理标准碎片化

AI 的跨国特性要求伦理治理在全球范围内形成一定协调机制，但现实中各国出于不同的文化背景、经济利益与治理模式，伦理观念存在巨大差异，导致国际治理严重碎片化。

欧美国家强调人权、隐私与透明度,倾向采用“基于原则的预防性治理”;而东亚国家则重视社会秩序与发展效率,更倾向“应用导向的渐进式治理”。这种“价值基础”的分裂,使得跨境数据流动、算法输出、伦理审核难以统一标准。

以面部识别技术为例,欧盟国家普遍禁止在公共场所部署此类系统,而部分亚洲国家则广泛用于治安、交通与金融领域。这种制度不对称不仅导致企业“双重合规压力”,也使技术治理存在“监管套利”空间。

当前亟须在国际多边机制下推进AI伦理标准协调,构建“全球最小伦理共识”,并设立伦理评估互认体系,为跨国AI产品流通提供规则支撑。

8.3.5 法律接口不足与制度支撑薄弱

虽然伦理治理强调“软约束”,但其长效执行仍需法律制度作为“硬支撑”。目前多数国家尚未将AI伦理规范系统性纳入法治体系,相关法规多为原则性或倡导性文件,缺乏强制性条款与处罚机制。

此外,AI伦理议题与现有法律分类不匹配,如“算法伤害”“模型歧视”“数据滥用”等新型问题在侵权、合同、刑法等传统范畴中难以界定。例如,在AI错误导致医疗误诊中,是否应以“医疗过失”定责?AI系统是否具备法律主体性?这些问题在法律体系中仍处于模糊状态。

部分国家尝试通过行政规章或行业标准填补空白,如中国发布《生成式人工智能服务管理办法》,欧盟推进《人工智能法案》,但其覆盖范围与强制效力仍待强化。未来需构建AI伦理与法律的“接口机制”,推动伦理要求的法律化、标准化与制度化,真正实现“道德嵌入法治,技术服从伦理”。

8.3.6 公众认知不足与参与机制缺位

AI伦理治理不仅关乎专家与政策制定者,也需要公众的广泛参与和价值表达。只有当治理机制具备广泛的社会基础,其合法性与执行力才可能实现。然而现实中,大众对AI系统的运行逻辑、风险机理与权益界限普遍缺乏理解,难以有效表达伦理诉求。

例如,智能推荐系统中“算法过滤泡沫”“情绪操控”可能深刻影响个体行为选择,但用户往往无感知、无反馈渠道。在城市治理中,AI项目部署常缺乏居民听证与协商程序,技术决策脱离民主治理轨道。

AI时代的伦理治理,归根结底不是技术如何“善用”的问题,而是人类如何在不确定的智能洪流中守住价值底线、维系社会正义。这是一个技术进步与人文秩序共塑的复杂工程,也是21世纪人类治理智慧的最终考验。

8.4 全球比较:国际AI伦理法律治理的异同与启示

在人工智能迅猛发展的浪潮中,伦理与法律治理问题成为全球各国共同面临的核心议题。人工智能的技术跨越性与应用普适性决定了它不仅是一个单一国家的治理任务,更是一项全球范围的制度协同实验。从欧盟的风险导向立法到美国的技术自律机制，从中国的安全发展路径到联合国等国际组织提出的全球治理倡议，不同国家和组织在 AI 伦理治理方面展现出多元并行的图景，也映射出各自深层的制度逻辑、文化价值与战略考量。

8.4.1 治理理念的分化与趋同

尽管 AI 伦理治理作为一个全球性课题在各国都受到重视，但治理理念因政治体制、文化传统与发展战略的不同而呈现出显著差异（图 8-14）。

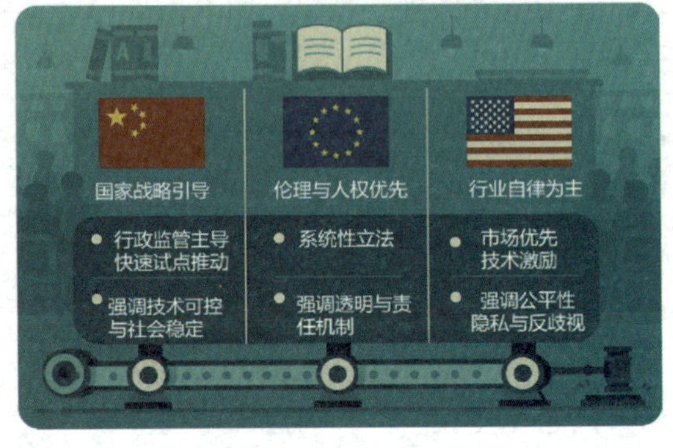

图 8-14　中国、欧盟和美国在 AI 伦理治理中的差异

欧盟一向以“人权立法者”自居，强调人类尊严、基本权利和个人隐私。因此，其 AI 治理体系体现出高度制度化和人本导向特征。2021 年欧盟发布的《人工智能法案》堪称全球首部系统性 AI 立法，确立了以风险等级为基础的分类监管框架。这一法案明确规定，高风险 AI 系统必须接受严格的合规测试和透明度审查，而具备不可接受风险的 AI 系统将被全面禁止。这种模式体现了欧盟对于技术社会影响的高度警惕与伦理防线的严密构建。

相比之下，美国的 AI 治理理念更倾向于“市场导向与自我调节”的自由主义路径。在联邦政府尚未出台统一法规的情况下，AI 伦理治理主要依靠行业准则、非强制性框架和企业自律机制。代表性的文件如《人工智能权利法案蓝图》(Blueprint for an AI Bill of Rights)提出了五大原则，包括安全有效的系统、公平算法、数据隐私、可解释性以及人类替代机制。然而，这些倡议多为政策建议性质，缺乏法律效力，体现了美国在平衡伦理风险与技术创新之间更重后者的制度倾向。

中国的 AI 治理路径则体现出“发展与规范并重”的综合性策略。在推动 AI 产业化和社会应用的同时，中国高度重视技术的可控性与伦理引导。自《新一代人工智能发展规划》发布以来，中国陆续推出了《人工智能伦理规范》《生成式人工智能服务管理办法》等政策文件，提出“以人为本、智能向善”的发展理念，强调算法责任、安全评估、内容标识与伦理审查等制度性举措。这一治理模式兼顾国家战略、产业布局与社会价值，体现出强政府主导下的风险规避与系统控制能力（图 8-15）。

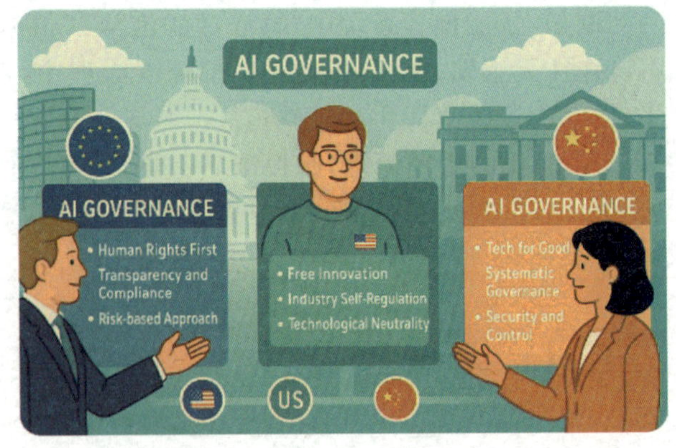

图 8-15　中国追求政府引导、系统协同与政策集成

由此可见,虽然各国治理模式存在分化,但也在一定程度上体现出价值趋同,即在保障人类尊严、安全与公平的基础上,探索有弹性的制度安排,以适应 AI 技术的快速演进。

8.4.2　制度路径与监管工具的差异

在制度实施层面,不同国家在立法类型、监管工具与责任机制上展现出多样化路径。

欧盟的制度路径强调法律强制力与外部监管机制的结合。在《人工智能法案》中,不仅规定了风险等级与系统责任,还提出了"符合性评估""技术文件备案""实时监测"等合规机制。这意味着任何希望在欧盟市场投放的高风险 AI 产品,必须经历一套完善的审查流程,从而在法律上建立起"可审计、可追责"的运行框架。这一做法为全球 AI 合规监管树立了样板,也激发了企业对 AI 技术解释性与透明度的重视。

而美国的监管策略则更依赖行业自律和技术标准。联邦政府虽然未统一立法,但各大科技公司,如谷歌、OpenAI、微软等纷纷设立 AI 伦理研究机构与自律委员会,推动企业内部伦理嵌入机制。此外,国家标准与技术研究院(National Institute of Standards, NIST)发布的《人工智能风险管理框架》也为企业提供了一套自愿采纳的风险识别与缓释模型。然而,由于缺乏强制性法律支撑,这种自律机制在商业利益驱动下可能难以形成真正的外部约束。

中国的 AI 制度路径兼具行政规范、技术标准与法律引导。政府通过制定行政法规、行业导则与技术指南,建立起从内容审核到模型训练、从算法备案到用户投诉的全链条监管体系。例如,《生成式人工智能服务管理办法》规定,所有公开提供服务的生成式 AI 产品必须进行算法备案、安全评估与标签标识。同时,中国推动"算法综合治理试点城市"建设,尝试将 AI 治理纳入城市数字治理体系,强化属地管理、平台责任与用户权利保护的联动机制。

这种差异体现了 AI 伦理治理中"国家—企业—用户"三方关系的不同构造:欧盟侧重政府主导与用户权利,美国偏向企业自治与市场效率,中国则追求系统协同与政策集成。

8.4.3　全球治理的困境与协同可能

尽管 AI 治理正在走向成熟,但在全球层面仍面临标准碎片化、规则冲突与治理缺位等结构性挑战。

首先,标准碎片化是当前 AI 伦理治理最主要的障碍。各国在伦理原则、法律条款与监管路径上的高度不一致,导致跨国企业面临"合规多轨道"困境。例如,在数据使用上,欧盟强调数据最小化与主体授权,美国强调数据可用性与交易自由,而中国强调数据本地化与平台审查。这种制度不兼容使得企业在全球运营中需定制化调整系统功能,严重影响效率与一致性。

其次,伦理理念的冲突也制约了治理协同。如欧美国家普遍将"个人权利"置于首位,强调 AI 系统需保护个人隐私与表达自由,而亚洲国家则更重视公共秩序与国家安全。在面部识别、公共监控与舆论监管等领域，不同文化下的伦理权重分配大相径庭，导致共识建立难度显著上升。

最后，国际组织在推动全球 AI 伦理治理上虽做了诸多努力，但仍面临工具力不足的问题。例如，联合国教科文组织通过《人工智能伦理问题建议书》，提出“技术正义”“文化多样性”“代际责任”等核心原则，但其缺乏执行机制与强制条款，仅能作为倡导型参考。全球人工智能伙伴组织(Global Partnership on AI，GPAI)、OECD 等组织尽管具备研究与协调能力，但在强国博弈背景下难以对接全球范围内的技术规范落地。

不过，也应看到协同的可能与路径。在“最小伦理共识”方面，保护人类尊严、防止歧视性算法、保障 AI 可解释性等议题已逐步成为各方认同的基线原则；在技术合作方面，各国在模型评估工具、伦理标签机制与责任标准上可开展协同研发；在数据治理方面，建立区域性数据互认机制或算法通行认证体系，也有助于缓解全球治理碎片化问题。

8.5 全球共治倡议：中国方案与《人工智能治理倡议》解读

近年来，人工智能的发展已超越技术创新的范畴，深刻嵌入人类社会运行的方方面面。面对 AI 带来的变革与风险，各国纷纷探索治理体系的构建与规则制定。

2023 年，中国正式发布《全球人工智能治理倡议》①，系统阐述人工智能发展的价值取向、安全边界与全球协作路径，提出“共商共建共享”治理理念，并强调“以人为本、负责任、安全可控”的目标愿景。这一倡议不仅反映出中国对于 AI 伦理的深层价值考量，也展现出推动全球治理机制构建的意愿与能力(图 8-16)。

该倡议提出 6 项核心治理任务，以下将逐项展开，以系统理解中国方案的 AI 伦理意涵与全球治理贡献。

图 8-16　中国正式发布《全球人工智能治理倡议》

①《全球人工智能治理倡议》，中华人民共和国外交部：https://www.mfa.gov.cn/。

8.5.1 加强人工智能治理体系建设

人工智能的发展不可脱离制度规范的指引。在倡议中,首要任务即为构建系统完备、结构清晰、运转高效的治理体系。

当前,全球 AI 治理呈现出标准碎片化、责任模糊化与执行难同步的局面。中国倡议主张通过建立跨层级、多元参与的治理架构,实现从中央到地方、从政府到企业、从科技到伦理的全链条监管机制:

(1) 顶层设计与法律制度协同推进:通过立法明确人工智能的基本原则、责任归属与行为边界。

(2) 行业规范与标准体系配套:推动技术标准、行为规范、行业准则相互衔接。

(3) 伦理治理与社会参与融合:设立伦理审查机制、公众评估平台,实现治理的民主性与透明性。

通过强化制度化、法治化、专业化建设,打造可持续、可信赖的 AI 治理结构,不仅能防范系统性风险,也为技术发展提供明确导向。

8.5.2 规范算法权力运行与系统透明性

随着算法逐步取代部分人类判断,其“隐性权力”正对社会结构与个体生活产生深远影响。中国在倡议中提出,应严肃对待算法可能引发的歧视、不透明、误导性推荐等问题,规范算法的运行边界与使用机制。

核心治理措施包括:

(1) 推动算法透明性与可解释性技术发展;

(2) 设立算法备案与评估机制,对重要算法进行事前审查与事后追责;

(3) 建立“算法信用”体系,对算法服务提供者进行信用记录与动态监管。

通过规范“算法权力”,可以防止平台控制信息流、操纵舆论、强化偏见等不当行为,实现人工智能在公共服务与商业活动中的可控性与公正性。

图 8-17 展示了算法内部用透明的路径图展示:“训练数据→模型决策→结果呈现”流程。

图 8-17 透明、公正的算法权力运行路径

8.5.3 保护个人数据权益与信息隐私

AI 系统对大数据的依赖使得个人信息采集、存储与使用成为伦理与法律监管的重点领域。中国倡议明确提出,要加强对个人数据权益的保护,防止数据滥用、非法交易与

跨境泄露(图 8-18)。

重点任务包括:

(1) 确立"最小必要性"与"数据目的限制"原则;

(2) 赋予个人知情权、同意权与撤回权;

(3) 推动数据脱敏、加密、可控使用的技术实现;

(4) 建立数据治理与合规评估制度,对 AI 系统进行数据安全风险评估。

图 8-18 AI 时代下的个人数据权益保护

这不仅关乎个体权利,也关乎社会信任与数据生态的长期可持续性。

8.5.4 鼓励开放合作与技术共建

面对技术鸿沟与发展不平等问题,中国在倡议中强调,人工智能应是"全球发展的公共产品",应鼓励开放、包容、合作的国际科技环境。

这一主张体现在以下几个方面:

(1) 推动国际科研机构、高校与企业间的数据共享与联合研发;

(2) 倡导技术标准的协同制定与互认机制;

(3) 帮助发展中国家提升人工智能能力建设与人才培养;

(4) 推动 AI 在可持续发展目标中的广泛应用。

通过构建全球合作网络,中国方案希望突破知识垄断壁垒,实现技术红利共享,推动形成"技术共用、成果共赢"的国际格局。

8.5.5 避免技术垄断与数据霸权

技术集中化趋势已导致部分跨国科技平台形成事实垄断,对算法生态与用户行为施加过大控制,甚至影响舆论与政治过程。对此,中国方案强调需防范"技术霸权主义",确保技术生态的公平竞争与治理多元化(图 8-19)。

措施建议包括:

(1) 反对将技术平台作为地缘政治工具;

(2) 推动平台责任机制建设,避免算法操控公共信息空间;

(3) 反对技术出口控制与标准制定的阵营化操作。

图 8-19 多极共治,防范技术霸权

通过破除垄断机制,有助于构建一个更加民主、透明、多中心的 AI 全球生态体系。

8.5.6　共同应对全球性风险与道德挑战

AI的发展不可避免地带来超越国界的伦理、安全与生存风险，诸如深度伪造、自动化武器系统、AI诈骗等问题正日益凸显。中国倡议呼吁建立全球范围内的风险响应机制与伦理协同平台，共同维护人类社会安全与道德边界(图 8-20)。

图 8-20　共建全球 AI 风险防线

倡导内容包括：

(1) 推动制定统一的 AI 伦理框架与安全指南；

(2) 支持在联合国平台上建立全球 AI 风险通报与处置机制；

(3) 鼓励各国联合设立 AI 伦理研究中心与协商机制；

(4) 推动跨国打击 AI 犯罪与滥用行为的执法协作。

通过建立全球应对机制，实现人类社会对“超能力技术”的共同监督与文明引导。

8.5.7　构建面向未来的 AI 命运共同体

中国提出的《全球人工智能治理倡议》并非孤立技术规则，而是根植于“人类命运共同体”理念的系统性伦理回应。其 6 项核心任务不仅覆盖了从技术开发、数据保护到社会责任与国际合作的全流程，也展现了中国在全球规则塑造中的积极姿态。

中国积极参与联合国、世界卫生组织等多边框架下的 AI 伦理谈判，并推动“一带一路”共建国家在 AI 技术共享与伦理协同方面建立互联互通机制。在实际操作中，中国也尝试通过输出治理实践、标准模板与联合研究等方式，促成“技术标准＋伦理输出”的双轨融合策略。

可以预见，未来的 AI 治理不会是某一国家的单边主导，而是在多边对话中寻找最大共识与最小冲突的过程。中国在推动全球伦理治理中，需兼顾制度适配性、文化多样性与规则兼容性，在全球治理新格局中发挥建设性作用。

未来的 AI 治理，不应仅是少数国家之间的标准争夺战，更应成为全球合作共建、人类共享福祉的新起点。中国方案正是在此基础上，为世界贡献了一种兼顾发展、公平、安全与伦理的新范式。

8.6　伦理前沿：面向未来的 AI 规范演进与关键议题

人工智能的发展正逐步从任务自动化迈向通用智能的边界。随着深度学习、生成模型、脑机接口、情感计算等前沿技术的迅猛演进，AI 系统不仅在执行力上接近甚至超越人类，在表达力、影响力乃至“存在感”上也正逐渐介入人类的价值世界与意义秩序。面对这场深层次的认知与秩序变革,我们不能仅停留在数据隐私、算法歧视等当下热点伦理议题上,更需要将目光投向那些正在形成中的“伦理前沿地带”,即那些尚未完全显形,却极可能重塑人机关系、法律基础与社会结构的未来议题。

这一节将从5个方面探讨AI伦理的深层趋势与跨越性挑战,并引导学生理解:AI的未来并非纯粹技术演进的问题,更是一次关于“人是什么”“社会将成为什么”的持续讨论。

8.6.1 通用人工智能与“类主体”伦理问题

通用人工智能(AGI)指的是具备自主学习、迁移能力和跨任务适应能力的智能系统,能够胜任任何人类可以胜任的智能任务。在当前的大语言模型、多模态系统和自主智能体的推动下,AGI已从哲学假设走向技术可预期的议题。

AGI的出现将提出一个根本性的伦理难题:如果AI具备了持续的认知能力与学习意图,我们是否应赋予它某种形式的“道德地位”或“权利保护”?目前多数法律体系仅承认自然人与法人为法律主体,机器不具备独立人格。但若AGI能实现类人的语言表达、自我认知乃至持续意志,我们仍能理直气壮地视其为“工具”吗?

这一问题关乎的不仅是法律定义,更是人类自我定位的伦理边界。我们是否愿意接受“人不是唯一理性存在”的观念?是否愿意承认一种非生物体也能具有“值得尊重的意志”?未来的AGI伦理问题,或许不仅是“控制它”,更是“如何与之共处”。

8.6.2 情感计算与人类心理操控的边界

随着AI系统逐步具备识别、生成和模拟情绪的能力,情感计算(affective computing)正在成为人机交互的关键方向之一。从陪伴机器人到虚拟恋人,从情绪化客服到智能教育助手,AI不再是“冷冰冰的逻辑执行器”,而是逐步能够“感知”“回应”“影响”人类情绪的存在。

这带来两个重大的伦理挑战:

其一是操控与依赖。AI系统可以通过长期对用户心理画像的积累,预测乃至操纵用户情绪,从而强化商业转化率、平台黏性或政治影响力。这种基于“情绪反馈回路”的算法调控,将人类置于一种被“精准感知—隐性引导”的技术结构之中,可能导致个人意志受损,甚至演变为“温柔的控制”。

其二是情感替代与社会疏离。情感AI可能代替人与人之间的互动,尤其在老龄化社会、孤独症儿童、社交障碍人群中具有疗愈潜力。但若社会开始普遍依赖“可定制的AI情感”而非真实的人际关系,是否会削弱真实社群纽带,导致“情感异化”?我们是否应该为AI制定“情感表达伦理”——如哪些情感表达是被允许或禁止模拟的(图8-21)?

图8-21 AI的情感计算与情感表达的伦理问题

8.6.3　虚拟人格与“数字人权”问题

数字化时代的另一前沿伦理议题，是虚拟人格的定义与权益保障问题。随着大语言模型与数字孪生技术的发展，个体的“数字分身”已不仅限于静态的数据档案，而是逐渐成为具有互动能力、风格继承甚至“模拟意识”的虚拟存在。

当人类的声音、面容、行为习惯、创作风格甚至思想方式可被模型学习并复现时，一个新问题浮现：这种数字人格是否属于“我”？谁对它拥有决定权？

以“已故名人复活”项目为例，技术可再现某位作家的语言风格，甚至生成“新作品”。那么这类创作的署名权、道德权归谁所有？若亲属不同意 AI“复刻亲人”，是否构成“情感侵权”？更进一步地，当人类与其“数字分身”出现行为冲突（如数字形象被滥用、二次传播、恶意伪造）时，现有人格权是否适用？

因此，未来有必要构建“数字人权”体系，明确数字分身的生成规范、授权边界与使用责任，使人类在数字世界中仍保持“自我控制权”（图 8-22）。

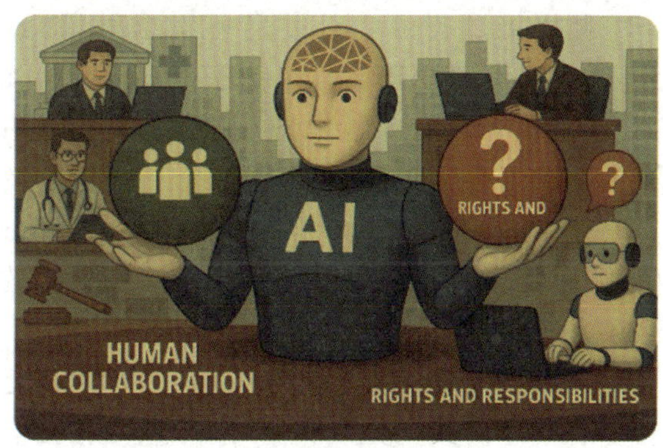

图 8-22　虚拟人格与“数字人权”问题

8.6.4　AI 与战争：武装智能的伦理临界点

AI 技术在军事领域的应用已不是设想。从目标识别、路径规划到无人机集群协同攻击，AI 正深度介入战场判断与战术执行。尤其是在“致命自主武器系统”（lethal autonomous weapons system，LAWS）上，AI 系统一旦具备自主杀伤能力，将对战争伦理体系构成根本挑战。

战争伦理的基本前提是“道德主体应对行动负责”。但 AI 作为算法决策的系统，无法被归类为“道德主体”。如果 AI 杀伤系统判断失误、误伤平民，责任由谁承担？程序员、军队、政府、制造商？谁能预测系统在极端场景中的行为演化？

更深层的伦理问题在于：我们是否应赋予机器以“生杀权”？

联合国与多个非政府组织已就此展开激烈争论，部分国家主张完全禁止自主致命武器，部分则主张“人类最终控制权”原则。未来 AI 战争伦理的建构，不仅事关军事技术的限制，更关乎人类是否能守住“将生死判定权限制于人类之手”的文明底线（图 8-23）。

图 8-23　AI 战争的伦理问题：AI 机器是否有“生杀权”：

8.6.5 AI与人类认知边界的模糊化

随着脑机接口、神经增强技术与智能药物的结合发展,人类自身的“智能系统”也正在被重新定义。人类不再仅是AI的使用者,也逐步成为AI的“增强对象”(图8-24)。

这一趋势引发的伦理议题可以概括为人类应当在何种程度上改造自身?

脑机接口若可实时联通搜索引擎、知识网络,人类是否需要记忆与深度思考?若智能外骨骼或AI辅助决策成为常态,哪些认知能力还属于“人类自有”?未来是否出现“智能等级差异”——部分人类借助AI拥有强大能力,部分人类则落后于这一“升级系统”,从而演变为新的社会不平等?

图8-24 智能增强人类:是飞跃,还是分化?

此外,“增强人类”是否仍具有完整的道德责任?若一项决策由人脑与AI共同生成,我们是否能追溯其责任主体?

这些问题不仅是技术进步的自然延伸,更是伦理秩序必须应对的新挑战。人类如何在与AI深度融合的过程中,保持对“自我”的定义、对责任的承担与对权力的约束,将决定未来社会的文明高度。

本章思考与练习

一、深度思考题

【思考题1】人工智能招聘系统因训练数据偏见,频繁过滤女性简历。请思考:

(1)算法偏见是程序员、数据提供者,还是平台企业的责任?

(2)若发生歧视行为,应运用哪些现有法律进行追责?

【思考题2】 AI生成了一幅“风格模仿毕加索”的画作并上传平台售卖。你认为该行为是否构成侵权?版权应归属谁?

【思考题3】自动驾驶系统在发生“撞人不可避免”情境时,该优先保护乘客还是行人?系统是否有资格做出道德判断?人类是否应保留最终决策权?

【思考题4】AI推荐系统拒绝了一位用户的贷款申请,但无法清晰解释原因。请思考:

(1)公民是否有权知道“AI为什么这么决定”?

(2)算法解释的“可理解性”和“准确性”如何平衡?

(3)“算法透明”是否违反企业商业机密?

【思考题5】Deepfake在影视娱乐中可合法使用,为何在政治、诈骗等领域会引发法律问题?

请分析 Deepfake 涉及的主要法律风险（如肖像权、名誉权、诈骗）及如何治理？

如果有人用 AI 生成你“发表极端言论”的视频，你是否可以追责？应追谁的责？

【思考题 6】许多 AI 模型（如深度神经网络）很难解释其决策过程，因此被称为“黑箱算法”。

（1）你认为“可解释性”是否应成为 AI 部署前的强制要求？

（2）模型性能和可解释性之间是否存在本质冲突？

（3）哪些社会群体最需要“透明 AI”？为什么？

二、实践题

【实践题 1】请你作为校园 AI 治理小组成员，设计一份适用于大学生的《AI 使用伦理与合规指南》。要求包含：

（1）明确哪些 AI 应用场景需界定边界（如 AI 写作、自动生成 PPT）。

（2）针对数据安全、学术诚信、心理健康给出建议。

（3）说明违反规定的责任界定与惩处建议。

【实践题 2】某社交平台上出现大量 AI 生成的“伪新闻”，引发社会恐慌。请分析：

（1）平台是否需要承担监管责任？

（2）应该如何界定“内容发布者”身份？

（3）利用区块链技术能否追踪生成溯源？

【实践题 3】如果在司法实践中引入 AI 辅助系统，讨论以下问题：

（1）AI 在司法中的应用是否会动摇法律的公正性？

（2）法院引入 AI 辅助量刑系统是否会加快司法效率？

（3）如果 AI 模型训练数据基于“以往偏见的判决”，是否可能扩大历史不公？

（4）如何保证“技术介入”不替代“法官判断”？

三、计算题（结合技术逻辑与伦理评估）

【计算题 1】数据隐私风险评分练习（信息安全 × 技术）。

某 AI 平台处理的用户数据包括：

姓名（1 分），电话号码（3 分），健康状况（5 分），精准地理位置（4 分）

每个字段越敏感分值越高。请根据以下用户数据构造，计算其隐私泄露风险分：

用户	包含字段
A	姓名＋电话＋健康状况
B	姓名＋电话＋定位
C	姓名

请计算每位用户的隐私风险总分，并排名。

【计算题 2】某 AI 面试系统对不同性别的通过率如下：

性别	申请人数	通过人数
男性	200	120
女性	100	40

请计算：

（1）每组的通过率。

(2)通过率比例差异。

(3)若差异超过 20%,是否存在"显著算法偏差"?

四、综合分析题

AI 伦理评估建模与风险敏感性分析。

背景设定:某高校正在开发一个校园 AI 人脸识别考勤系统,校方希望从伦理维度对其进行评分,标准包括:

维度编号	伦理维度	权重(w)	描述
D	数据隐私保障	0.35	是否采用加密、匿名化、最小化采集策略
E	算法可解释性	0.25	模型是否可被追溯与解释决策原因
F	公平性(不同群体是否一致表现)	0.20	是否考虑性别、年龄、肤色等偏见
H	人工干预机制	0.20	是否可在模型输出后进行人工审核调整

某项目的实际得分如下(每项满分 10 分):

D=6.5,E=8,F=5,H=7

任务要求:

(1)构建加权总分模型并手工计算项目总分。

(2)给出风险等级评定标准:

①总分≥8:低风险。

②6.5~8:中风险。

③<6.5:高风险。

(3)如果"数据隐私"维度下降 1 分,请计算总分变化并判断风险等级是否变化。

(4)请解释哪个维度对总分最敏感,为什么?

第 9 章

人工智能与职业规划:塑造未来职场的竞争力与适应力

本章教学目标

本章旨在引导学生全面认识人工智能对未来职业形态、岗位结构与人才能力模型带来的深刻变革,理解 AI 对就业市场、劳动伦理、职业身份的多重影响。通过分析 AI 时代的新兴职业、技能迁移路径、人机协作趋势与终身学习理念,学生将具备构建个人职业路径规划的初步能力。鼓励学生从法律、伦理、技术与社会等多学科角度理解 AI 职业生态,增强应对岗位变化的适应力与跨领域整合能力,树立"以人为本、与 AI 共生"的职业发展观;把握人工智能带来的新机遇,真正实现个人价值与职业竞争力的同步提升。

9.1　引言:AI 时代的职业变革

在人类历史的每一次重大技术革命中,职业世界都会经历深刻的结构性变化。18 世纪的第一次工业革命用机械替代了大量手工劳动,造就了现代工厂制度;20 世纪的信息技术革命推动了办公自动化与全球化,催生出大量以脑力劳动为主的新职业;而当下,以人工智能(AI)为核心的"智能革命"正以更快的速度、更广的范围、更深的影响力重塑着我们所熟悉的工作方式、职业分工乃至整个劳动力市场的运作逻辑。

9.1.1　AI 时代职业形态的结构性重塑

人工智能不是一项单一技术,而是包括机器学习、自然语言处理、计算机视觉、深度学习、大模型等在内的一整套智能系统,其发展速度和落地范围远超多数人的预期。从 ChatGPT 可以撰写文案、生成代码,到自动驾驶车辆能在复杂道路上自主决策,再到 AI 在医学影像、金融风控、智慧城市、教育测评等领域的广泛应用,人工智能正以前所未有的速度进入"生产一线"和"服务前台"。

这一进程带来了两个维度的职业变动:一方面,大批传统岗位正被快速替代,特别是那些规则性强、重复性高、可标准化的职业;另一方面,AI 也创造了大量全新职业角色,这些职业既需要技术基础,又强调跨领域能力和人机交互经验,成为新一代复合型人才的培养方向。

9.1.2 人机协作成为职场新常态

AI 并不是人类能力的“完全替代者”，更准确地说，它正转变为一种新的“智能合作伙伴”。在越来越多的行业场景中，“人机协同”已成为常态。

在医疗场景中，AI 能在几秒内完成 X 射线、CT 或脑部影像的初步识别与标注，辅助医生快速识别潜在病灶区域，大幅提高初筛效率(图 9-1)。医生则更多聚焦于确诊判断、方案制定与患者沟通。

在法律行业中，AI 法律助手可快速检索成百上千份相关案例，辅助生成合同草案与法律意见书，节省律师的案头工作时间，让其集中精力处理高复杂度案件(图 9-2)。

在新闻媒体行业中，AI 可以根据关键词自动生成新闻初稿，记者则聚焦于深度报道、事件分析与内容核查。

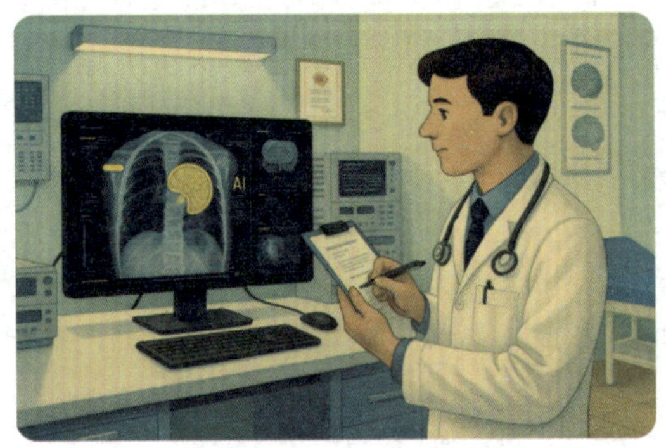

图 9-1 AI 辅助医生快速识别潜在病灶区域

图 9-2 AI 法律助手已经应用于法律行业中

这种模式带来了一种新的职业逻辑：人做策略与创造，AI 做执行与筛选。也就是说，真正不会被替代的，不是所有岗位，而是那些具备判断力、创造力、沟通力与适应力的“智能合作者”。

9.1.3 职业路径的重构：从“线性”走向“迭代”

传统职业观念强调“稳定”“专业对口”“单向晋升”，但 AI 时代打破了这种路径依赖。企业对人才的需求更加多元灵活，岗位的生命周期也变得更短、更敏捷。很多新兴职位甚至在数年前并不存在，未来几年还会不断涌现。

与此同时，AI 带来的工作流智能化，也促使我们进入一个“技能复合”与“身份多元”的新职场时代。

(1) 程序员需要了解人机交互与语言设计；

(2) 教师需要理解 AI 辅助教学与自适应评测系统；

(3) 医务人员需要掌握如何与 AI 诊断系统协同判断；

(4) 律师需要懂得如何审查 AI 生成文书的合法性；

(5) 设计师需要懂得与 AI 图像生成平台对接优化流程。

这意味着，不再有“学一个专业就终身稳定”的路径，未来更强调持续学习、跨界协作与弹性能力的构建。

正如一句被广泛引用的话："AI 不会取代你，但会使用 AI 的人，可能会。"

9.2　AI 对职业市场的影响：机遇与挑战

人工智能技术的快速演进，正在以深刻而复杂的方式改变着职业市场的格局。这一变革不仅影响到人们"做什么工作"，还重塑了"如何工作"以及"用什么能力工作"的根本逻辑。从岗位消亡到新职业崛起，从技能要求转向复合化，从组织结构走向灵活与去中心化，本节将深入剖析 AI 如何在多维度推动职业世界的重构，并分析其中所蕴含的机遇与挑战。

9.2.1　职业消亡与新兴岗位崛起

人工智能的普及首先在大量重复性高、流程规则明确的岗位中产生了明显的替代效应。例如，数据录入员、票据处理员等职位，由于 AI 具备高效的信息识别与结构化能力，已经在金融、行政等领域中被光学字符识别（OCR）技术与语言模型广泛取代。企业客服岗位也在智能问答机器人、语音识别系统的支持下不断压缩，尤其在银行、电信等行业，这种替代趋势尤为显著。制造业中的流水线工人同样面临结构性缩减。随着计算机视觉与工业机器人的融合成熟，产品质检、初级组装等任务正被自动执行系统承担。此外，文员、人力资源初筛专员等办公类岗位，在智能办公软件和日程管理算法的辅助下，也逐渐淡出主流职业列表。（图 9-3）

图 9-3　可能被 AI 替代的职业类型

然而，这并不意味着职业世界正走向收缩。与岗位消亡同步增长的是，一系列围绕 AI 技术构建的新兴职业（表 9-1 和图 9-4）。这些职位大多集中在算法设计、数据管理、系统维护和伦理治理等核心环节，技术门槛较高，且要求跨学科背景。例如，人工智能工程师需掌握编程与模型优化技术，数据科学家需要数据建模与行业应用能力，而 Prompt 工程师则需要自然语言理解与提示语构造技巧。

新兴职业的涌现不仅体现在技术岗位，在“AI＋行业”的融合趋势下，许多原本属于人文学科的领域也开始孕育出新职业。例如，人工智能伦理专家需同时理解技术风险、社会治理和道德哲学；AI 产品经理则要在理解用户需求与算法限制之间寻求平衡；AI 内容策划师不仅要擅长内容设计，还需熟悉文本生成工具的工作逻辑。这些角色的兴起说明，AI 时代的职业发展不再是“技术独大”，而是“技术＋理解”的复合竞争。

表 9-1　AI 背景下诞生的新兴职业

职业名称	所属领域	所需核心能力
人工智能工程师	软件、制造	编程、机器学习、算法优化
数据科学家	医疗、金融、教育	数据分析、统计建模、AI 应用
人工智能伦理专家	政策、法律	技术伦理、政策制定、跨界理解
机器人运维工程师	智能制造	自动控制、嵌入式开发
Prompt 工程师	内容生成	自然语言理解、提示构造能力
数字营销分析师	商业、广告	数据洞察、市场分析、自动化工具使用
AI 内容策划师	教育、传媒	人文素养、内容创意、AI 工具使用
AI 产品经理	企业服务、互联网	商业理解、产品设计、团队协作

图 9-4　人工智能技术的发展催生了许多新兴职业

职业的未来走向正在发生一个根本转变：不再由专业领域单一决定职业命运，而是由个体如何将技术能力融入具体场景来定义。在这一趋势下，来自工科、文科、商科、艺术等不同背景的学习者，都有机会在 AI 时代找到自己的独特价值。

9.2.2　技能体系的转变：硬技能与软技能并重

AI 技术的发展不仅在改变“什么样的工作”，更深层地影响着“需要什么样的人才”。

未来的职场不再只是技术岗位的竞争,也不仅是经验积累的角逐,而是需要具备技术工具掌握能力与跨学科综合素养的复合型人才。

所谓硬技能,指的是可以通过系统训练获得、具备明确评估标准的技术能力。随着AI进入各行业日常运作,诸如编程语言(如 Python、Java)、数据分析工具(如 Excel、Tableau)、机器学习平台(如 TensorFlow、PyTorch)和云服务环境(如 AWS、Azure)等,已成为越来越多岗位的"入场券"(表 9-2)。

表 9-2 AI 时代所需要的技术技能类别

技术技能类别	典型工具/语言	应用领域示例
编程语言	Python、R、Java、SQL	AI 模型构建、数据处理、自动化任务
数据分析与可视化	Excel、Tableau、Pandas	市场洞察、政策制定、健康监测
机器学习框架	TensorFlow、PyTorch	智能诊断、图像识别、语音分析
云计算与平台化部署	AWS、Azure、Google Cloud	远程模型部署、弹性计算、平台集成
办公自动化与 AI 工具	ChatGPT、Zapier、AutoML	内容生成、流程优化、辅助决策

不论是金融分析、医疗辅助、教育评测还是农业管理,掌握一套 AI 工具组合正逐渐成为新一代职场人的通用能力。这也促使越来越多非理工背景的学生主动学习编程、建模与数据分析,逐步形成"跨界技术型人才"的新职业认知(图 9-5)。

图 9-5 AI 背景下需要多元的"跨界技术型人才"

然而,仅具备技术是不够的。随着 AI 系统在组织中扮演越来越重要的角色,人类所具有的"非算法性能力"显得尤为珍贵。批判性思维、情感理解、伦理判断、沟通协作、系统设计等软技能成为人与 AI 协同工作的关键补位。这些能力虽然难以量化评估,却是支持人在复杂、模糊、不确定环境中有效行动的底层素养。

在实际职场中,跨文化沟通、跨学科理解、价值共识形成、团队组织协调等任务,仍然需要具备强烈主观能动性与人文洞察力的个体参与。尤其是在教育、心理咨询、法律调解、公共治理等领域,软技能决定了 AI 的边界,也决定了人类职业的延展空间。

未来的胜任力模型,将不再以"技能专一"为核心,而是以"系统整合能力"为基础,即个体能否同时理解工具、掌握数据、协同人群、理解伦理,并在此基础上创造新的工作价值。高校与职前教育也正朝这一方向转型,不再单一培养"工程师"或"设计师",而是鼓励跨领域项目学习,推动学生在"技术+业务+伦理"三重结构中找到自己的发展坐标。

9.2.3 工作方式的变革:更灵活、更智能

人工智能不仅改变了职业结构与能力要求,也重构了人们的工作方式。数字技术的渗透与 AI 工具的普及,使得工作空间、时间与组织形式正在被重新定义,个体在其中的角色也变得更加弹性与自主。

首先,远程办公成为常态,人工智能技术提供了远程高效协作的基本支撑。从智能会议纪要、实时翻译到任务自动化分配,AI 使得跨地域团队可以同步、透明地协作,大大降低了沟通成本。例如,一些科技公司借助 ChatGPT、Notion 和语音转录工具实现了协作流程的重组,使员工能够在不增加劳动强度的前提下提高整体产出。尤其在“4 天工作制”“远程+弹性”的企业中,AI 的效率红利已初步显现。

与此同时,灵活就业与自由职业的比例也在不断上升。在平台经济形态下,个体可以通过 AI 系统辅助,完成任务接单、绩效优化与客户匹配。在国外某些平台(Upwork、Fiverr)已集成 AI 驱动的个性推荐与技能画像系统,大幅提升了自由职业者的工作效率。但也要看到,AI 平台逻辑容易造成“优者恒优”的算法偏差,使得部分初入平台或曝光不足的劳动者被边缘化。这要求政策制度对平台公平性、劳动保障和算法透明提出更高要求,确保自由就业者获得可持续发展机会。

此外,在平台化协作中,传统的雇佣关系正在转向更为弹性的合作机制。组织从固定雇员制逐步走向“任务合约制”“项目协同体”,个人则从“职员”身份转变为“价值节点”,按需组队、短期协作成为常态。这不仅需要个体具备自主学习能力,还要求其掌握自我营销、数据管理、数字工具使用等新型职场技能。

综上所述,AI 并非只是一次技术升级,而是一次全方位的职业范式转型。职业市场正处于结构重构、能力升级与形态重塑的关键阶段。在这一变革过程中,每一位求职者、在岗人员乃至教育者,都需要重新理解“工作”这一概念的边界,主动构建适应未来的认知体系与行动策略。

9.2.4 未来工作方式:灵活、远程与“微型职业系统”的崛起

人工智能与数字技术的融合,不仅重塑了产业链结构,也深刻改变了我们的工作方式。从居家办公、异地协同,到平台驱动的项目制与自由职业者经济,传统意义上的“稳定岗位”正在被更具流动性和弹性的新型职业形态所取代。

这种变化,首先体现在组织模式的重构上。企业开始从“单位制”转向“项目制”与“任务外包制”。在 AI 工具的辅助下,团队协作已突破空间限制,虚拟办公室、跨境合作、灵活工时正在成为常态。雇佣关系趋于多样化,平台型就业(如 Upwork、猪八戒网、Fiverr 等)使得个体可以进行“项目接活”,按能力和交付效果计价,不再依附于单一单位。

更重要的是,职业身份的“复合化”和“多角色共存”趋势愈加明显。一个人可能同时拥有数种职业角色:既是自由译者,也是数据标注员;既从事 AI 顾问工作,也在运营自媒体或开设在线课程。这样的组合不仅是对多元收入来源的追求,更是对个人价值实现方式的拓展。这种新形态也意味着,个体需要拥有更强的时间管理能力、自我驱动意识,以

及持续经营个人品牌的能力,以在碎片化劳动力市场中保持竞争力。

AI 技术则成为这一变革背后的赋能核心。从自动翻译、智能写作到流程自动化与数据辅助决策,智能工具的普及极大降低了技能门槛,使得个体得以用更少的资源完成更多的工作。普通人借助开源平台、算法模型与远程协作工具,就可以构建起属于自己的“微型职业系统”:这是一套围绕个体能力展开的,集生产、营销、交付与反馈于一体的职业生态。

未来的职场核心命题,不再是“找到一份好工作”,而是“构建一个能适应变化、可持续进化的职业系统”(图 9-6)。这样的系统强调以下 3 个关键要素。

1. 技能模块化

将专业能力打包为可独立调用的任务单元,适应项目式合作。

2. 身份多元化

允许不同技能与角色并存,形成灵活组合。

3. 价值网络化

通过平台、社群与数据反馈形成循环提升的价值链。

图 9-6　构建一个能适应变化、可持续进化的职业系统

与此同时,个体也必须意识到这类新型工作方式所带来的挑战:收入的不稳定性、职业安全感的降低、边界模糊的工作时间与生活时间等。这对心理韧性、社会保障制度乃至教育体系都提出了新的要求。

因此,在 AI 驱动的未来工作场景中,真正具备优势的不仅是技术能力,更是适应能力——包括跨平台的协作习惯、对变化的敏感度以及构建自我价值体系的战略意识。掌握这些能力的人,才能真正驾驭灵活的工作形态,成为未来职业世界的积极塑造者,而非被动适应者。

9.3　AI 时代的职业规划策略:主动应对变革

人工智能正在重塑全球就业格局,不同行业面临的变革速度与深度前所未有。在这样的技术浪潮中,“被动等待”将面临被淘汰的风险,而“主动规划”则是提升竞争力与职业韧性的关键。本节将从职业定位、技能提升、适应转型和拓展人脉等维度,系统介绍在

AI 时代实现可持续职业发展的核心策略。

9.3.1 明确职业定位:找到你的竞争力

在 AI 快速演进的背景下,职业发展不再是传统意义上的线性晋升路径,而是一个需要持续动态调整与能力重构的过程。要想在技术驱动的职场中占据有利位置,首要任务是厘清个人定位,形成差异化优势。

1. 开展系统化的自我评估

大学生和职场新人可以借助 SWOT(优势、劣势、机会、威胁)分析法,系统识别自身在专业知识、性格倾向、兴趣方向与发展潜能等方面的特征(图 9-7)。例如,技术基础扎实者可优先考虑 AI 工程、数据分析等技术主导型岗位;而具备沟通协调优势者,则可在 AI 产品管理、智能教育等复合型岗位中寻找发展路径。

2. 结合行业发展趋势做出选择

人工智能在不同行业中的渗透程度与技术落地速度不尽相同,选择一个具有增长潜力与创新空间的行业,有助于增强职业路径的稳定性与上升空间。例如,医疗、金融、教育、制造等传统行业,正随着 AI 应用的深入而孕育出大量新型职位,尤其需要具备跨学科能力的复合型人才。

3. 识别自身“不可替代性”

在规划职业方向时,应关注那些难以被 AI 算法所完全取代的能力特征,如创造力、道德判断、人际沟通与复杂协商能力(图 9-8)。这些能力不仅构成了个体的“安全边界”,也构建了职业发展的持续支撑力。

图 9-7 借助 SWOT 分析法进行自我评估

图 9-8 人类具有“不可取代的核心价值”

9.3.2 提升关键技能:复合型人才更具竞争力

在人工智能技术深刻改变社会结构和就业形态的背景下,传统岗位的知识结构和技能要求正在被重新定义。企业对于人才的需求,已不仅仅局限于单一学科背景或单一技能类型,而是更倾向于具备多领域知识与跨界能力的复合型人才。在这种趋势下,技术素养、跨学科理解与综合软技能的提升,成为适应 AI 时代变革的关键。

1. 技术赋能:AI 基础素养成为职场通用能力

在传统观念中,人工智能相关技术往往被认为是“技术人员”的专属领域,然而在当前的就业环境中,即便是非技术岗位,从业者也需要具备一定的 AI 相关知识。理解人工智能的基本原理、掌握常用的数据处理方法、熟悉典型的自动化工具,已经成为提升工作效率、优化决策流程的重要手段。

例如,在市场营销岗位中,借助 AI 工具对用户行为进行数据分析,有助于实现更精准的产品定位与内容投放;在行政管理岗位上,掌握自动化办公系统能够减少重复性劳动,提高组织运作效率。由此可见,AI 基础素养正逐渐成为“新型通用能力”(new literacy),贯穿于各类职业角色之中。

高校在课程设计中也应重视这一变化,在不同专业中融入 AI 基础教育,如“人工智能导论”“数据素养基础”“Python 程序设计”等课程模块,帮助学生在原有学科背景上建立数字化思维。

2. 多元发展:跨学科能力成为竞争优势

人工智能技术的落地应用,往往需要与具体行业知识深度结合。因此,既了解专业领域需求,又懂得 AI 技术的人才,在实际工作中具备更强的适应性和创造力。这种“技术+业务”“工程+人文”的多元背景,构成了新时期复合型人才的核心特征(图 9-9)。

图 9-9　多元发展:培养跨学科能力

例如,一位拥有法律专业背景的人士,在学习 AI 伦理与数据合规知识后,可以胜任“AI 合规官”或“技术伦理顾问”等岗位;而具备商业管理经验的人员,通过学习机器学习模型原理与数据驱动决策方法,则有机会转型为“AI 产品经理”,参与智能产品的设计与优化流程。

这类复合型人才不仅具备技术可操作性,更具备行业判断力与沟通协调能力,能够在技术团队与业务团队之间搭建有效桥梁。高校教育应鼓励学生拓展专业边界,开设更多交叉学科课程,如“人工智能与法律”“智能金融技术”“医疗 AI 基础”等,培育具备跨界意识的未来人才。

9.3.3　软技能强化:不可替代的人类核心优势

随着 AI 技术在职场的深度渗透,软技能的价值不仅未被削弱,反而因其难以被算法复制的特性，成为人才竞争力的关键区分点。软技能不仅是人与 AI 协作中至关重要的能力，还在职业发展中起着不可或缺的作用。以下从 3 个维度阐述其不可替代性及培养路径。

1. 情境化决策能力

AI 的优势主要体现在处理结构化问题上，而在面临模糊、动态的情境（如危机管理、伦理困境等）时，人类的综合判断力仍然无可替代（图 9-10）。例如，在突发的公共卫生事件中，资源分配、利益权衡等决策往往涉及复杂的伦理和社会问题，这些都需要人类的情境理解和情感判断。

培养建议：

（1）在商科、医学等课程中引入“高不确定性案例”分析，如突发公共卫生事件中的资源分配决策。

（2）通过角色扮演等互动形式，模拟真实职场中的两难抉择，如如何在技术效率与用户隐私之间找到平衡。

2. 情感智能

情感智能涵盖共情、自我调节、动机激发等能力，直接影响团队的协作效能与领导力。然而，尽管 AI 可以模拟表层情绪反馈，但它依然无法理解和处理复杂的情感层面（图 9-10）。在领导力、团队合作与客户沟通中，高情感智能往往是成功的关键。

培养建议：

（1）在工程类专业中增设“技术沟通心理学”模块，帮助学生更好地识别需求方的潜在情感诉求。

（2）通过角色扮演等互动形式，模拟真实职场中的两难抉择，如如何在技术效率与用户隐私之间找到平衡。采用 360 度评估工具，结合同侪、教师与 AI 助手的多维度情感能力反馈，帮助学生了解自身情感认知和管理的优劣。

图 9-10　AI 不可替代的人类核心优势

3. 文化适应性

在全球化的协作环境中，跨文化沟通的敏感度和适应性至关重要。不同国家和地区的文化差异（如谈判风格、时间观念等）可能决定合作的成败。AI 往往受限于其训练数据中的文化偏见，因此无法全面理解和适应多元文化的复杂性。

培养建议：

(1) 在跨国虚拟团队项目中，强制轮换领导角色，并记录文化冲突解决过程，以提升学生在文化多样性环境中的领导力和适应力。

(2) 使用文化维度分析工具(如 Hofstede Insights)，对比不同国家的 AI 伦理规范差异，帮助学生在全球化背景下形成更为宽广的文化视野。

9.3.4　灵活适应：职场新范式下的主动转型

随着人工智能技术的深度渗透，工作方式正在发生深刻变革。“远程办公”“弹性时间”“平台型就业”“自由职业者经济”等新模式正在逐步取代传统的单位制与坐班制，催生出一种更加自驱、更加开放的职场生态。在这样的环境中，个人要想保持竞争力，不仅需要快速适应新规则，更要不断刷新自己的能力图谱，实现自我跃迁。

在面对“AI 替代”的不确定性时，心态的开放与调整成为第一步。与其陷入焦虑，不如转向“协作共生”的新视角。AI 并非“对手”，而是一种工具与伙伴。主动使用 AI 辅助写作、编程、设计等技术，不仅能大幅提升工作效率，也能够帮助个体释放创造力、扩展专业边界。这种与技术的协同，不再是技术岗位的专属，而是一种全行业适配的基本素养。

然而，适应技术革命仅凭心态远远不够，“终身学习”正成为应对快速变化的核心策略。在 AI 驱动下，知识的迭代速度远超以往，传统的一次性教育体系已无法满足职场所需的“动态成长”。构建一个自我进化的学习系统，成为每一位职场人的必修课。

这一系统可以包含多层次、跨平台的学习路径：通过 Coursera、edX、网易云课堂等平台系统性地构建理论基础；通过线上的微课程快速获取实战技巧；通过知乎、Kaggle、Reddit 等社区论坛实时跟进行业动态，与同行交流经验。这种“模块化＋互动化”的学习生态，不仅拓展了知识广度，也强化了实践关联，使学习成果更快转化为职业能力。

9.3.5　网络协同：构建连接型职业成长通道

在高度数字化的社会中，机会往往先于“招聘启事”而存在。职业发展不再只是“等通知”“递简历”，而更多是一种主动寻找连接、构建影响力的过程。良好的人脉网络不仅带来信息与资源，还能催化职业身份的重构与迁移。

构建有效连接，首先要进入专业信息的第一现场。在线下，可参与开发者沙龙、技术论坛，与业内人士面对面交流，感知最前沿的趋势与语境；在线上，则可通过 GitHub 开源协作、知乎 AI 话题区、LinkedIn 技术小组等平台，建立长期而稳定的交流网络，保持学习与曝光的持续性。

更进一步的连接方式，是参与跨界协作与真实项目(图 9-11)。在医疗、教育、环保等社会关键领域，AI 的应用需求持续增长，跨学科协作成为新常态。青年可以主动与不同领域从业者共建 AI 项目，在实践中理解问题定义、数据处理与产品输出的全过程。通过这种方式，他们不仅锻炼了复合能力，也能借助项目成果扩大自己在专业圈层的影响力。

从“被动找工作”到“主动建连接”，是数字时代职业路径的本质迁移。越早意识到这一点，越早行动，越能在 AI 变革浪潮中抢占先机。

图 9-11　学生应积极参与 AI 项目实践（左图）与 AI 技能大赛（右图）

9.3.6　构建未来职业力：灵活身份与主动成长

人工智能与数字技术的深度融合，正在持续改变我们的职业生态。未来的职业不再依赖单位归属或岗位稳定，而是呈现出更为弹性化、平台化与项目化的特征。工作场景日益脱离办公楼与工位，转向云端协作与远程交付；而职业身份，也从单一雇佣关系变为多重角色并存的“组合身份”。

个体与组织之间的关系，正在由“雇佣”走向“合作”。许多公司不再以“出勤时间”衡量价值，而更注重“任务产出”与“结果质量”。一个人可以同时是自由译者、AI 顾问与知识博主，在多个平台上接单交付、构建影响力，形成具备韧性的“微型职业系统”。

这一新型职业生态，要求个体不仅具备传统意义上的“专业能力”，更要能够主动管理时间、高效调配精力，具备清晰的目标感与自我驱动意识。同时，数字时代下的职业成长也越来越依赖“个人品牌”与“平台声誉”，会用工具、懂得展示、善于合作，成为新的核心素养。

对于处于职业起点的大学生与青年群体而言，这场变革既是挑战，也是机遇。虽然传统职业路径正在被重塑，但他们也拥有更广阔的适应空间与重构可能。关键在于能否及早觉醒，主动拥抱变化。

首先，要深入理解 AI 如何改变所在行业的工作流程与价值分工。例如，医学领域的智能影像识别、教育中的自适应学习平台、传媒中的自动内容生成，甚至农业中的精准施肥与病虫监测，人工智能几乎正深入所有领域。只有理解这些变化的逻辑，青年才能识别哪些能力会过时，哪些将变得更加稀缺。

其次，应对未来职业的另一关键策略是关注“复合型角色”的兴起。新兴岗位往往不再是传统意义上单一专业技能的延续，而是要求跨学科融合与多维思维。例如，将数据分析与法律知识结合可培养出数据合规顾问，将农业知识与人工智能结合可形成智慧农业设计师，甚至将教育经验与编程能力结合，也能创造出新的教学交互岗位。这些新职业角色的共同点，是强调技术素养、行业理解与沟通协同的综合能力。

更深层的适应方式,是建立一种“终身学习”的成长模式。未来的职业发展不再以“学历”为终点,而是以“更新速度”为核心。青年需要积极利用线上学习平台、开源协作社区、实践训练项目等形式,不断更新自己的工具箱和认知模型。主动熟悉新兴技术、新型平台与新的协作方式,是构建可持续职业力的基础。

在技术驱动的同时,人类的独特价值也不能忽视。即便是最先进的 AI 系统,也难以取代人类在价值判断、跨文化理解、复杂沟通与异常处理方面的能力。因此,批判性思维、表达能力、团队协作、伦理意识等“非技术性软实力”,在未来同样至关重要。

在这一转型期,未来职业力的核心将不再是某项具体技能,而是构建一种具有适应力与再生力的职业成长机制。未来不再是“找到一份稳定的工作”,而是“构建一个具有灵活性和抗冲击力的职业系统”。这不仅是技术能力的升级,更是一种面向未来的认知跃迁。

9.4　典型案例:AI 时代的职业成功转型

在人工智能迅猛发展的背景下,越来越多的职场人士主动迎接变革,通过持续学习与技能转型,成功在职场中找到新的定位。以下典型案例展示了从传统职业向 AI 相关岗位转型的具体路径,为学习者提供实践借鉴。

【案例 1】从软件工程师到数据科学家。

李明原是一名拥有 5 年开发经验的软件工程师,最初主要负责后端系统维护和业务流程自动化。随着人工智能技术在各行各业的广泛应用,他敏锐地意识到传统编程工作可能会被自动化工具替代,而数据科学与机器学习正在成为技术核心的新方向。

为应对职业挑战,他利用业余时间系统地学习了 Python 数据分析、机器学习算法与统计建模,主要依托于 Coursera 和 Kaggle 提供的在线资源,并结合实际项目进行实践。他逐步掌握了数据处理、模型构建和可视化等关键技能。

经过一年的学习与积累,李明原成功转岗为某科技公司数据科学团队的核心成员,参与用户行为预测与产品推荐系统的构建工作。在新岗位中,他的技术深度和跨领域能力得到了充分发挥,收入和职业发展空间也显著提升(图 9-12)。

【启示】及时识别行业趋势、以学习驱动转型,是软件技术人员应对 AI 时代挑战的重要策略。

【案例 2】由法律事务顾问转变成 AI 伦理专家。

张华最初是一名在大型企业从事法律事务的专业顾问,擅长合同审核、数据合规与政策解读。在工作中,他注意到人工智能系统在决策、公平性与隐私保护方面引发了大量伦理争议,特别是在数据使用、算法歧视和智能问责方面亟须专业指引。

出于对新领域的兴趣与敏感度,张华主动学习了 AI 伦理学、算法治理、数据保护法等交叉学科内容,广泛阅读国际政策报告与标准指引文献,参与了 AI 伦理相关的线上研讨和学术讨论。

他随后被某科技企业聘为“AI 合规顾问”,专门负责评估算法产品的伦理风险与法律合规性,参与公司制定 AI 责任使用政策,并协助研发团队优化模型设计。张华的角色不仅成为公司连接法律、技术与社会的桥梁，也开辟了国内少有的 AI 伦理专家职业路径（图 9-13）。

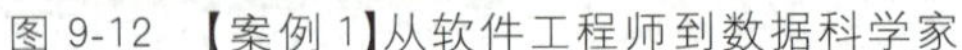

图 9-12 【案例 1】从软件工程师到数据科学家

图 9-13 【案例 2】由法律事务顾问转变成 AI 伦理专家

【案例 3】某招聘系统中的公平性设计（图 9-14）。

某招聘系统中的公平性设计

1. 案例背景：

某单位开发的基于自然语言处理（NLP）的自动化简历筛选系统在测试阶段被发现存在性别偏向问题，尤其在技术岗位推荐中更倾向于男性。

2. 主要伦理问题：

数据偏见：使用历史数据训练，反映了已有性别不平等。缺乏差异性测试：未检验系统在不同群体上的表现。算法黑箱：用户无法得知简历筛选的具体逻辑与依据。

3. 介入路径

(1) 风险识别：

评估性别偏向可能带来的法律与伦理问题；合规比对：参考《人工智能伦理规范（中国）》对系统设计进行审查；

(2) 优化措施：

构建多样性测试集，增强系统公平性；

增加模型可解释性模块，让筛选结果更加透明；

在产品发布流程中加入“伦理校验”作为必备环节

图 9-14 【案例 3】某招聘系统中的公平性设计

【启示】AI 时代不仅需要技术人才，也呼唤具有跨学科背景的伦理与政策专家，传统职业技能通过转型可焕发新的生命力。

【案例 4】从商科学生到 AI 营销增长分析师。

李泽是一位来自某财经大学的市场营销专业本科生，在大三时曾在一家快消品牌店实习，主要负责社交媒体内容的运营与市场活动执行。实习过程中他发现，团队在投放广告与制定用户策略时越来越依赖“数据说话”，而他却无法看懂报表，更无法独立分析数据支持决策，这让他第一次意识到传统商科训练的不足。

为了补齐短板，李泽从“学数据讲故事”入手，先在 B 站学习 Excel＋SQL 基础分析，再选修了 Python 数据分析相关课程，并使用简历项目驱动的方式建立了几个“有用、有展示价值”的项目：

项目一：用户行为数据分析——从某电商公开数据集中，挖掘高复购群体的特征，并设计了分群策略和精细化推荐建议。

项目二：投放效果归因分析——用 Tableau 制作动态仪表板，模拟不同广告渠道对销售的影响，并用线性回归方式做转化率预测。

他还参加了一个面向非技术专业学生的“AI 营销实训营”，第一次接触到 A/B 测试设计、推荐系统原理和大模型文案生成工具，开始理解如何将 AI 模型与营销策略融合应用。最终，李泽凭借“懂业务＋初级数据能力”的定位，在一家 SaaS 营销平台找到实习机会，负责增长分析与用户分层研究，逐步走上“AI 驱动增长”的数据岗位（图 9-15）。

【启示】商科生若能从具体业务问题出发，补足基础数据分析能力并理解 AI 在营销中的实际落点，就能在“技术应用”与“业务策略”之间找到自己的定位，发挥桥梁作用。

【案例 5】从中文系编辑到 AI 内容生成策划师。

小梁本科毕业于中文系，最初在一家教育出版机构做中小学教辅文案。2023 年，她在 B 站刷到一个视频，展示用 ChatGPT 自动生成高考作文素材，这让她意识到内容行业正发生剧变。

起初她对 AI 感到抗拒，担心“写作被替代”，但好奇心驱使她开始试用 ChatGPT。她发现，普通输入往往生成质量不佳，而通过巧妙提问（Prompt）能获得更贴近真实需求的结果。于是，她给自己制定了一个练习计划——每天选一个话题，写 3 种不同风格的 Prompt，并对比输出效果，再手动润色、总结规律。

她还尝试将 AI 输出应用到日常工作中，比如用 Claude 辅助生成课程脚本提纲，用 Midjourney 制作图文混排内容。一年后，她应聘进入一家 MCN 机构，正式担任“AI 内容策划师”，日常工作包括设计爆款脚本的 AI 写作模板、培训内容团队掌握 Prompt 技巧，并主导多个 AI 生成内容的栏目策划（图 9-16）。她说：“我不是程序员，但我理解语言、结构和受众——这些正是 AI 工具最需要‘人’来补全的地方。”

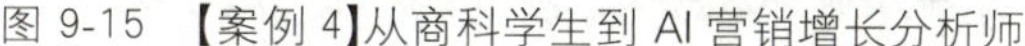
图 9-15　【案例 4】从商科学生到 AI 营销增长分析师

图 9-16　【案例 5】从中文系编辑到 AI 内容生成策划师

【启示】文科生不需要转行编程，只要掌握 Prompt 设计和工具协同方法，就能发挥语言、结构、创意等优势，成为 AI 内容产业中的重要一环。

本章思考与练习

一、深度思考题

【思考题 1】AI 对传统职业路径的影响有哪些？请结合至少两个行业分析。

【思考题 2】哪些人类能力最难被 AI 替代？是否具有普适性？

【思考题 3】结合自身专业，思考如何与 AI 结合形成复合型能力？

【思考题 4】灵活就业与“微型职业系统”的社会影响如何？

【思考题 5】文科背景人才如何在 AI 时代发挥作用？是否存在门槛？

【思考题 6】AI 让个体具备“超人能力”（如自动翻译、代码补全、数据可视化），是否意味着未来将趋向单人多职？人类如何在“外包认知”的同时保持自身判断力与创造力？

【思考题 7】面对 AI 岗位“技能焦虑”，你认为“AI 教育应以通识还是专业导向为主”？为什么？

二、实践题（策略设计与案例模拟）

【实践题 1】请从社会分层、人才认证、MOOC 平台和 AI 证书等角度分析学历的未来作用：

(1)高学历是否仍是职场竞争的“稳定锚点”？

(2)非学历型技能（如 Prompt 工程、AI 工具使用）是否具有替代作用？

(3)AI 技术快速发展会加剧“学历焦虑”吗？

【实践题 2】请以自身为例，基于 SWOT（优势、劣势、机会、威胁）分析法进行一次职业规划分析，制定一条结合 AI 技术的未来路径。

【实践题 3】设计一个小组讨论项目：假设你们团队是一家创业公司，拟招聘一位“AI 营销分析师”，请制定岗位需求、技能要求与学习路径。

【实践题 4】调研 3 个 AI＋行业新职业（如 AI 伦理师、AI 内容策划师、AI 教育评估师），并归纳其技能结构与发展前景。

【实践题 5】请基于你所在专业，绘制一份“AI 赋能职业路线图”，包含：

(1)起点：当前能力/专业基础。

(2)转型中继站：AI 相关新技能（如 Python、ChatGPT、数据思维）。

(3)目标职业：融合岗位名称与岗位说明。

(4)学习资源建议：课程、证书、实训平台等。

（可用思维导图工具绘制可视化呈现）

【实践题 6】模拟招聘与岗位适配分析（角色扮演活动）。

场景设计如下：

(1)一组学生扮演“AI 企业人力资源负责人”，一组扮演“跨专业求职者”；

(2)企业给出 3 个 AI 相关岗位（如 Prompt 工程师、AI 内容运营、算法合规分析员）；

(3)求职者需结合自身专业背景自荐，HR 方判断其匹配度并提出转型建议。

【实践题 7】请列出以下 6 项 AI 时代核心能力，并请学生对自己每项打分（满分 10 分）：数据分析、工具使用（如 AI 写作、代码生成）、跨学科沟通、创意思维、自主学习能力、法律/伦理意识。

汇总后形成一张“AI 职业适配能力雷达图”,并提出:

(1)哪项为短板?

(2)哪项为核心竞争力?

(3)下一步学习建议是什么?

【实践题 8】AI 影响下,哪些职业应被重新定义?是否有职业将“重生”?

三、计算题

【计算题 1】某高校毕业生关注 3 个新兴 AI 岗位:

岗位	2023 年岗位数	2024 年预测数
AI 教育策划师	3000	4200
AI 伦理审计师	1200	2160
AI 招聘算法优化师	2500	3000

问题:

(1)分别计算各岗位的年增长率;

(2)指出增长最快的岗位并解释原因。

【计算题 2】某 AI 课程项目对学生的 6 项 AI 核心能力进行评估,能力评分为 0～10 分,并为不同能力项设定了重要性权重,以反映该能力在“技术岗”或“战略岗”中的关键程度。你需要根据小张的能力得分和能力权重,完成以下计算与分析:

(1)计算加权总得分(能力指数);

(2)比较“技术向”与“策略向”特征占比;

(3)判断小张更倾向哪类职业路径,并说明理由。

能力项	得分 x_i	权重 w_i	能力属性说明
Python 编程	4	0.20	技术核心基础能力(技术岗)
数据分析	6	0.15	与建模/应用密切相关(技术岗)
AI 工具使用	8	0.10	应用型技能(技术岗)
AI 伦理判断	5	0.10	通识+思辨(中性)
跨学科沟通	9	0.25	与战略/运营密切相关(策略岗)
自主学习能力	7	0.20	持续进阶潜力(策略岗)

第 10 章

人工智能与创新

本章教学目标

本章旨在引导学生深入理解人工智能如何作为创新驱动的核心力量，改变人类社会的生产方式、科研路径与文化表达。学生将全面认识人工智能从“模仿人类”到“自主创造”的技术跃迁，理解数据、算法与算力在创新体系中的协同作用，并掌握其在科学研究、艺术创作与工程设计等跨领域融合中的应用机制。通过案例剖析与场景化教学，学生将具备 AI 驱动创新成果的识别与评价能力。与此同时，本章也关注人工智能带来的伦理挑战，如隐私保护、算法偏见与版权归属，引导学生树立负责任的技术使用观。学生将结合通用人工智能、脑机接口等前沿技术的探索，理解人机协作的未来趋势与复合型人才培养路径，从而树立科技创新与社会价值并重的发展观，为在智能时代实现自身成长与社会贡献打下坚实的基础。

10.1　人工智能驱动的创新机制

10.1.1　AI 创新的底层逻辑：从模仿到创造的进化之旅

人工智能的创新历程宛如一场奇妙的蜕变，从最初的模仿到如今的自主创新，这一过程蕴含着技术发展的深刻逻辑与无限可能。

早期的人工智能主要以模仿人类的思维和行为模式为核心目标。例如，在图像识别领域，科学家们致力于开发能够准确辨别猫脸、狗脸等常见图像的算法。机器通过大量标注了“猫”或“狗”等标签的图片进行学习（图 10-1），逐渐掌握这些图像的特征和分类标准，从而实现对新图片的正

图 10-1　人工智能从模仿到创造的进化之旅

确识别。这一阶段的人工智能如同咿呀学语的孩童，在人类的悉心教导下，不断学习和模仿，逐步建立起对世界的认知模型。

然而，随着技术的不断演进，人工智能开始迈向生成式 AI 的新阶段，实现了从模仿到创造的重大飞跃。以 DeepDream 项目为例，谷歌的工程师们通过调整神经网络中的参数，使得算法不再局限于对已有图像的识别，而是能够生成全新的、具有奇幻色彩的图像。这些图像融合了多种物体的特征，创造出前所未见的视觉效果，仿佛是机器在自由地发挥想象力进行艺术创作。这种生成式 AI 的出现，标志着人工智能不再仅仅是对人类已有知识和经验的复制，而是能够在既定的知识基础上进行拓展和创新，生成全新的内容和形式，展现出一种类似人类创造力的特质。

这一转变背后是人工智能技术架构的深刻变革。深度学习算法的不断优化、神经网络层数的增加以及生成对抗网络(GAN)等新型架构的提出，为人机协同创新提供了强大的技术支撑。生成对抗网络由生成器和判别器两部分组成，生成器负责创造新的数据样本，判别器则对生成样本的真实性进行评估，两者相互对抗、共同训练，最终使生成器能够产生高度逼真的数据。这种技术架构的创新，使得人工智能能够在数据驱动的基础上，自主地进行创作和创新，为各个领域的创新发展带来了新的机遇和挑战。

【案例】AlphaFold 的蛋白质折叠突破。

在生物实验室里，蛋白质三维结构的解码曾是一项耗时巨大的工程。科学家们可能需要花费数十年的时间，通过复杂的实验步骤，才能确定一个蛋白质的三维结构。这就好比一个新手厨师在没有参考的情况下，想要摸索出一道顶级菜肴的配方，难度极大且效率低下。

然而，DeepMind 团队开发的 AI 系统 AlphaFold 的出现，彻底改变了这一局面。AlphaFold 就像赋予了一个新手厨师拥有米其林三星主厨的味觉记忆一样，它能快速预测蛋白质如何折叠。通过深度学习算法和大量的生物数据训练，AlphaFold 在短短几分钟内就能完成过去科学家们耗费数十年才能完成的蛋白质三维结构预测工作(图 10-2)。

图 10-2 DeepMind 团队开发 AlphaFold 系统实现蛋白质折叠研究突破

这一突破性的成果为新药研发打开了大门。蛋白质的三维结构决定了其功能，了解蛋白质的折叠方式有助于科学家们设计出针对性的药物分子，从而加速新药的研发进程。从治疗罕见病到攻克癌症等疑难杂症，AlphaFold 的应用为医学界带来了前所未有的希望。它不仅展示了 AI 在生物医学领域的强大力量，更是体现了 AI 创新如何深入传统科学难题中，创造出具有实际应用价值的巨大变革。这一案例生动地诠释了人工智能从模仿到创造的进化过程，以及其在推动各领域创新发展中所发挥的关键作用，激励着更多的研究者去探索 AI 创新的无限可能，为人类社会的进步贡献更多力量。

10.1.2 创新要素的演变：数据、算法、算力的协同共进

在人工智能的创新生态中，数据(data)、算法(algorithms)和算力(computing power)如同三驾马车(图 10-3)，共同推动着创新的战车飞速前进。

数据是人工智能创新的基石，如同一条奔腾不息的河流，源源不断地为创新提供养分。随着互联网、物联网等技术的飞速发展，数据的产生速度和规模呈现指数级增长。从社交媒体上的用户分享、在线购物平台的交易记录，到智能传感器采集的环境监测数据，海量的数据汇聚成一片广阔的信息海洋。这些数据蕴含着丰富的知识和规律，为人工智能算法的学习和训练提供了充足的素材。

图 10-3　数据、算法、算力协同共进的关系

算法则是人工智能创新的核心引擎，如同精密的水车，对数据进行高效处理和深度挖掘。从早期的朴素贝叶斯分类算法、决策树算法，到如今的深度神经网络算法、强化学习算法等，算法的不断演进为人机协同创新提供了更强大的工具。以自然语言处理领域为例，Transformer 架构的提出引领了预训练语言模型的革命。基于 Transformer 的模型如 GPT 系列、BERT 等，能够通过对大规模文本数据的学习，掌握语言的语法、语义和语用知识，从而实现高效的文本生成、机器翻译、问答系统等应用。这些先进的算法使得人工智能能够更深入地理解和处理人类语言，为智能客服、智能写作、语音助手等领域带来了前所未有的创新突破。

算力则是人工智能创新的强大助推器，如同强劲的风力，为数据处理和算法运行提供澎湃的动力。从早期的个人电脑中央处理器(central processing unit，CPU)到如今的图形处理器(graphics processing unit，GPU)、张量处理单元(tensor processing unit，TPU)等专用芯片，以及云计算、边缘计算等分布式计算架构的发展，算力的大幅提升使得人工智能能够处理更复杂的模型和更大的数据集。

在 AI 绘画领域，生成一幅高分辨率、细节丰富的画作需要进行大量的计算操作，包括像素级的特征提取、风格转换和图像合成等。强大的算力支持使得 AI 绘画工具能够在短时间内完成这些复杂的计算任务，为用户呈现出精美的画作。同时，算力的提升也

加速了人工智能模型的训练过程，使得研究人员能够更快地迭代和优化模型，推动创新的快速演进。

在这三驾马车的协同共进下，人工智能的创新步伐愈发迅猛。数据的增长为算法提供了更丰富的训练素材，算法的进步使得数据中的价值能够被更充分地挖掘，而算力的提升则加速了整个创新过程的效率和效果。三者相互依存、相互促进，共同构建了一个动态的创新生态系统，推动着人工智能在各个领域的深度应用和创新发展。

【案例】生成式 AI 药物研发。

在实际的应用场景中，三者的协同作用尤为关键。生成式 AI 在药物研发领域的应用就是一个典型案例。传统的药物研发过程中，在实验室里培养细胞需要数月时间，不仅耗时长，而且成本高昂，效率低下。而生成式 AI 的出现，改变了这一局面。它利用海量的药物分子数据(数据)，通过先进的生成式算法(算法)，在强大的算力(算力)支持下，仅需几秒钟就能模拟百万种分子与细胞的互动(图 10-4)。这就好比用超级计算机代替了传统的显微镜，让科学家们能够同时开启无数个“虚拟实验室”，对大量的实验结果进行快速分析和筛选，从而大大缩短了药物研发周期，降低了研发成本，提高了研发成功率。在这一过程中，数据的丰富性为模拟提供了多元的样本，算法的高效性确保了模拟的准确性和科学性，算力的强大性则保障了模拟的快速性和可行性，三者相辅相成，共同推动了药物研发领域的创新发展，为人类健康事业带来了新的曙光。

图 10-4　AI 助力药物研发过程

10.2　跨领域融合创新:人工智能的多元应用

10.2.1　科学领域的 AI for Science:探索未知的有力助手

人工智能在科学领域的应用正在打破传统研究的边界，为科学家们提供了探索未知的强大工具。

在材料科学领域，AI 成为科学家们的“智能助手”，加速了新型材料的研发进程。传统的材料研发依赖于大量的实验试错，耗时费力且成本高昂。而人工智能通过对海量材料数据的分析和挖掘，能够建立起材料结构与性能之间的复杂映射关系。例如，研究人员利用机器学习算法，基于已知材料的晶体结构、电子性质、力学性能等数据，训练出预测模型。这些模型可以预测新型材料在不同条件下的性能表现，如高温下的稳定性、极端压力下的强度等。通过这种预测，科学家们能够快速筛选出具有潜在应用价值的新型材料，减少了实验室中烦琐的实验次数，缩短了研发周期，降低了研发成本(图 10-5)。

图 10-5　AI 助力新材料研究

在能源存储领域,AI 助力研发更高能量密度、更安全的电池材料,为新能源汽车和可再生能源存储的发展提供了关键支撑(图 10-6)。

在电子信息领域,AI 加速了半导体材料的研发,推动了芯片制造技术的不断进步,为 5G 通信、人工智能硬件等产业的发展奠定了坚实基础。

在天文探索领域,AI 化身为"宇宙侦探",在浩瀚星海中寻觅神秘天体的踪迹。宇宙中存在着数以千亿计的星系和恒星,每一颗恒星都可能孕育着独特的天体系统。要从如此庞大的数据中识别出系外行星、黑洞、中子星等特殊天体,是一项极具挑战性的任务。AI 算法凭借其强大的数据处理能力和模式识别能力,在这一领域展现出了巨大的优势(图 10-7)。

图 10-6　AI 助力新电池材料

图 10-7　AI 帮助科学家们深入地探索宇宙的奥秘

例如,开普勒太空望远镜收集了大量恒星的光变曲线数据,这些数据包含了恒星亮度随时间的变化信息。AI 算法通过对这些光变曲线的分析,能够精准地识别出行星凌日事件,即行星从恒星前方经过时导致的恒星亮度周期性下降。通过这种方法,天文学家借助 AI 已经发现了数千颗系外行星,为研究太阳系外的生命存在可能性、宇宙的形成和演化等重大科学问题提供了宝贵的样本和线索。此外,AI 还在黑洞的图像重建、宇宙微波背景辐射的分析等天文研究中发挥了重要作用,帮助科学家们更深入地探索宇宙的奥秘。

10.2.2　艺术创作的 AIGC 革命:激发创意的新引擎

AIGC(人工智能生成内容)正在艺术创作领域掀起一场革命,为艺术家们提供了全新的创作工具和灵感来源。

在绘画领域,AI 绘画工具展现出了惊人的创造力和多样性。它们能够根据用户的文字描述生成风格各异的画作,涵盖了从古典主义到现代主义、从写实主义到抽象主义等各种风格。这些工具通常采用生成对抗网络(GAN)等深度学习技术,通过对大量艺术作品的学习，掌握了不同风格的绘画技巧和特征。

例如，用户可以输入“一幅具有凡·高风格的星空夜景，画面中有一座古老的城堡和一片盛开的向日葵花田”，AI 绘画工具便能在短时间内生成一幅符合要求的画作(图 10-8)。这不仅为艺术家们提供了一种快速实现创意的手段，还激发了他们探索新的艺术表现形式和风格的灵感。艺术家们可以将 AI 生成的画作作为创作的起点，进一步进行加工和创新，创造出独特的艺术作品。同时，AI 绘画工具也为普通大众提供了接触和体验艺术创作的机会，降低了艺术创作的门槛，让更多人能够参与到艺术创作中来，丰富了艺术的内涵和外延。

图 10-8　AI 生成凡·高风格的星空夜景

在音乐创作方面，AI 同样展现出了非凡的才能，为音乐家们带来了新的创作可能性。它可以分析不同音乐家的作品风格，如贝多芬的交响乐、肖邦的钢琴曲等，学习其旋律走向、和声搭配、节奏模式等特征。然后，基于这些学习成果，AI 能够生成具有相似风格的音乐片段(图 10-9)。例如，在完成一首未竟的古典音乐作品时，AI 可以根据作曲家已有的创作思路和风格特点，续写出连贯且富有感染力的后续部分，仿佛作曲家的灵魂在机器中得到了延续。

此外，AI 还可以根据电影、游戏等多媒体内容的情感氛围和情节发展，实时生成相应的背景音乐(图 10-10)。在制作一部浪漫爱情电影时，AI 能够根据剧情中的甜蜜场景、冲突时刻等不同情境，创作出与之相匹配的优美旋律，增强作品的艺术感染力。这不仅提高了音乐创作的效率，还为音乐创作带来了更多样化的风格和表现形式，推动了音乐艺术的发展。

图 10-9　在音乐创作方面，AI 同样展现出了非凡的才能

图 10-10　AI 可根据影视作品场景创作音乐

10.2.3　工程创新的智能设计：提升效率与质量的利器

人工智能在工程领域的应用正在改变传统的设计和生产模式，提升工程项目的效率和质量。

数字孪生技术为工程师们提供了一个虚拟的“平行世界”,使他们在工程项目实施前能够进行全面的模拟和优化。以桥梁建设为例,在建造桥梁之前,工程师可以在虚拟环境中创建一座与真实桥梁完全对应的数字孪生体(图 10-11)。这个数字孪生体包含了桥梁的详细结构信息、材料属性、环境条件等所有相关数据。通过在虚拟环境中对数字孪生体进行模拟,工程师可以测试桥梁在不同工况下的性能表现,如在强风、地震、洪水等极端条件下的结构稳定性,以及在长期使用过程中的耐久性。根据模拟结果,工程师可以提前发现潜在的设计缺陷和问题,并进行针对性的优化改进。这不仅减少了实际建造过程中的风险和成本,还提高了桥梁的安全性和使用寿命。数字孪生技术还可以应用于工业制造、建筑设计、城市规划等多个工程领域,为工程项目的设计、施工和运维提供全方位的支持。

智能设计系统则在产品设计领域大显身手,为设计师们提供了高效的辅助工具。它能够根据用户的需求和设计目标,快速生成多种设计方案,并对这些方案进行性能评估和优化。以汽车设计为例,设计师可以向智能设计系统输入汽车的类型、尺寸、性能要求、成本预算等参数,系统便会基于大量的汽车设计数据和工程知识,生成多种不同的设计方案(图 10-12)。这些方案涵盖了汽车的外观造型、内部结构、动力系统、安全配置等方面,每个方案都附有详细的设计图纸、性能指标和成本估算。设计师可以从这些方案中挑选出最符合需求的进行进一步细化和完善,或者将多个方案的优点进行组合,创造出更具竞争力的产品设计方案。智能设计系统不仅缩短了产品设计周期,还能够充分考虑各种设计约束条件,提高设计方案的可行性和创新性,推动了工程产品的不断升级和优化。

图 10-11　桥梁设计中的数字孪生技术

图 10-12　新汽车方案的智能设计

10.3　人工智能创新的伦理边界:在技术进步与社会价值之间寻求平衡

10.3.1　创新与隐私的平衡:守护个人数据的底线

在人工智能创新的浪潮中,个人隐私保护成为至关重要的议题。随着人工智能技术在各个领域的广泛应用，个人数据的收集、存储和使用变得无处不在。从智能手机的应用程序到智能家居设备，从在线社交平台到金融服务系统，大量的个人数据被不断地产生和传输。这些数据包含了个人的姓名、性别、年龄、位置信息、消费习惯、健康状况等极为敏感的信息，一旦被泄露或滥用，将对个人的隐私、财产安全甚至人身安全造成严重威胁（图 10-13）。

近年来，全球范围内发生了多起因人工智能应用导致的隐私泄露事件，引起了社会的广泛关注。例如，某些智能语音助手被曝出在未经用户明确同意的情况下，将用户的语音对话记录传输到云端服务器，并用于训练和优化模型。这些语音记录可能包含用户的私人对话、家庭住址、银行卡号等重要信息，一旦泄露，后果不堪设想。此外，一些社交媒体平台通过大数据分析和人工智能算法，对用户的个人信息进行深度挖掘和精准画像，然后将这些信息出售给广告商或其他第三方机构，用于定向广告投放或其他商业目的。这种行为严重侵犯了用户的隐私权，引发了公众对人工智能技术的信任危机（10-14）。

图 10-13　人工智能涉及隐私的数据收集场景

图 10-14　利用 AI 语音和视频技术进行诈骗的场景

为了保护个人隐私，各国政府纷纷出台了严格的法律法规。欧盟的《通用数据保护条例》(GDPR)堪称全球隐私保护的典范。它要求企业在收集和处理个人数据时，必须遵循合法性、公正性和透明性原则，明确告知用户数据的收集目的、使用范围和存储期限，并获得用户的明确同意。同时，用户有权随时访问、更正、删除自己的个人数据，并有权要求企业停止对其数据的处理。违反 GDPR 的企业将面临巨额罚款，最高可达其全球年营业额的 4%。这一严格的法律框架促使企业在进行人工智能创新时，必须将隐私保护放在首位，采取有效的技术手段和管理措施，如数据加密、匿名化处理、访问控制、数据最小化等，确保个人数据的安全和合规使用。

除了法律法规的约束，技术界也在积极探索隐私保护技术的创新。同态加密技术允许在加密数据上直接进行计算，无须先解密数据，从而避免了数据在计算过程中的泄露风险；差分隐私技术通过在数据中添加噪声，使得个体数据无法被精确识别，同时又能保证数据的整体统计特性不受影响，为数据的匿名化和隐私保护提供了有效的解决方案。这些技术的发展为人工智能的创新与隐私保护的平衡提供了有力的技术支撑，使得在享受人工智能带来的便利和创新成果的同时，个人隐私能够得到最大程度的保护。

【案例】社交媒体的数据使用争议。

某知名社交平台曾因未经用户同意使用数据进行广告投放而引发全球关注。这就像你在购买咖啡时，店员不仅记下了你的口味偏好，还把信息卖给了食品公司。该平台通过分析用户的行为习惯、兴趣爱好等数据，向用户精准推送广告。然而，这种行为严重侵犯了用户的隐私权。用户并没有被告知他们的数据将被用于商业广告目的，更没有给予明确的同意。这种隐私泄露事件不仅损害了用户的信任，也给企业带来了巨大的声誉损失。

10.3.2 算法偏见的应对策略：追求公平与正义

算法偏见是人工智能领域一个备受关注且亟待解决的问题。由于人工智能算法是基于数据进行训练的，而数据往往是现实世界中人类行为和偏见的反映，因此算法在学习过程中可能会继承甚至放大这些偏见。例如，在招聘算法中，如果训练数据主要来源于过去存在性别歧视、种族歧视等不公平现象的招聘记录，那么算法在筛选简历时可能会对女性或少数族裔候选人产生不公平的评分结果，从而导致就业机会的不平等(图 10-15)。这种算法偏见不仅违背了公平正义的原则，还可能进一步加剧社会的不平等和分裂。

图 10-15　人工智能领域存在算法偏见问题

为了应对算法偏见问题，企业需要采取一系列综合策略。首先，算法审计成为保障算法公平性的重要手段。专业的算法审计团队会像医生检查患者身体一样，对算法进行全面的“体检”。他们检查算法的训练数据是否具有代表性和多样性，是否存在对某些群体的过度或不足表示；评估算法的决策过程是否透明、可解释，是否存在基于性别、种族、年龄等敏感特征的歧视性决策规则；分析算法的输出结果是否存在系统性的偏差，对不同群体造成不公平的影响。通过算法审计，企业可以及时发现算法中的偏见问题，并采取相应的改进措施，如调整训练数据的分布、优化算法的模型结构、引入公平性约束条件等，以确保算法的公平性和公正性。

其次，提高训练数据的多样性和质量是减少算法偏见的关键。企业需要积极收集来自不同地域、种族、性别、文化背景等的多样化数据，并确保数据的准确性和完整性。同时，要对数据进行严格的清洗和预处理，去除其中的噪声、错误和偏见信息。例如，在人脸识别算法的训练中，为了提高对不同肤色、年龄、性别的人脸识别准确率，需要收集包含各种人群的人脸图像数据，并对这些数据进行均衡采样和标注，避免因数据分布不均而导致的算法偏见。此外，还可以采用数据增强技术，通过对现有数据进行旋转、翻转、裁剪、颜色调整等操作，生成更多样化的数据样本，进一步提高算法的泛化能力和公平性。

最后，加强算法开发人员的伦理教育和多样性团队建设也至关重要。算法开发人员在设计和开发算法时，往往会在无意之中将自己的偏见和价值观融入算法中。因此，企业需要对算法开发人员进行系统的伦理培训，提高他们对算法偏见问题的认识和敏感度，增强他们在技术开发过程中考虑社会公平性和伦理影响的意识。同时，组建具有不同背景、性别、种族和文化观点的多样性团队，能够从多个角度审视算法的设计和决策过程，更全面地发现和避免潜在的算法偏见问题。例如，在开发医疗诊断算法时，团队成员包括医学专家、数据科学家、伦理学家、患者代表等不同领域的专业人士，他们共同参与算法的设计、评估和改进，确保算法能够公平地服务于不同群体的患者，避免因算法偏见而导致的误诊或漏诊现象。

10.3.3　生成式 AI 的版权挑战：厘清创作与权益的界限

生成式 AI 的兴起给版权领域带来了前所未有的挑战。当 AI 能够创作出绘画、音乐、文学作品等具有艺术价值和实用价值的内容时，关于这些作品的版权归属问题引发了广泛的争议。

从法律角度来看，目前的版权法律体系主要是围绕人类创作者而构建的。版权法的核心思想是保护人类创作者的智力成果，激励他们进行创作和创新。然而，生成式 AI 生成的作品往往是通过机器学习算法对大量数据进行分析和生成的结果，其创作过程与人类的传统创作方式存在显著差异。这使得在判断 AI 生成作品是否具有独创性、是否符合版权法保护的条件等方面面临诸多困难（图 10-16）。例如，一幅由 AI 生成的画作，其创作过程是由算法根据大量的艺术作品数据进行学习和生成的，是否能够认定该画作具有独创性，以及该独创性是来源于机器本身还是人类对算法的设置和数据的选择？这些问题在法律上尚无明确的答案。

图 10-16　AI 生成作品的版权问题

在版权归属方面，不同利益相关方之间存在着激烈的争论。开发 AI 的工程师和科研团队认为，他们投入了大量的时间和精力进行技术研发和模型训练，AI 的创作能力是他们智慧的结晶，因此他们应该享有 AI 生成作品的部分版权权益。使用 AI 的用户则主张，他们提供了创作的思路、输入了具体的指令和参数，并且对生成的作品进行了筛选、修改和应用，因此用户也是创作过程的重要参与者，应拥有作品的版权。此外，一些激进的观点认为，AI 本身作为一种具有创造性的实体，应当被视为创作者，拥有独立的版权。这种观点虽然目前在法律和伦理上存在诸多争议，但随着 AI 技术的不断发展和进步，其创作能力的不断提升，未来可能会促使我们重新审视和定义创作的本质以及版权的主体范围。

为了应对生成式 AI 的版权挑战，需要从法律、技术和社会等多个层面进行综合探讨和治理。在法律层面，各国需要根据自身的技术发展水平、文化价值观和社会需求，制定适应生成式 AI 时代的版权法规。例如，可以明确 AI 生成作品的版权归属原则，规定在何种情况下版权归属于开发者、用户或公共领域；建立版权登记和认证机制，对 AI 生成作品的创作过程和参与主体进行记录和标识，以便在版权纠纷中提供证据支持。在技术层面，可以开发版权追踪和识别技术，通过对 AI 生成作品的特征进行标记和追踪，实现对作品版权的有效管理和保护。同时，利用区块链等分布式账本技术，记录 AI 生成作品的创作流程和版权信息，确保版权数据的真实性和不可篡改性。在社会层面，需要加强公众对生成式 AI 版权问题的认识和理解，提高社会各方的版权意识和法律素养。通过教育、宣传和培训等方式，引导开发者、用户和公众树立正确的版权观念，尊重他人的智力成果，共同营造一个健康、有序的版权环境。

此外，我们还需要深入思考生成式 AI 对艺术创作本质的影响。艺术创作一直以来都被视为人类独特的情感表达和智力创造活动，是人类文化传承和创新的重要途径。当 AI 能够生成具有艺术价值的作品时，我们是否需要重新审视艺术创作的定义和价值标准？AI 的参与是否会削弱人类创作者的独特地位和价值？或者说，AI 与人类创作者之间的关系是一种互补和协作的关系，AI 为人类创作者提供了新的工具和灵感来源，而人类创作者则通过自己的情感、思想和创造力赋予作品以灵魂和深度。在生成式 AI 时代，如何平衡技术进步与文化传承，如何在保护版权的同时鼓励创新，如何让 AI 技术更好地服务于人类文化艺术的发展，这些问题需要我们在法律、伦理、技术和社会等多个维度进行深入探讨和实践，以确保生成式 AI 能够在合法、合规、合理的框架内健康发展，为人类的文化艺术繁荣做出积极贡献。

10.4 未来创新趋势与人才培养：拥抱智能时代的机遇与挑战

10.4.1 技术前瞻：通用人工智能与脑机接口的前沿探索

通用人工智能（AGI）被视为人工智能领域的终极目标之一，它将具备跨领域的广泛知识和强大的学习能力，能够在多种不同的任务和场景中展现出类似人类甚至超越人类的智能水平。与当前的狭义人工智能（ANI）相比，AGI 不再局限于特定的领域和任务，如图像识别、语音识别、自然语言处理等，而是能够像人类一样，在不同的知识领域之间进行迁移学习和推理，解决各种复杂的问题。

例如，在医疗诊断领域，AGI 系统能够综合分析患者的病历、症状、检查报告、遗传信息等多维度数据，结合医学知识和临床经验，准确地诊断出疾病类型、病因和病情发展阶段，并制定个性化的治疗方案（图 10-17）。同时，它还能够根据患者的反馈和治疗效果的动态变化，及时调整治疗方案，实现精准医疗。在教育领域，AGI 将成为一位全能的智能导师，了解每个学生的学习进度、知识

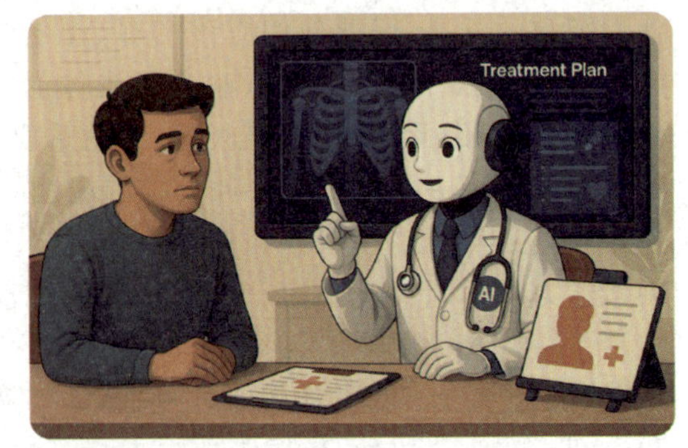

图 10-17 通用人工智能在医疗诊断中的应用示意

掌握情况、学习风格和兴趣爱好，为其量身定制个性化的学习计划和教学内容。它能够根据学生在学习过程中的表现和问题，实时提供有针对性的辅导和解答，激发学生的学习兴趣和潜能，培养学生的综合素质和创新能力。

脑机接口技术则为人类与机器的交互提供了一种全新的方式，它在人类大脑和外部设备之间建立了一条直接的信息通路。目前，脑机接口技术已经在医疗康复领域取得了一些突破性的成果(图 10-18)。例如，通过在瘫痪患者的脑部植入电极或在头皮上佩戴脑电图(electroencephalogram，EEG)传感器，捕捉大脑神经元发出的微弱电信号，然后经过信号处理和解码算法，将这些信号转化为控制指令，使患者能够通过意念控制机械手臂、轮椅或其他辅助设备，恢复一定的生活自理能力和运动功能。这不仅为瘫痪患者带来了希望，也为神经科学研究提供了新的工具和方法。

展望未来，脑机接口技术有望实现更加丰富的应用场景。在智能家居领域，人们可以通过大脑的意念控制家中的各种设备，如开关灯、调节温度、播放音乐等，实现真正的“心想事成”。在游戏娱乐领域，玩家可以通过脑机接口沉浸在更加真实和沉浸式的虚拟世界中，通过自己的思维和情感直接操控游戏角色的动作和行为，带来前所未有的游戏体验。在军事和航空航天领域，脑机接口技术将为士兵和宇航员提供更高效、更便捷的控制方式，提高作战效率和任务安全性。例如，宇航员可以通过脑机接口快速控制航天器的飞行姿态、操作复杂的仪器设备，应对太空环境中的各种挑战(图 10-19)。

图 10-18　脑机接口技术在医疗康复领域的应用

图 10-19　脑机接口在宇航领域的应用

10.4.2　人机协作的未来模式：构建和谐共生的伙伴关系

在未来的工作场所，人机协作将成为主流模式，人类与 AI 将各展所长，共同完成各种复杂的任务。

在创意设计领域，人类设计师与 AI 助手将形成紧密的合作伙伴关系。人类设计师凭借其独特的创造力、丰富的想象力、深刻的文化底蕴和敏锐的审美感知，提出新颖的设计理念和创意方向，为作品注入灵魂和情感。而 AI 助手则利用其强大的数据处理能力、精准的分析能力和高效的设计工具，快速生成初步的设计方案，从众多可能性中筛选出符合设计要求和创作意图的选项，并对设计方案进行技术验证和优化。

例如，在建筑设计中，人类设计师构思出一个具有创新性和艺术感的建筑外观和空间布局，AI 助手则根据建筑的功能需求、结构力学原理、材料性能等多方面因素，生成详细的建筑设计图纸、三维模型和工程预算(图10-20),并对设计的可行性和安全性进行评估。通过这种人机协作模式,不仅能够大大提高设计效率和质量,还能激发人类设计师更多的灵感,拓展设计边界,创造出更加优秀和独特的设计作品。

图 10-20 建筑设计领域人机协作示意

在医疗领域,医生与 AI 系统将携手合作,共同为患者提供更精准、更高效的医疗服务。AI 系统通过对海量医疗数据的分析和学习,能够快速准确地识别疾病的早期迹象、诊断疾病的类型和阶段,并为医生提供多种可能的治疗方案和预后评估(图 10-21)。医生则结合自己的专业知识、临床经验和对患者的全面了解,对 AI 提供的信息进行综合判断和决策,制定最适合患者的个性化治疗方案。

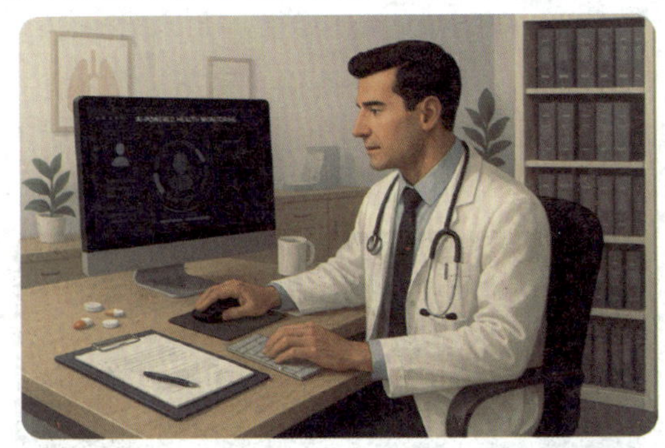

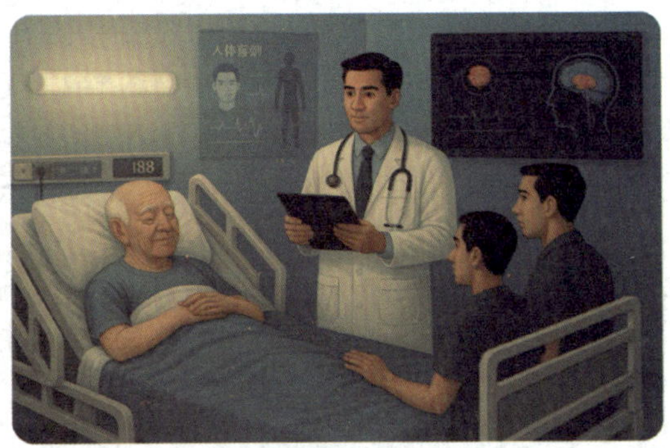

图 10-21 AI 为病情诊断提供治疗方案和预后评估

在手术过程中,AI 辅助手术系统可以为医生提供高精度的手术导航和实时监测,帮助医生更精准地操作手术器械,降低手术风险和并发症的发生率。例如,在脑部手术中,AI 系统可以基于术前的脑部影像数据,精确地定位病变部位,并实时显示手术器械在脑内的位置和操作路径,为医生提供可视化的手术指导,提高手术的成功率和安全性(图 10-22)。

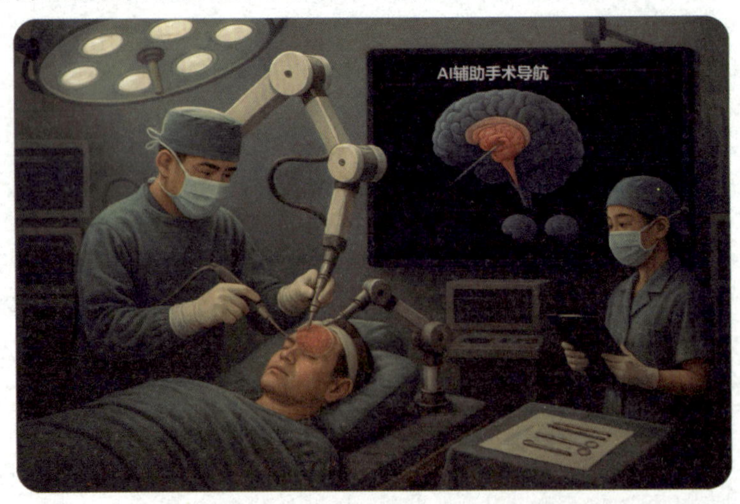

图 10-22 AI 辅助手术系统可以为医生提供高精度的手术导航和实时监测

10.4.3 创新人才的培养路径：塑造适应未来的复合型人才

为了适应人工智能时代的发展需求，培养具有跨学科知识背景、创新思维能力和实践操作技能的复合型人才成为教育领域的重要任务。

跨学科学习将成为未来人才培养的核心模式。学生需要打破传统学科之间的壁垒，融合计算机科学、数学、物理学、生物学、艺术学、社会学等多学科的知识和方法，形成综合性的知识体系和思维模式。例如，在人工智能与生物医学的交叉领域，研究人员需要掌握机器学习算法、数据分析技术、生物信息学知识以及医学专业知识，才能开展如 AI 辅助药物研发、疾病预测模型构建、生物医学图像分析等工作。高校和研究机构正在积极构建跨学科的教学团队和研究平台，开设跨学科的课程和项目，鼓励学生跨院系、跨专业选课和参与研究，培养他们的跨学科思维和创新能力(图 10-23)。

实践教学环节也将得到进一步加强。学生需要通过实践项目、实习实训、竞赛活动等方式，将所学的理论知识应用到实际问题的解决中，提高自己的实践能力和创新意识。许多高校与企业建立了紧密的合作关系，共同开展产学研合作项目，为学生提供真实的实践场景和项目任务。例如，在人工智能领域的实习项目中，学生可以参与企业的 AI 产品研发、数据标注、模型训练等工作，了解人工智能技术在实际应用中的流程和挑战，培养自己的工程实践能力和解决实际问题的能力。同时，各类人工智能竞赛如 Kaggle 竞赛、中国大学生计算机设计大赛等也为学生提供了展示自己才华、锻炼创新思维和团队协作能力的平台，激发了学生的创新热情和竞争意识。

图 10-23 塑造适应未来的复合型人才

个性化学习将成为未来教育的重要趋势。借助人工智能技术，教育系统能够根据每个学生的学习进度、知识掌握情况、学习风格和兴趣爱好，为其量身定制个性化的学习路径和教学内容(图 10-24)。AI 教育平台可以通过分析学生的学习行为数据,如作业完成情况、考试成绩、在线学习时间、学习资源访问记录等,精准地评估学生的学习状态和需求,然后推荐适合的学习材料、练习题目和课程视频,并提供实时的反馈和指导。这种个性化的学习模式能够更好地满足学生的个体差异,提高学习效果和学习效率,增强学生的自主学习能力和终身学习意识。

此外,伦理教育也将贯穿于人才培养的全过程。由于人工智能技术的广泛应用涉及诸多伦理和社会问题,如隐私保护、算法偏见、版权归属、人工智能的安全性和可控性等,因此学生需要具备良好的伦理意识和社会责任感。高校在课程设置中将融入伦理教育的内容,如开设人工智能伦理、科技与社会等课程,组织学生参与伦理讨论和案例分析,培养他们在技术开发和应用过程中考虑伦理影响的习惯和能力(图 10-25)。同时,鼓励学生参与制定和遵守行业伦理规范,积极参与到人工智能技术的伦理治理和监督中,为人工智能的健康发展贡献自己的力量。

图 10-24　个性化学习将成为未来教育的重要趋势

图 10-25　AI 伦理教育要贯穿于人才培养的全过程

在这个充满机遇与挑战的人工智能时代,作为新时代的大学生,要站在科技发展的前沿,肩负起推动人工智能与创新发展的重任。深入理解未来的技术趋势和人才培养要求,积极投身于跨学科学习和实践,充分利用学校提供的资源和机会,不断挖掘自己的潜力,提升自身素质,你们必将在人工智能的浪潮中勇立潮头,成为引领未来的创新先锋,为人类社会的进步贡献自己的智慧和力量,书写属于自己的辉煌篇章。

本章思考与练习

一、深度思考题

【思考题 1】AI 在辅助"科学发现"方面的价值与风险分别是什么？请结合具体领域举例说明。

【思考题 2】目前 AI 可以进行绘画、文章生成、音乐创作,这一机制使 AI 具备了类创造性的能力,超越简单的模仿。请结合生成对抗网络(GAN)进行阐述。

【思考题 3】结合 AI 在药物研发、艺术创作和材料科学的应用案例,分析"数据—算法—算力”三要素如何协同推动创新。

【思考题 4】简述生成式 AI 面临的版权问题，并提出 3 种可能的解决机制。

【思考题 5】请分析 AI 生成内容与“深度伪造”(Deepfake)之间的界限与风险。

【思考题 6】你如何理解 AlphaFold 所代表的“科学研究范式转变”？它对未来科研人才能力有何影响？

【思考题 7】AlphaFold 在生命科学领域的突破是否可能引发“AI 技术依赖”？请从科学伦理与科研教育角度进行讨论。

【思考题 8】请从伦理角度思考：AI 在药物分子生成中“创造”出的新分子是否属于“专利发明”？AI 生成的药物如果失败，是否可以追责？

二、实践题

【实践题 1】请使用一个 AIGC 平台，输入描述“请绘制一幅凡·高风格的太空景象”，生成图像并分析其是否具有艺术原创性(参考附图)。

任务步骤：

(1)使用 AIGC 平台生成图像；

(2)分析生成图像的风格特征；

(3)比较与凡·高原作的异同。

反思：这是否应视为 AI“原创”？

凡·高原作《星空》

AI 模仿生成的《星空》

【实践题 2】使用任意大语文模型平台，设计一个 3 天 AI 主题创意营的课程安排，要求满足：

(1)包含生成式 AI 基础；

(2)包含道德与风险主题；

(3)每日有动手实践任务；

(4)适合零基础学生参与。

三、计算题

【计算题 1】在传统实验中，解码一个蛋白质结构平均需耗费 2 年时间(约按 730 天计算)，AlphaFold 可在 10 分钟内完成预测。

请计算：

(1)AlphaFold 对于单个蛋白质预测任务在时间上提升了多少倍？

(2)如果一个研究团队需分析 500 种蛋白质结构，分别估算传统方法与 AlphaFold 所需总时间(以“天”为单位)，并比较节省了多少时间？

【计算题 2】假设某 AI 教育平台为保护学生隐私，在记录学生答题时间时引入 Laplace 噪声机制，并设定隐私预算 ε(epsilon)为 0.5。

已知：

(1)原始答题时间为 5 分钟。

(2)Laplace 噪声服从分布：均值 $\mu=0$。

(3)噪声方差公式为

$$\mathrm{Var}=\frac{2}{\varepsilon^2}$$

请计算：

(1)噪声的方差是多少？

(2)若模拟一次生成的 Laplace 噪声为＋1.2 分钟，加入噪声后记录的答题时间是多少？

【计算题 3】某 AI 写作平台每天响应约 20 万条用户请求，每次平均生成 500 字文本，使用的语言模型每生成 1 个词需 10000 次浮点运算(FLOPs)。

问题：

(1)每日生成文字总量为多少？

(2)估算每日所需 FLOPs 总量。

(3)若平台配备 5 张 GPU 卡，每张卡每秒处理 10^{11} FLOPs，需运行多久才能完成运算？

【计算题 4】假设你是某科技园 AI 创业项目评审专家，现在有 3 个团队申请孵化支持：

项目	技术前沿度(0～10)	商业可行性(0～10)	社会价值(0～10)
Alpha	8	6	9
Beta	6	8	7
Gamma	9	4	8

问题：

(1)设定权重：技术前沿度(0.4)，商业可行性(0.3)，社会价值(0.3)；

(2)计算各项目的加权得分；

(3)假设 AI 系统也给出风险等级(低、中、高)，请结合加权分数＋风险等级构建一个综合优先推荐规则，并说明推荐依据。

【计算题 5】恒星光变数据分析与 AI 识别任务。

帮助天文团队用 AI 模型识别某颗恒星可能存在的周期性遮挡(说明其有伴星或行星)。数据为光变曲线(星体亮度随时间变化)，遮挡会引起亮度短暂下降。

题目设计：识别光变曲线中的“异常点”。

某恒星平均亮度为 1000 单位，AI 通过滑动窗口分析，检测到如下时间点的亮度值：

时间/小时	亮度
$t_1=10$	999
$t_2=20$	997
$t_3=30$	998
$t_4=40$	960←可疑
$t_5=50$	997
$t_6=60$	961←可疑
$t_7=70$	996
$t_8=80$	960←可疑

问题：

(1)设 AI 以亮度下降超出 $\pm 3\sigma$(标准差)作为判断异常点的依据，若正常亮度波动标准差为 $\sigma=5$，则哪些点可判断为异常？

(2)若每 40 小时出现一次亮度下降事件，推测下一次“凌星”事件大概发生在哪一小时？

参考文献

[1]张晓明.人工智能基础数学知识[M].北京：人民邮电出版社，2020.

[2]唐宇迪，李琳，侯惠芳，等.人工智能数学基础[M].北京：北京大学出版社，2020.

[3]同济大学数学系.工程数学：线性代数[M].7版.北京：高等教育出版社，2023.

[4]翟中华，朱雅哲.机器学习中的概率思维[M].北京：电子工业出版社，2025.

[5]埃德温·汤普森·杰恩斯.概率论沉思录[M].廖海仁，译.北京：人民邮电出版社，2024.

[6]GONZALEZ R C，WOODS R E.数字图像处理(英文版)[M].4版.北京：电子工业出版社，2024.

[7]丹尼斯·罗斯曼.大模型应用解决方案基于GPT-3、ChatGPT、GPT-4等Transformer架构的自然语言处理[M].叶伟民，译.北京：清华大学出版社，2025.

[8]王开军，罗天健，方莹.机器学习理论与应用[M].北京：电子工业出版社，2025.

[9]奥利维耶·卡埃朗，玛丽-艾丽斯·布莱特.大模型应用开发极简入门：基于GPT-4和ChatGPT[M].何文斯，译.北京：人民邮电出版社有限公司，2024.

[10]克里斯汀·科勒，凯莱布·凯撒.构建大模型数据科学应用：从机器学习升级到大模型[M].王奕道，译.北京：清华大学出版社，2025.

[11]路易斯·汤斯顿，莱安德罗·冯·韦拉，托马斯·沃尔夫.Transformer自然语言处理实战[M].叶伟民，叶志远，译.北京：机械工业出版社，2024.

[12]伊恩·古德费洛，约书亚·本吉奥，亚伦·库维尔.深度学习[M].赵申剑，等译.北京：人民邮电出版社，2017.

[13]RUMELHART D E，HINTON G E，WILLIAMS R J. Learning internal representations by back-propagating errors[J]. Nature，1986，323(6088)：533-536.

[14]HINTON G E，SALAKHUTDINOV R R. Reducing the dimensionality of data with neural networks[J]. Science，2006，313(5786)：504-507.

[15]VASWANI A，SHAZEER N，PARMAR N，et al. Attention is all you need[C]. Advances in Neural Information Processing Systems 30 (NeurIPS 2017). DOI：10.48550/arXiv.1706.03762.

[16]DOSOVITSKIY A，BEYER L，KOLESNIKOV A，et al. An image is worth 16×16 words：transformers for image recognition at scale[C]. International Conference on Learning Representations (ICLR 2021). DOI：10.48550/arXiv.2010.11929.

[17]COLLOBERT R，WESTON J. A unified architecture for natural language processing：deep neural networks with multitask learning[C]//Proceedings of the Twenty-Fifth International Conference on Machine Learning，ACM，Helsinki，Finland，160-167，2008. DOI：10.1145/1390156.1390177.

[18]MIKOLOV T，SUTSKEVER I，CHEN K，et al. Distributed representations of words and phrases and their compositionality[J]. Advances in Neural Information Processing Systems，2013：26. DOI：10.48550/arXiv.1310.4546.

[19]MIKOLOV T，CHEN K，CORRADO G，et al. Efficient estimation of word representations in vector space[J]. International Conference on Learning Representations，2013. DOI：10.48550/arXiv.1301.3781.